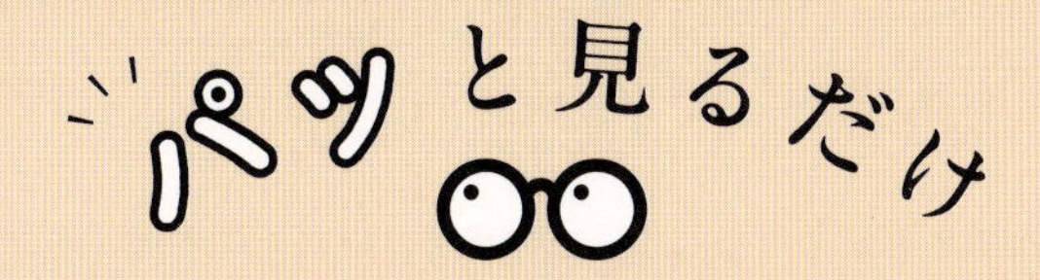

{ The best book for office workers. }

やさしく教わる PowerPoint

Office 2024／Microsoft 365対応

国本温子 著

SB Creative

本書の掲載内容

本書は、2025年1月の情報に基づき、PowerPoint2024の操作方法について解説しています。また、本書ではWindows版のPowerPoint2024の画面を用いて解説しています。ご利用のPowerPointのOSのバージョン・種類によっては、項目の位置などに若干の差異がある場合があります。あらかじめご了承ください。

本書に関するお問い合わせ

この度は小社書籍をご購入いただき誠にありがとうございます。小社では本書の内容に関するご質問を受け付けております。本書を読み進めていただきます中でご不明な箇所がございましたらお問い合わせください。なお、ご質問の前に小社Webサイトで「正誤表」をご確認ください。最新の正誤情報を下記のWebページに掲載しております。

本書サポートページ https://isbn2.sbcr.jp/27171/

上記ページに記載の「正誤情報」のリンクをクリックしてください。
なお、正誤情報がない場合、リンクをクリックすることはできません。

ご質問送付先

ご質問については下記のいずれかの方法をご利用ください。

Webページより

上記のサポートページ内にある「お問い合わせ」をクリックしていただき、ページ内の「書籍の内容について」をクリックするとメールフォームが開きます。要綱に従ってご質問をご記入の上、送信してください。

郵送

郵送の場合は下記までお願いいたします。

〒105-0001
東京都港区虎ノ門2-2-1
SBクリエイティブ　読者サポート係

はじめに

PowerPointは、プレゼンテーションの資料作成から発表までの一連の機能が用意されており、プレゼンテーション用のアプリとして最も使用されています。業務の中で、会社説明会、企画会議、新商品発表など、プレゼンテーションのための資料作成を求められることがあるかもしれません。そのような場合、PowerPointが大変役に立つので、是非マスターしたいアプリです。

本書は、パソコンの初心者で、はじめてPowerPointを使用する方をイメージしています。そのため、すぐにPowerPointの操作に入らずに、0章としてファイルの仕組みや取り扱い方法を説明しています。次に、1章でPowerPointの概要と基本操作を確認し、2章で実際にプレゼンテーションを1から作成して、基本的なプレゼンテーション資料の作成手順を体験していただきます。これにより、3章以降の内容を無理なく理解していただけることでしょう。

3章以降は、機能別にPowerPointの使い方を紹介しています。順番にレッスンを進めることができますが、レッスンごとに練習用サンプルを用意していますので必要なレッスンだけをピックアップして操作することも可能です。

本書では、レッスンの進め方にも工夫を凝らしています。Sectionごとに最初にBeforeとAfterの画面を見ていただき、これから何をするのかを確認します。次に練習用サンプルを使い、画面の手順に従って実際に操作します。各レッスンの目標が明確なので、紹介する機能を着実にマスターしていただけるでしょう。また、各章の最後に演習問題を用意していますので、章の内容を復習し、確実なものとするのにお役立ていただけます。

本書を一通り学習することで、PowerPointの基本的な操作や機能をマスターし、実務でほぼ問題なくPowerPointで作業できるまでの実力を手に入れることができることと思います。本書が皆様のスキルアップに役立てていただければ幸いです。

2025年1月
国本温子

本書の使い方

「見るだけ方式」採用！初心者のためのいちばんやさしいPowerPointの入門書です。PowerPointがはじめての方も、オフィスでパソコン仕事ができるレベルまでスキルアップできるよう、たくさんの工夫と仕掛けを用意しました。以下の学習法を参考にしながら、適宜アレンジしてご活用ください。

Step 1
「見る」

「見るだけコーナー」で概要をチェック

まずは、使う機能の効果を確認しましょう。Before/Afterの図解で、操作の前後でどう変わるのかよくわかります。

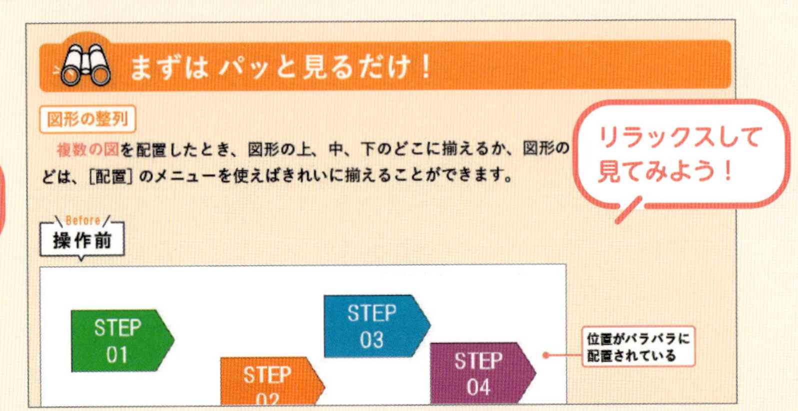

Step 2
「試す」

「レッスン」で操作をマスター

紙面を見ながら練習用ファイルを使って、実際にPowerPointの機能を試してみましょう。1操作ずつ画面に沿って丁寧に解説しているので、安心して進められます。

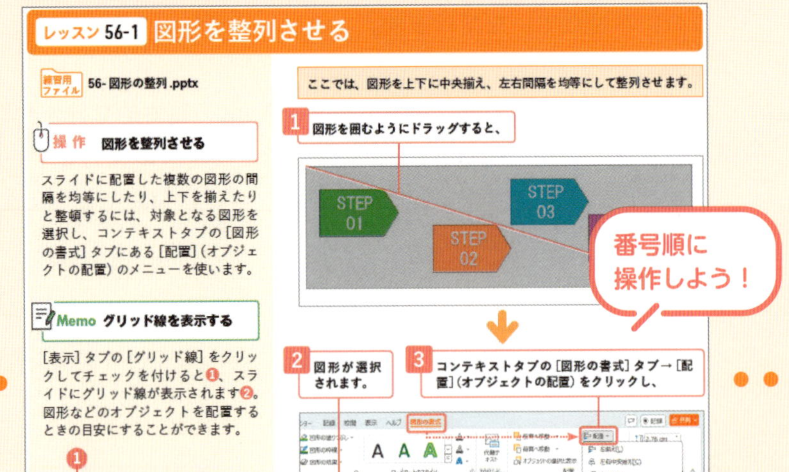

練習用ファイルのダウンロードはp.6参照

Step 3

「演習」

「パソコン仕事の練習問題」に挑戦

レッスンで試した機能を、パソコン仕事でよくあるシチュエーションで練習してみましょう。各章を学習したら、自分のペースで練習問題にチャレンジしましょう。

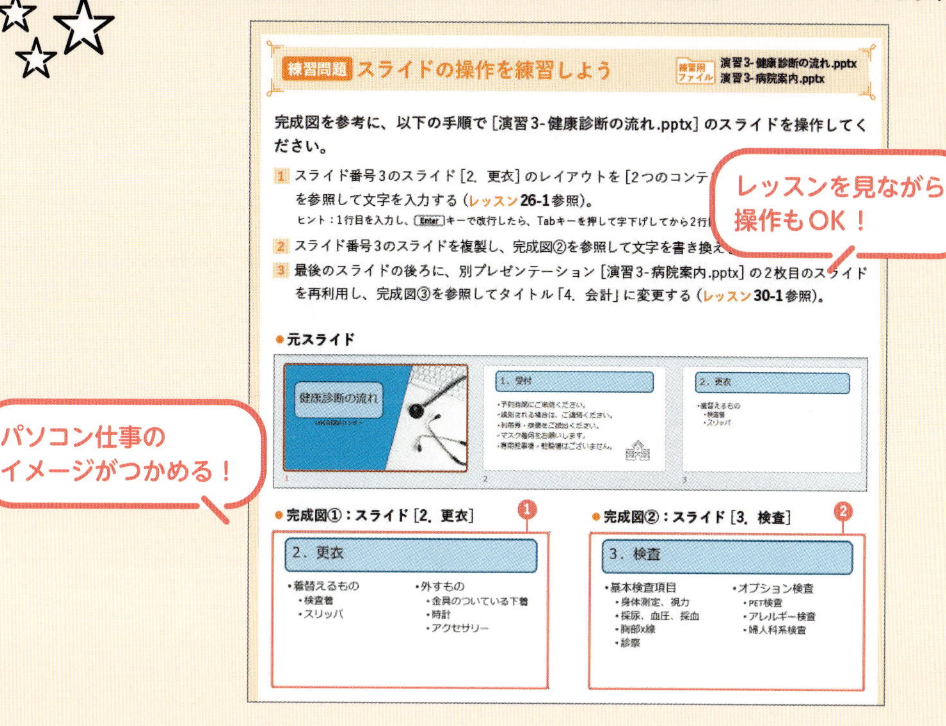

練習問題 スライドの操作を練習しよう

練習用ファイル 演習3-健康診断の流れ.pptx 演習3-病院案内.pptx

完成図を参考に、以下の手順で［演習3-健康診断の流れ.pptx］のスライドを操作してください。

1 スライド番号3のスライド［2. 更衣］のレイアウトを［2つのコンテ
を参照して文字を入力する（レッスン26-1参照）。
ヒント：1行目を入力し、Enterキーで改行したら、Tabキーを押して字下げしてから2行目

2 スライド番号3のスライドを複製し、完成図②を参照して文字を書き換え

3 最後のスライドの後ろに、別プレゼンテーション［演習3-病院案内.pptx］の2枚目のスライドを再利用し、完成図③を参照してタイトル「4. 会計」に変更する（レッスン30-1参照）。

●元スライド

●完成図①：スライド［2. 更衣］

●完成図②：スライド［3. 検査］

【ずっと使える】 充実のコンテンツ

解説している機能や操作の理解を深め、便利に使うための関連知識をたっぷり掲載しています。仕事のお供に手元に置いて、リファレンスとしてお役立てください。

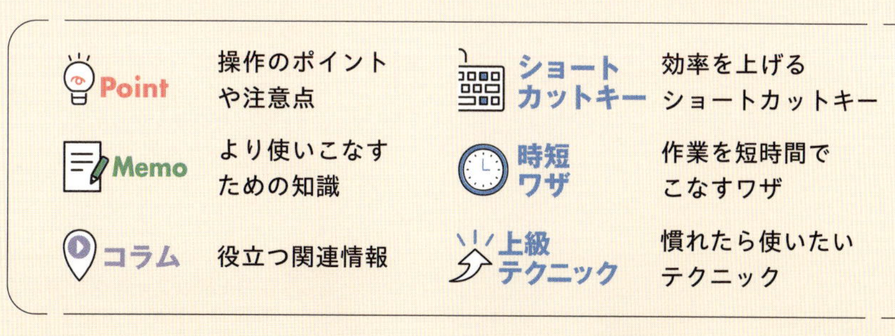

アイコン	内容	アイコン	内容
Point	操作のポイントや注意点	ショートカットキー	効率を上げるショートカットキー
Memo	より使いこなすための知識	時短ワザ	作業を短時間でこなすワザ
コラム	役立つ関連情報	上級テクニック	慣れたら使いたいテクニック

本書のナビゲーションキャラクター

要点で登場して理解をサポート

練習用ファイルの使い方

学習を進める前に、本書の各セクションで使用する練習用ファイルをダウンロードしてください。以下のWebページからダウンロードできます。

練習用ファイルのダウンロード

https://www.sbcr.jp/support/4815617907/

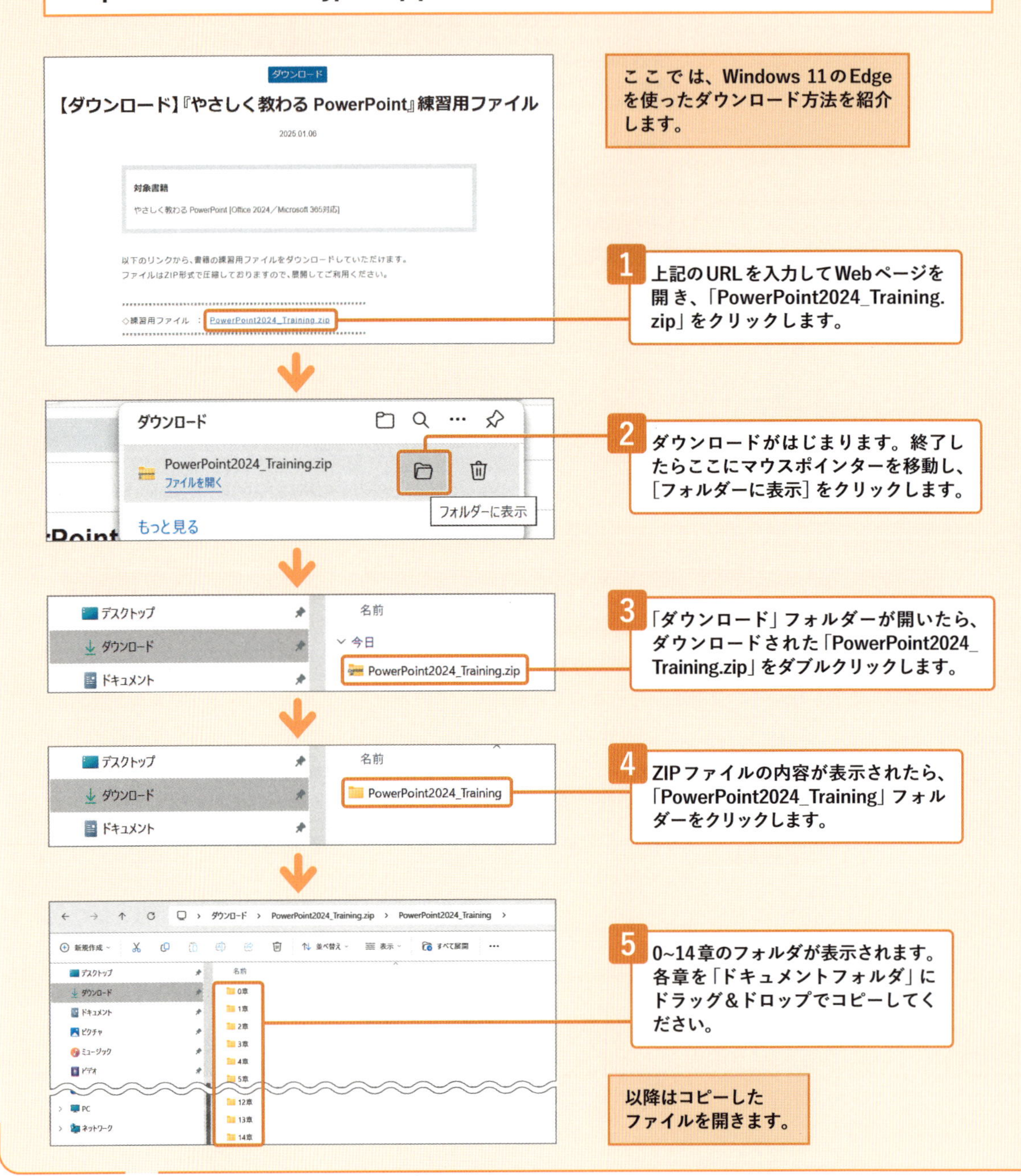

練習用ファイルの内容

練習用ファイルの内容は下図のようになっています。

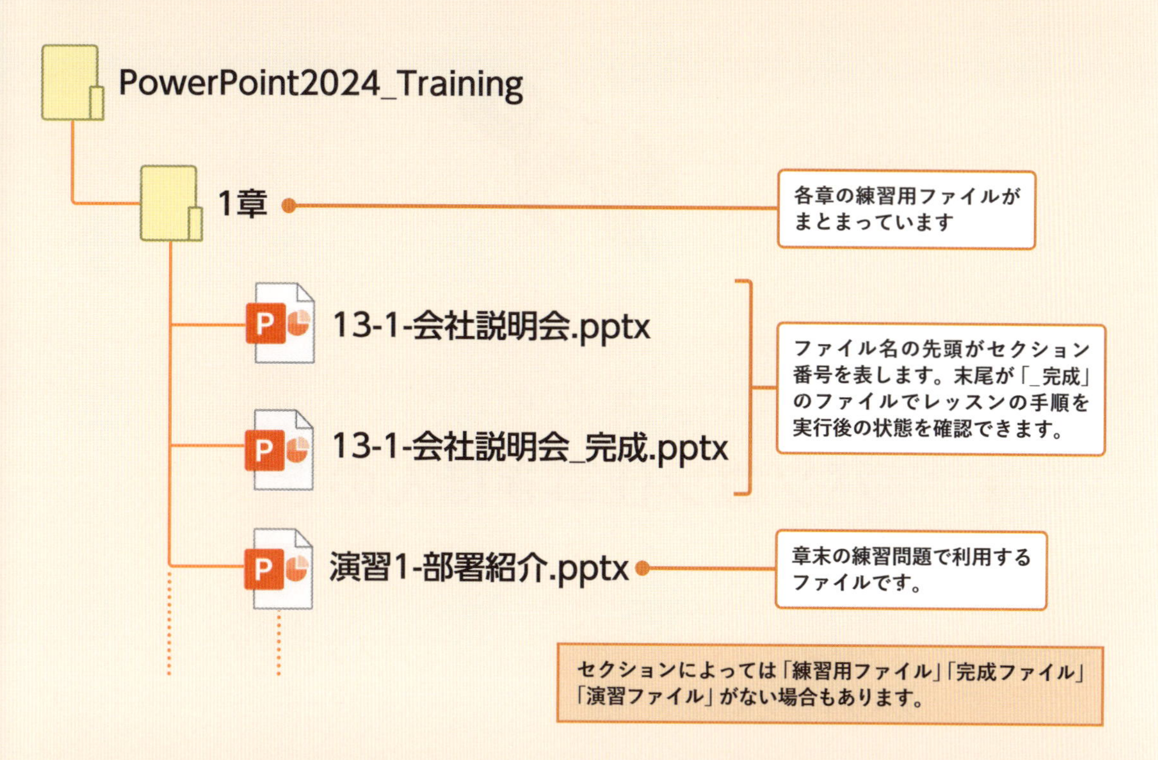

セクションによっては「練習用ファイル」「完成ファイル」「演習ファイル」がない場合もあります。

使用時の注意点

練習用ファイルを開こうとすると、画面の上部に警告が表示されます。これはインターネットからダウンロードしたファイルには危険なプログラムが含まれている可能性があるためです。本書の練習用ファイルは問題ありませんので、[編集を有効にする] をクリックして、各セクションの操作を行ってください。

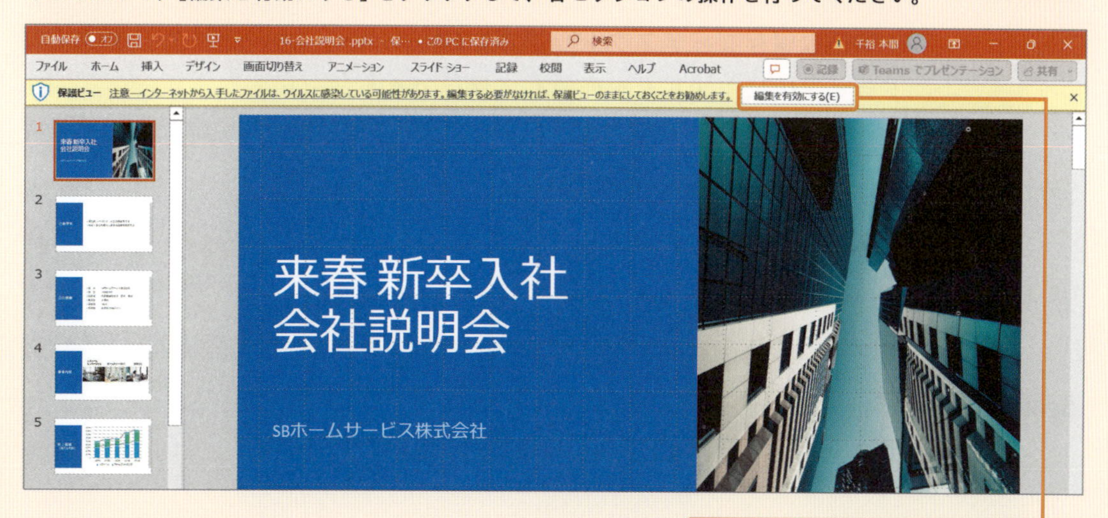

クリックして編集を有効にしてください。

Contents

第0章

パソコン仕事きほんのき

21

第2章

簡単なプレゼン資料を作成する

第4章

スライドのデザインを変更する

第 5 章
文字の書式設定を整える

第6章

表を利用して情報を整理する

157

第7章

見やすいグラフを作成する

177

第9章

アイコンや図表を利用する

第10章 画像や動画を利用する

第11章

スライドや図形に動きをつける

第 0 章

パソコン仕事 きほんのき

パソコン仕事では、その多くの時間でPowerPointやExcelなどを使ってデータを入力したり、資料や表を作成したりします。そのため、パソコンの作業環境や、適切なデータの保存方法を知ることはとても大切です。

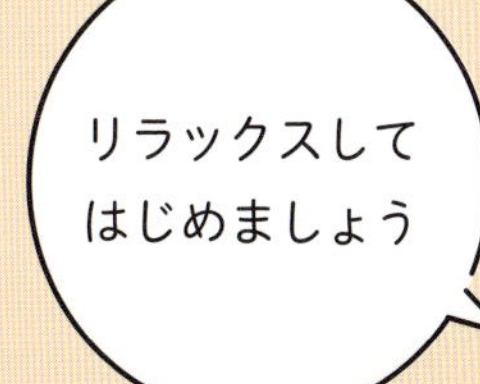

Section
01 パソコンで必ず使う「デスクトップ」「スタートメニュー」

パソコンを起動するとまず表示される画面がデスクトップです。パソコン仕事では、スタートメニューでPowerPointやExcelなどのアプリケーションを起動させて作業します。

基礎知識
- ▶デスクトップの役割
- ▶スタートメニューの利用

まずは パッと見るだけ！

デスクトップとスタートメニュー

デスクトップは、Desk Topという文字通り「パソコンの机の上」、つまり作業台にあたります。スタートメニューは、使用できるアプリケーションが一覧で表示されるメニューです。パソコンで仕事をする際に必ず使います。

▼パソコン仕事のルーティーン

❶電源を入れると、デスクトップが表示されます。

❷スタートボタンを押します。

❸スタートメニューが表示されます。

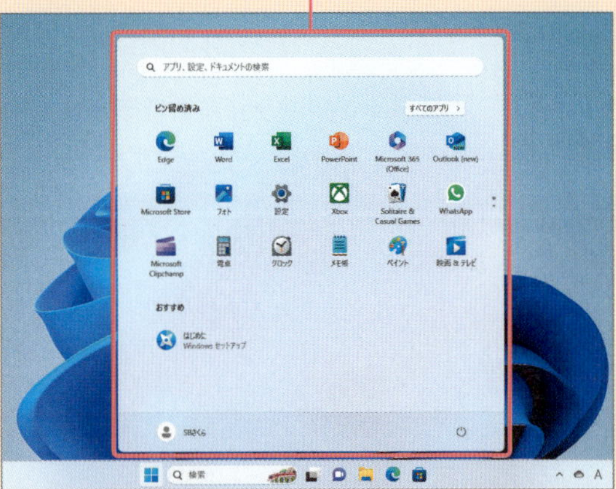

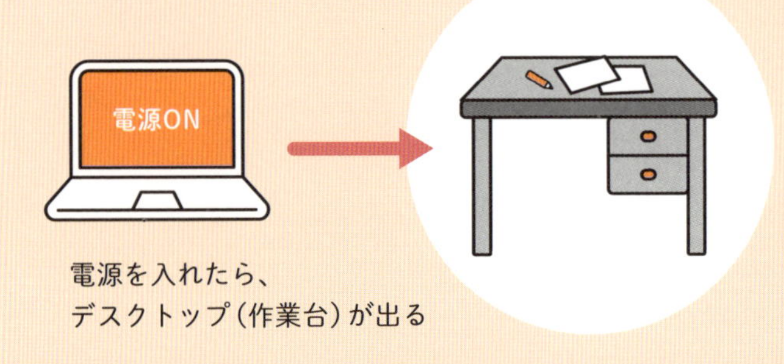

電源を入れたら、
デスクトップ（作業台）が出る

デスクトップについて

Point デスクトップの機能

デスクトップでは、ウィンドウを開いたり、ファイルを置いたりできます。また、削除されたファイルが保管される[ごみ箱]やスタートボタンなどが配置されている[タスクバー]が表示されています。

Memo アプリケーション

アプリケーションとは、コンピュータ上で動作するプログラムソフトのことです。「アプリケーションソフト」「アプリ」ともいいます。

デスクトップに表示される内容を確認します。

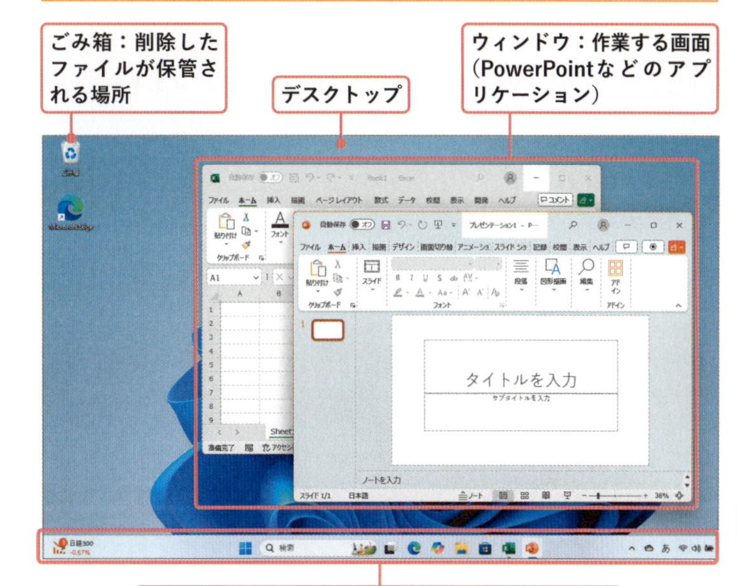

スタートメニューについて

Point スタートメニューの機能

スタートメニューには、アプリケーションの一覧と、Windowsにサインインしているユーザー名、電源のアイコンが表示されます。

Memo 使いたいアプリケーションが見つからない場合

スタートメニューには、よく使用するアプリケーションがあらかじめいくつか登録されています。使用したいアプリケーションが見つからない場合は、[すべてのアプリ]をクリックすると、使用できるアプリケーションの一覧が表示され、選択して起動できます。

スタートメニューに表示される内容を確認します。

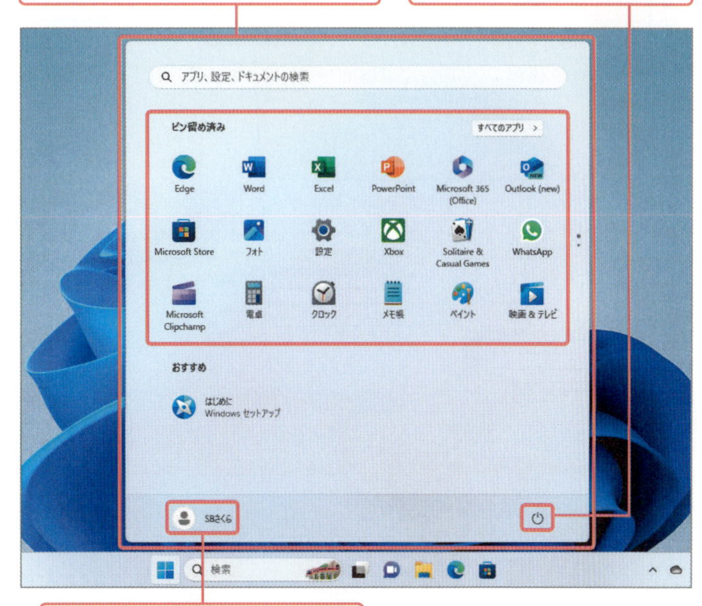

Section

02 パソコンの引き出し「ドライブ」と「フォルダ」「ファイル」

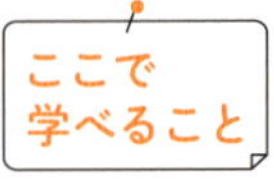

パソコンの「ドライブ」「フォルダ」「ファイル」を実際の物に例えてイメージを理解してから、パソコンの画面を紹介します。

- ドライブの役割
- フォルダの役割
- ファイルの役割

まずは パッと見るだけ！

ドライブ／フォルダ／ファイル

ドライブは、パソコンの引き出しです。フォルダは、引き出しの中にしまわれたファイルの保管場所です。関連する書類をパソコンの中でまとめて保管できます。

例えば「提案書フォルダ」では、PowerPointで作成した提案書をまとめて保管します。

ドライブについて

Point　ドライブの種類

パソコンのドライブには、ハードディスクやUSBなどの機器があります。通常、標準でパソコンに内蔵されているハードディスクは［Cドライブ］というドライブ名が付いています。

Memo　ハードディスク

ハードディスクとは、コンピュータの代表的な外部記憶装置（ストレージ）のことで、データを記憶するための装置です。

ドライブの一覧を確認します。

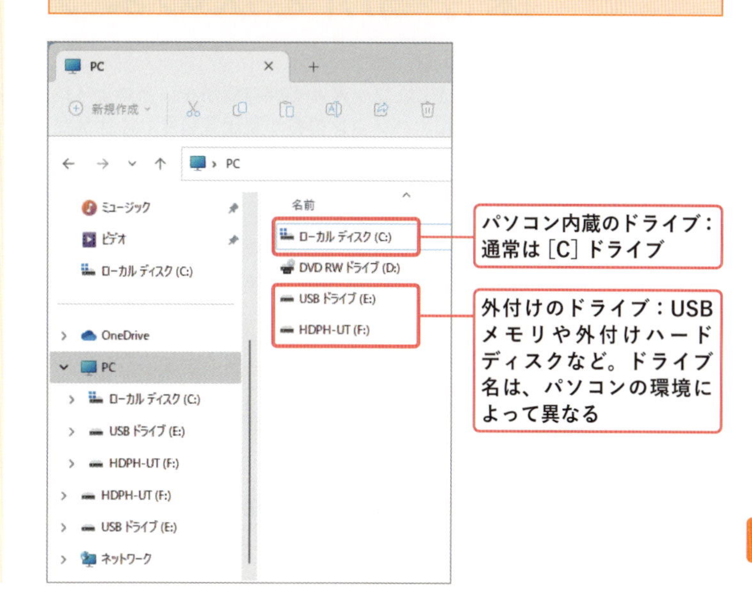

フォルダ／ファイルについて

Point　フォルダの種類

ドライブ内には、あらかじめ［Windows］や［ユーザー］といったフォルダが用意され、関連するファイルが保管されていますが、ユーザーが任意の場所に作成することもできます（p.35参照）。

Point　ファイル

ファイルとは、データの保存単位です。例えば、PowerPointで作成した資料はファイルとして保存します。

Memo　拡張子

ファイル名の末尾に、「.」（ピリオド）に続けてアルファベットの文字列が表示される場合があります。これを、「拡張子」といいます。詳細はSection04を参照してください。

フォルダの一覧を確認します。

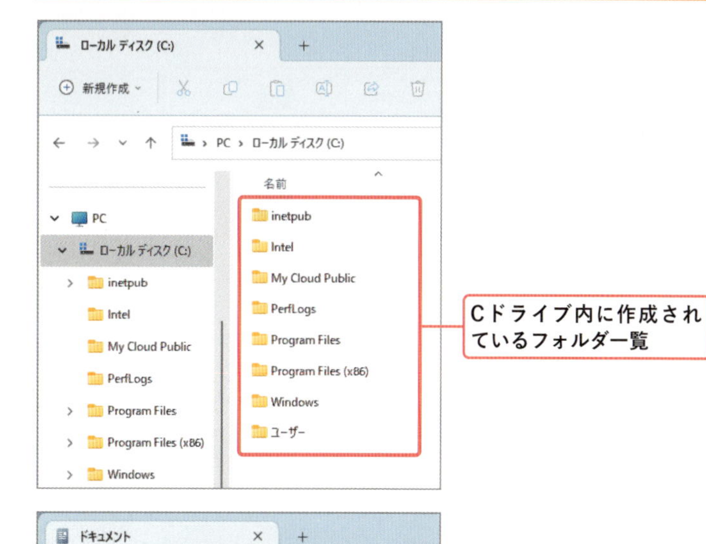

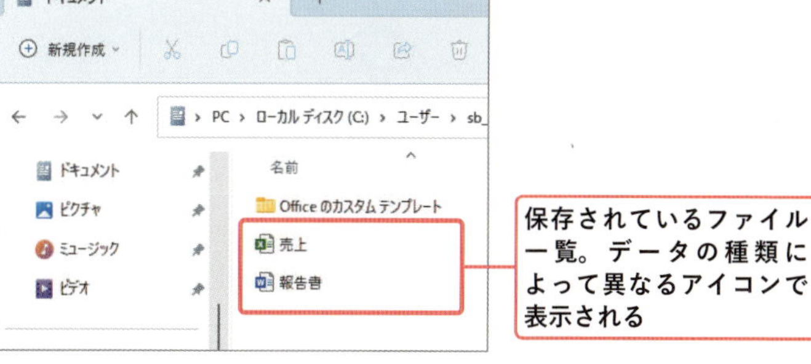

Section
03 ファイルの内容によって保存場所を決めよう

ここで学べること
手元で作成したファイルの保存場所を、どのように決めるべきか解説します。保存場所がきちんと決まれば、パソコンの中が整理整頓されて仕事がスムーズに進みます。

レッスン
▶03-1 エクスプローラーで［ドキュメント］フォルダを開く

まずは パッと見るだけ！

［ドキュメント］フォルダの利用

自分だけが利用するファイルは、［ドキュメント］フォルダに保存します。［ドキュメント］フォルダは、自分専用のフォルダなので他のユーザーは原則開けません。［ドキュメント］フォルダは、エクスプローラーの［クイックアクセス］から開けます。

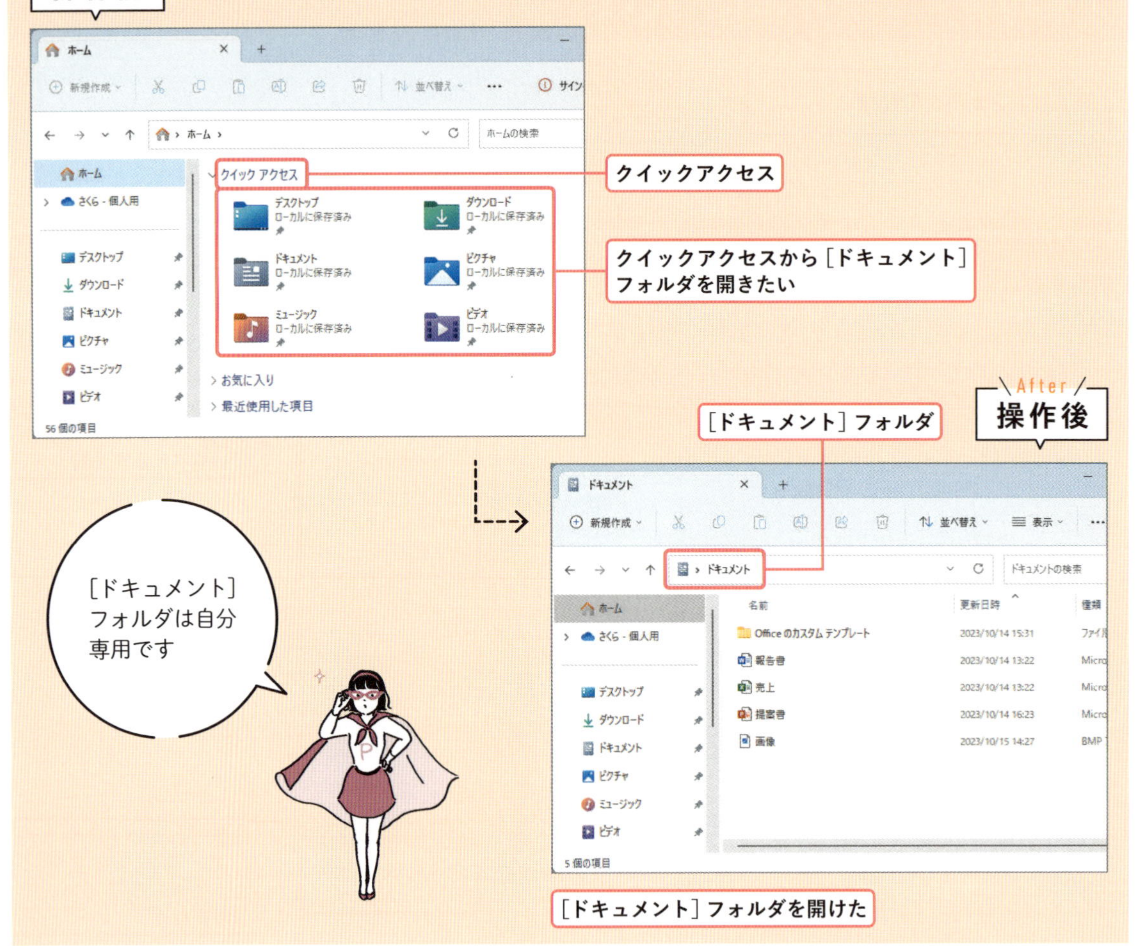

一時的な保存ならデスクトップでもOK

Point デスクトップに保存するメリット

[デスクトップ] フォルダにファイルを保存すると、デスクトップ上にファイルが表示されます。デスクトップ上にあるため、開きやすく便利です。

Point デスクトップに保存するデメリット

[デスクトップ] に保存すると、他の人に見られやすいというセキュリティ上の問題があります。また、数多く保存するとデスクトップ上が乱雑になります。デスクトップは一時的な保存場所にするか、すぐに削除するファイルだけを保存しましょう。

左のページの操作前の画面で、[クイックアクセス] から [デスクトップ] フォルダをダブルクリックして開くと以下のようになり、デスクトップに表示されているファイルやフォルダが表示されます ([ごみ箱] 以外)。

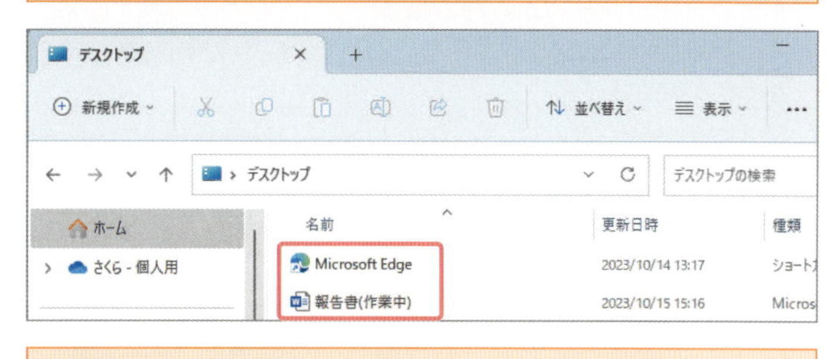

実際のデスクトップ画面

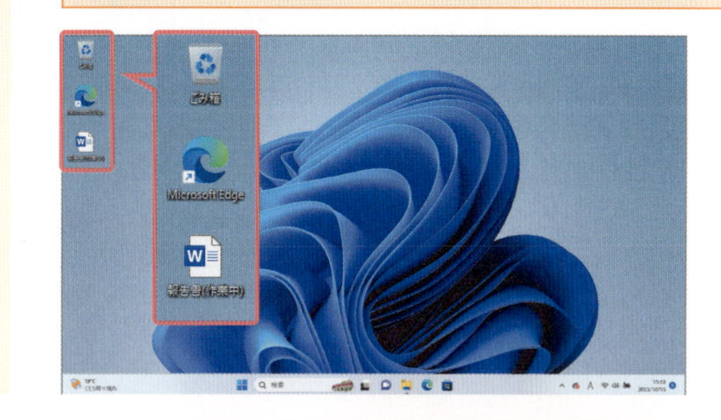

ドライブ内にフォルダを作成して保存できる

Point 任意のフォルダに保存する

自分だけが利用するファイルは、[ドキュメント] フォルダへの保存が原則ですが、ドライブ内に任意のフォルダを作成して保存することもできます (Section06 参照)。

Memo 既存のフォルダには保存しない

[Windows] フォルダなどのパソコンに初めから作成されているフォルダには、パソコンを動かすために必要なファイルやフォルダが保存されています。これらのファイルやフォルダは必要なとき以外は、開かないようにしてください。誤って削除したり、移動したりするとパソコンが正常に動作しなくなる場合があります。

[C] ドライブに [学習] フォルダを作成し、いくつかのファイルを保存している場合、エクスプローラーではこのように表示されます。

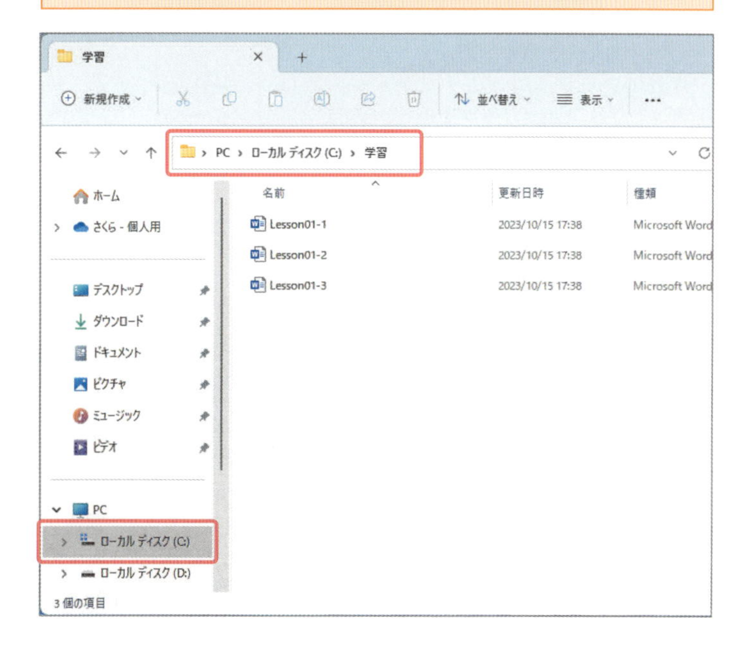

レッスン 03-1 エクスプローラーで［ドキュメント］フォルダを開く

操作 ［ドキュメント］フォルダを開く

ユーザーの［ドキュメント］フォルダをエクスプローラーから開くには、クイックアクセスから開くのが便利です。

Memo ［ホーム］以外が選択されている場合

手順2で［ホーム］以外が選択されている場合は、左側に縦に並んで表示されているクイックアクセスから［ドキュメント］をクリックしても表示できます。

Memo クイックアクセスの機能

クイックアクセスには、ユーザー用に用意されているフォルダや、ユーザーが最近使ったフォルダ、ファイルのショートカットが表示されます。ここに表示されているフォルダやファイルをダブルクリックだけで、フォルダやファイルを開くことができます。

Memo 矢印がついているアイコンはショートカット

アイコンの左下に↗が表示されている場合があります❶。これは「ショートカット」といいます。実際のファイルではなく、別の場所にあるファイルやフォルダ、アプリへのリンクが保存されているアイコンです。ショートカットをダブルクリックすると、実際のファイルやフォルダ、アプリを開くことができます。

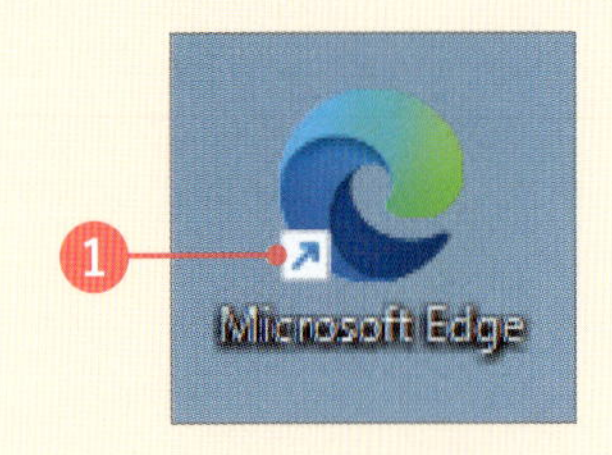

上図に表示されている各ファイルは、ダウンロードファイル内にある0章フォルダに用意しています。p.37を参考に［ドキュメントフォルダ］にコピーすると手順通りの画面になります。ただし、［Officeのカスタムテンプレート］フォルダは、PowerPointやExcelを使用すると自動的に作成されるフォルダであるため、サンプルファイルには用意していません。

コラム　ユーザーの［ドキュメント］フォルダの実際の場所

クイックアクセスに表示されているフォルダやファイルには↗マークは付いていませんが、これらはすべてショートカットです。ショートカットは前ページのMemoでも説明したように、実際のファイルやフォルダへのリンクが保存されているアイコンで、ダブルクリックするだけでそのファイルやフォルダを開くことができます。
ユーザーの［ドキュメント］フォルダの実際の場所は、Cドライブの［ユーザー］フォルダの中の各ユーザー名（ここでは［sb_sa］）のフォルダの中にあります（右図を参照）。エクスプローラーでCドライブから順番にたどりながらフォルダを開くには以下の手順になります。

ユーザーの［ドキュメント］フォルダが実際に作成されている場所です。

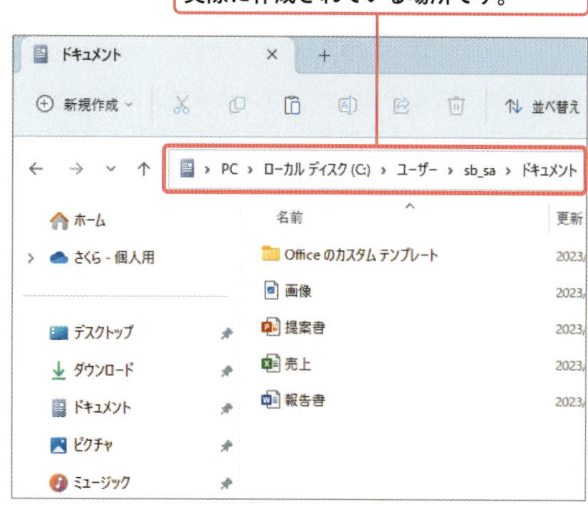

1 p.28の手順でエクスプローラーを開き、左側の一覧から［PC］をクリックします。

2 ドライブ一覧から［C］をダブルクリックします。

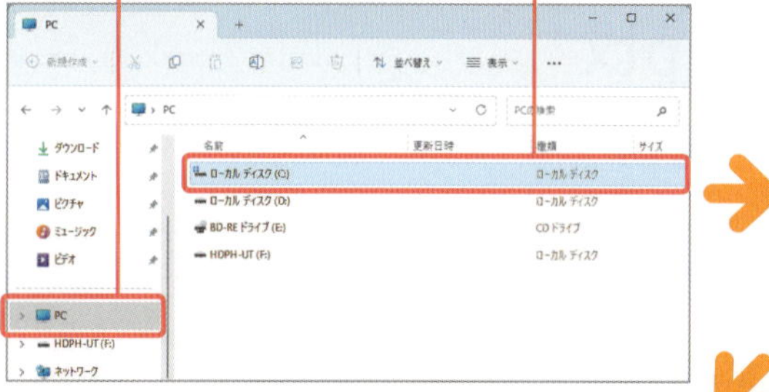

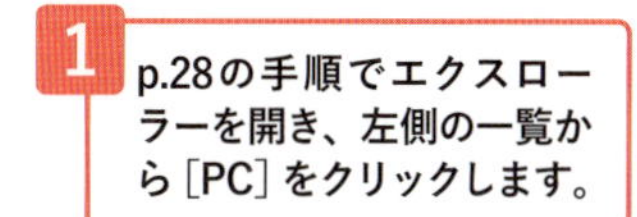

3 Cドライブ内にあるフォルダが表示されました。

4 ［ユーザー］フォルダをダブルクリックします。

5 パソコン内に作成されている全ユーザーのフォルダが表示されました。

6 自分のユーザー名のフォルダをダブルクリックします。

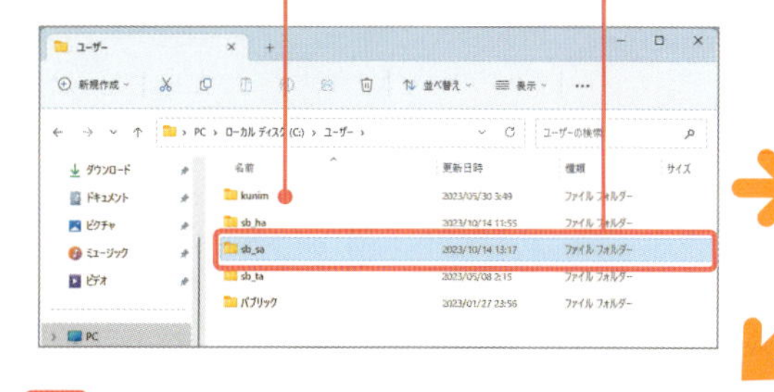

7 自分のフォルダ内にあるフォルダ一覧が表示されました。

8 ［ドキュメント］をダブルクリックします。

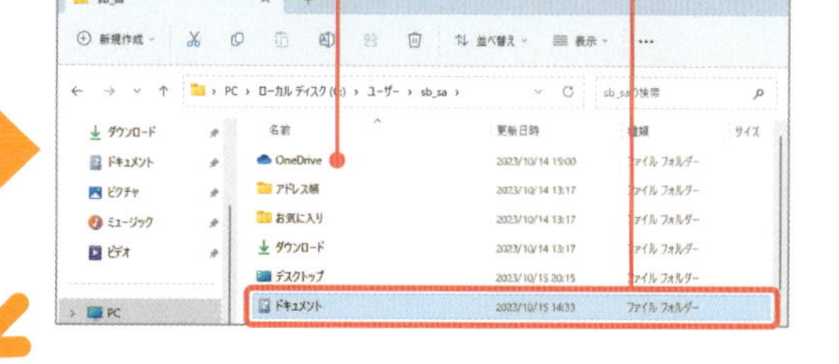

9 自分の［ドキュメント］フォルダが表示されました。

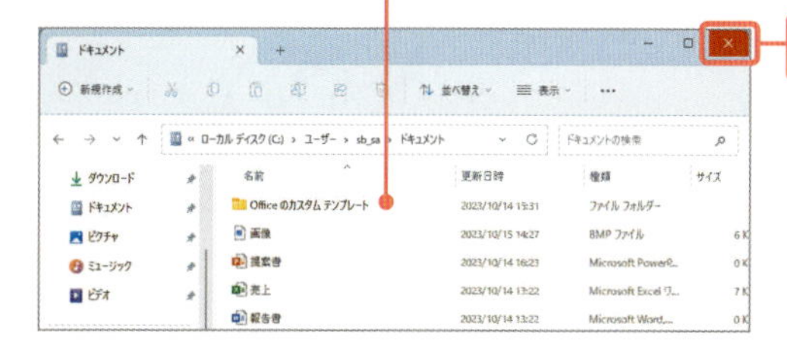

10 ［閉じる］をクリックしてエクスプローラーを閉じます。

Section

04 ファイルの種類と拡張子

ここで学べること

ここでは、パソコン仕事でよく使われる「ファイルの拡張子の種類」を確認します。また、各ファイルを表すアイコンも合わせて確認してください。

レッスン

まずは パッと見るだけ！

拡張子とは

拡張子とは、ファイルの種類を示す文字列です。「.」(ピリオド) と3～4文字のアルファベットで構成されます。拡張子はファイルの種類によって異なります。例えば、PowerPointのファイルは「.pptx」になります。

提案書.pptx

ファイル名　拡張子

▼主なファイルの種類／アイコン／拡張子

ファイルの種類	アイコン	拡張子
Word文書	W	.docx
Excelブック	X	.xlsx
PowerPointプレゼンテーション	P	.pptx
テキストファイル		.txt
CSVファイル	X a,	.csv
PDFファイル	PDF	.pdf

Memo CSVファイル

CSVファイルとは、カンマで区切られたテキストデータを保存するファイル形式のことです。データベースや表計算ソフト間でデータを交換する場合に使用されます。

レッスン 04-1 拡張子の表示を切り替える

操作 拡張子を表示する

ファイルの拡張子は、エクスプローラーで表示／非表示を切り替えます。ここでの設定変更は、エクスプローラーだけでなく、PowerPointなど各アプリケーションにも適用されます。

Memo 拡張子を非表示にする

拡張子が表示されている場合は、［ファイル名拡張子］の先頭にチェックマークが付きます。この状態で［表示］→［表示］→［ファイル名拡張子］をクリックすると、拡張子を非表示にできます。

項目チェック ボックス
✓ ファイル名拡張子

拡張子が表示されている場合は、チェックマークが表示されている

Memo エクスプローラーの表示

ここでは、確認用に［ドキュメント］フォルダにいくつかのファイルが保存されている状態で拡張子の表示手順を紹介していますが、エクスプローラーが開いていれば、何が表示されていても設定できます。

ダウンロードファイルの0章フォルダに含まれているファイルを自分の［ドキュメント］フォルダにコピーして操作すると手順通りの画面になります。

1 レッスン03-1の手順でエクスプローラーを起動し、［ドキュメント］フォルダを開く

2 ［表示］→［表示］→［ファイル名拡張子］をクリックすると、

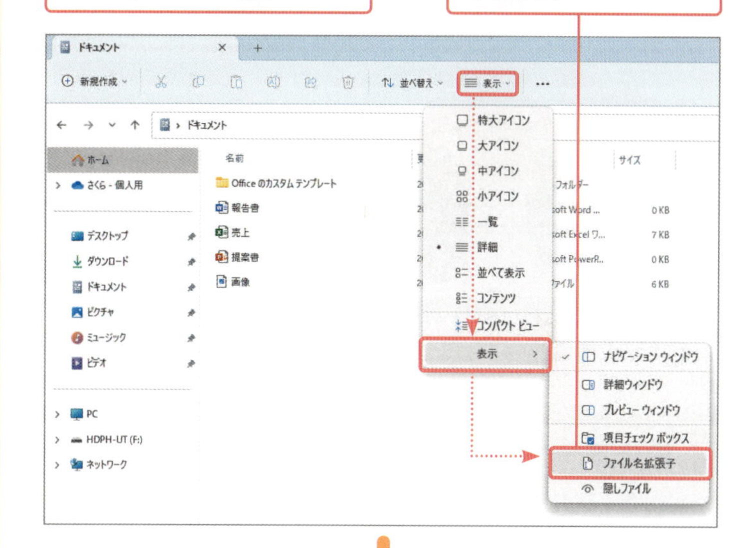

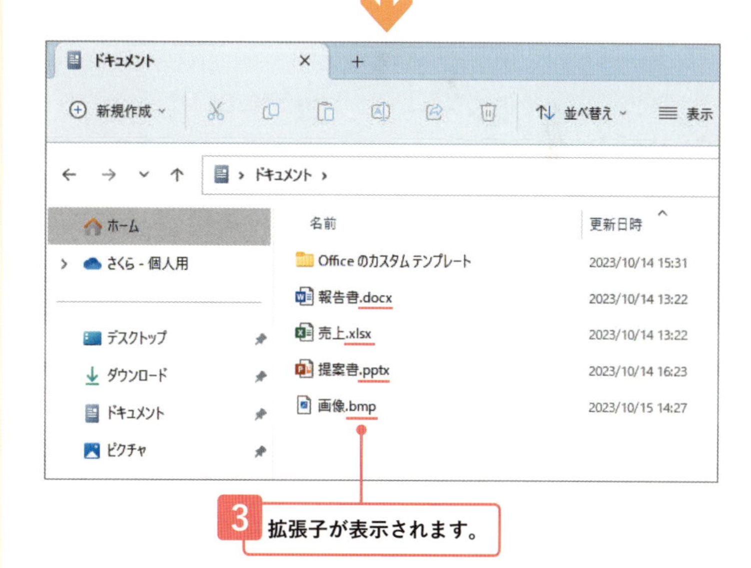

3 拡張子が表示されます。

以降、エクスプローラーや他のすべてのアプリケーションソフトのファイル選択画面で、ファイル名と拡張子が表示されます。

05 ファイルやフォルダを探す

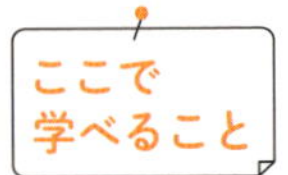

パソコン内に保存されているファイルやフォルダの場所を忘れてしまっても大丈夫です。保存場所がわからない場合は、エクスプローラーの検索機能を使って探すことができます。

レッスン ▶ 05-1 ファイルを検索する

まずは パッと見るだけ！

エクスプローラーの検索機能

エクスプローラーとは、Windows上でファイルやフォルダを管理するためのプログラムです。エクスプローラーの検索機能を使うと、ファイル名やフォルダ名、ファイル内に保存されている文字列を検索ワードにして検索できます。

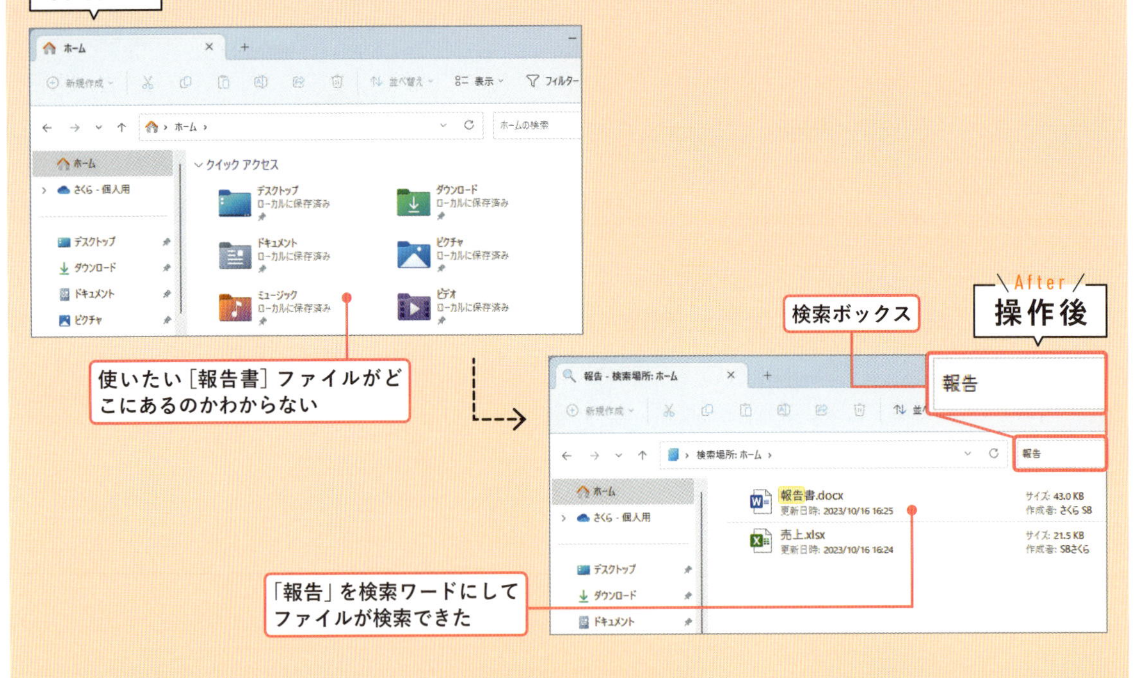

Memo ファイル内の文字列も検索対象になる

エクスプローラーの検索では、ファイル内の文字列も検索対象になります。そのため、検索ワードを含む文書を調べることができます。

レッスン 05-1 ファイルを検索する

操作 エクスプローラーの[検索]ボックスで検索する

エクスプローラーで、検索場所を開き、[検索]ボックスに検索ワードとなる文字列(ファイル名など)を入力して Enter キーを押すと、検索ワードを含むファイルまたはフォルダが検索され、一覧に表示されます。

ダウンロードファイルの0章フォルダに含まれているファイルを自分の[ドキュメント]フォルダにコピーして操作すると手順通りの画面になります(p.37)。

1 エクスプローラーを開く

2 ファイルを検索する場所を選択する(ここでは[ホーム])

3 検索ボックスに、[○○の検索]と表示されたことを確認(ここでは[ホームの検索])

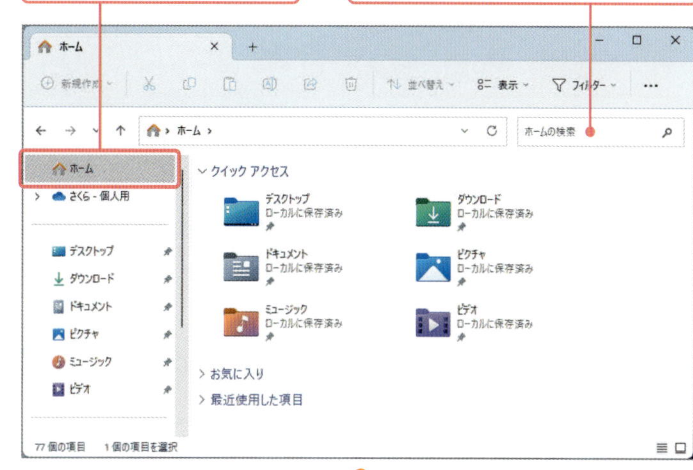

4 検索ボックスに検索ワード(ここでは[報告])を入力

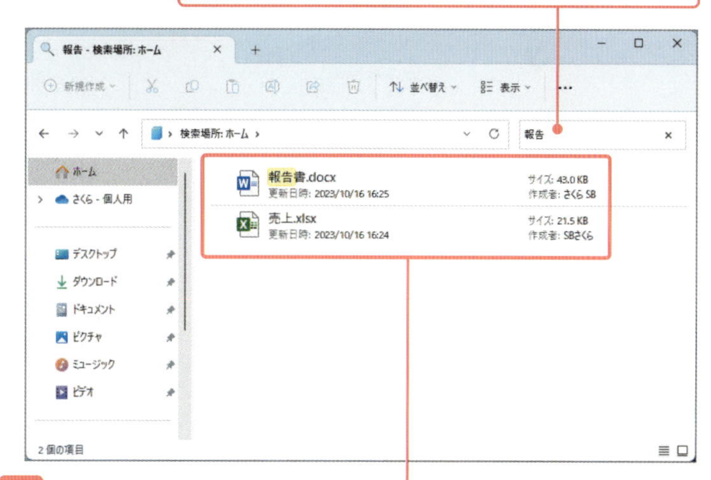

5 すぐに検索が実行され、見つかったファイルが一覧に表示されます。検索ワードに該当する部分が黄色いマーカーで表示されます。

見つかったファイルをダブルクリックするとファイルを開くことができます。

Memo ファイル名に「報告」が含まれないのに表示されるファイル

検索結果で表示されたファイルに「売上.xlsx」があります。ファイル名には「報告」が含まれていませんが、ファイルを開くと下図のように「報告」という文字を含んでいるために検索されます。これを利用すれば、ファイル名を思い出せなくても、ファイルの内容を元に検索できます。

	A	B	C	D
1	10月売上	報告		
2				
3		支店1	支店2	支店3
4	商品A	2,800	3,000	2,600

時短ワザ 検索のポイント

検索場所は、フォルダ単位で指定したほうが短時間で検索することができます。検索対象のファイルが保存されているフォルダがわかる場合は、そのフォルダを指定してください。

Section

06 フォルダを作成する

ここで学べること

パソコンでは、ドライブ内の任意の位置にフォルダを作成できます。フォルダを作成すれば、関連するファイルを分類して保存することができます。

レッスン

▶ 06-1 ［C］ドライブにフォルダを作成する

まずは パッと見るだけ！

フォルダの作成

ファイルを保存するフォルダは、エクスプローラーで任意の場所に作成できます。その際、フォルダを作成したいドライブやフォルダを先に開いておきます。

Before 操作前

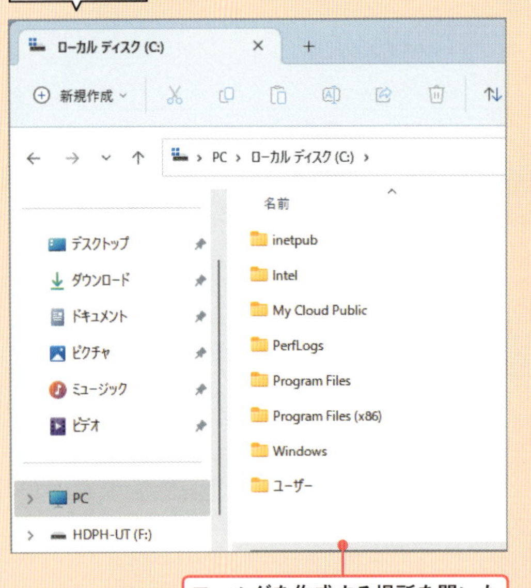

フォルダを作成する場所を開いた

After 操作後

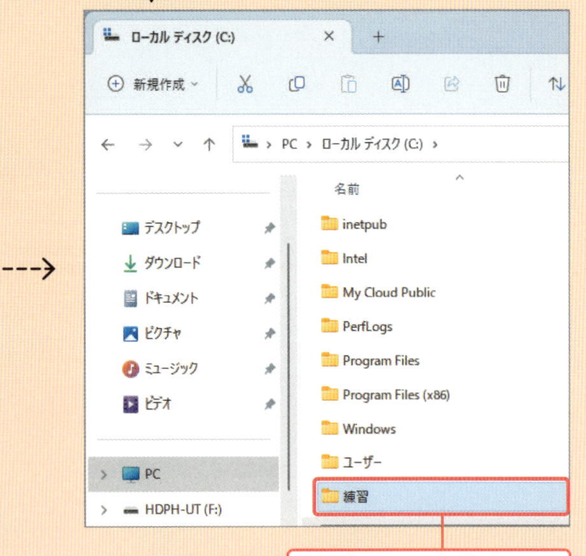

［練習］フォルダが作成できた

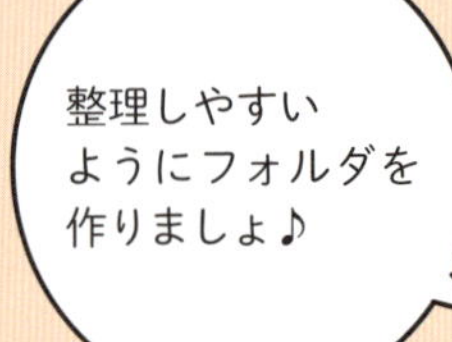

レッスン 06-1 ［C］ドライブにフォルダを作成する

操作　エクスプローラーでフォルダを作成する

フォルダを作成したい場所をエクスプローラーで開き、［新規作成］ボタンをクリックして作成します。

Memo　フォルダを削除する

フォルダを削除するには、削除したいフォルダをクリックして選択し、delete キーを押します。または、エクスプローラーの［削除］ボタンをクリックしても削除できます。

ここでは、Cドライブに［練習］フォルダを作成してみましょう。

1 p.28の手順でエクスプローラーを開きます。

2 ［PC］をクリックし、

3 ［ローカルディスク（C:）］をダブルクリックすると、

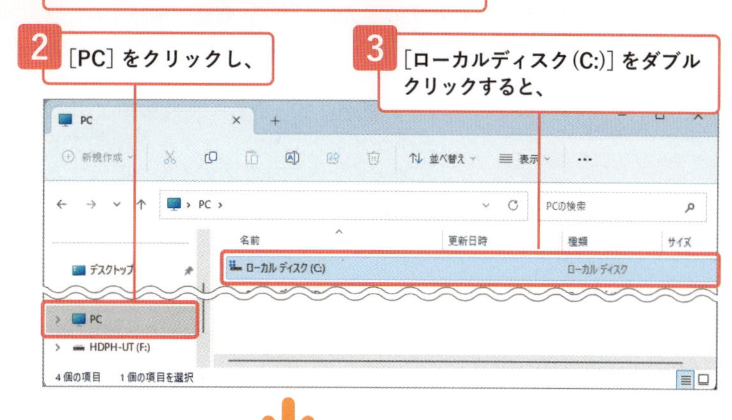

4 Cドライブが開いて、ドライブ内のフォルダが表示されます。

5 ［新規作成］→［フォルダー］をクリックすると、

6 新規フォルダが作成され、フォルダ名の「新しいフォルダー」が編集状態になります。

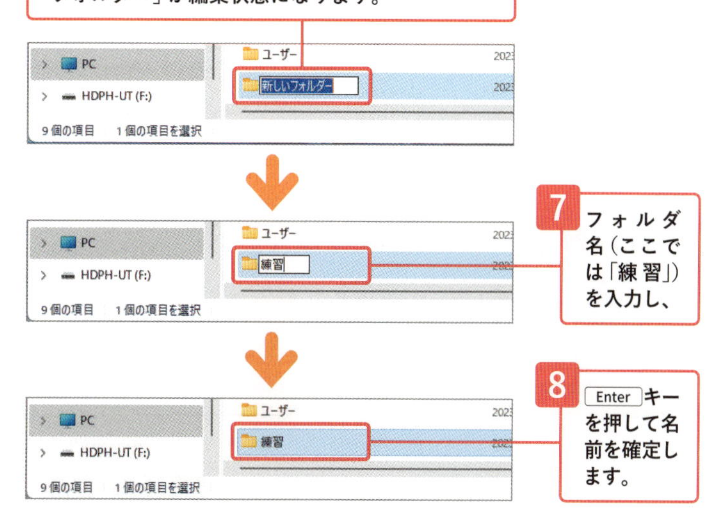

7 フォルダ名（ここでは「練習」）を入力し、

8 Enter キーを押して名前を確定します。

Memo　フォルダ名を変更する

フォルダ名を間違えた場合は、変更したいフォルダをクリックして選択し、フォルダ名の上でクリックします。フォルダ名が右図のように青く反転し編集状態になったら、入力し直してください。
なお、フォルダ選択後、F2 キーを押しても編集状態にすることができます。キー操作で変更できるので覚えておくと便利です。

Section 07

ファイルやフォルダのコピー／移動／削除

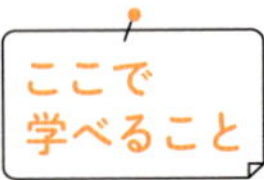

ファイルやフォルダをコピー、移動、削除するには、［コピー］［切り取り］［貼り付け］［削除］を使います。データをバックアップしたり整理したりする操作を習得しましょう。

まずは パッと見るだけ！

コピー／移動／削除

以下は［1月］フォルダに［報告書.docx］ファイルが保存されている場合の、コピー、移動、削除の様子です。削除すると、ごみ箱に移動します。

▼ファイルのコピー

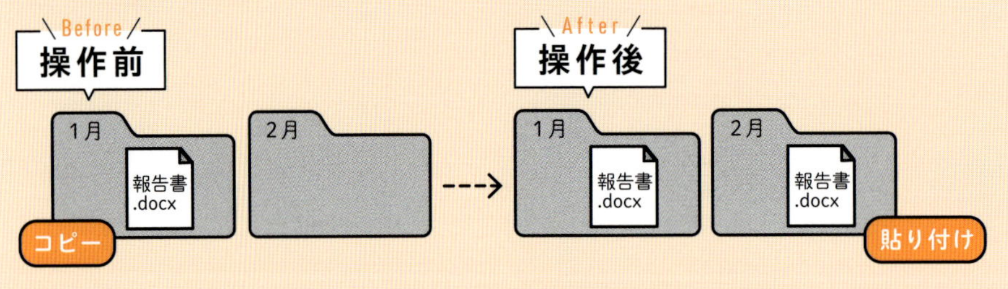

▼ファイルの移動

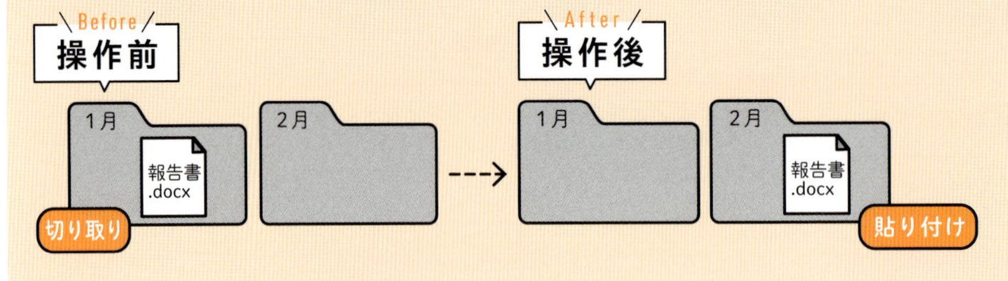

▼ファイルの削除

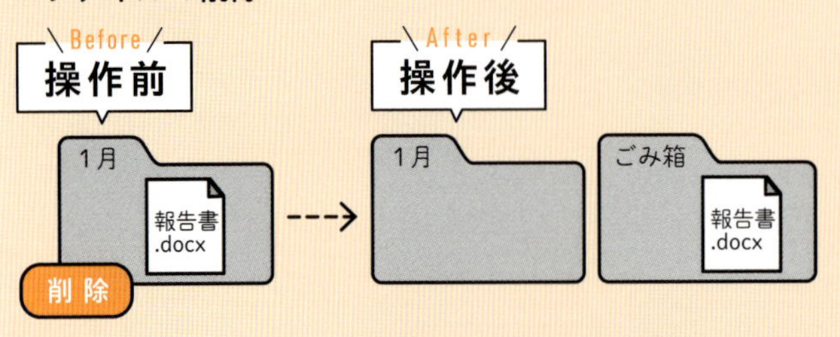

レッスン 07-1 フォルダをコピーする

操作 ファイルやフォルダをコピーする

ファイルやフォルダをコピーする場合は、対象となるファイルまたはフォルダを選択し、[コピー] ボタンをクリックします。次にコピー先を開き、[貼り付け] ボタンをクリックします。

ショートカットキー

- コピー
  Ctrl + C
- 貼り付け
  Ctrl + V

Memo 間違えてコピーした場合

間違えてコピーしてしまった場合は、直後にエクスプローラーの [⋯] → [元に戻す] をクリックするか、Ctrl + Z キーを押してください。直前の操作が取り消されコピーする前の状態に戻ります。

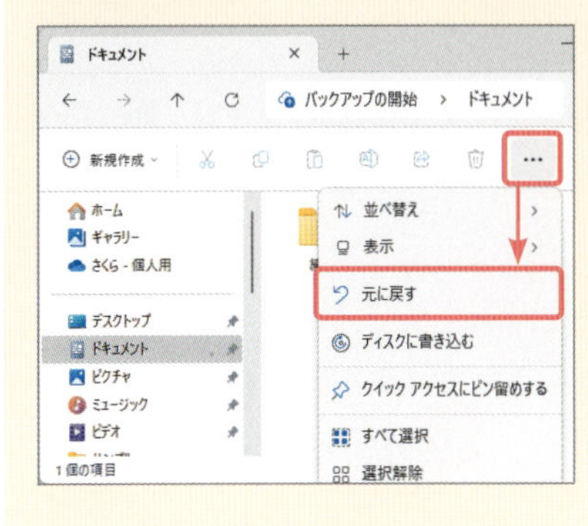

ここでは、レッスン06-1で作成したCドライブの [練習] フォルダを、[ドキュメント] フォルダにコピーしてみましょう。

1 エクスプローラーで [C] ドライブを開く

2 [練習] フォルダをクリック

3 [コピー] をクリック

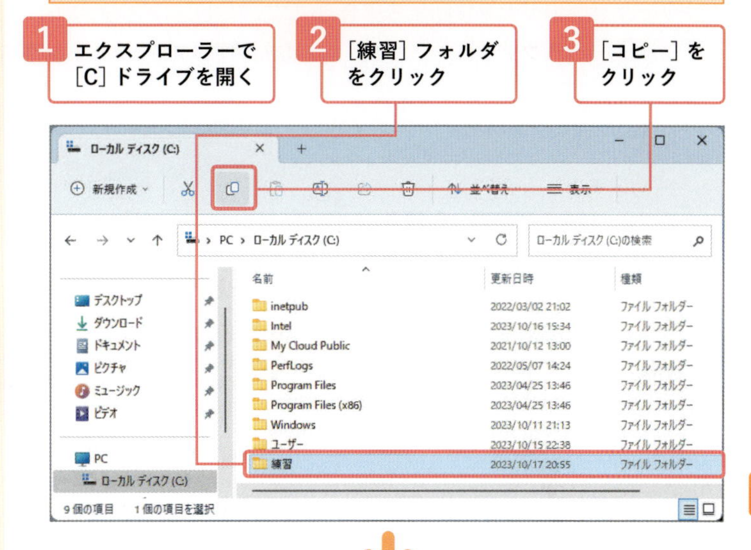

4 [ドキュメント] をクリック

5 [貼り付け] をクリック

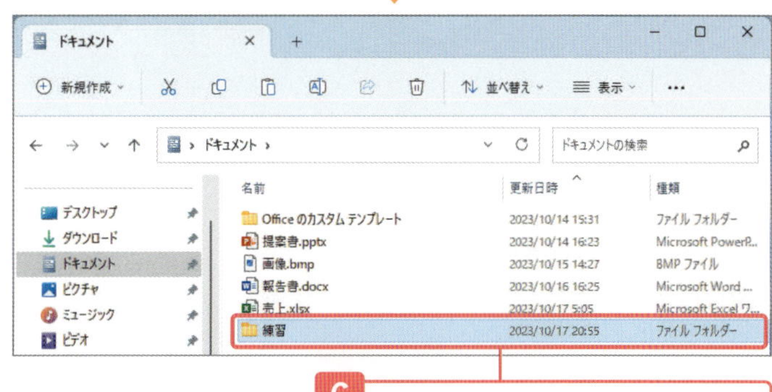

6 [練習] フォルダがコピーされました。

Memo ドラッグで移動／コピーする

ファイルやフォルダはドラッグでも移動、コピーできます。

ダウンロードファイルの0章フォルダに含まれているファイルを自分の [ドキュメント] フォルダにコピーして操作すると手順通りの画面になります。

レッスン 07-2 ［ドキュメント］内のファイルを移動する

操作 ファイルやフォルダを移動する

ファイルやフォルダを移動する場合は、対象となるファイルまたはフォルダを選択し、［切り取り］ボタンをクリックします。次に移動先を開き、［貼り付け］ボタンをクリックします。

Memo 間違えて移動した場合

直後であれば、［…］→［元に戻す］をクリックするか、Ctrl + Z キーを押して移動前の状態に戻すことができます。

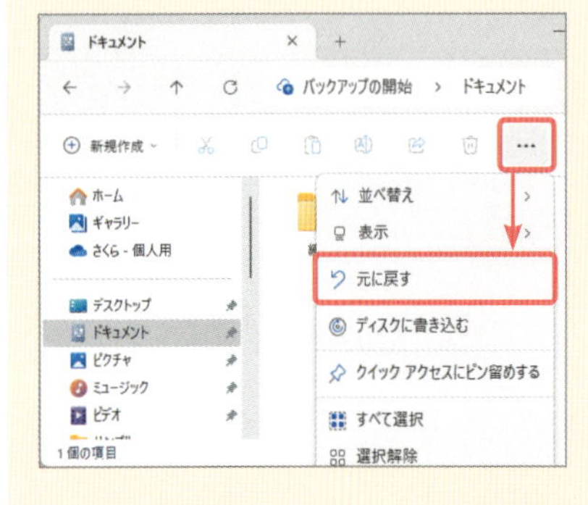

ここでは、［ドキュメント］フォルダ内の［報告書.docx］ファイルを前のレッスンでコピーした［練習］フォルダに移動してみましょう。

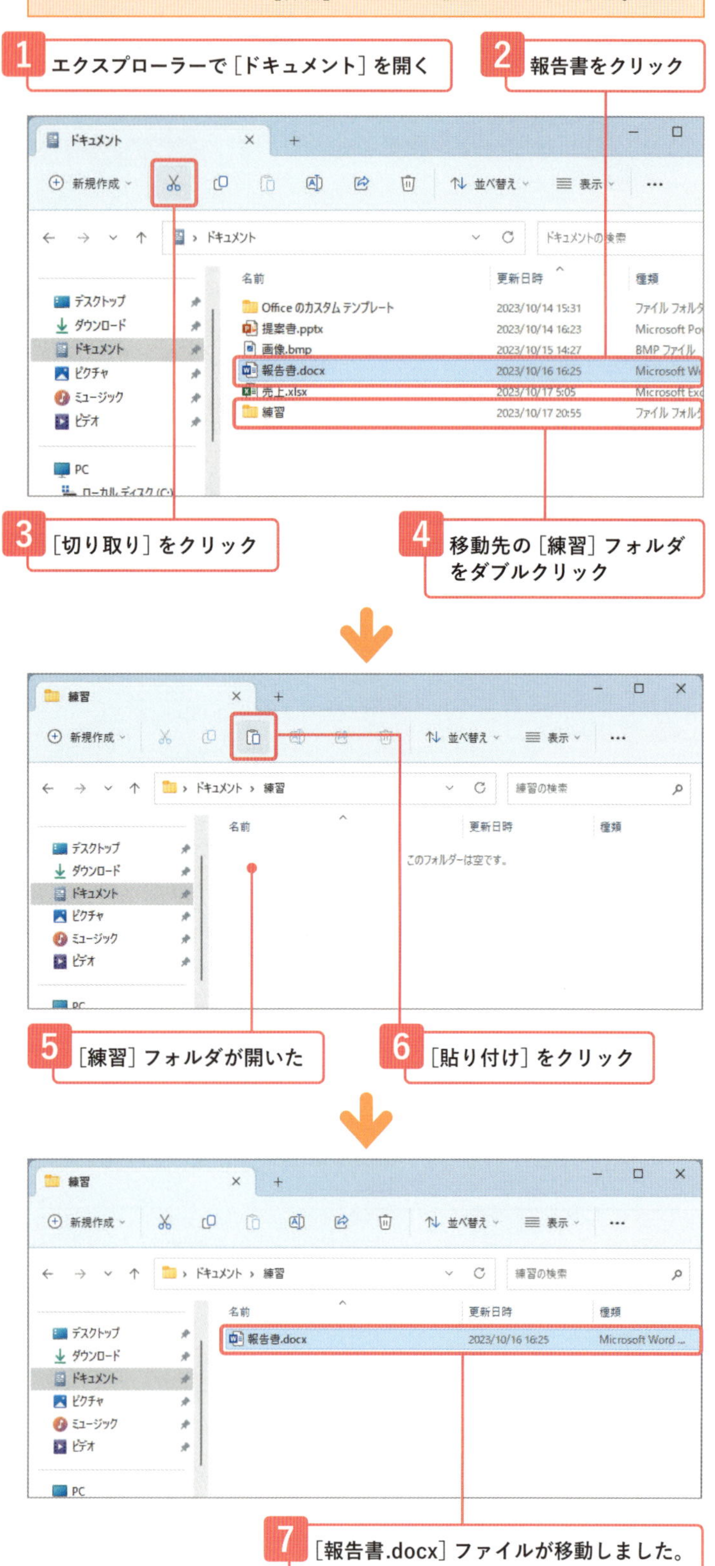

ショートカットキー

- 切り取り
  Ctrl + X
- 貼り付け
  Ctrl + V
- 元に戻す
  Ctrl + Z

レッスン 07-3 ［ドキュメント］内のファイルを削除する

操作 ファイルやフォルダを削除する

パソコンでは、ファイルやフォルダを削除すると、デスクトップ上にある［ごみ箱］に移動します。そのため、間違えて削除した場合は、ごみ箱から元の位置に戻すことができます。

Memo Delete キーでごみ箱に移動する

ファイルやフォルダを選択し、Delete キーを押してもごみ箱に移動できます。誤ってごみ箱に移動した場合は、直後であれば、Ctrl + Z キーを押して元に戻すか（p.38 の Memo 参照）、手順 6 でごみ箱に移動したファイルを右クリックして、［元に戻す］をクリックします。

Memo ごみ箱を空にする

ごみ箱を右クリックし、［ごみ箱を空にする］をクリックするとごみ箱の中にあるすべてのファイルやフォルダが完全に削除されます。完全に削除すると元に戻すことはできません。

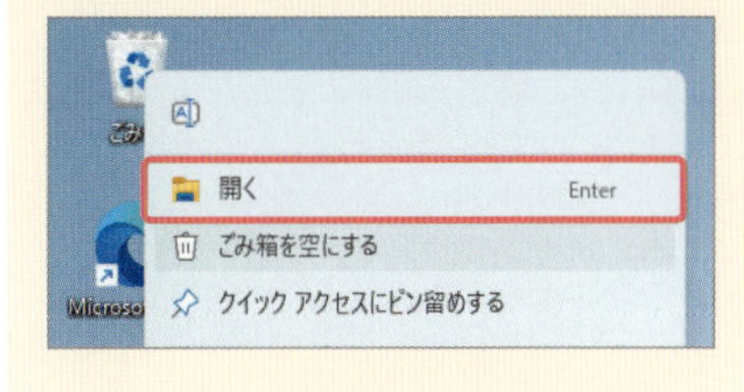

コラム ごみ箱に移動しないで削除する場合

ごみ箱に移動しないで削除したい場合は、削除するファイルまたはフォルダを選択し、Shift + Delete キーを押します。以下のような確認メッセージが表示されるので、［はい］をクリックするとごみ箱に移動しないで直接削除されます。

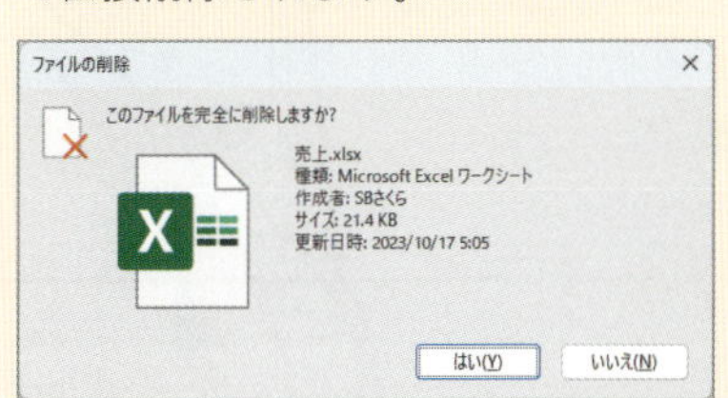

ここでは、［ドキュメント］フォルダ内の［売上.xlsx］ファイルを削除してみましょう。

1 エクスプローラーで［ドキュメント］を開く

2 ［売上.xlsx］をクリック

3 ［削除］をクリック

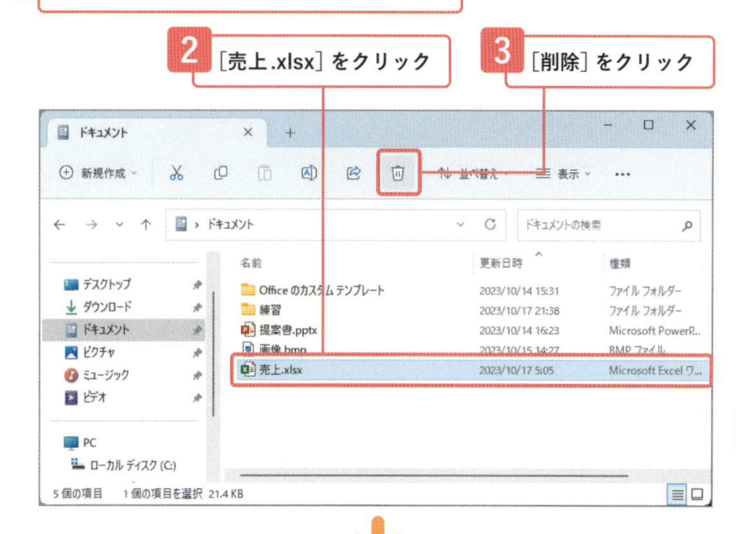

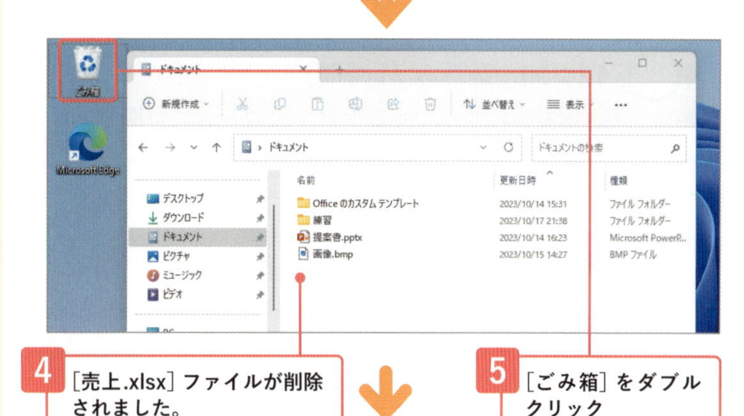

4 ［売上.xlsx］ファイルが削除されました。

5 ［ごみ箱］をダブルクリック

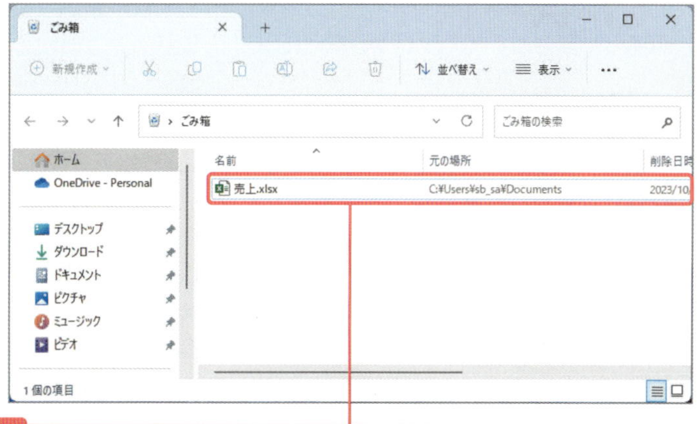

6 ［ごみ箱］が開き、［売上.xlsx］が移動していることが確認できます。

事務職のタイムスケジュールってどんな感じ？

事務職の女性のある１日をのぞいてみましょう。Ｓさんの勤務時間は9：00〜17：00です。

8：50　出社

できるだけ始業10分前には出社。お気に入りのコーヒーショップでコーヒーを買って行きます。毎日のことだけど、朝のラッシュと早歩きの後、席について飲む始業前のコーヒーで、ほっと一息。コーヒーを飲みながら今日のスケジュールを確認します。

9：00　始業開始

締め切りや日程などを確認し、優先順位の高い業務から仕事を進めます。
今日は、10時からミーティングがあるので、ミーティングの準備を最優先にして、会議室の確認と資料を用意します。パソコンで作成していた資料をプリントアウトし、人数分をセット。準備ができたら、会議までの間、メールのチェックや、電話／来客時対応などの作業もします。

10：00　グループミーティング

会議室に移動し、各メンバーの業務報告や進捗状況を共有し、進行中の企画や案件についてスケジュール調整などを相談。自分のスケジュールは要チェック。

12：00　昼休み（1時間）

いつもはお弁当ですが、今日は近くのコンビニで期間限定のお弁当を購入。狙っていたお弁当が購入できたので満足。ときには近くの定食屋さんに行ったり、カフェでランチしたりと、外食してリフレッシュ！

13：00　オフィス内整備と郵便物チェック

ロビーに設置しているパンフレットやチラシの確認や入れ替えをし、備品のチェックをして必要なものは発注をかけたり、郵便物のチェックをしたりします。

14：00　データ入力や書類作成などの事務処理

社内システムを使ってデータ入力したり、PowerPointやExcelを使って資料や書類を作成したりと、座って落ち着いてパソコン作業をします。電話／来客時対応は随時行っています。

17：00　退社

明日のスケジュールを確認してからパソコンの電源を切り、机の上を整理して退社。今日は、駅ビルで友人のプレゼントを見て帰ろうかな。

余裕を持って
自分のペース
を確保

毎日の作業は、締め切りや会議などを考慮して、スケジューリングします。また、あまりタイトなスケジュールを組まないのがコツ。例えば、会議が長引いたり、急な来客があったりと、思うように作業が進まないことが多々あります。

優先順位を考えてスケジューリングを！

第 1 章

PowerPointの基礎を知ろう

PowerPointで作業をはじめる前に、PowerPointの基本的な使い方を覚えておきましょう。ここでは、起動や終了の方法、画面構成、機能の実行方法など、必要な基礎知識を紹介します。

基礎をしっかり
押さえましょう

Section

08 PowerPointで何ができるの？

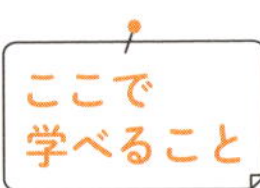

PowerPointは、プレゼンテーション用の強力なツールとしてビジネスや教育などさまざまな分野で使用されています。ここでは、PowerPointに用意されている主な機能を確認しましょう。

基礎知識

- PowerPointの主な機能
- スライドの役割

まずは パッと見るだけ！

PowerPointの主な機能

PowerPointは、プレゼンテーション資料の作成から印刷、発表までの一連の機能が用意されています。1枚の画面を**スライド**と呼び、そのスライドを複数使って、相手に情報を伝えます。

● プレゼンテーション資料の作成

文字、表、画像、図形、グラフなどを配置した資料を作成できます。

料金プラン

プラン名	サービス料金	訪問回数	合計金額
定期プラン	3,800円×2時間+消費税	月4回	33,440円
プレミアムプラン	4,600円×3時間+消費税	月4回	60,720円
カスタムプラン	5,000円×3時間+消費税	1回	16,500円

2030年9月1日現在

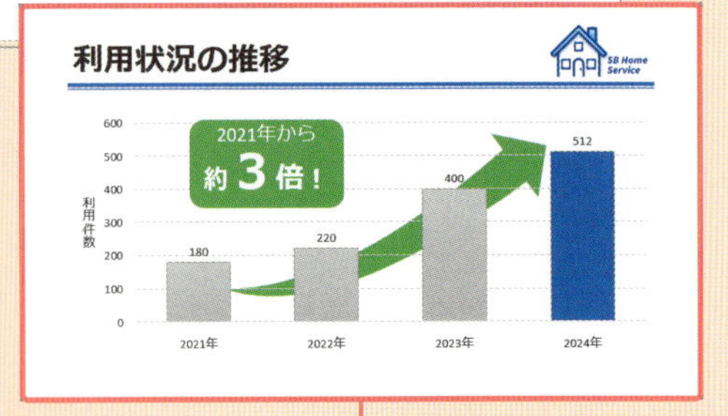

スライド

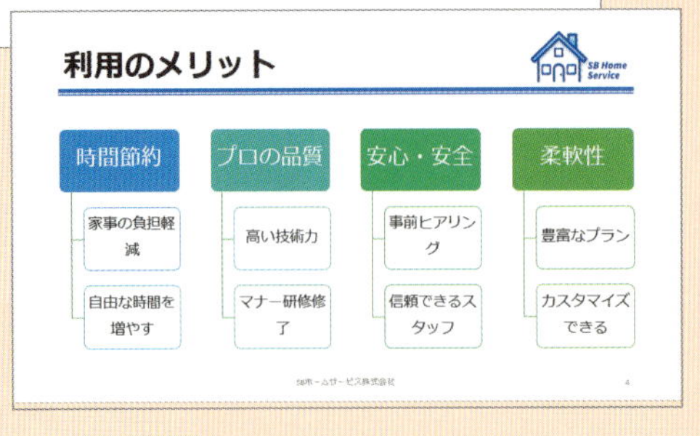

複数のスライドを
紙芝居のように
1枚ずつ表示します

● **チラシやポスターの作成**

スライドのサイズや向きを変更して、チラシやポスターの作成ができます。

● **動きの効果の設定**

スライドに動きを設定して、アニメーションによる視覚効果を付けることができます。

● **発表者ツールの利用**

発表用のプロジェクターとは別に、発表者用のパソコン画面に台本を表示したり、次のスライドを表示したりして、発表をサポートする発表者ツールが用意されています。

▼**プロジェクター**

▼**発表者のPC**

Section

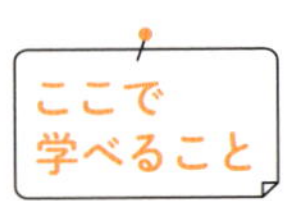

09 PowerPointを起動／終了するには

ここで学べること

PowerPointで作業をはじめるには、PowerPointを起動し、空白のプレゼンテーションを追加して新規の画面を表示します。PowerPointで必ず行う操作をマスターしましょう。

レッスン

- ▶9-1 PowerPointを起動して新規のプレゼンテーションを表示する
- ▶9-2 PowerPointを終了する

まずは パッと見るだけ！

PowerPointの起動

PowerPointを起動すると、デスクトップ上にPowerPointのウィンドウが開き、タスクバーにPowerPointのアイコンが表示されます。

Before 操作前

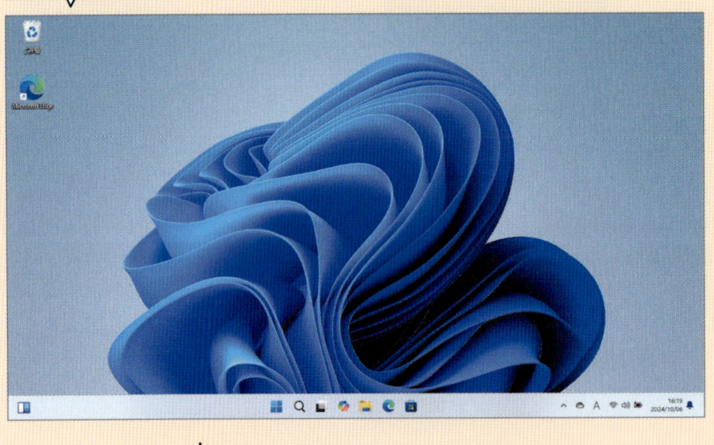

After 操作後

タイトルを入力

サブタイトルを入力

PowerPointのウィンドウが開き、タスクバーにアイコンが表示される

レッスン 09-1 PowerPointを起動して新規のプレゼンテーションを表示する

操作 PowerPointを起動する

PowerPointを起動するには、[スタート] ボタンをクリックし、表示されるスタートメニューからすべてのアプリを表示し、PowerPointのアイコンをクリックします。

Memo PowerPointのアイコンが見えない場合

すべてのアプリの一覧で、[PowerPoint] のアイコンが見えない場合は、[PowerPoint] のアイコンが見えるまでスクロールバーを下方向にドラッグしてください。

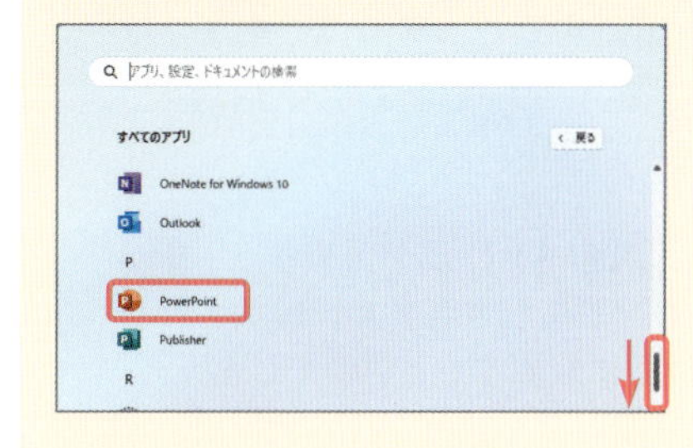

1 [スタート] ボタンをクリックし、

2 表示されたスタートメニューの [すべてのアプリ] をクリックします。

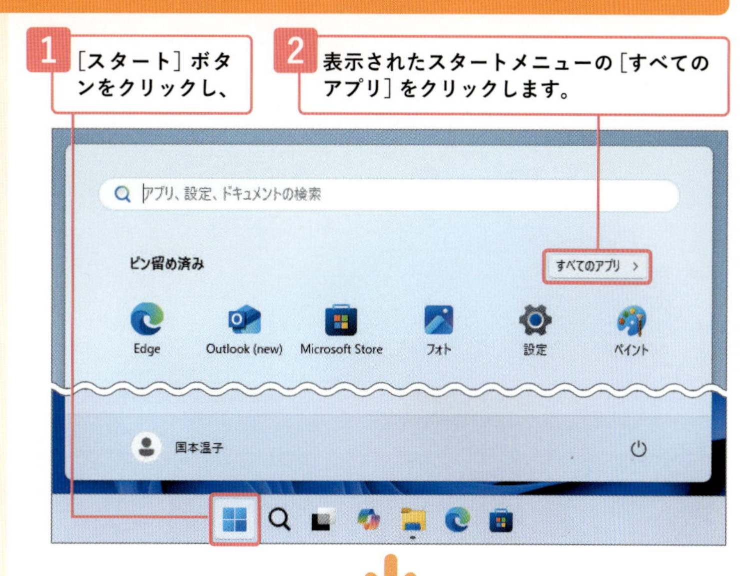

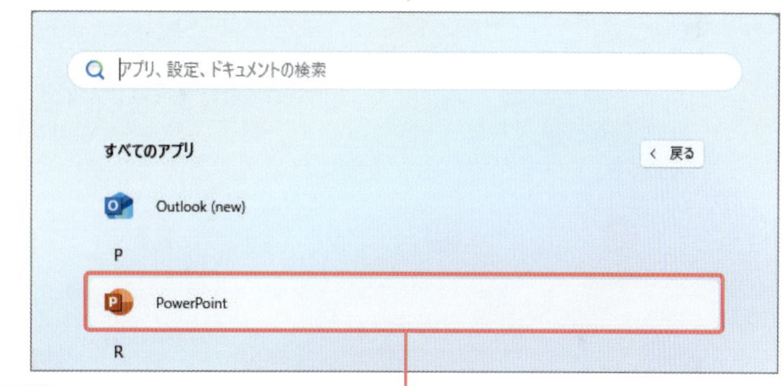

3 すべてのアプリにある [PowerPoint] をクリックすると、

4 PowerPointが起動します。

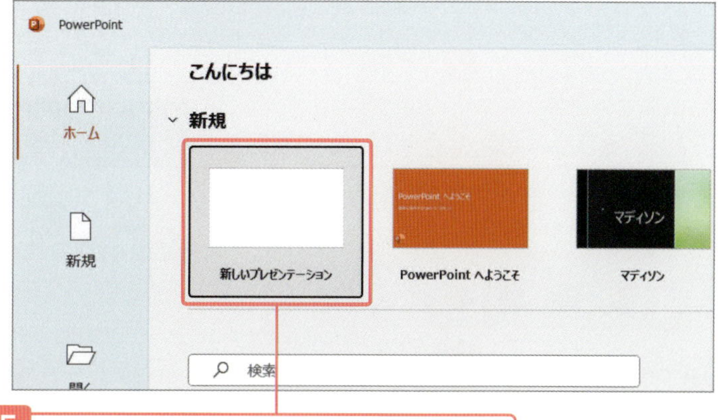

5 [新しいプレゼンテーション] をクリックすると、

Memo プレインストール版のパソコンの場合

パソコン購入時にPowerPointがすでにインストールされている場合は、手順1の [スタートボタン] をクリックしたときに表示されるスタートメニューに [PowerPoint] のアイコンが表示されている場合があります。

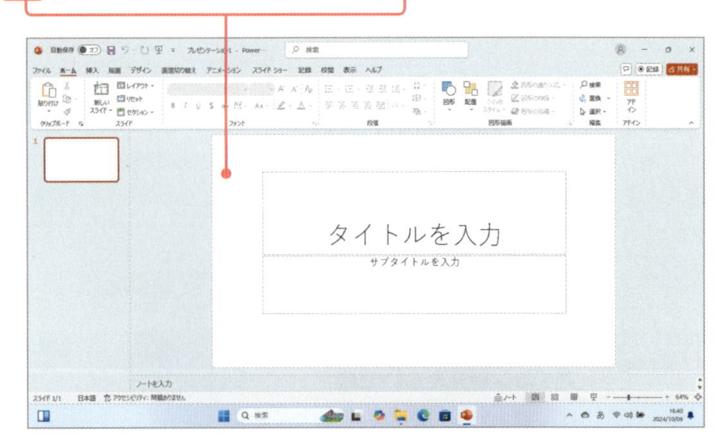

時短ワザ　PowerPointをすばやく起動する方法

PowerPointのアイコンをスタートメニューやタスクバーにピン留めすると、アイコンをクリックするだけですばやく起動できるようになります。

●スタートメニューにピン留めする

前ページの手順3で表示した［PowerPoint］を右クリックし1、［スタートにピン留めする］をクリックすると2、スタートメニューの一番下にPowerPointのアイコンが追加されます。追加されたアイコンはドラッグで自由な位置に移動できるので、使いやすい位置に配置するといいでしょう。

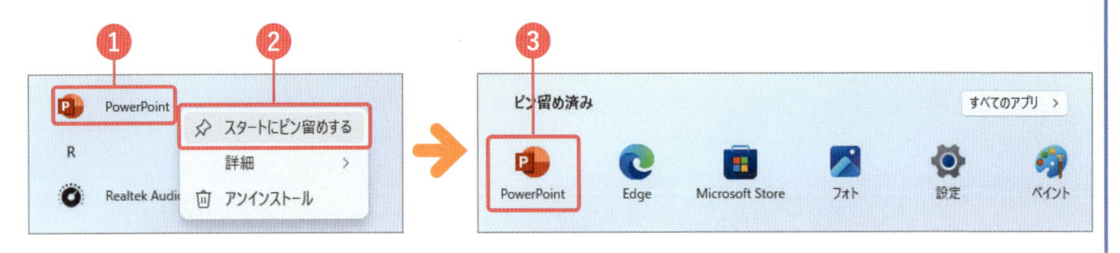

●タスクバーにピン留めする

PowerPointが起動しているときに、タスクバーにあるPowerPointのアイコンを右クリックし1、［タスクバーにピン留めする］をクリックします2。これで、タスクバーにPowerPointのアイコンが常に表示されるようになり、クリックするだけでPowerPointが起動します3。

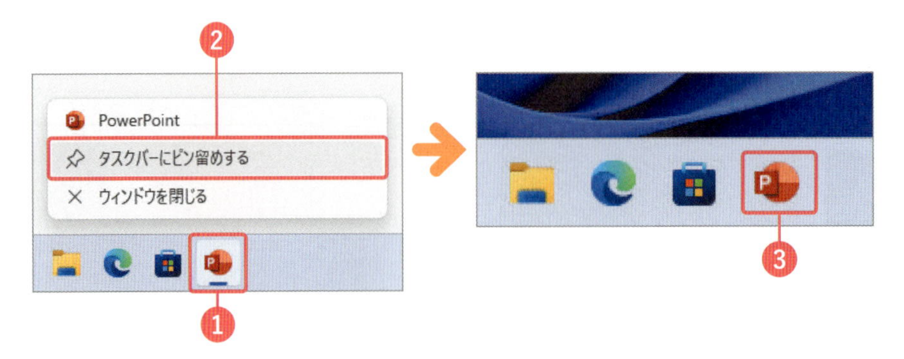

レッスン 09-2 PowerPointを終了する

操作 PowerPointを終了する

PowerPointを終了するには、タイトルバーの右端にある［閉じる］をクリックします。
複数のプレゼンテーションを開いている場合は、最前面のプレゼンテーションだけが閉じます。開いているプレゼンテーションが1つのみの場合に［閉じる］をクリックすると、プレゼンテーションを閉じるとともにPowerPointも終了します。

ショートカットキー

- PowerPointを終了する
  Alt + F4

1 タイトルバーの右端にある［閉じる］をクリックすると、

2 PowerPointが終了します。

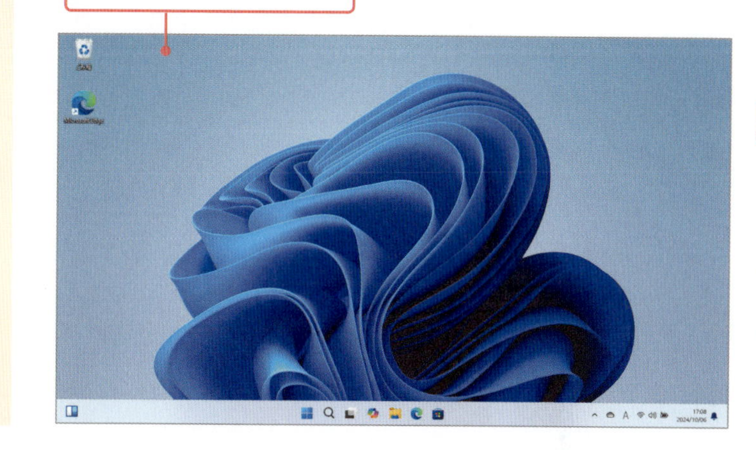

コラム スタート画面について

PowerPoint起動時の画面を「スタート画面」といいます。この画面ではこれからPowerPointで行う操作を選択できます。起動時に表示される［ホーム］画面では、新規プレゼンテーション作成の選択画面、最近表示したプレゼンテーションの一覧が表示されます。❶［新規］をクリックするとプレゼンテーションの新規作成用の画面、❷［開く］をクリックすると保存済みのプレゼンテーションを開くための画面が表示されます。

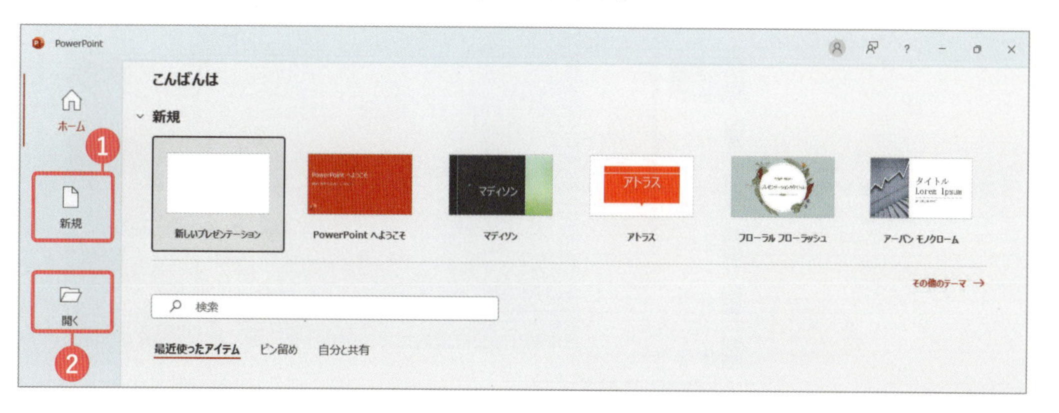

Section 10

PowerPointのファイルを開く／閉じる

ここで学べること

保存されているPowerPointのデータを使って作業をしたい場合は、プレゼンテーション（ファイル）を開きます。ここでは、既存のプレゼンテーションの開き方と閉じ方を確認しましょう。

レッスン

▶ 10-1 プレゼンテーションを開く
▶ 10-2 プレゼンテーションを閉じる

まずは パッと見るだけ！

［ファイルを開く］ダイアログでファイルを開く

保存されているPowerPointのプレゼンテーションを開くには、［ファイルを開く］ダイアログを表示し、開きたいプレゼンテーションを選択します。

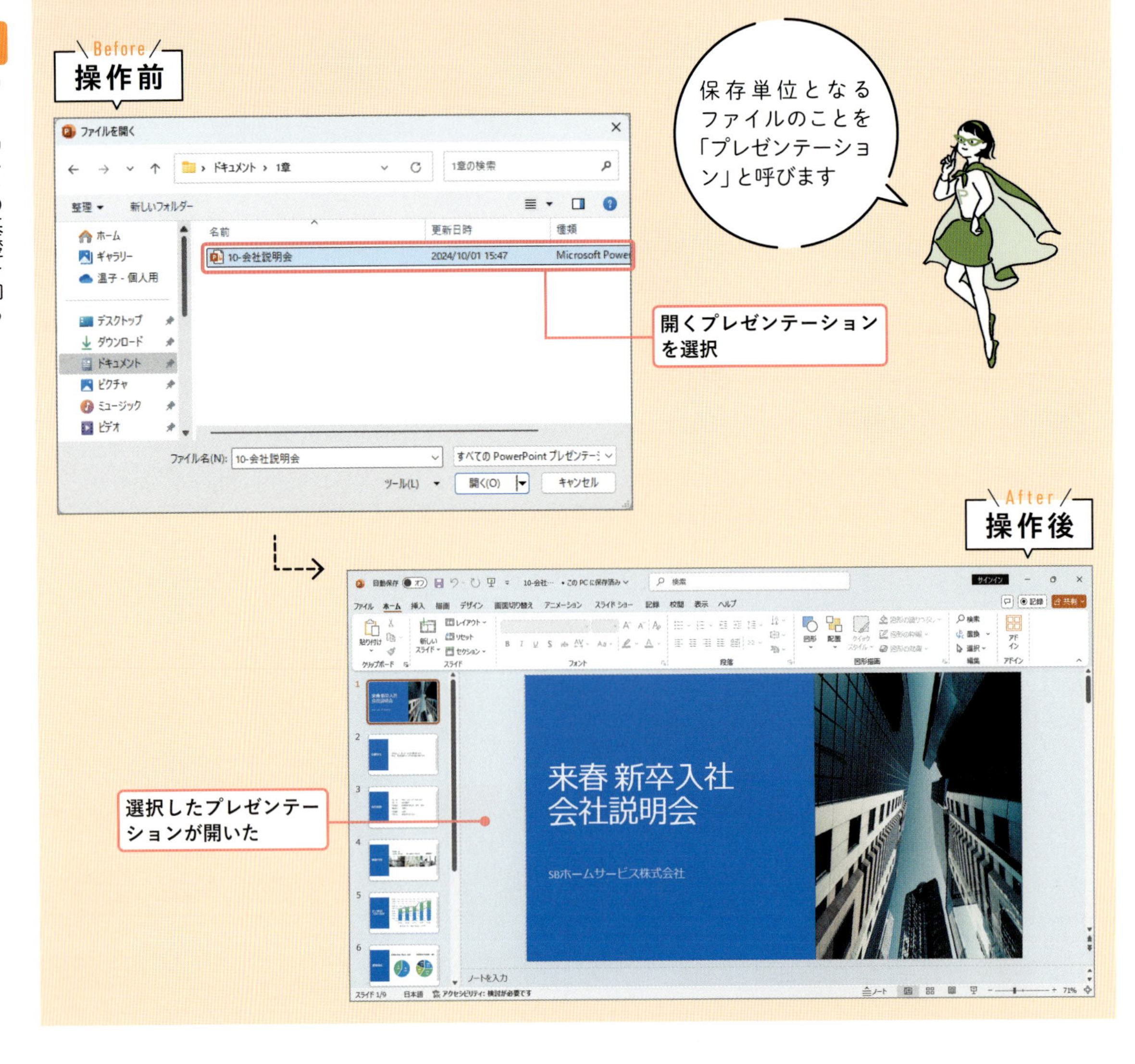

レッスン10-1 プレゼンテーションを開く

練習用ファイル 10-会社説明会.pptx

操作 PowerPointのプレゼンテーションを開く

PowerPointで作成し、一度保存したプレゼンテーションを開いて続きを編集したい場合は、この手順でプレゼンテーションを開きます。

Memo 複数のプレゼンテーションを同時に開く

PowerPointでは、同時に複数のプレゼンテーションを開くことができます。なお、プレゼンテーションを開くについての詳細はp.77を参照してください。

ショートカットキー

- [開く] 画面を表示する
  Ctrl + O

時短ワザ 表示履歴から開く

手順1で表示される [開く] 画面の右側には、最近使用したプレゼンテーションが表示されます。この表示履歴を利用して、一覧にあるプレゼンテーション名をクリックするだけで、すばやく開くことができます。

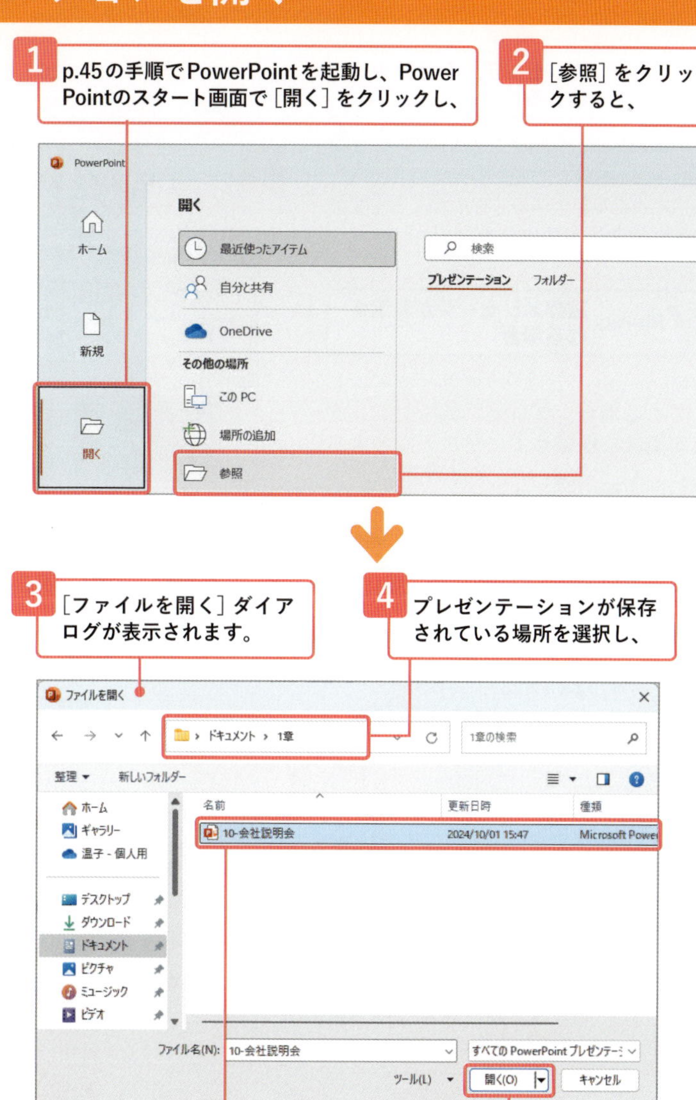

レッスン10-2 プレゼンテーションを閉じる

操作 プレゼンテーションを閉じる

PowerPointを終了しないでプレゼンテーションだけを閉じたい場合は、[ファイル] タブ→ [その他] → [閉じる] をクリックします。

Memo 確認メッセージが表示される場合

Microsoftアカウントでサインインしている場合、プレゼンテーションを変更後、保存せずに閉じようとすると、以下のような保存確認のメッセージが表示されます。変更を保存する場合は [保存]、保存しない場合は [保存しない] をクリックして閉じます。[キャンセル] をクリックすると閉じる操作を取り消します。

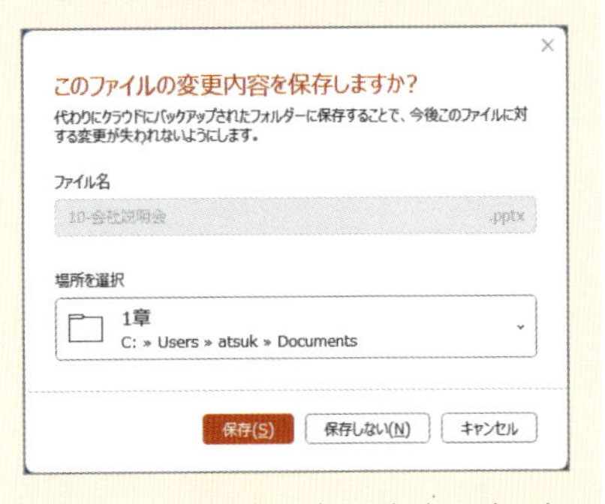

Microsoftアカウントでサインインしていない場合は、以下のような確認メッセージが表示されます。

保存は
p.74も
参照してね

ショートカットキー

- プレゼンテーションを閉じる
  Ctrl + W

ここでは、レッスン10-1を参照して [10-会社説明会.pptx] を開いておきます。

1 [ファイル] タブをクリックし、

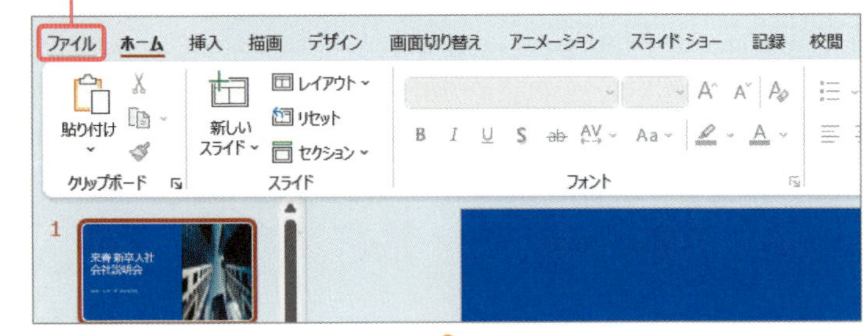

2 [その他] → [閉じる] をクリックすると、

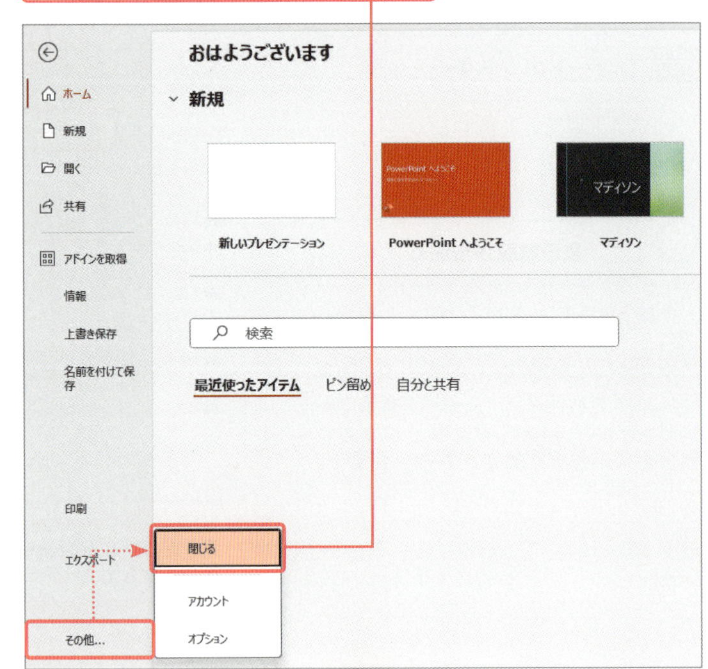

3 開いていたプレゼンテーションが閉じます。

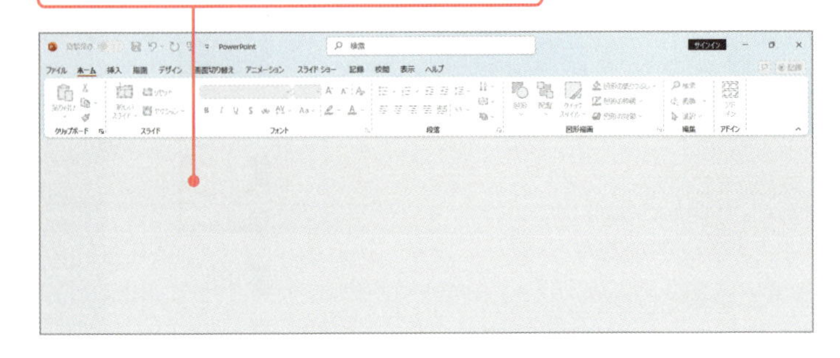

コラム　PowerPointの設定画面の開き方

PowerPoint全般の設定をするには、[PowerPointのオプション] ダイアログを表示します。PowerPointの操作に慣れてくると、自分が使いやすいように設定を変更したいと思うことがあるでしょう。そのときに、この画面で設定を変更します。

1 [ファイル] タブ→ [その他] → [オプション] をクリックします。

2 [PowerPointのオプション] ダイアログが表示されます。

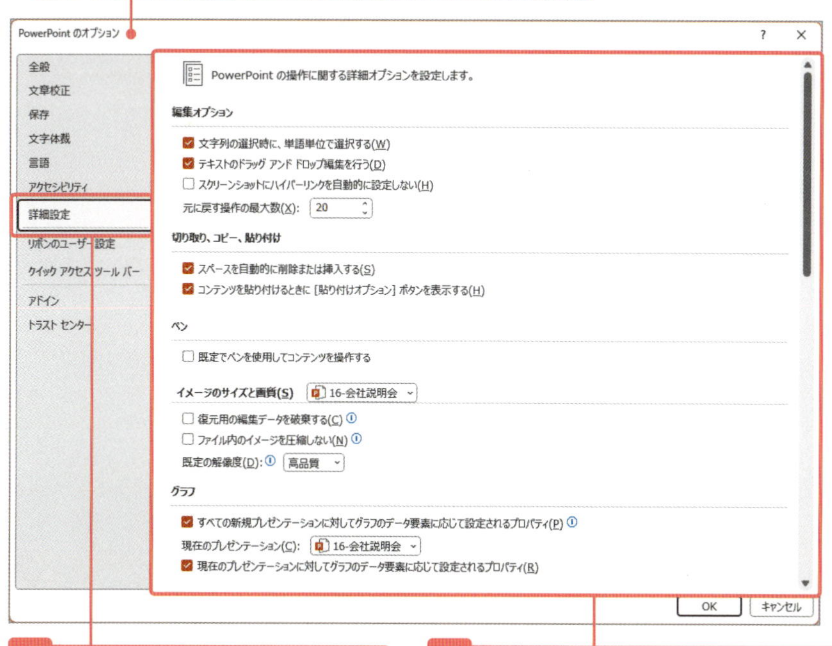

3 左側にあるメニューを選択すると、

4 右側に対応する設定画面が表示されます。

Section
11
PowerPointの画面構成を知ろう

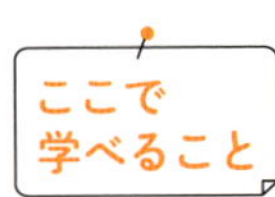

PowerPointの画面構成について、各部の名称と機能をここでまとめます。すべて覚える必要はありませんが、操作をする上で迷ったときは、ここに戻って名称と位置の確認をしてください。

基礎知識

- PowerPointの画面構成
- 各部の名称と役割

まずは パッと見るだけ！

PowerPointの画面の概要

画面の上部で［上書き保存］［プレゼンテーションの名前の確認］［画面サイズの変更］を行います。［リボン］は、PowerPointを操作する機能のセットです。この機能のセットは、［タブ］で切り替えます。中央が入力スペース、下部でプレゼンテーションの状態を確認できます。

▼ PowerPointの画面構成を確認する

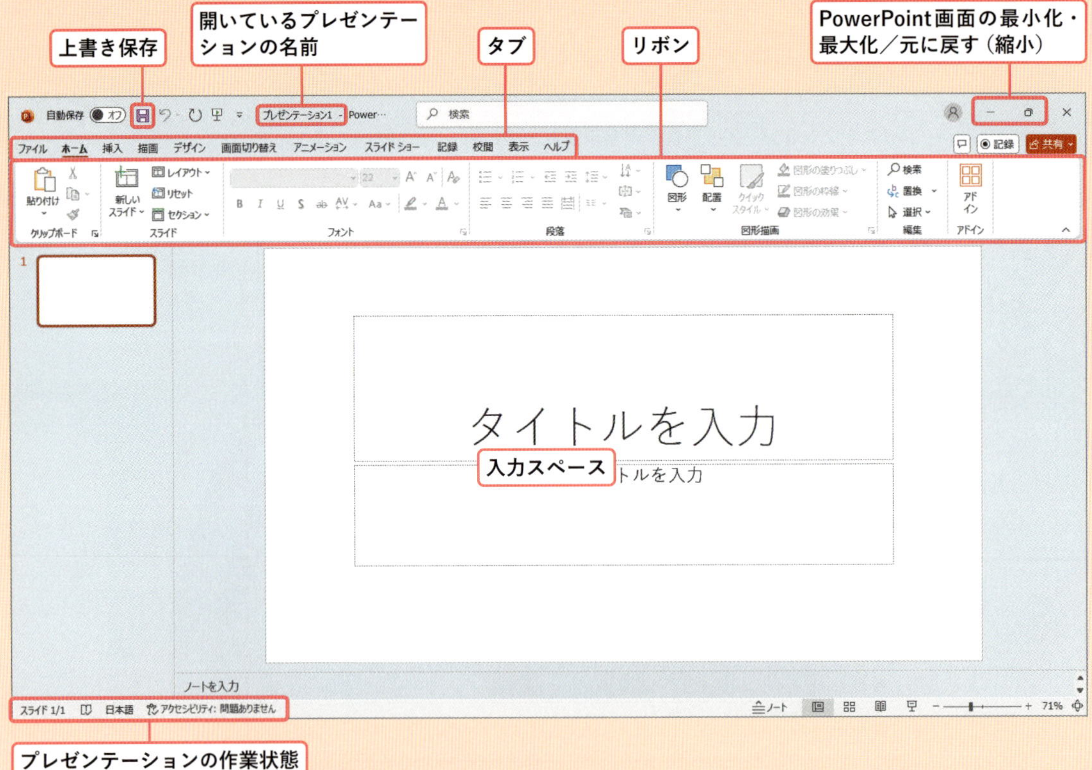

PowerPointの画面構成

細かな各部の名称と機能は以下の通りです。

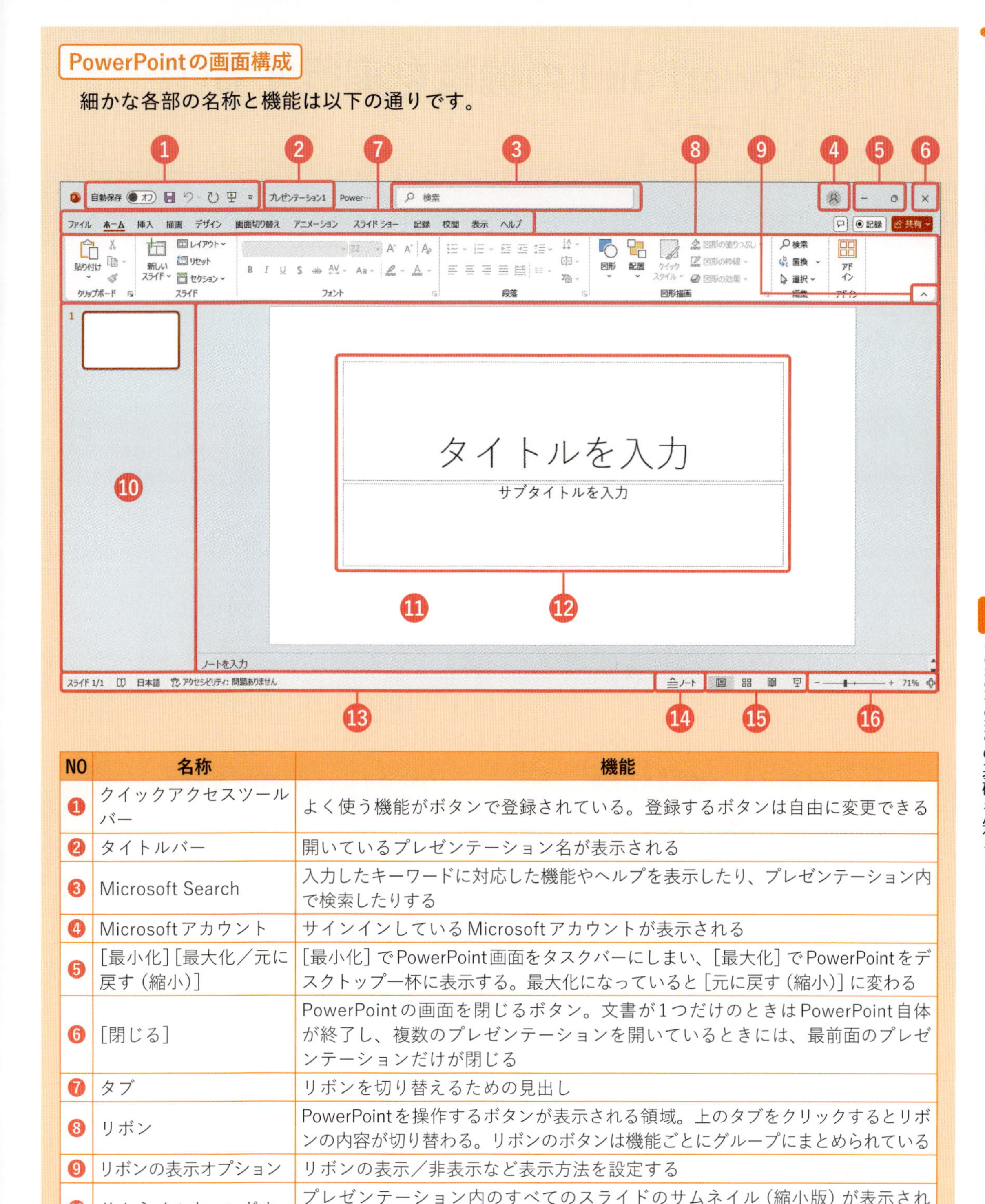

NO	名称	機能
❶	クイックアクセスツールバー	よく使う機能がボタンで登録されている。登録するボタンは自由に変更できる
❷	タイトルバー	開いているプレゼンテーション名が表示される
❸	Microsoft Search	入力したキーワードに対応した機能やヘルプを表示したり、プレゼンテーション内で検索したりする
❹	Microsoftアカウント	サインインしているMicrosoftアカウントが表示される
❺	[最小化][最大化／元に戻す（縮小）]	[最小化]でPowerPoint画面をタスクバーにしまい、[最大化]でPowerPointをデスクトップ一杯に表示する。最大化になっていると[元に戻す（縮小）]に変わる
❻	[閉じる]	PowerPointの画面を閉じるボタン。文書が1つだけのときはPowerPoint自体が終了し、複数のプレゼンテーションを開いているときには、最前面のプレゼンテーションだけが閉じる
❼	タブ	リボンを切り替えるための見出し
❽	リボン	PowerPointを操作するボタンが表示される領域。上のタブをクリックするとリボンの内容が切り替わる。リボンのボタンは機能ごとにグループにまとめられている
❾	リボンの表示オプション	リボンの表示／非表示など表示方法を設定する
❿	サムネイルウィンドウ	プレゼンテーション内のすべてのスライドのサムネイル（縮小版）が表示される領域。サムネイルをクリックすると編集するスライドが切り替わる
⓫	スライドペイン	スライドを編集する領域
⓬	プレースホルダー	文字や表、図などを挿入するためにあらかじめ用意されている灰色の線の枠組み
⓭	ステータスバー	プレゼンテーションの現在の状態が表示される
⓮	ノート	選択中のスライドにメモを記入するためのノートペインの表示／非表示を切り替える（p.304参照）
⓯	表示選択ショートカット	プレゼンテーションの表示モードを切り替える（p.66参照）
⓰	ズームスライダー	画面の表示倍率を変更する

Section 12

PowerPointの機能を実行する①：リボン

ここで学べること

PowerPointの機能を実行するには、リボンに配置されているボタンを使います。ここではリボンの切り替え方や特定の場合にのみ表示されるリボンやメニューについて確認しましょう。

レッスン

- ▶12-1 リボンを切り替えて機能を実行する
- ▶12-2 ［ファイル］タブでBackstageビューのメニューを選択する
- ▶12-3 編集対象によって表示されるリボンを確認する

まずは パッと見るだけ！

リボンの構成と役割

リボンは機能別に用意されており、タブをクリックして切り替えます。

［ホーム］タブ：ホームのリボンに切り替える

ファイル ホーム 挿入 描画 デザイン 画面切り替え アニメーション スライド ショー

ホームのリボン：ホーム機能を実行するボタンが表示される

［挿入］タブ：挿入のリボンに切り替える

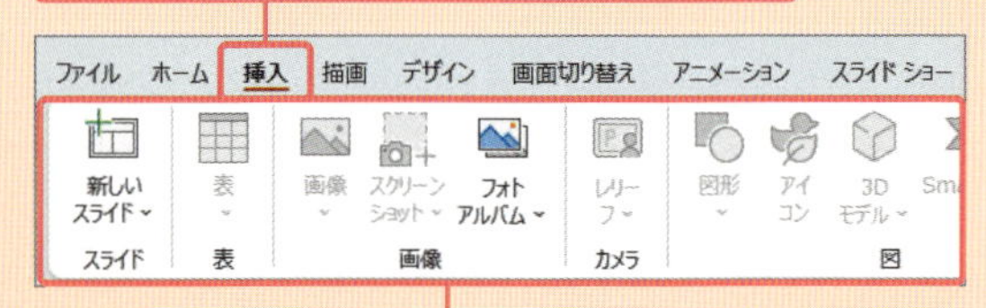

挿入のリボン：挿入機能を実行するボタンが表示される

▼タブ一覧

NO	リボン名（タブ名）	機能
❶	ファイル	Backstageビューを表示する。プレゼンテーションの新規作成や保存、閉じる、印刷などプレゼンテーションファイルの操作に関する設定をする
❷	ホーム	コピーや貼り付け、スライドの追加、文字サイズや色、文字列の配置や行間隔などの基本的な編集を行う
❸	挿入	表、写真、図形、グラフなどいろいろなオブジェクトをスライドに挿入する
❹	描画	ペンツールを使ってフリーハンドで描画する
❺	デザイン	プレゼンテーションの配色やレイアウト、デザインを変更したり、スライドサイズや背景の設定をしたりする
❻	画面切り替え	スライドを切り替える際、動作を設定する
❼	アニメーション	スライド内に配置する図形などのオブジェクトにアニメーション効果を設定する
❽	スライドショー	スライドショーの開始や設定、ナレーションの録音など、スライドショーに関する設定をする
❾	記録	スライドショーや画面の録画、ビデオとして出力するなどの操作を行う
❿	校閲	スペルチェックやテキストの翻訳、コメントの追加などの操作を行う
⓫	表示	表示モードの変更やスライドの表示サイズ変更、ウィンドウの整列などの操作を行う
⓬	ヘルプ	わからないことをオンラインで調べる

レッスン 12-1 リボンを切り替えて機能を実行する

操作 基本的な機能を実行する

PowerPointの機能を実行するには、リボンにあるボタンをクリックします。リボンは、タブをクリックすることで切り替えることができます。

Memo メニューが表示されるボタン

手順3のように⌄が表示されているボタンはクリックするとメニューが表示されます。表示されていないボタンはすぐに機能が実行されます。

Memo ウィンドウサイズによるボタンの表示

ウィンドウのサイズを小さくすると、そのウィンドウサイズに合わせて自動的にボタンがまとめられます❶。まとめられたボタンをクリックすれば、非表示になったボタンが表示されます❷。

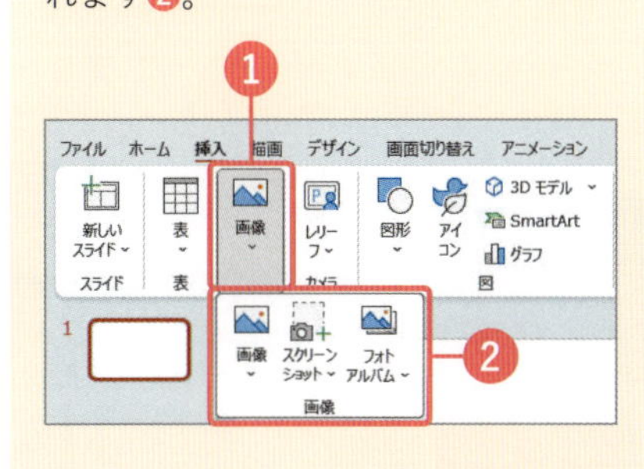

1 切り替えたいタブ（ここでは［挿入］タブ）をクリックすると、

2 リボンが切り替わります（ここでは［挿入］リボン）。

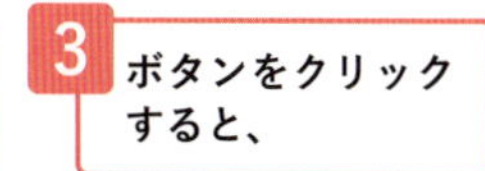

3 ボタンをクリックすると、

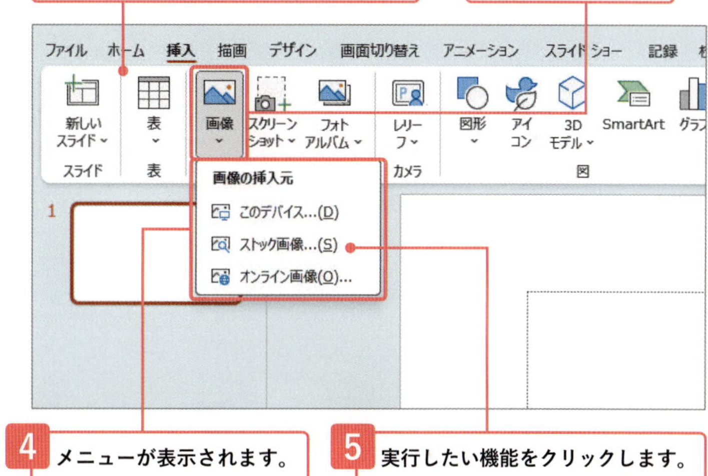

4 メニューが表示されます。

5 実行したい機能をクリックします。

レッスン 12-2 ［ファイル］タブでBackstageビューのメニューを選択する

操作 Backstageビューを表示する

［ファイル］タブは、他のタブと異なり、Backstageビューという画面が表示されます。ここには、プレゼンテーションの新規作成、開く、保存、閉じる、印刷などファイルの操作に関するメニューが用意されています。また、PowerPointの設定をするときにも使用します。

1 ［ファイル］タブをクリックすると、

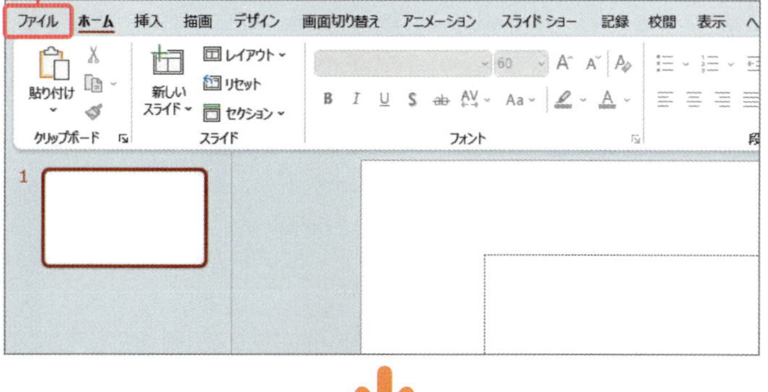

Point　Backstageビュー

［ファイル］タブをクリックして表示されるメニュー画面を［Backstageビュー］といいます。

Memo　編集画面に戻る

画面左上の⊖をクリックするか、Esc キーを押すと、プレゼンテーションの編集画面に戻ります。

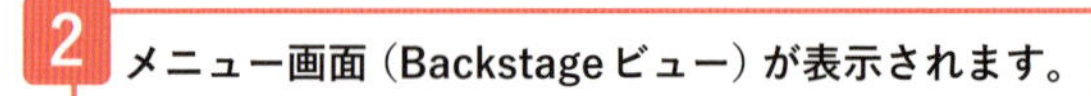

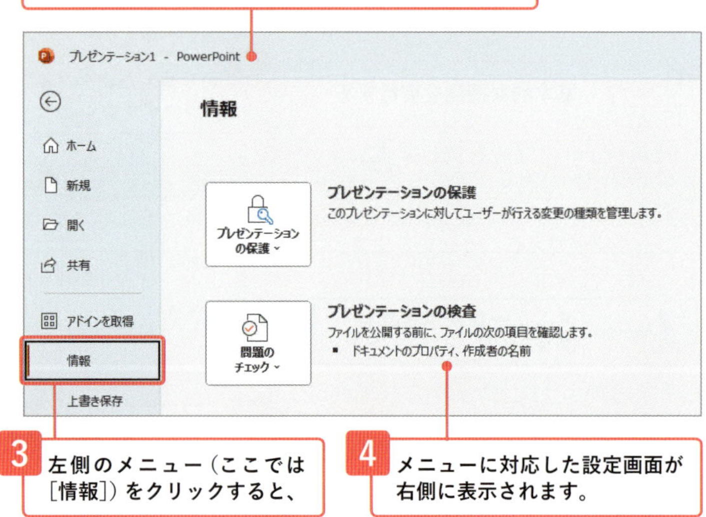

レッスン 12-3 編集対象によって表示されるリボンを確認する

練習用ファイル　12-コンテキストタブ.pptx

操作　コンテキストタブを使用する

スライド上の表や図形などのオブジェクトを選択すると表示されるタブをコンテキストタブといいます。コンテキストタブは赤文字で表示され、タブをクリックすると、選択している表や図形の編集用のリボンに切り替わります。

Memo　コンテキストタブが表示されない場合

コンテキストタブは、グラフや図形などを選択している場合のみ表示されます。通常のスライドや文字列が選択されている場合は、表示されません。

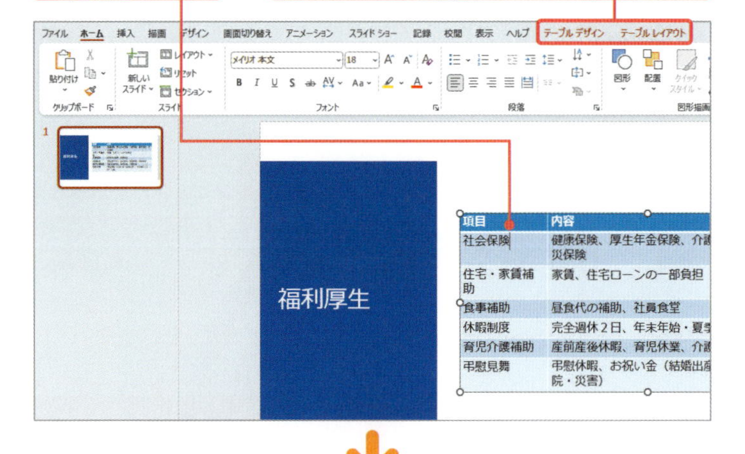

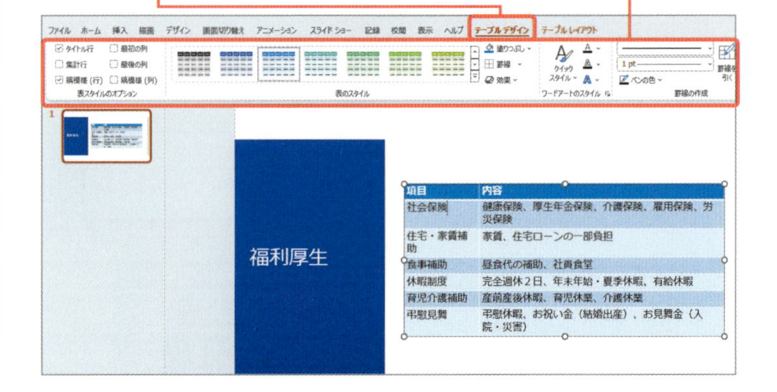

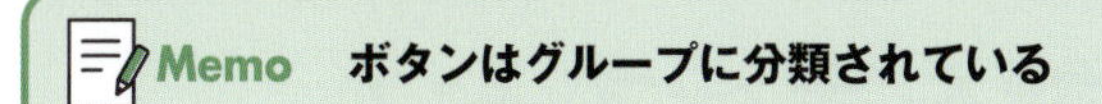

Memo　ボタンはグループに分類されている

リボンの中のボタンは、設定内容によってグループに分類されています。例えば、[ホーム] リボンの [スライド] グループには、スライドに関するボタンをまとめられています。

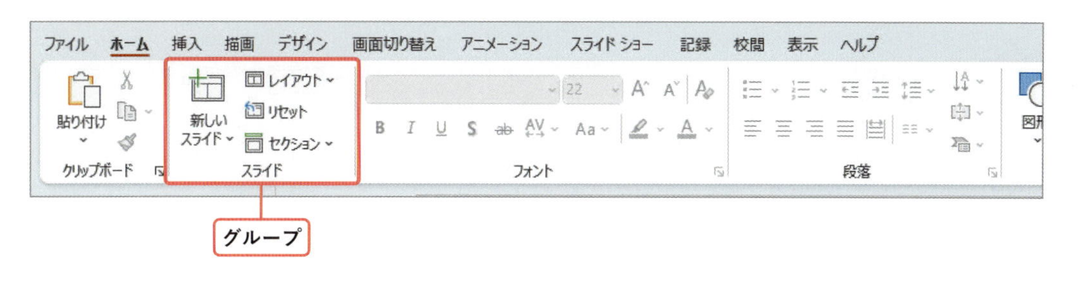

コラム　リボンを非表示にする

タブをダブルクリックすると、リボンが非表示になり、タブのみ表示されます。このとき操作したいタブをクリックするとリボンが表示されます。タブをダブルクリックするたびに、表示と非表示を切り替えられます。また、下図の [リボンを折りたたむ] をクリックしても❶、リボンを非表示にできます❷。タブをクリックすると❸、リボンが表示され❹、[リボンの固定] が表示されます❺、クリックしてリボンを固定できます。

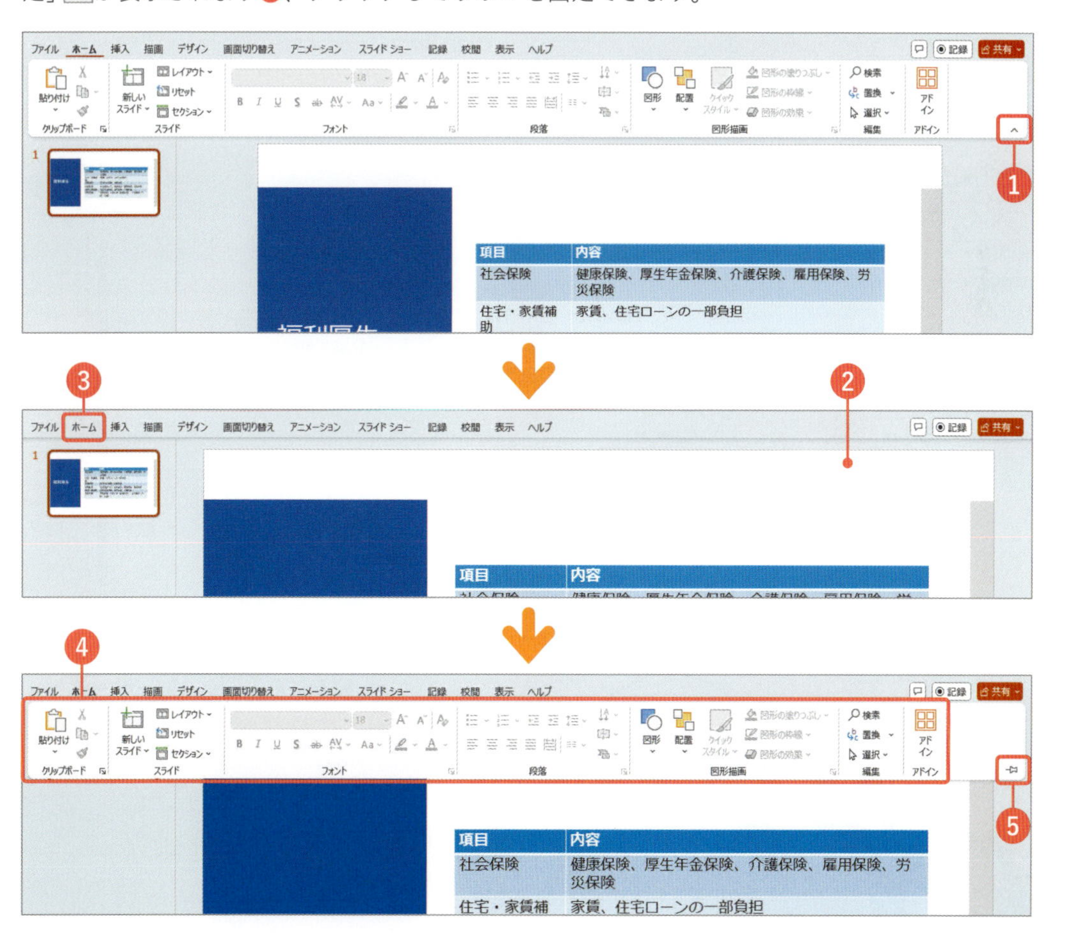

Section

13 PowerPointの機能を実行する②：ダイアログ／作業ウィンドウ

PowerPointで［ダイアログ］や［作業ウィンドウ］といった設定画面を表示すると、複数の機能を実行することができます。ここではそれぞれの設定画面を確認しましょう。

レッスン
- ▶13-1　リボンからダイアログを表示する
- ▶13-2　作業ウィンドウを表示する

まずは パッと見るだけ！

ダイアログと作業ウィンドウ

ダイアログでは、選択部分に対して複数の機能をまとめて設定できます。表や図形が選択されている場合など、設定対象や内容によっては、作業ウィンドウが表示される場合があります。

▼ダイアログ

タブをクリックして切り替えられる

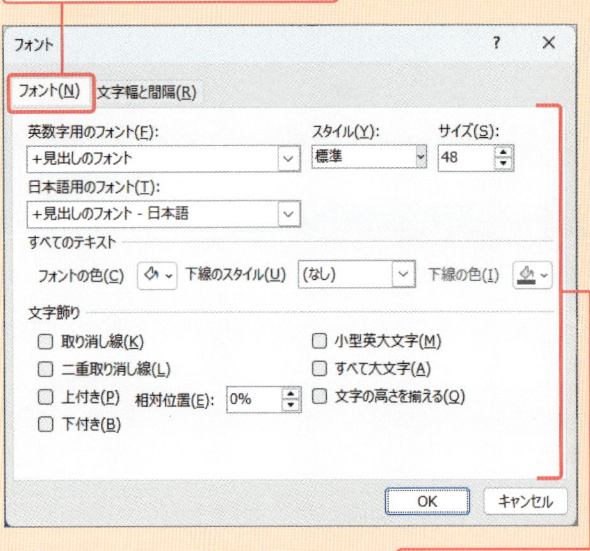

まとめて設定する部分

▼作業ウィンドウ

アイコンをクリックして切り替えられる

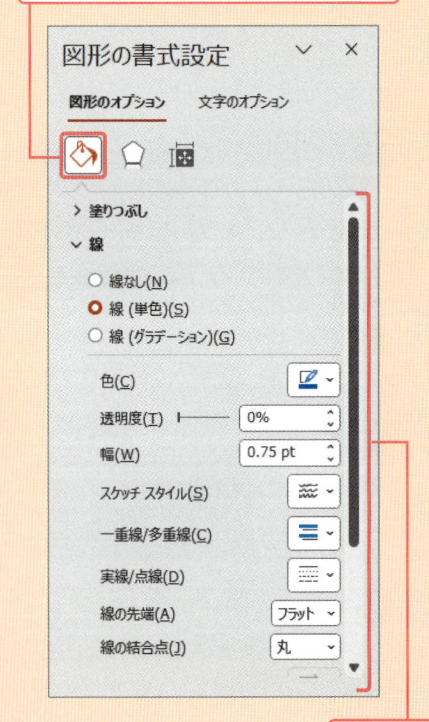

各機能の設定

まとめて設定
できることだけ
押えよう～

レッスン13-1 リボンからダイアログを表示する

練習用ファイル 13-1-会社説明会.pptx

操作 ダイアログを使う

ダイアログでは、選択対象に対して複数の機能をまとめて設定できます。[OK] ボタンをクリックすると設定が反映され、[キャンセル] ボタンをクリックすると設定せずに画面を閉じます。

Point ダイアログの表示

ダイアログ表示中は、スライド上での編集などほかの作業ができなくなります。なお、ダイアログは、ダイアログボックスとも表現されます。

Memo ダイアログボックス起動ツール

手順3でクリックした⊡は、そのグループに対する設定をまとめて設定できる画面を表示する「ダイアログボックス起動ツール」というボタンです。ここでは、ダイアログが表示されますが、作業ウィンドウ(p.60参照)が表示される場合もあります。

1 設定対象（ここでは文字列「来春 新卒入社）を選択し、

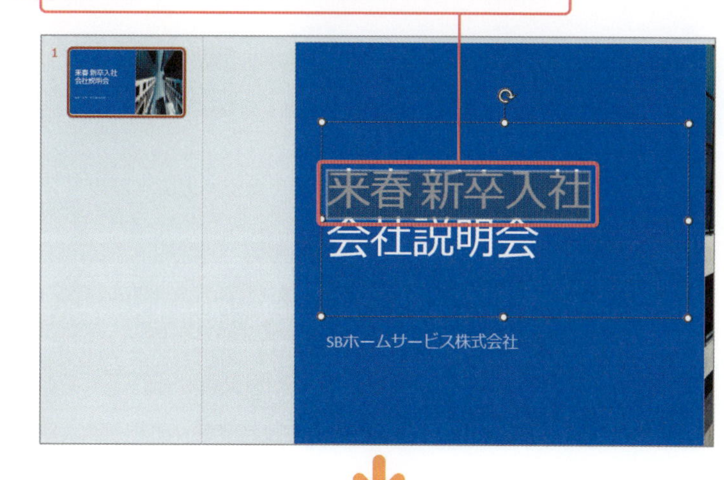

2 任意のタブ（ここでは［ホーム］タブ）をクリックして、

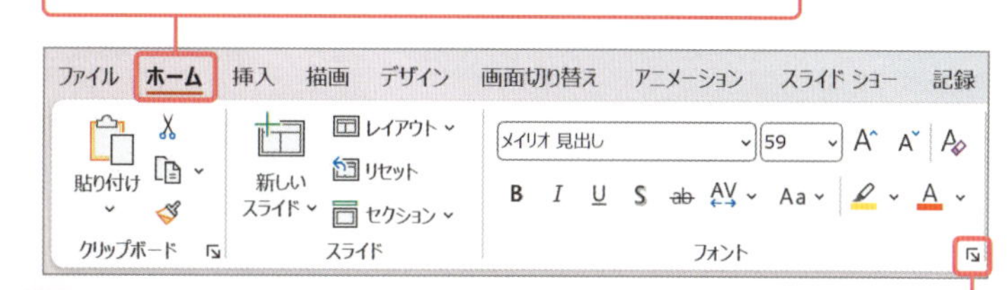

3 グループ（ここでは［フォント］グループ）の右下の⊡をクリックすると、

4 そのグループに関するダイアログ（ここでは［フォント］ダイアログ）が表示されます。

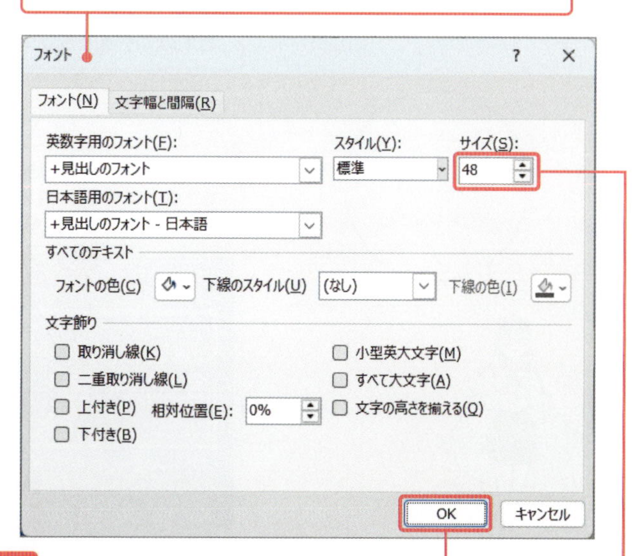

5 必要な設定（ここではフォントサイズを「48」）をし、［OK］をクリックすると、ダイアログボックスが閉じ、設定が反映されます。

レッスン 13-2 作業ウィンドウを表示する

練習用ファイル 13-2-会社説明会.pptx

操作 作業ウィンドウを使う

表や図形が選択されている場合など、設定対象や内容によってダイアログではなく作業ウィンドウが表示される場合があります。
作業ウィンドウでは、設定内容がすぐに反映されます。また、作業ウィンドウを表示したまま、編集作業を行うことができます。

1 設定対象（ここでは、プレースホルダーの枠）をクリックして選択し、

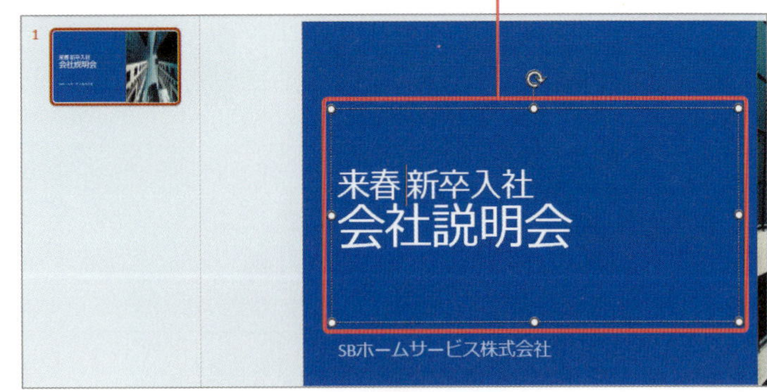

2 コンテキストタブの［図形の書式］タブをクリックして、

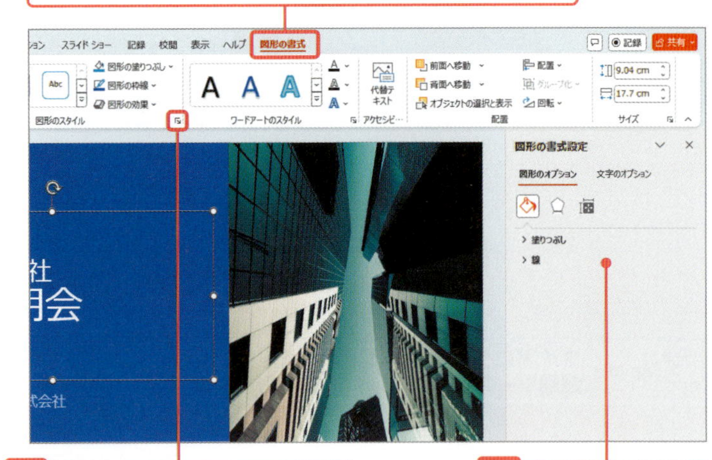

3 ［図形のスタイル］グループの右下の をクリックすると、

4 作業ウィンドウが表示されます。

5 枠線について必要な設定（ここでは、線の色を「白、背景1」、幅を「6.25」）をすると、

6 すぐに設定が反映されます。

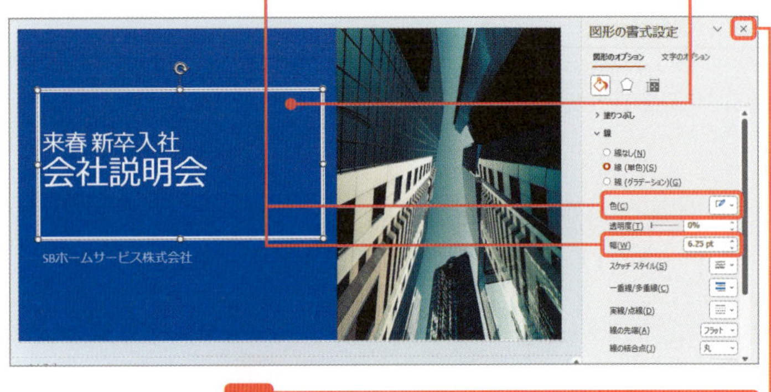

7 をクリックして作業ウィンドウを閉じます。

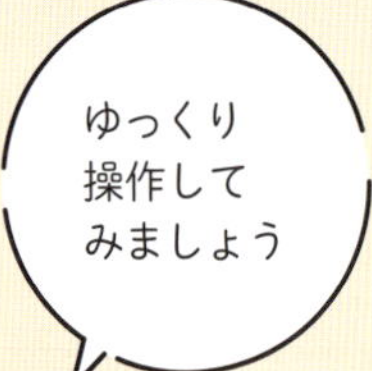

コラム　PowerPointの機能をすばやく実行する

PowerPointの機能をより早く実行する方法があります。操作に慣れてきたら使ってみましょう。

●クイックアクセスツールバー

クイックアクセスツールバーは、常にタイトルバーの左端に表示されています。自由にボタンを追加できるため、よく使う機能を配置しておくと便利です。

機能を実行する

1 クイックアクセスツールバーに表示されているボタン（ここでは［上書き保存］）をクリックすると、その機能が実行されます。

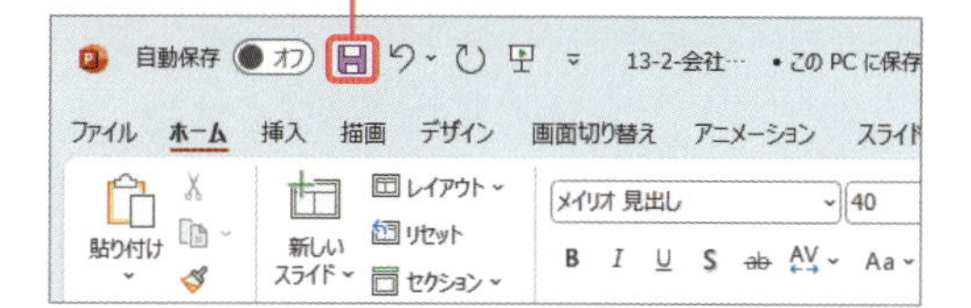

ボタンを追加する

1 ［クイックアクセスツールバーのユーザー設定］▽をクリックし、

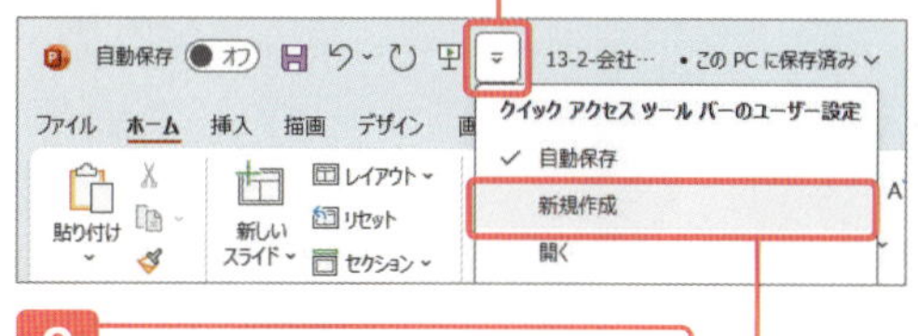

2 一覧から機能をクリックすると、

3 ボタンが追加されます。

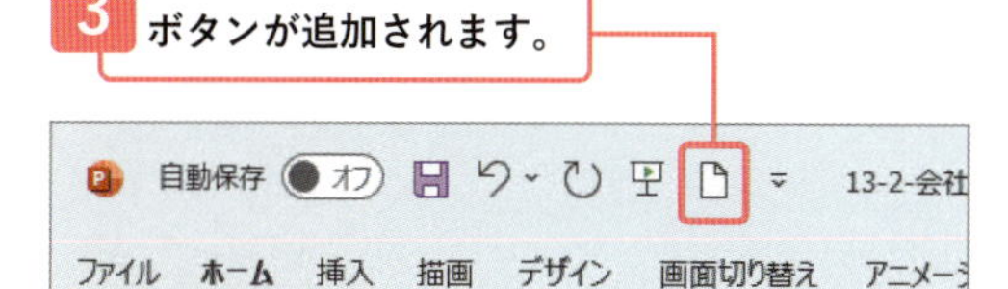

ボタンを削除する

削除したいボタンを右クリックし❶、［クイックアクセスツールバーから削除］をクリックすると❷、ボタンが削除されます。

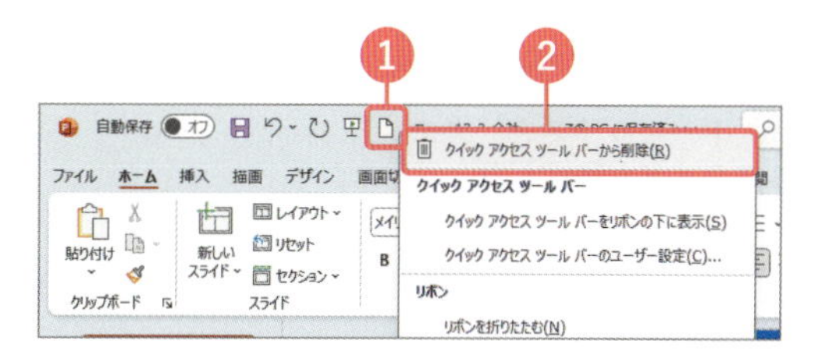

●ミニツールバー

ミニツールバーは、文字を選択したり、図形などを右クリックしたりしたときに対象の右上あたりに表示されるボタンの集まりです。例えば、以下のように文字を選択すると❶、文字サイズなどの書式を設定するボタンが表示されます❷。マウスポインターを選択範囲の外に移動すると非表示になります。

●ショートカットメニュー

ショートカットメニューは、文字や図形などを選択し、右クリックしたときに表示されるメニューです。右クリックした対象に対して実行できる機能が一覧で表示されるので、機能をすばやく実行するのに便利です。

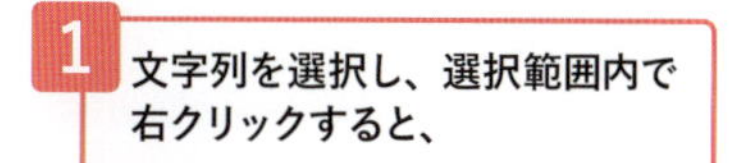

1 文字列を選択し、選択範囲内で右クリックすると、

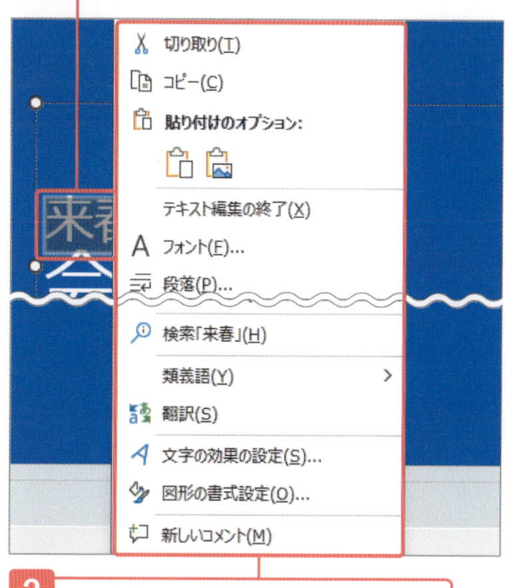

2 ショートカットメニューが表示されます。

Section
14 画面をスクロールする

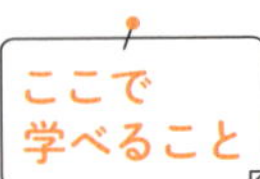

ここで学べること

画面に表示する領域を移動することを「スクロール」といいます。画面のスクロールは、スクロールバーを使います。ここではスクロールの操作を確認しましょう。

レッスン ▶ 14-1 画面をスクロールする

まずは パッと見るだけ！

表示画面を移動する

スライドペインの右側に表示されるスクロールバーを使って、スライドのページを移動します。

Before 操作前

After 操作後

レッスン 14-1 画面をスクロールする

練習用ファイル 14-会社説明会.pptx

操作 画面をスクロールする

画面を上下にスクロールするには、画面右側に表示されている垂直スクロールバーを使います。スクロールバーのつまみを上下にドラッグすることでスライドを上下にスクロールすることができます。また、スクロールバーの下端にある▲で前のスライド、▼をクリックする次のスライドにスクロールできます。

Point 横方向に移動する

スライドが横方向に表示しきれていない場合は、水平スクロールバーが表示されます。スクロールバーのつまみをドラッグして、画面を左右に移動します。

Memo スライドの拡大／縮小表示

画面右下のズームスライダーで中央のつまみをドラッグすると、スライドの表示倍率を変更できます。また、[−]で10％縮小、[+]で10％拡大します。パーセンテージ数字をクリックすると、[ズーム]ダイアログが表示され、選択肢から倍率を変更できます。なお、右端の⊡をクリックするとウィンドウサイズに合わせて収まるように調整されます。

1 スクロールバーのつまみをドラッグすると、

2 画面がスクロールされ、下のスライドが表示されます。

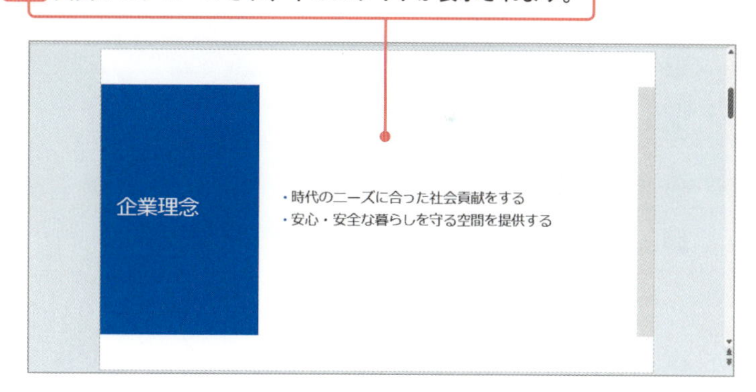

Section

15 スライドのサイズを変更する

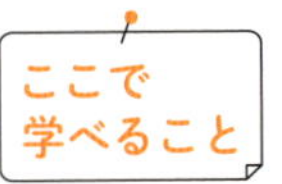

ここで学べること

スライドのサイズは既定で横長の［16:9］に設定されていますが、最終的に表示するディスプレイや用紙に合わせてサイズを変更します。ここではスライドサイズの変更方法を確認しましょう。

レッスン ▶15-1 スライドのサイズを変更する

まずは パッと見るだけ！

スライドサイズの変更

スライドサイズは、スライドショーを実行する際に表示する画面のサイズに合わせたり、印刷する用紙のサイズに合わせたりして調整できます。

Before 操作前

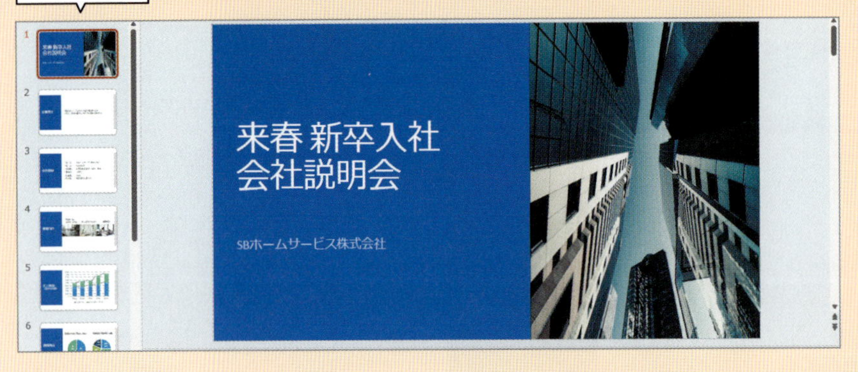

After 操作後

来春 新卒入社
会社説明会
SBホームサービス株式会社

スライドのサイズを調整して、プレゼンテーションを表示する際の媒体に合わせた

［16：9］は最近のテレビやPCのサイズ、［4：3］はアナログテレビや一部のプロジェクターのサイズです

レッスン 15-1 スライドのサイズを変更する

練習用ファイル 15-スライドサイズ.pptx

操作 スライドサイズを変更する

スライドのサイズを変更して、プレゼンテーション利用時の出力媒体に合わせます。[16：9] または [4：3] が基本ですが、任意の大きさに変更することもできます。

Point サイズを変更したら、スライドのデザインが変わった

スライドサイズを変更すると、スライドのデザインが変更され、色やタイトルの写真が表示されなくなる場合があります。これを防ぐには、現在のプレゼンテーションのデザインをユーザー定義のテーマとして保存しておきます（p.129参照）。

Memo 文字サイズなどは随時調整

画像やグラフなどはスライドに収まるように調整されますが、文字サイズなど変更している場合は、調整されません。すべてのスライドを確認し必要な調整を行ってください。

コラム A4サイズに変更する

A4用紙で印刷用にプレゼンテーションを作成したい場合は、最初からA4サイズに設定しておくとよいでしょう。手順2で［ユーザー設定のスライドのサイズ］をクリックし、表示される［スライドのサイズ］ダイアログの［スライドのサイズ指定］で［A4］を選択し1、印刷の向きを指定して2、［OK］をクリックします3。

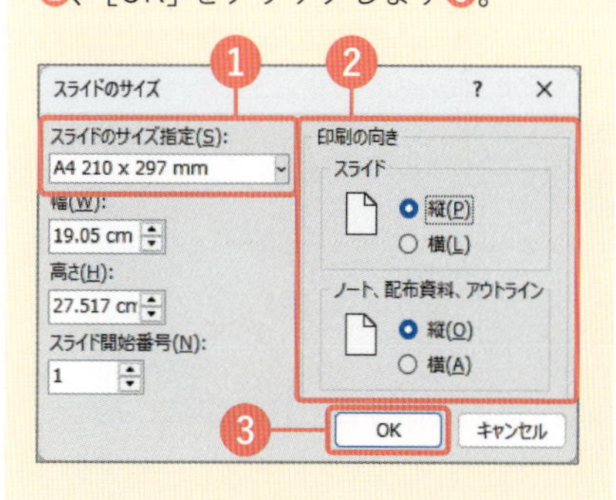

ここでは、スライドのサイズを［16：9］から［4：3］に変更する手順を例に紹介します。

1 ［デザイン］タブ→［スライドのサイズ］をクリック

2 ［標準（4：3）］をクリック

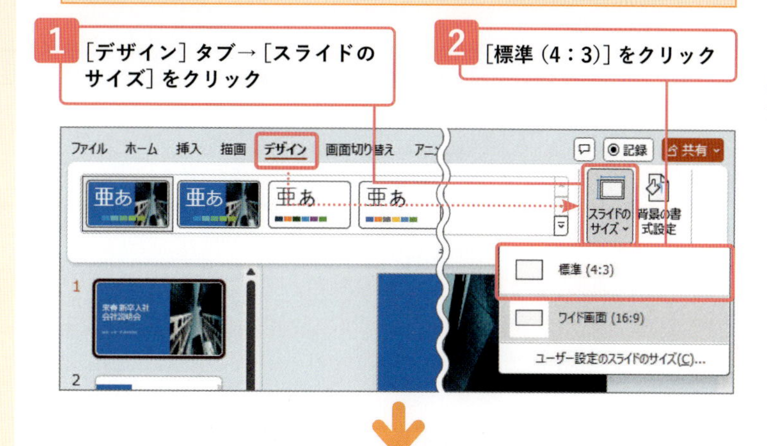

3 ［Microsoft PowerPoint］ダイアログが表示されます。

4 コンテンツの調整方法を選択します（ここでは、［サイズに合わせて調整］）。

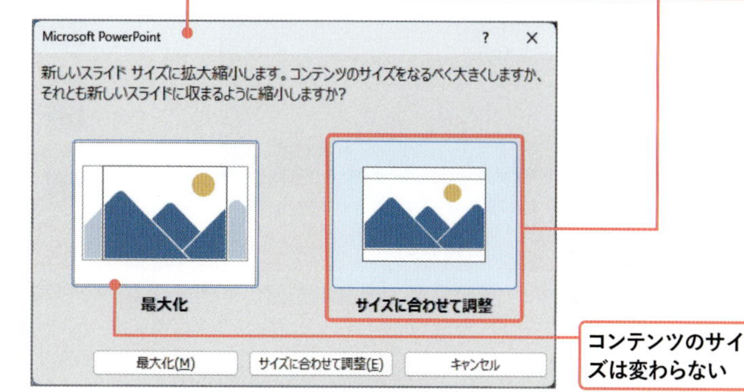

コンテンツのサイズは変わらない

5 スライドのサイズが変更されました。

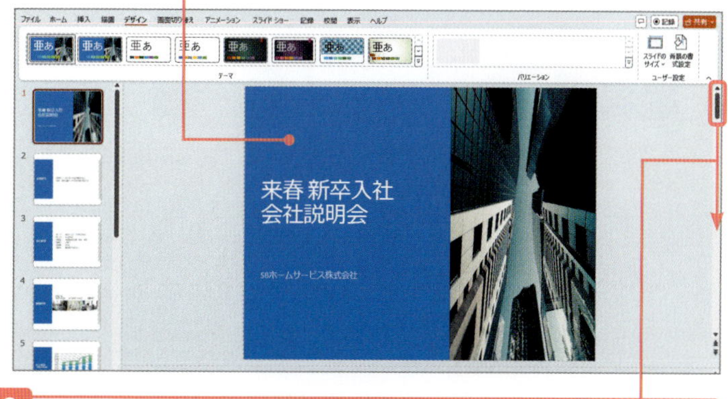

6 スクロールバーをドラッグしてほかのページを参照し、画像や表などのコンテンツがスライド内に収まっていることを確認します。

Section

16 表示モードを知ろう

ここで学べること

PowerPointには、「標準」「アウトライン表示」「スライド一覧」「閲覧表示」「ノート」の5つの表示モードがあります。通常は、「標準」で編集作業を行います。表示モードの違いをまとめます。

レッスン

▶ 16-1　表示モードを切り替える

まずは パッと見るだけ！

5つの表示モード

標準

通常の編集画面

スライド一覧

スライドが一覧で表示され、順番の入れ替えができる（p.100）

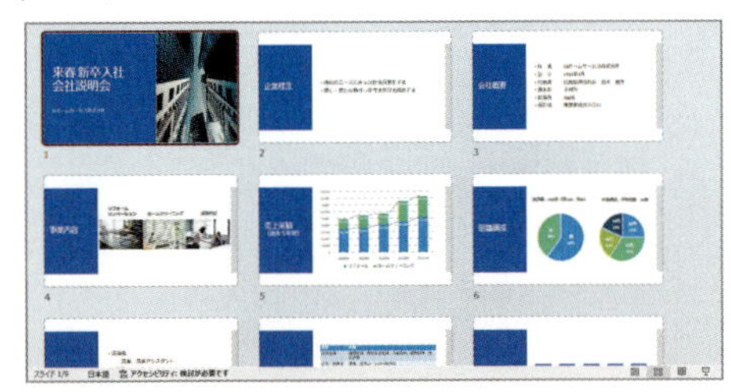

閲覧表示

スライドがプレビュー再生され、設定の確認ができる

ノート

スライドの説明用にメモを入力する画面として利用できる（p.306）

アウトライン表示

サムネイルウィンドウにスライドに表示するテキストが表示される。入力もできるため、構成を考えながら入力するのに便利

レッスン 16-1 表示モードを切り替える

練習用ファイル 16-会社説明会.pptx

操作 表示モードを切り替える

表示モードは、[表示] タブの [プレゼンテーションの表示] グループにあるボタンを使って切り替えるか、画面右下にある表示選択ショートカットで切り替えます。

Memo 表示選択ショートカットで切り替える

表示選択ショートカットの⊞をクリックしても [スライド一覧] 表示に切り替えられます。
なお、左端の [ノート] は、スライド下の [ノートを入力] 欄の表示/非表示の切り替え用で、表示モードをノートに切り替えません(p.305参照)。

● 表示選択ショートカット

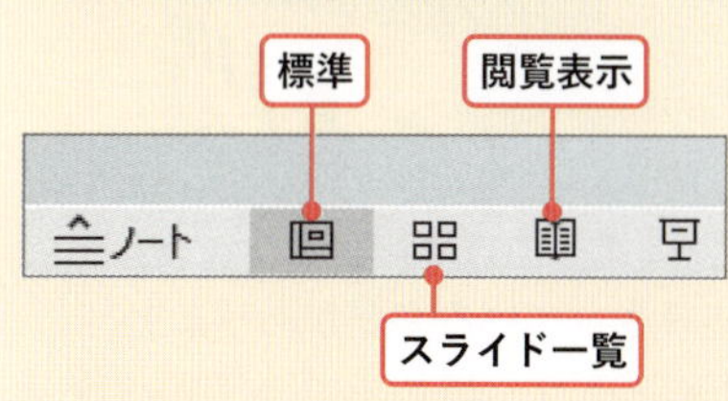

ここでは、標準モードからスライド一覧モードに変更する手順を例に紹介します。

1 [表示] タブ→ [スライド一覧] をクリックすると、

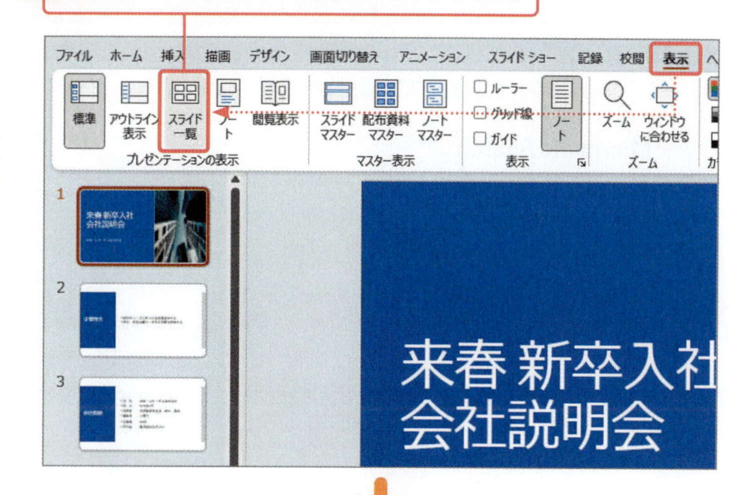

2 [スライド一覧] に切り替わります。

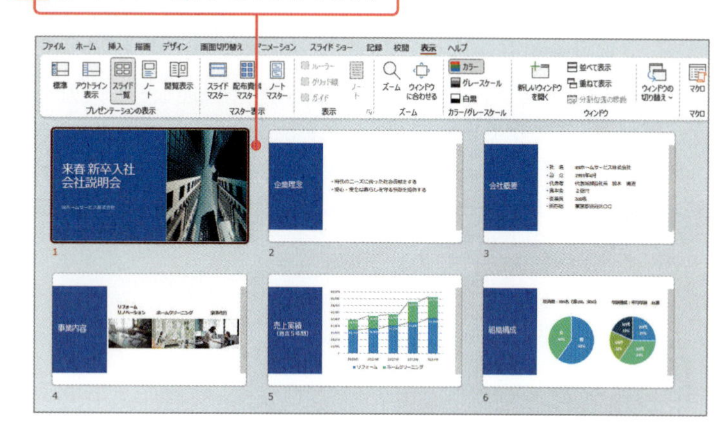

Memo [アウトライン表示]、[ノート] に切り替える

[アウトライン表示] と [ノート] は、表示選択ショートカットにはありません。切り替えたい場合は、[表示] タブの [アウトライン表示] または [ノート] をクリックします。

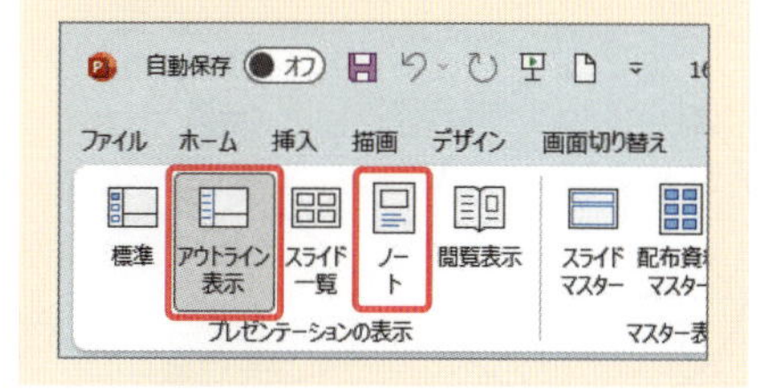

操作がわからなくても焦る必要はありません

PowerPointに慣れていないと、操作やボタンの場所がわからないことがあります。「困ったな」と思ったら、Microsoft Searchやヘルプ機能を使ってみましょう。やりたいことのキーワードや機能名を入力するだけで、目的の操作や内容を表示することができます。また、Microsoft社の生成AIであるCopilotを使って会話形式で問い合わせることもできます（p.273参照）。

● Microsoft Search

タイトルバーの中央にある入力欄がMicrosoft Searchです。やりたいことや機能のキーワードを入力して関連する機能や検索結果を表示することができます。

入力欄にやりたいことのキーワードを入力すると❶、キーワードに関連する機能やプレゼンテーション内でキーワードを検索した結果が表示されます❷。一覧から目的の機能をクリックすると、その機能をすぐに実行できます❸。

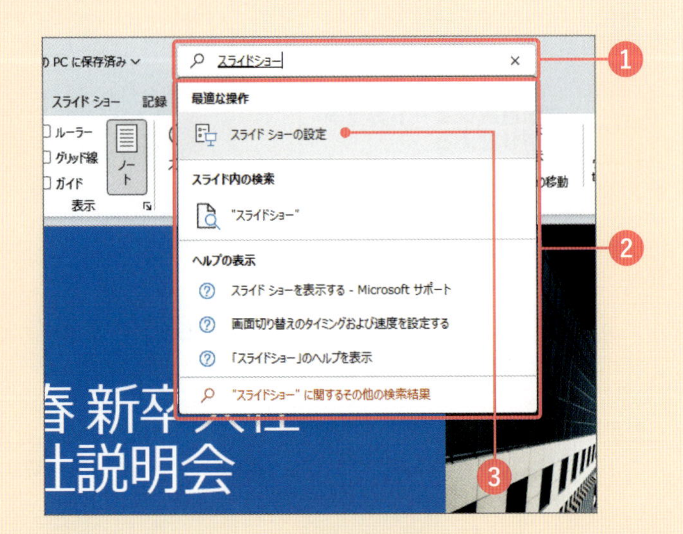

● ヘルプ

［ヘルプ］作業ウィンドウの検索欄に用語や機能などを入力すると、関連する内容の解説をオンラインで調べることができます。ヘルプを使う場合は、インターネットに接続されている必要があります。

［ヘルプ］タブの［ヘルプ］をクリックすると❶、［ヘルプ］作業ウィンドウが表示されます❷。検索ボックスに調べたい内容を入力して Enter キーを押すと❸、関連する内容の解説が一覧表示されるので、目的の解説をクリックして内容を確認します❹。

Point 落ち着いて調べてみよう

第 2 章

簡単なプレゼン資料を作成する

ここでは、簡単なプレゼン資料を作成することで、プレゼンテーションの作成から発表までの一連の基本操作について習得します。PowerPointの代表的な機能と操作方法を確認しておきましょう。

Section

17 資料作成の流れを確認しよう

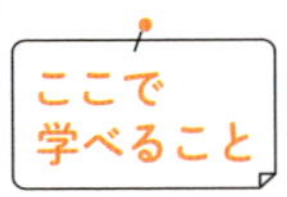

PowerPointは、資料を作成し発表するまでの機能があります。ここでは、プレゼンテーション作成の流れを確認し、資料作成の前段階として、資料の構成や内容の検討方法も紹介します。

- プレゼンテーション作成の流れ
- 資料の構成や内容の検討方法

まずは パッと見るだけ！

プレゼンテーション作成の流れ

PowerPointでプレゼンテーションを作成する基本的な流れは以下のようになります。必ずしもこの通りの順番である必要はありませんし、必要がなければStep1は省いてもかまいません。

Step1	作成する資料の構成と内容の検討
Step2	新規プレゼンテーションの作成と保存
Step3	スライドの追加と文字の入力
Step4	文字以外の要素（画像、図形、グラフなど）を配置
Step5	デザインの適用
Step6	スライドの切り替え効果／アニメーションの設定
Step7	スライドショーの実行／印刷

作成する資料の構成と内容を検討する

Point 資料を作成する前に

プレゼンテーション資料を作成する際、Step1として、プレゼンテーションの構成と内容を最初に決めておきます。いきなりPowerPointを起動して作りはじめることはせずに、まずは机上でしっかり内容を固めることが肝心です。手書きでメモするとか、Wordで整理しながら検討するのもよいでしょう。

Memo スライドショー

スライドショーとは、作成したスライドを紙芝居のように順番に1枚ずつ切り替えて表示することをいいます。打ち合わせや会議などで、画面を用いて説明するときにスライドショーを実行します。

Memo Wordの資料をスライドに取り込む

Wordで見出しスタイルを設定して箇条書きを作成しておくと、Wordで作成した資料をスライドに取り込むことができます（p.151 コラム参照）。

手書きで検討する

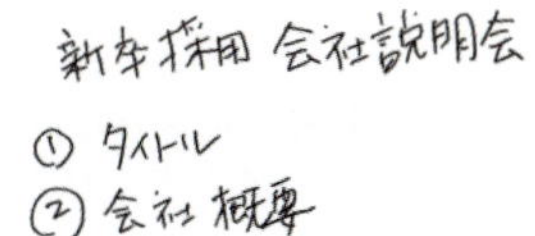

1 ざっくり書き出す

Wordで整理する

2 1スライドを1タイトルとして、そのスライドの内容を箇条書きで簡潔にまとめます。

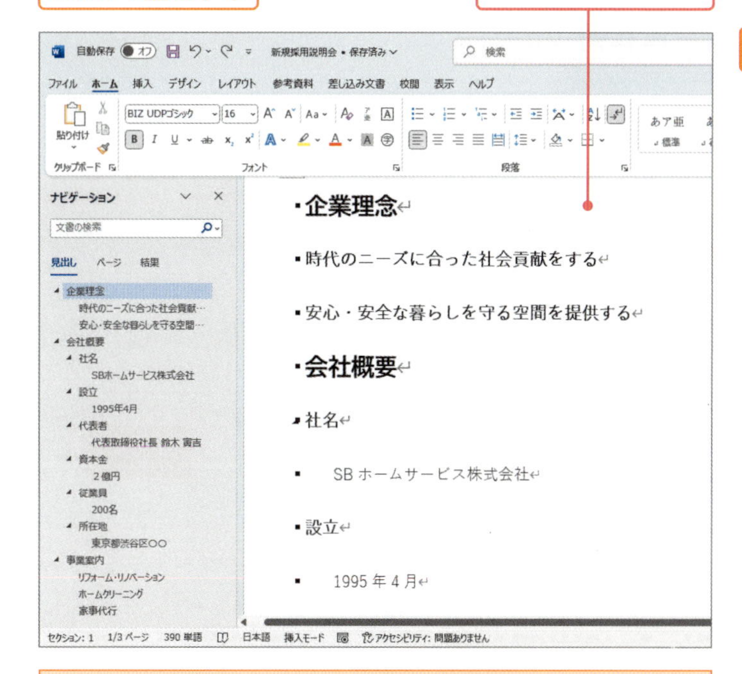

資料作成に慣れるまでは手書きで資料の構成や内容をラフに作成し、Wordやメモ帳を使って整理する方法がおすすめです。

コラム 文字はタイトルと箇条書きが基本

スライドに入力する文字は、タイトルと箇条書きが基本です。箇条書きは、できるだけ文字数を少なく、ポイントを押さえて簡潔にしましょう。また、項目が多い場合は、表にまとめると内容が整理されてわかりやすくなります。

Section

18 新規プレゼンテーションを作成する

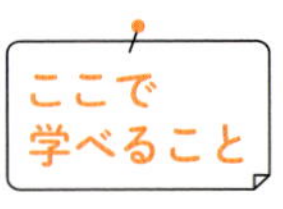

PowerPointで新しくプレゼンテーションの資料を作成するには、「新しいプレゼンテーション」を作成します。手元で実際に作成してみてください。

▶18-1 新規プレゼンテーションを作成する

まずは パッと見るだけ！

プレゼンテーションの作成

PowerPointで作成するものをプレゼンテーションといいます。新規で作成した白紙のプレゼンテーションは、表紙用のスライドが1枚用意された状態で表示されます。

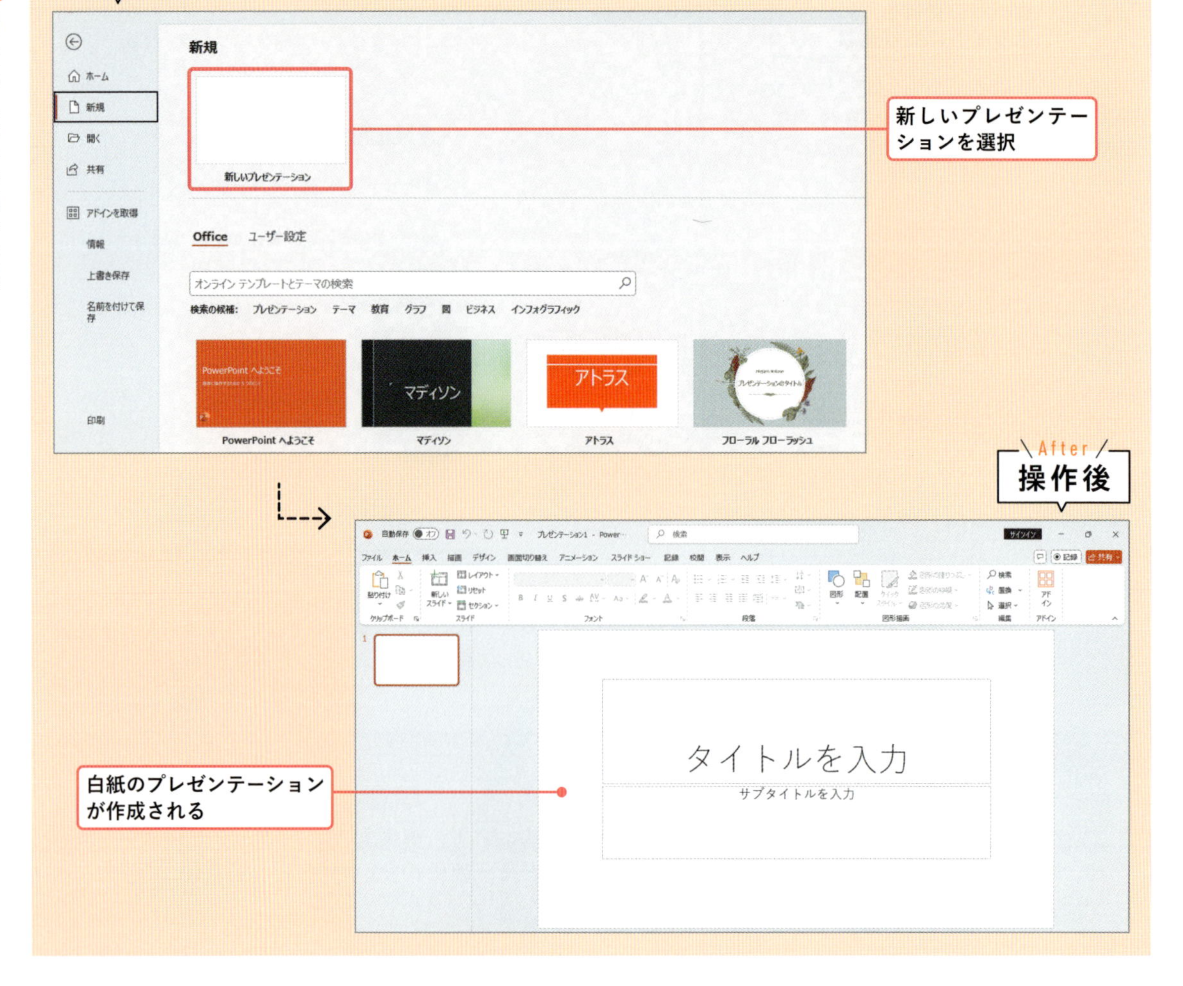

レッスン 18-1 新規プレゼンテーションを作成する

操作　新しいプレゼンテーションを作成する

PowerPointでは、複数のプレゼンテーションを同時に開くことができます。ここでは、すでに他のプレゼンテーションが表示されている状態で、新たにプレゼンテーションを作成する手順を紹介します。

ショートカットキー

- 新しいプレゼンテーションの作成
  Ctrl + N

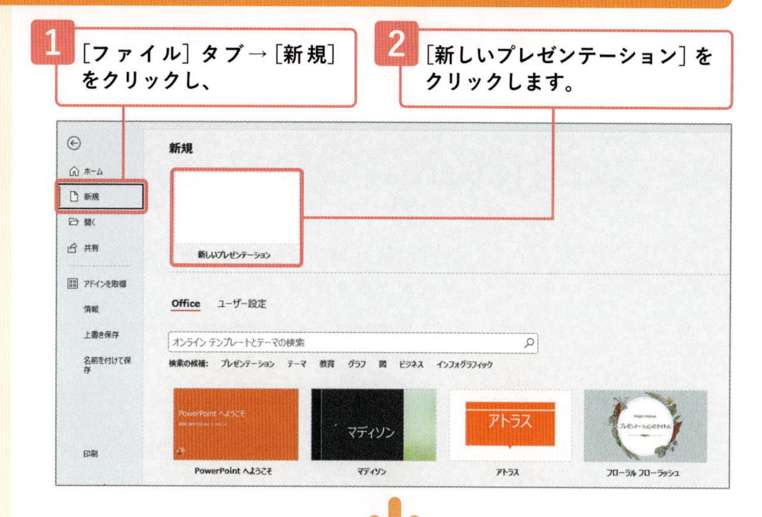

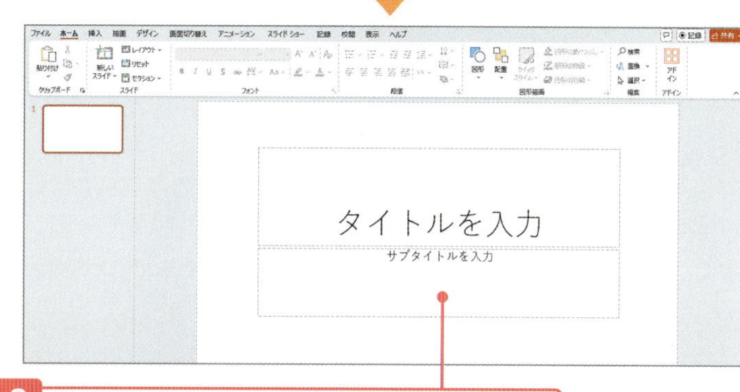

3 表紙のスライドが1枚追加された状態で、新しいプレゼンテーションが作成されます。

コラム　テンプレートを使ってプレゼンテーションを作成する

テンプレートは、あらかじめデザインされたスライドが用意されたプレゼンテーションのひな型です。手順2で［オンラインテンプレートとテーマの検索］にキーワードを入力し1、Enter キーを押すと、キーワードに対応したテンプレートが表示されます2。気に入ったテンプレートをクリックしてダウンロードして利用することができます。

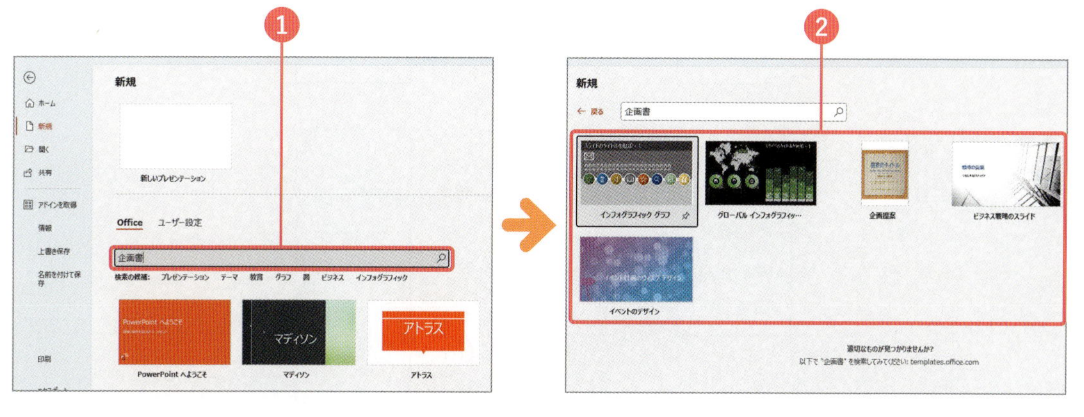

Section

19 プレゼンテーションを保存する

ここで学べること

プレゼンテーションを保存しておくとPowerPointを終了した後に再度開いて編集できます。新規プレゼンテーションを保存する場合と、すでに保存されているプレゼンテーションを保存する場合の違いを確認してください。

レッスン

- 19-1 保存場所と名前を指定して保存する
- 19-2 上書き保存をする

まずは パッと見るだけ！

新規プレゼンテーションの保存

新規プレゼンテーションを作成すると、「プレゼンテーション1」のような名前が表示されます。これは、仮の名前なのでファイルとしては存在していません。ファイルとして残したい場合は、**名前を付けて保存**します。

▼名前を付けて保存

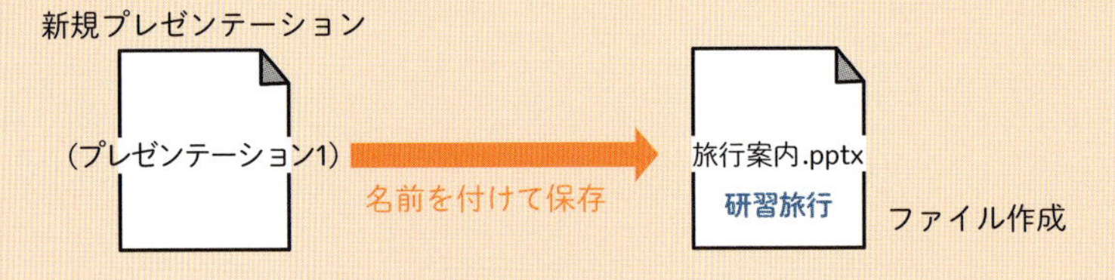

保存済みのプレゼンテーションの保存

一度ファイルとして保存したプレゼンテーションは、**上書き保存**と**名前を付けて保存**の使い分けが必要です。上書き保存は、同じ名前で保存するためデータが更新され、元のファイルの変更前のデータは残りません。
一方、名前を付けて保存は、元ファイルで編集した内容を別の名前を付けて保存するため、元ファイルは変更前の状態で残ります。

▼上書き保存

▼名前を付けて保存

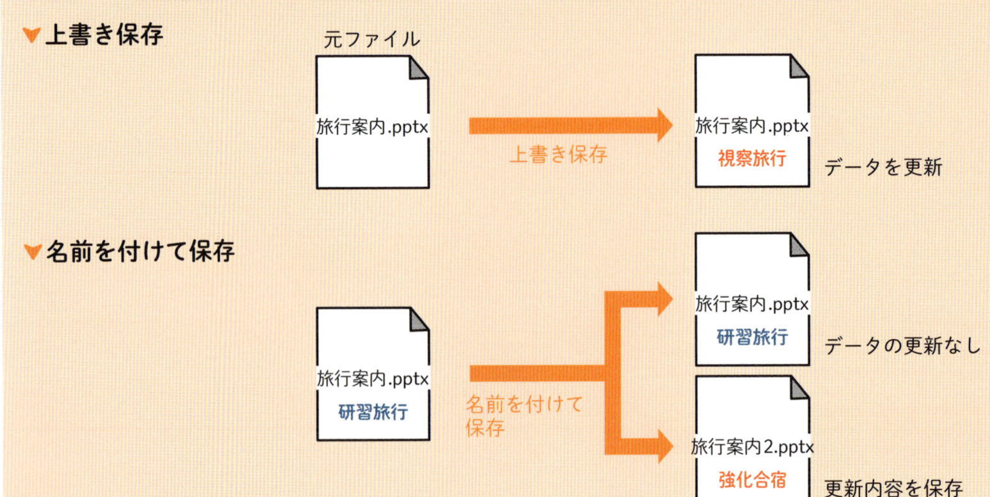

レッスン19-1 保存場所と名前を指定して保存する

練習用ファイル 19-旅行案内.pptxx

操作 名前を付けて保存する

新規のプレゼンテーションを保存する場合は、[名前を付けて保存]ダイアログを表示し、保存場所と名前を指定してファイルとして保存します。保存済みのプレゼンテーションの場合、同じ操作で別のファイルとして保存できます。ここでは、**レッスン18-1**で作成した新規プレゼンテーションを[ドキュメント]フォルダに名前を付けて保存してみましょう。

Memo OneDriveに保存する

保存場所でOneDriveを選択すると、プレゼンテーションをインターネット上に保存できます。OneDriveに保存すれば、わざわざパソコンを持ち運ぶことなく、別のパソコンからプレゼンテーションを開くことができます。この場合、Microsoftアカウントでサインインしている必要があります（p.344参照）。

Memo ファイル名が途中までしか見えない場合

タイトルバーに表示されたファイル名が途中で途切れてしまっている場合は、[ファイル]タブをクリックして表示されるBackstageビューのタイトルバーでファイル名を確認することができます。

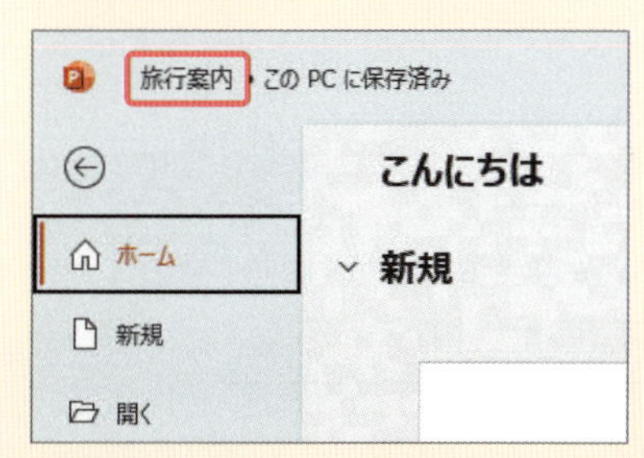

ショートカットキー

- [名前を付けて保存]ダイアログを表示 F12

ここではサインインしていない状態で[ドキュメント]フォルダに保存します。

1 [ファイル]タブ→[名前を付けて保存]をクリックし、

2 [参照]をクリックします。

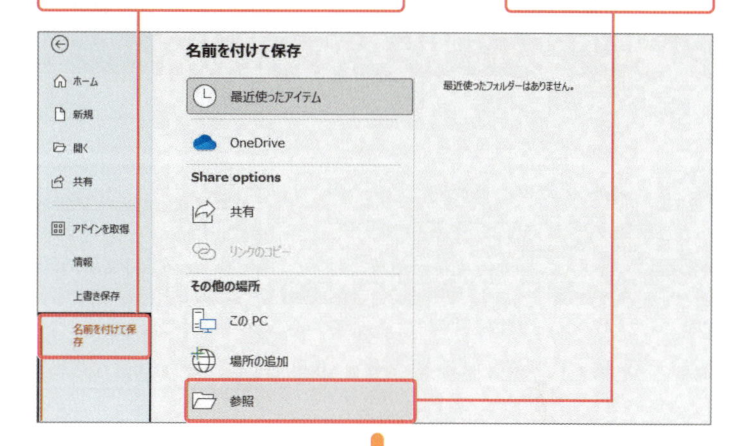

3 [名前を付けて保存]ダイアログが表示されます。

4 保存先のフォルダを選択（ここでは「ドキュメント」）し、

5 ファイル名（ここでは、[旅行案内]）を入力して、

6 [保存]をクリックします。

7 プレゼンテーションが保存され、ファイル名がタイトルバーに表示されます。

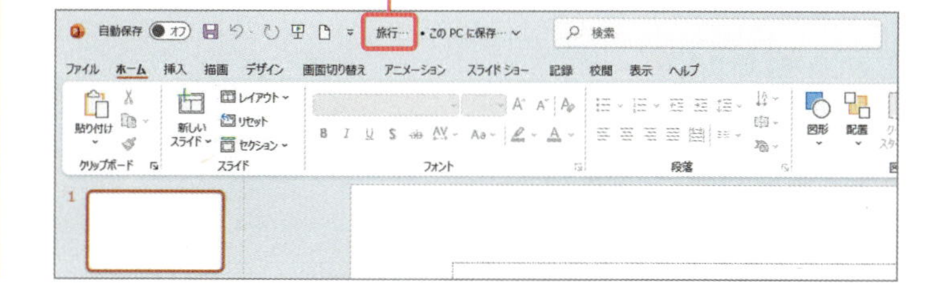

レッスン 19-2 上書き保存をする

操作　上書き保存する

一度保存したことのあるプレゼンテーションは、クイックアクセスツールバーの［上書き保存］をクリックし、上書き保存をして変更内容を更新して保存します。データが更新されるので、プレゼンテーションを開いたときの内容は残りません。

ショートカットキー

- 上書き保存
  Ctrl + S

1 クイックアクセスツールバーの［上書き保存］をクリックします。

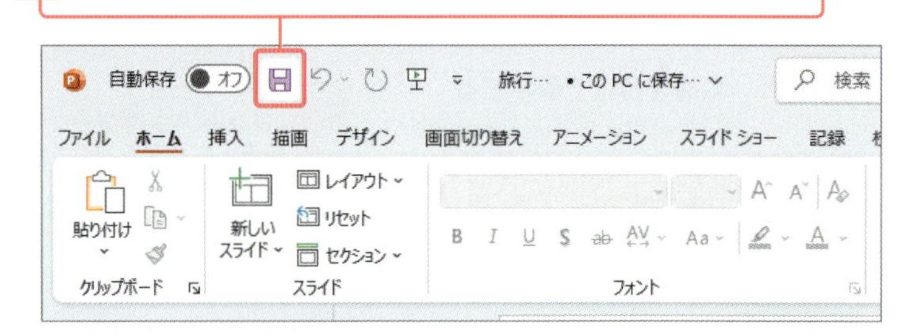

Memo　プレゼンテーションを閉じる

PowerPointを起動したままプレゼンテーションだけ閉じるには、［ファイル］タブ→［その他］→［閉じる］をクリックします。

コラム　自動保存を知ろう

タイトルバーの左端に表示されている自動保存は、Microsoftアカウントでサインインしているときにプレゼンテーションを OneDrive に保存すると有効になります。プレゼンテーションに変更があると自動で上書き保存されます。

● Microsoftアカウントでサインインしていない場合

プレゼンテーションを保存しても［自動保存］はオンになりません。保存後、プレゼンテーションに変更を加えた場合は、自分で上書き保存をしてプレゼンテーションを更新してください。このとき［自動保存］をクリックしてオンにしようとするとサインインを要求する画面が表示されます。

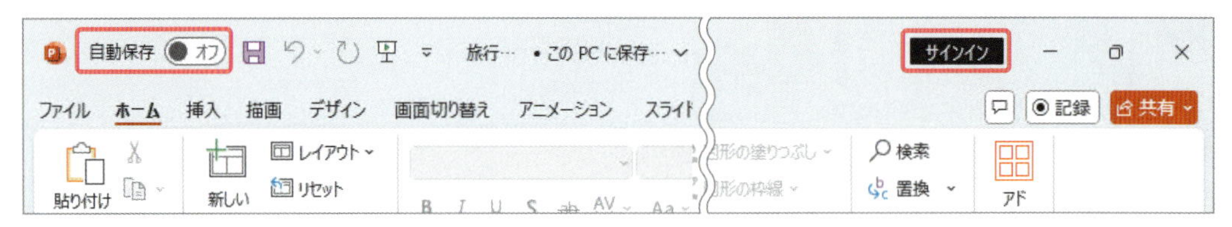

● Microsoftアカウントでサインインしている場合

プレゼンテーションを OneDrive に保存すると［自動保存］はオンになり、変更があると自動的に上書き保存が実行され、データが更新されます。また、［上書き保存］のアイコンが🖫になり、クリックすると自分が行った変更が保存されると同時に、ファイルが共有（p.346参照）されている場合は、他のユーザーによる変更も反映されます。なお、サインインしていても、プレゼンテーションをパソコン上のドライブに保存している場合は、［自動保存］はオフのままです。

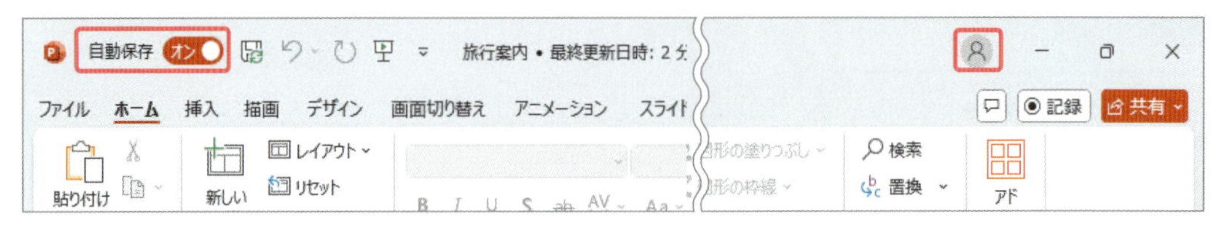

Section 20 プレゼンテーションを開く

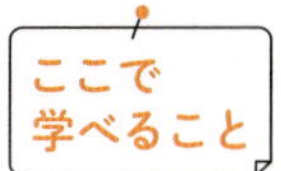

ここで学べること

保存したプレゼンテーションは、PowerPointからだけでなく、エクスプローラーからも開けます。また、複数のプレゼンテーションを同時に開いて編集することができます。

レッスン

- 20-1 保存場所を選択して開く
- 20-2 エクスプローラーから開く

まずは パッと見るだけ！

プレゼンテーションの開き方

PowerPointのプレゼンテーションは、［ファイルを開く］ダイアログから開くのが基本ですが、エクスプローラーから直接プレゼンテーションをダブルクリックして開くことも可能です。

Before 操作前

● ［ファイルを開く］ダイアログ

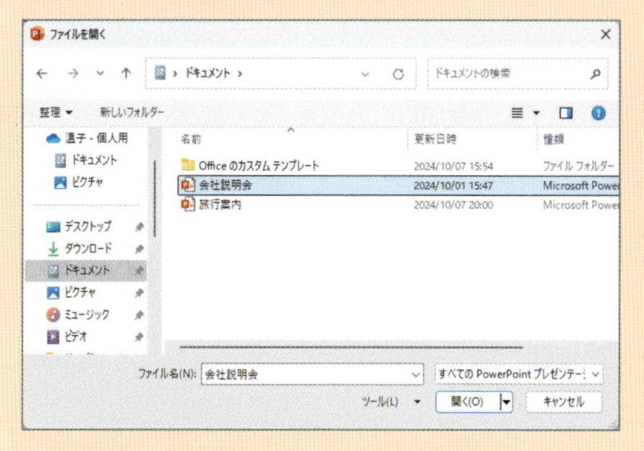

● エクスプローラー

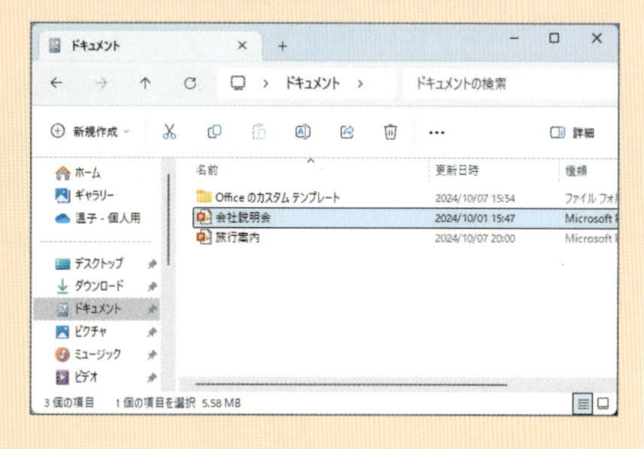

After 操作後

指定したプレゼンテーションが開いた

エクスプローラーのダブルクリックがおすすめ

レッスン 20-1 保存場所を選択して開く

練習用ファイル 20-会社説明会.pptx

操作 [ファイルを開く] ダイアログから開く

PowerPointのプレゼンテーションを開くには、[ファイルを開く] ダイアログを表示して、保存場所と開くファイルを指定します。

Memo 複数のファイルを開く

PowerPointでは複数のファイルを同時に開いて編集することができます。手順5で1つ目のファイルを選択したのち、2つ目以降のファイルを Ctrl キーを押しながらクリックすると複数のファイルを選択できます。複数選択した状態で [開く] をクリックすると複数のファイルをまとめて開けます。

Memo 複数のプレゼンテーションを切り替えるには

[表示] タブ→[ウィンドウの切り替え] をクリックして❶、一覧から切り替えたいプレゼンテーションを選択します❷。または、タスクバーのPowerPointのアイコンにマウスポインターを合わせ、表示されるプレゼンテーションのサムネイル（縮小表示）をクリックしても切り替えられます。

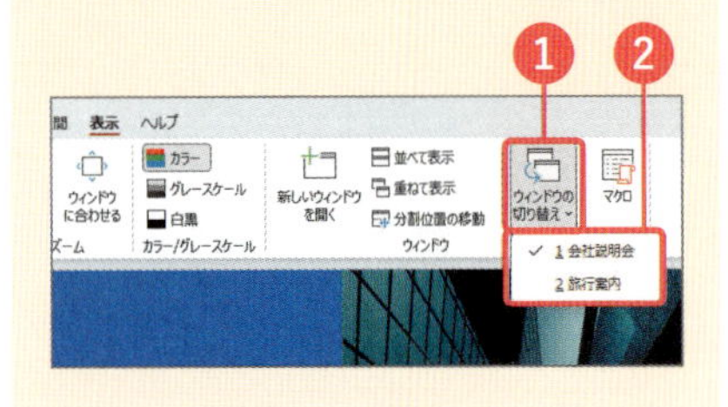

ショートカットキー

- [開く] 画面表示
  Ctrl + O
- [ファイルを開く] ダイアログ表示
  Ctrl + F12

ドキュメントフォルダに、[20-会社説明会.pptx] をコピーしておくと以下の画面と同じになります（ファイルのコピー方法は、p.37参照）。

1 [ファイル] タブ→[開く] をクリックし、

2 [参照] をクリックします。

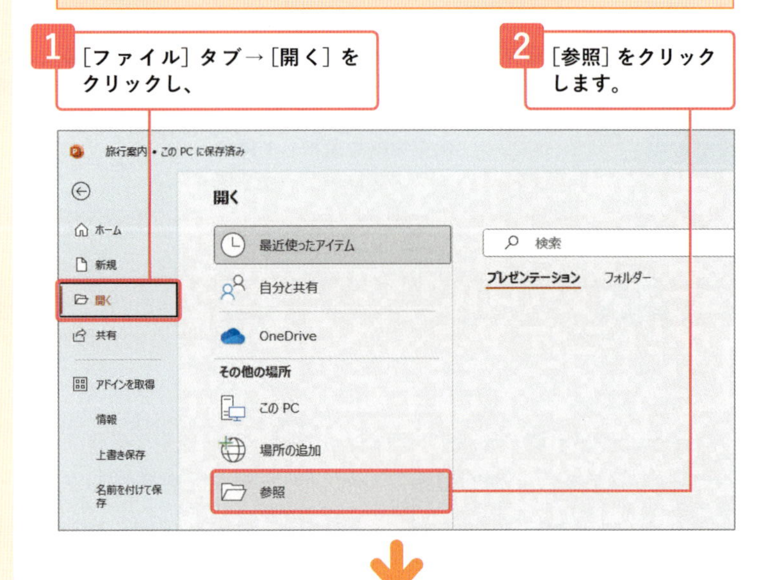

3 [ファイルを開く] ダイアログが表示されます。

4 ファイルの保存場所を選択し、

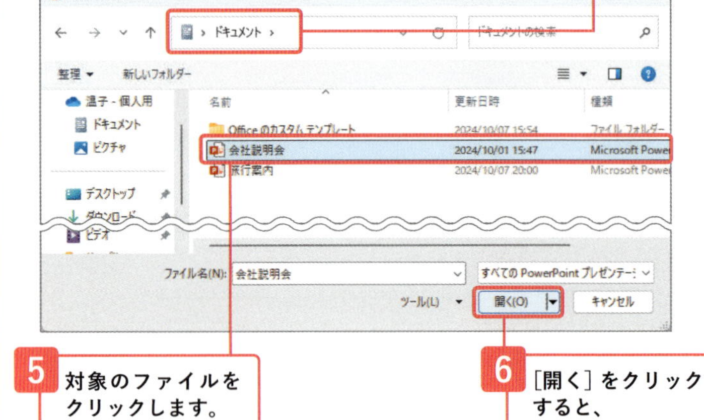

5 対象のファイルをクリックします。

6 [開く] をクリックすると、

7 選択したファイルが開きます。

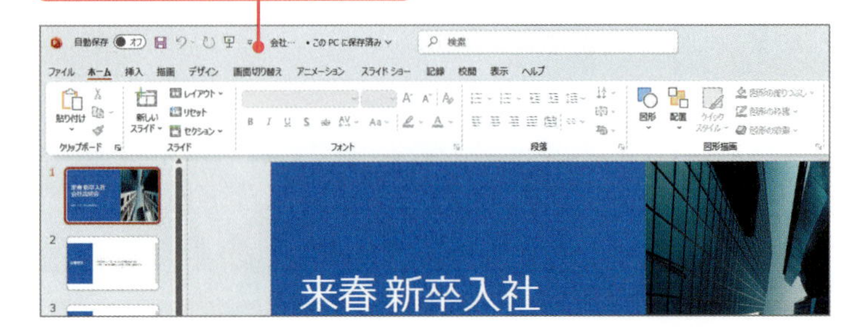

レッスン 20-2 エクスプローラーから開く

練習用ファイル 20-会社説明会.pptxx

操 作 エクスプローラーから開く

エクスプローラーを開き、開きたいプレゼンテーションをダブルクリックすると、プレゼンテーションが開きます。

ドキュメントフォルダに、[20-会社説明会.pptx]をコピーしておくと以下の画面と同じになります（ファイルのコピー方法は、p.37参照）。

1 エクスプローラーで保存場所のフォルダを開き、

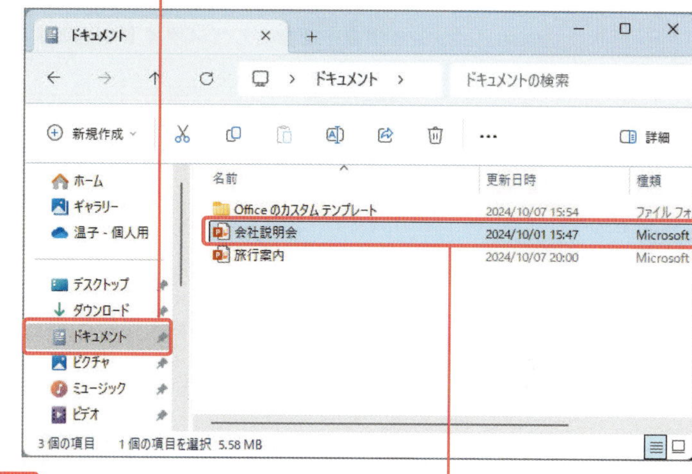

2 開きたいプレゼンテーションをダブルクリックすると、

3 選択したファイルが開きます。

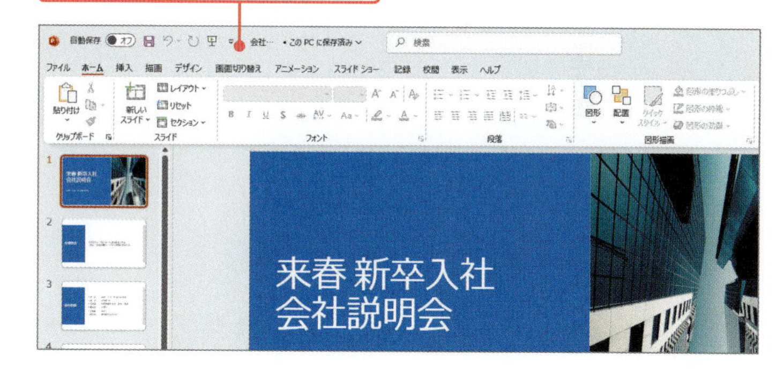

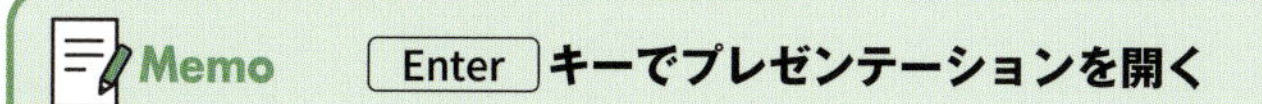

Memo **Enter キーでプレゼンテーションを開く**

エクスプローラーで開きたいプレゼンテーションを選択し、Enter キーを押しても同様にプレゼンテーションを開くことができます。

Memo **PowerPointも自動的に起動する**

エクスプローラーでプレゼンテーションをダブルクリックしたときにPowerPointが起動していない場合は、PowerPointが起動すると同時にプレゼンテーションが開きます。

Section

21 スライドを追加する

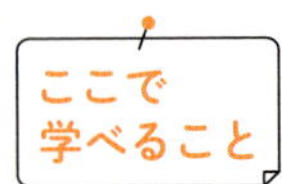

プレゼンテーションを複数ページで構成する場合は、スライドを追加します。スライドには多数のレイアウトが用意されていますが、目的に合ったレイアウトのスライドを選びましょう。

▶21-1 レイアウトを指定してスライドを追加する

まずは パッと見るだけ！

スライドの追加

1枚目は表紙用のタイトルスライドなので、2枚目以降のスライドを追加して内容を作成する準備をします。

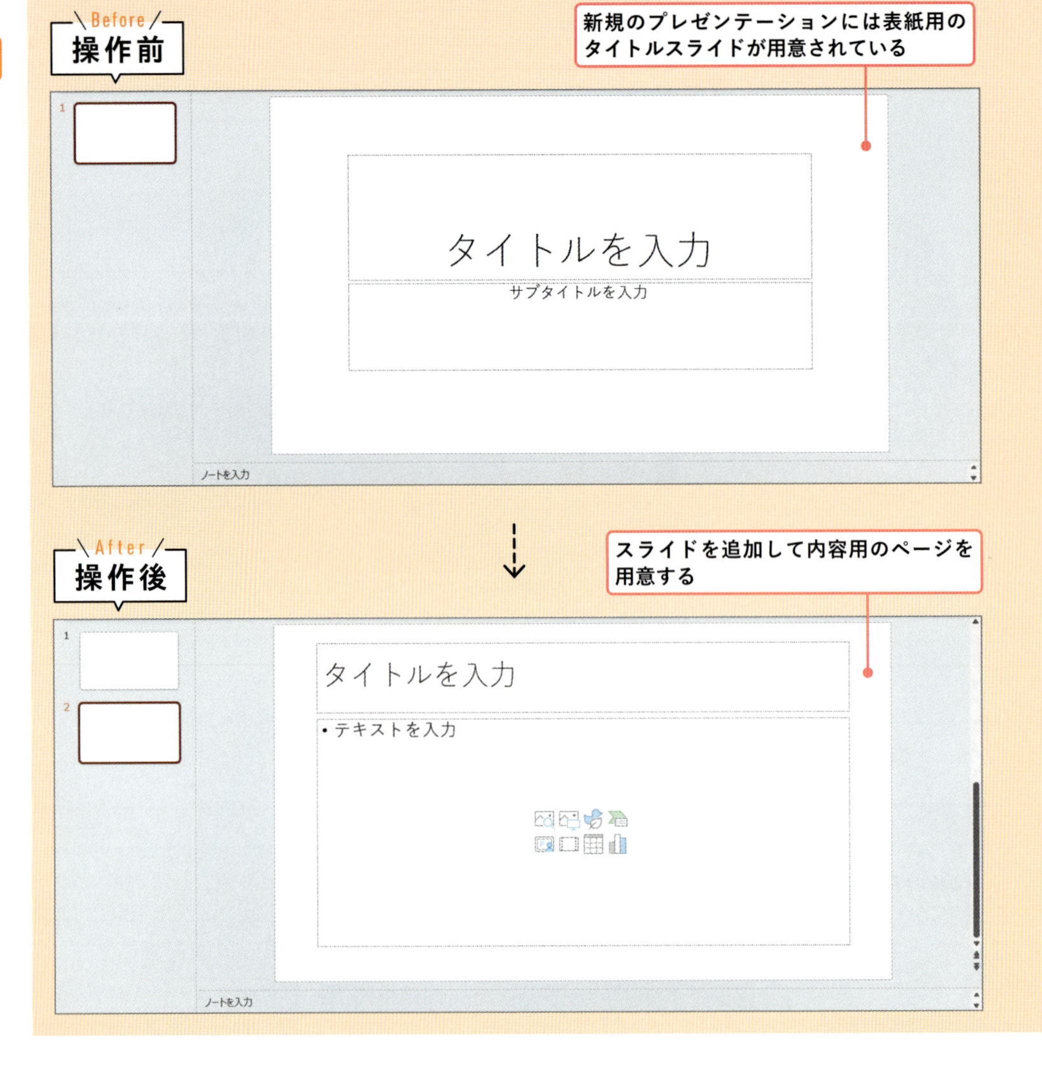

レッスン 21-1 レイアウトを指定してスライドを追加する

練習用ファイル 21-旅行案内.pptx

操作 スライドを追加する

スライドを追加するには、サムネイルウィンドウでスライドを選択し、[ホーム] タブの [新しいスライド] の ⌄ をクリックして一覧から目的のレイアウトのスライドをクリックします。

時短ワザ Enter キーでスライドを追加する

サムネイルウィンドウで1つ目の [タイトルスライド] が選択されているときに、Enter キーを押すと [タイトルとコンテンツ] スライドが追加されます。2つ目以降は、現在選択されているスライドと同じレイアウトのスライドが追加されます。

Memo スライドを削除する

スライドを削除するには、サムネイルウィンドウで削除したいスライドを選択し、Delete キーを押します。

Memo スライドのレイアウトを変更する

スライドのレイアウトを変更したい場合は、サムネイルウィンドウでスライドを選択し❶、[ホーム] タブ→ [レイアウト] をクリックして❷、一覧から変更したいスライド (ここでは [2つのコンテンツ]) のレイアウトをクリックします❸。

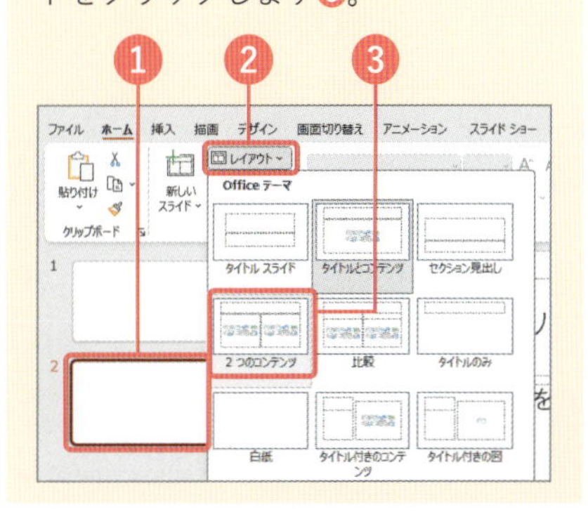

1 サムネイルウィンドウでスライドをクリックし、

2 [ホーム] タブ→ [新しいスライド] の ⌄ をクリックして、

3 一覧から追加したいレイアウト (ここでは [タイトルとコンテンツ]) のスライドをクリックします。

4 選択していたスライドの下にスライドが追加されます。

5 追加したスライドのレイアウトを確認します。

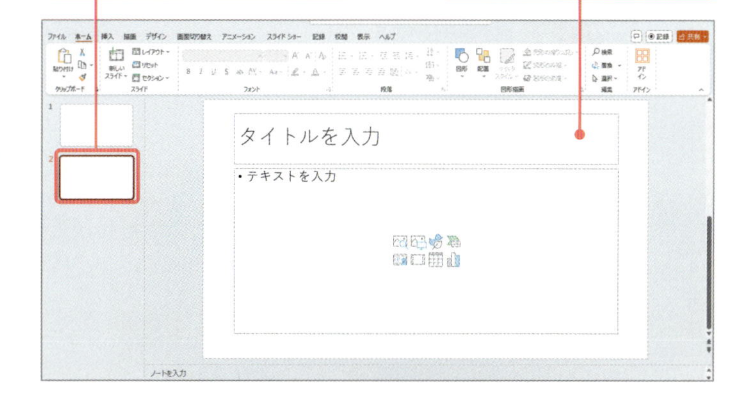

Section
22 スライドに文字を入力する

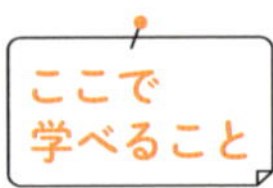

スライドを追加したら、各スライドにタイトルや内容を追加していきます。ここでは基本の文字の入力を確認しましょう。なお、文字の種類や大きさなどの変更は5章で詳しく解説します。

- 22-1　タイトルスライドに入力する
- 22-2　2ページ目以降に入力する

まずは パッと見るだけ！

プレースホルダーに文字を入力する

スライド内に配置されている枠のことをプレースホルダーといいます。このプレースホルダー内でクリックしてカーソルを表示し、文字を入力していきます。

▼タイトルスライド

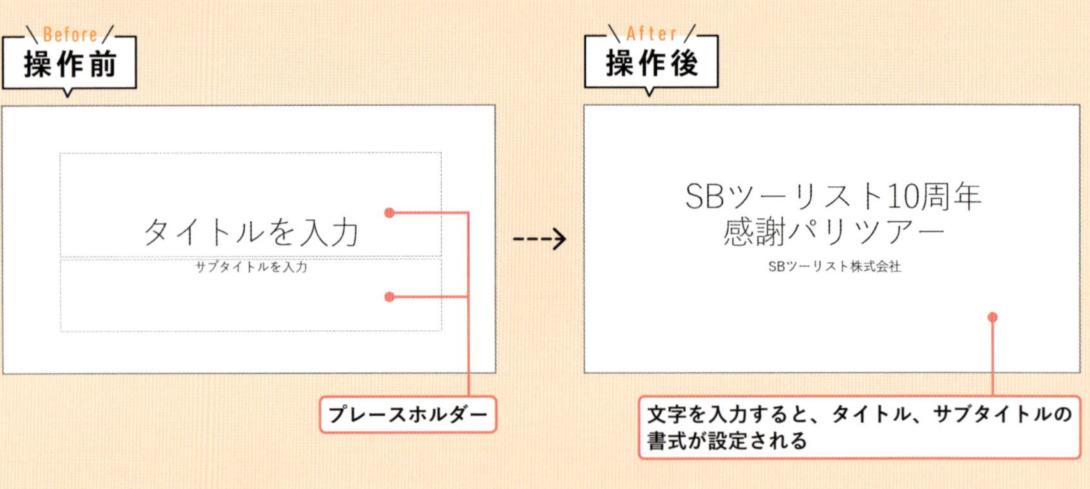

▼タイトルとコンテンツ

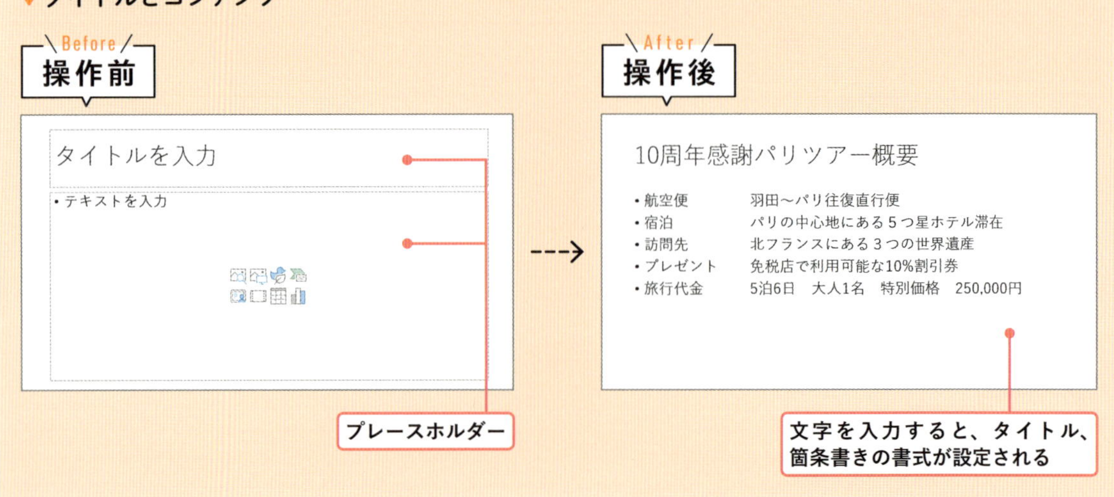

レッスン 22-1 タイトルスライドに入力する

練習用ファイル 22-1-旅行案内.pptx

Point タイトルスライドのプレースホルダー

新しいプレゼンテーションに用意されているタイトルスライドには、「タイトルを入力」と「サブタイトルを入力」と表示されている2つのプレースホルダーが用意されています。それぞれのプレースホルダーにはタイトル用、サブタイトル用の書式があらかじめ設定されています。

Memo プレースホルダー内の改行

手順4のように、プレースホルダー内で Enter キーを押すとその位置で改行されます。

Memo プレースホルダー内の入力指示について

プレースホルダーには、あらかじめ「タイトルを入力」や「サブタイトルを入力」と入力指示が表示されています。この入力指示が残っていても、スライドショー実行時や印刷時には表示されません。

タイトルスライドは表紙用のスライドです

1 1つ目のスライドをクリックし、

2 「タイトルを入力」と表示されているプレースホルダーをクリックすると、

タイトルを入力
サブタイトルを入力

3 カーソルが表示されてテキストの入力ができる状態になります。

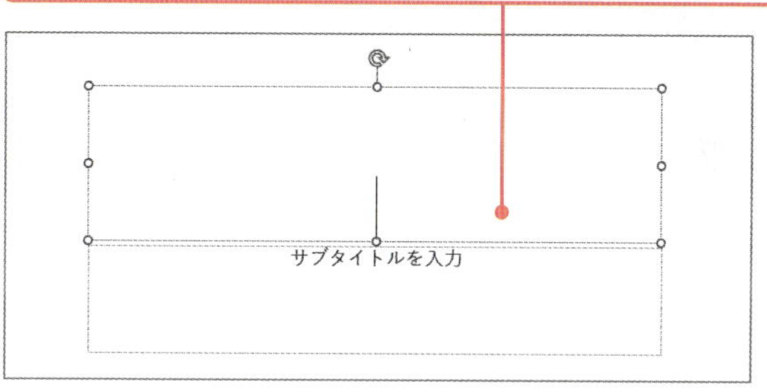

4 プレゼンテーションのタイトルを入力します。「年」の後ろで改行しています。

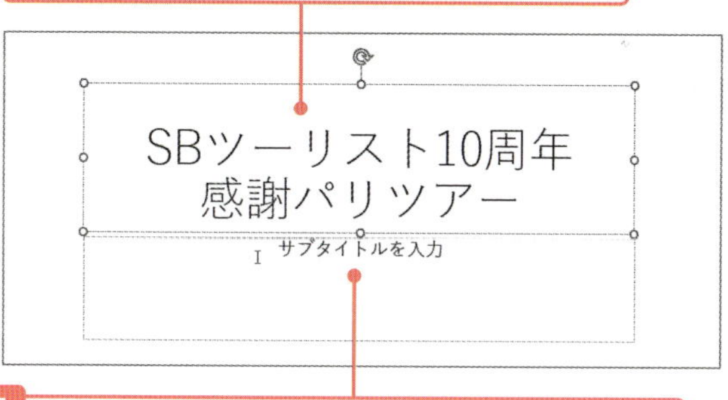

5 「サブタイトルを入力」と表示されているプレースホルダーをクリックし、

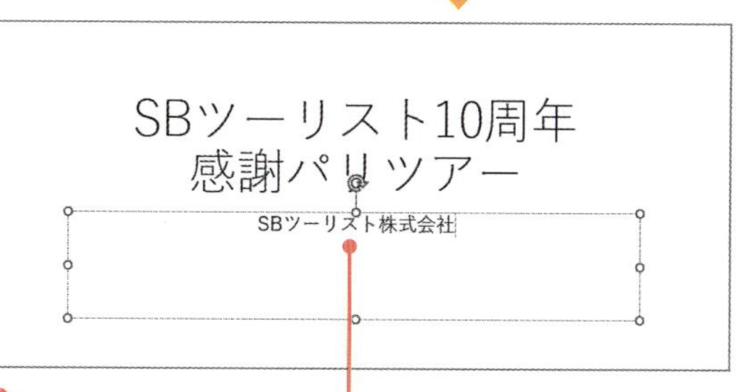

6 サブタイトルを入力します。

レッスン22-2 2ページ目以降に入力する

練習用ファイル 22-2-旅行案内.pptx

Point タイトルとコンテンツのプレースホルダー

2ページ目以降のスライドの基本のレイアウトは「タイトルとコンテンツ」です。タイトル用のプレースホルダーと、内容用のプレースホルダーの2つが用意されています。内容用のプレースホルダーに文字を入力すると、自動的に先頭に記号が付いた箇条書きになります。

Memo 項目と内容の間を Tab キーで文字位置を合わせる

箇条書きの項目と内容の間の空白は、項目入力後 Tab キーを押して字下げをし、文字位置を揃えています(p.148参照)。

Memo 本文は箇条書きが基本

本文となる内容を入力する場合、相手に内容を的確に伝えるためには箇条書きにするのが基本です。文字数を少なくし、簡潔にまとめましょう。

コラム 任意の位置に文字を入力するには

スライド内の任意の位置に文字を入力するには、図形のテキストボックスを追加します(p.154参照)。

1 2つ目のスライドをクリックし、

2 タイトルを入力するプレースホルダーをクリックしてスライドのタイトルとなる文字（ここでは「10周年感謝パリツアー概要」）を入力します。

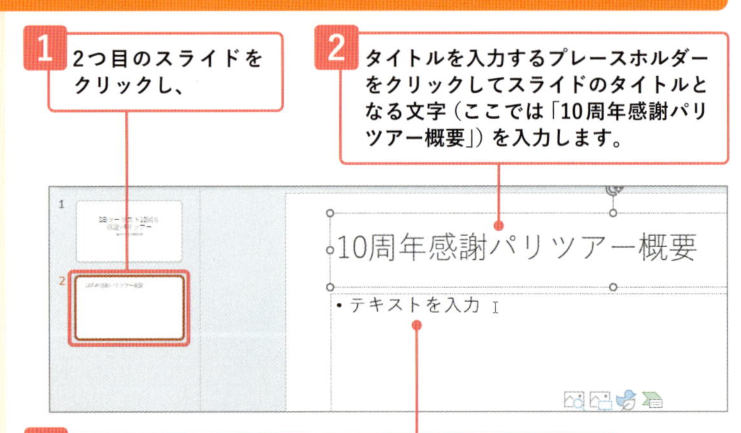

3 「テキストを入力」のプレースホルダーをクリックします。

4 1行目を入力すると、自動的に箇条書きの設定になることを確認します（入力内容は画面を参照してください。ここでは「航空便」の後ろで、Tab キーを2回押して空白を挿入しています）。

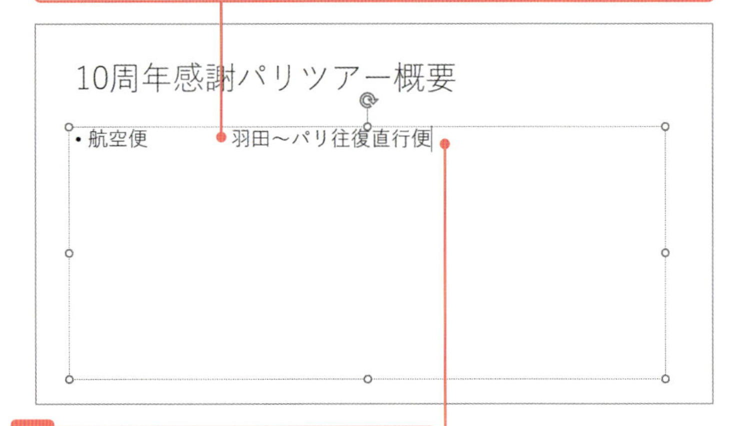

5 行末で Enter キーを押して改行します。

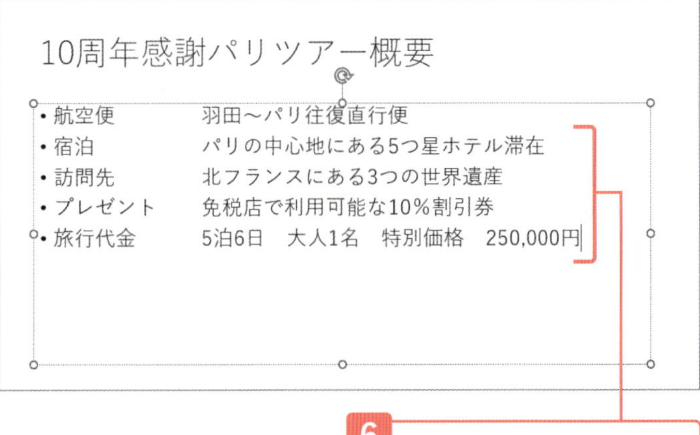

6 続けて箇条書きを入力します。

コラム　スライドに挿入できる文字以外の主なコンテンツ

スライドには、文字以外にさまざまなコンテンツを追加することができます。これらのコンテンツは、[挿入] タブに用意されているボタンを使って挿入します。

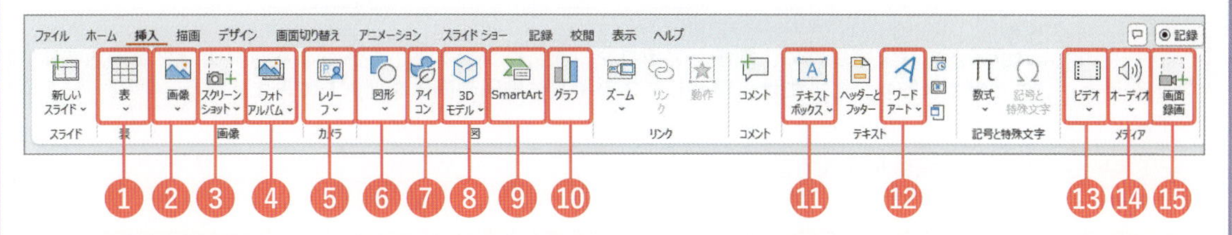

主なコンテンツ	説明
❶ 表	表を挿入してデータを整理して表示できる (p.158参照)
❷ 画像	イラストや写真などの画像を挿入できる (p.86参照)
❸ スクリーンショット	パソコンに表示されている画面を切り取って挿入できる (p.259参照)
❹ フォトアルバム	スライドに写真を挿入してアルバムを作成できる
❺ レリーフ	スライドにカメラフィード (ライブカメラ画像) を挿入できる
❻ 図形	直線や矢印などの図形を挿入できる (p.202参照)
❼ アイコン	抽象化されたイラストを挿入できる (p.226参照)
❽ 3D モデル	立体型のイラストを挿入できる (p.229参照)
❾ SmartArt	流れ図や組織図など図表を挿入できる (p.234参照)
❿ グラフ	グラフを挿入できる (p.178参照)
⓫ テキストボックス	任意の位置に文字列を配置できる (p.154参照)
⓬ ワードアート	デザインされた文字を挿入できる
⓭ ビデオ	ビデオやYouTubeなどの動画を挿入できる (p.266参照)
⓮ オーディオ	音声を挿入できる (p.277参照)
⓯ 画面録画	パソコン画面を録画して挿入できる (p.270参照)

Memo　プレースホルダー内に表示されるイラストを使って挿入する

コンテンツ用のプレースホルダーには、下図のように「テキストを入力」の入力指示のほかにいくつかのイラストが表示されています。これらは、コンテンツを挿入するためのアイコンです。文字を入力する代わりに、表や図などのコンテンツを挿入できることを意味しています。アイコンをクリックしてコンテンツを挿入すると、プレースホルダーがそのコンテンツに置き換わります。文字と画像の両方を配置したい場合は、文字の入力を優先し、オブジェクトは別途追加するか (**レッスン23-1**)、スライドのレイアウトを [2つのコンテンツ] のようにコンテンツ用の2つのプレースホルダーが配置されているものに変更してもよいでしょう (p.81の**Memo**参照)。

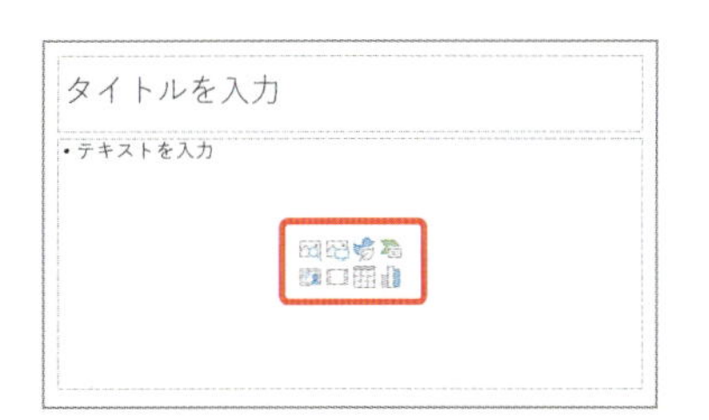

アイコン	挿入されるオブジェクト
	ストック画像
	PC内の図
	アイコン
	SmartArt

アイコン	挿入されるオブジェクト
	レリーフ
	ビデオ
	表
	グラフ

Section
23 文字以外のコンテンツを挿入する

ここで学べること
スライドには文字以外に、画像、アイコン、表、グラフなど、さまざまなコンテンツを挿入することができます。ここでは、例としてスライドに地図の画像を挿入してみましょう。

レッスン

まずは パッと見るだけ！

コンテンツの挿入

文字のみが入力されているスライドに、**画像**や**アイコン**、**図形**などを挿入することができます。事前にスマホやデジカメで撮影した画像や、作成したイラストなどを活用するとよいでしょう。

Before
操作前

本社へのアクセス

- 本社　105-xxxx　東京都○○○○　○○ビル
- 交通　JR○○駅　徒歩5分
- 地図

After
操作後

本社へのアクセス

- 本社　105-xxxx　東京都○○○○　○○ビル
- 交通　JR○○駅　徒歩5分
- 地図

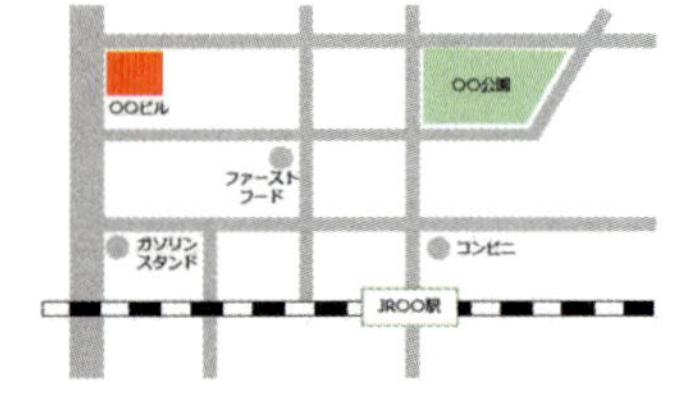

画像やイラストなどを加えることで、効果的に内容を伝えることができる

レッスン23-1 画像を挿入する

練習用ファイル 23-旅行案内.pptx
アクセス地図.jpg

操作 画像を挿入する

ここでは、箇条書きが入力されているスライドにパソコン内に保存されている画像を挿入する手順を確認しましょう。画像を挿入したら、サイズや配置の変更などを行います。

Memo オブジェクトの移動とサイズの変更

画像のようなオブジェクトを移動する場合は、画像内にマウスポインターを合わせ、になったらドラッグします。また、オブジェクトが選択されているときに周囲に表示される白いハンドル（○）にマウスポインターを合わせ、の形になったらドラッグするとサイズを変更できます。なお、オブジェクトの選択を解除するには、スライド内の何もないところをクリックします。

コラム [図] アイコンをクリックして挿入する

文字と画像を横に並べたい場合、レイアウトが［2つのコンテンツ］のスライドにする方法もあります。左側のプレースホルダーに文字を入力し❶、右側のプレースホルダーの［図］をクリックすると❷、［図の挿入］ダイアログが表示されるので挿入したい画像を選択すると、プレースホルダーに画像が挿入されます。

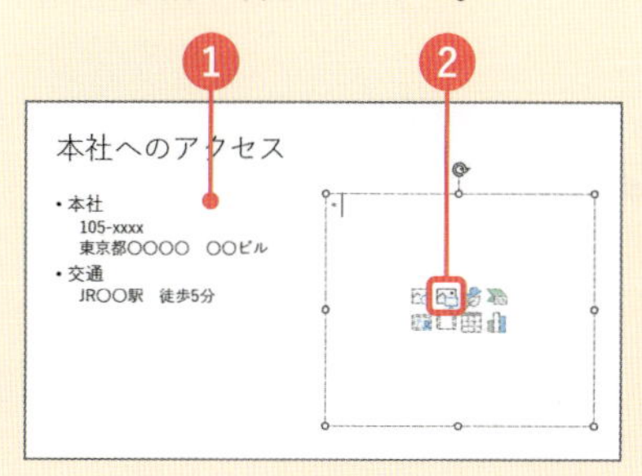

画像を挿入する

ここでは、スライド番号3のスライドに画像を挿入してみましょう。

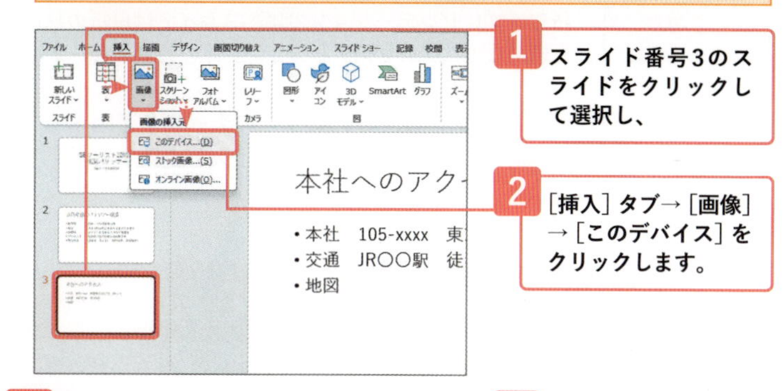

1 スライド番号3のスライドをクリックして選択し、

2 ［挿入］タブ→［画像］→［このデバイス］をクリックします。

3 ［図の挿入］ダイアログが表示されます。

4 画像が保存されているフォルダを選択し、

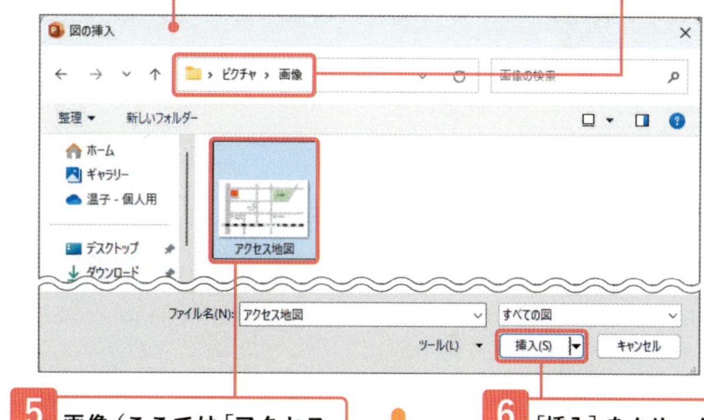

5 画像（ここでは「アクセス地図.jpg」）をクリックして、

6 ［挿入］をクリックします。

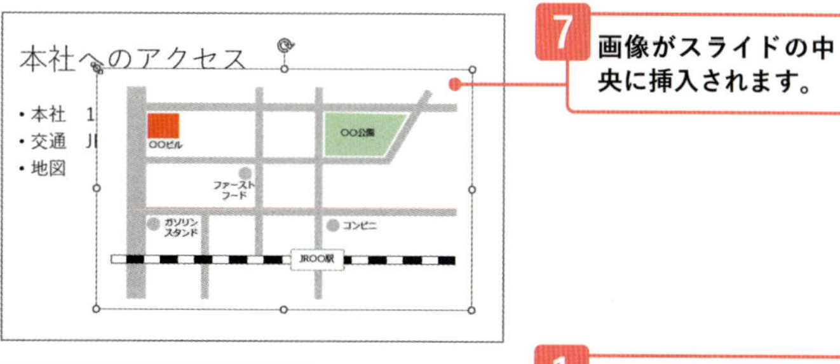

7 画像がスライドの中央に挿入されます。

画像サイズを変更／移動する

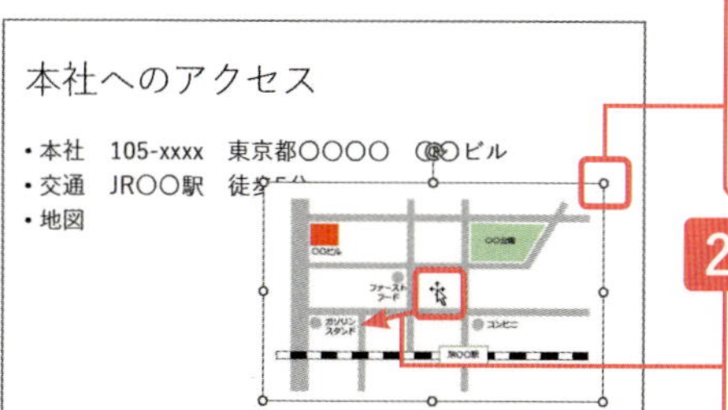

1 画像の周囲に表示されている白いハンドル（○）にマウスポインターを合わせ、の形になったらドラッグしてサイズを調整します。

2 画像内にマウスポインターを合わせ、の形になったらドラッグして移動します。

Section
24 テーマを適用してデザインを変える

ここで学べること

新しいプレゼンテーションでは、スライドは白紙の状態です。作成したプレゼンテーションにテーマを適用して、プレゼンテーション全体の見栄えを一気に変えてみましょう。

レッスン

- 24-1 プレゼンテーションにテーマを適用する
- 24-2 テーマのバリエーションを変更する

まずは パッと見るだけ！

テーマの適用

プレゼンテーションに、背景や配色、フォントや文字サイズなどが組み合わせられたテーマを設定すると、スライド全体に統一されたデザインを適用し、簡単に見栄えをよくできます。

Before 操作前

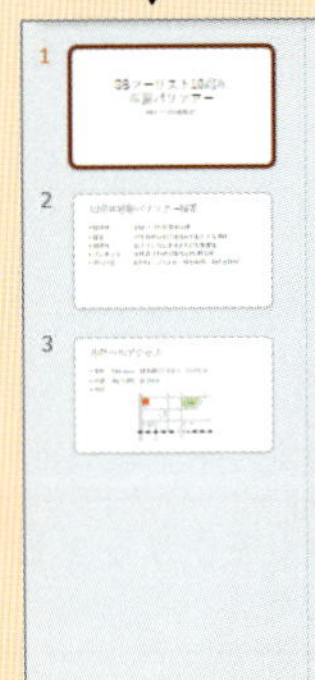

SBツーリスト10周年
感謝パリツアー
SBツーリスト株式会社

初期設定では、白紙の状態になっている

After 操作後

SBツーリスト10周年
感謝パリツアー
SBツーリスト株式会社

テーマを適用し、バリエーションを選択して見映えが整った

レッスン 24-1 プレゼンテーションにテーマを適用する

練習用ファイル 24-1-旅行案内.pptx

操作 テーマの適用

プレゼンテーションに設定するテーマは、[デザイン] タブの [テーマ] グループに用意されています。40種類以上の中から選んで適用します。

Memo 白紙の状態に戻すには

白紙のプレゼンテーションには、既定で [Officeテーマ] というテーマが適用されています。テーマを適用した後で最初の状態に戻したい場合は、手順2で表示される一覧の左上角にある [Officeテーマ] を選択してください。なお、Office2013からOffice2022までのOfficeのテーマに変更したい場合は、[Officeテーマ] の右隣にある [Office2013-2022テーマ] を選択してください。

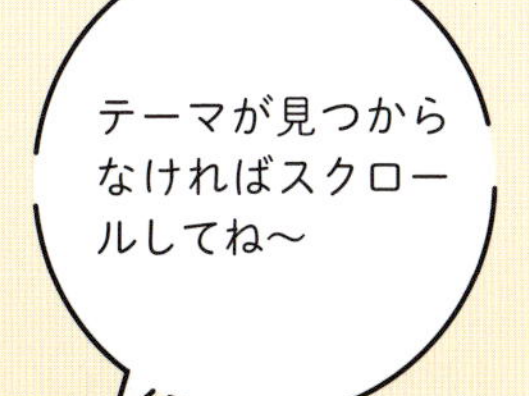

ここでは、白紙のプレゼンテーションにテーマ [飛行機雲] を設定します。

1 [デザイン] タブ→ [テーマ] グループの [その他] を クリックします。

2 テーマの一覧が表示されます。

3 任意のテーマ（ここでは [飛行機雲]）をクリックすると、

4 テーマが適用され、すべてのスライドのデザインが変更されます。

レッスン 24-2 テーマのバリエーションを変更する

練習用ファイル 24-2-旅行案内.pptx

操作 テーマのバリエーションを変更する

1つのテーマには、背景の模様や色、文字色などの配色を変更したものがバリエーションとして4つ用意されています。クリックするだけで全体的な模様や色合いを簡単に変更できます。

1 [デザイン] タブ→ [バリエーション] グループの中で任意のものをクリックすると、

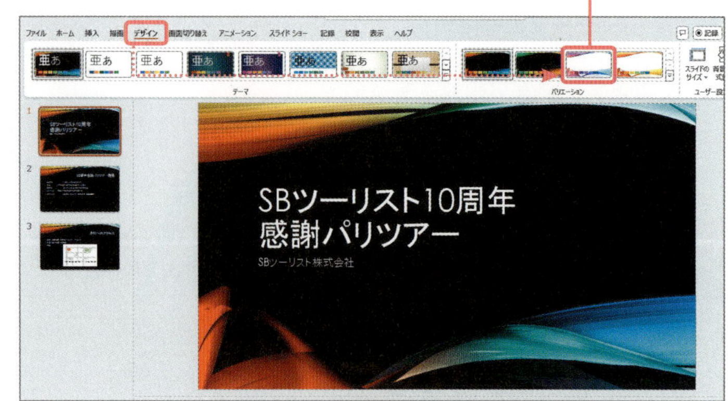

2 プレゼンテーション全体の配色が変更されます。

Memo Microsoft365によるデザインの提案

Microsoft365の場合、[デザイナー] 作業ウィンドウが表示され、選択したテーマやバリエーションによって、スライドごとにいろいろなデザインが提案されます。より見栄えのいいデザインを簡単に利用することができます。

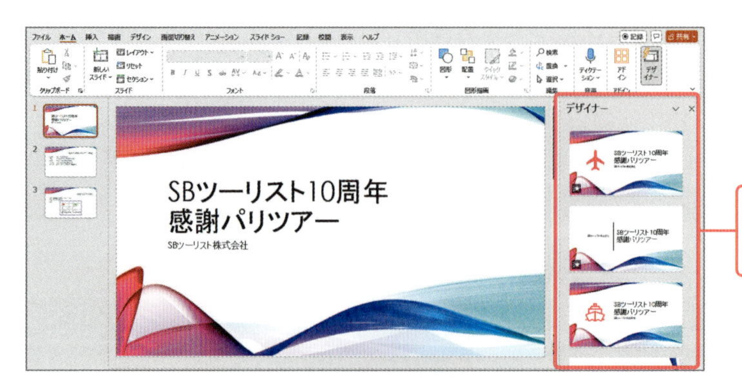

選択しているスライドごとに、見栄えのいいデザインが自動生成され提案される

Section

25 スライドショーを実行する

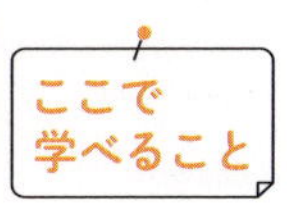

完成したプレゼンテーションは、スライドショーを実行すると、スライドを1枚ずつ画面に表示しながら説明することができます。ここでは、スライドショーの実行方法を確認しましょう。

レッスン ▶25-1 スライドショーを実行する

まずは パッと見るだけ！

スライドショーの実行

スライドショーを実行すると、画面いっぱいにスライドが表示されます。マウスをクリックするとスライドが順番に切り替わります。

Before
操作前

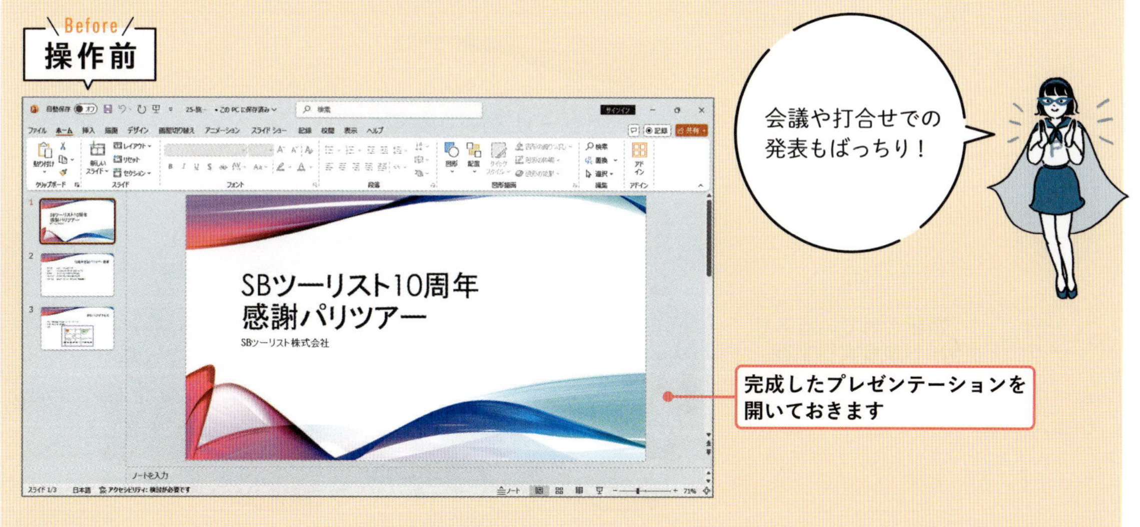

レッスン 25-1 スライドショーを実行する

練習用ファイル 25-旅行案内.pptx

操作 スライドショーを実行する

スライドショーを実行するには、[スライドショー] タブ→ [最初から] をクリックします。1枚目のスライドが画面いっぱいに表示され、マウスをクリックすると次のスライドに進みます。最後まで表示すると黒い画面が表示されます。黒い画面でクリックすると編集画面に戻ります。

Memo キーボードでスライドを切り替える

マウスをクリックする代わりに、Enter キーまたは↓キーを押すと次のスライドを表示します。また、Back space キーまたは↑を押すと前のスライドに戻ります。

ショートカットキー

- 先頭から開始
  F5

上級テクニック 選択されているスライドから実行する

選択しているスライドからスライドショーを実行するには、[スライドショー] タブ→ [現在のスライドから] をクリックするか、Shift + F5 キーを押します。

Memo スライドショーの途中で終了する

スライドショーの途中で終了したい場合は、Esc キーを押します。

1 [スライドショー] タブ→ [最初から] をクリックすると、

2 スライドショーが開始され、1枚目のスライドが画面全体に表示されます。

3 マウスをクリックすると、

4 次のスライドが表示されます。

5 同様にマウスをクリックして次のスライドを順番に表示します。

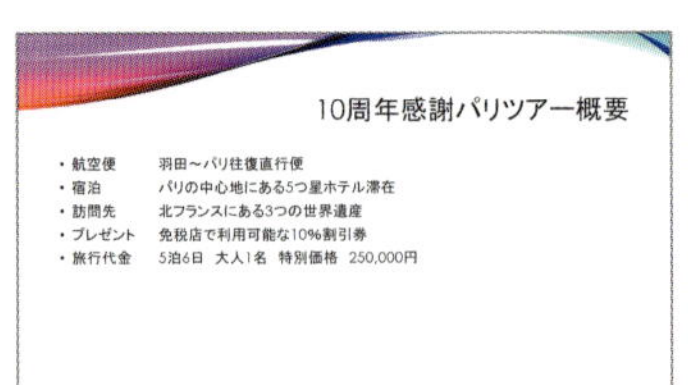

6 スライドショーが終了すると黒い画面が表示されます。

7 マウスをクリックすると、編集画面に戻ります。

練習問題 プレゼンテーションの作成を練習しよう

robo.png

完成図を参考に、以下の手順で表を作成してみましょう。

1. 新規プレゼンテーションを作成する（**レッスン18-1**参照）。
2. ［ドキュメント］フォルダに「AI活用視察ツアー.pptx」と名前を付けて保存する（**レッスン19-1**参照）。
3. タイトルスライドの後ろにスライド［タイトルとコンテンツ］を2枚追加する（**レッスン21-1**参照）。
4. 完成図を参考に、それぞれのスライドに文字を入力する（**レッスン22-1、22-2**参照）。
5. 2枚目のスライドに画像［robo.png］を追加し、完成図を参考にサイズと位置を調整する（**レッスン23-1**参照）。
6. テーマ［バッジ］、バリエーションは右から1つ目を適用する（**レッスン24-1、24-2**参照）。
7. スライドショーを実行する（**レッスン25-1**参照）。

▼文字、画像入力後

▼テーマ［バッジ］、バリエーション適用後

・1ページ目

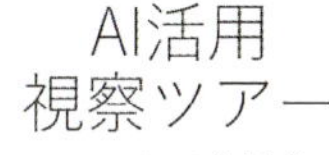

・2ページ目

概要

・事業でAI活用を取り組んでいる国内の民間企業を視察訪問
・AI導入のプロセスを学ぶセミナー参加
・AIロボットの教育部門の見学

概要

・事業でAI活用を取り組んでいる国内の民間企業を視察訪問
・AI導入のプロセスを学ぶセミナー参加
・AIロボットの教育部門の見学

・3ページ目

ツアー内容

・視察場所　〇〇社　AI推進事業部
・集合時間　9:00　〇〇駅南口バスターミナル
・解散時間　16:00
・募集人数　30名
・料　　金　15,000円／人（昼食含）

ツアー内容

・視察場所　〇〇社　AI推進事業部
・集合時間　9:00　〇〇駅南口バスターミナル
・解散時間　16:00
・募集人数　30名
・料　　金　15,000円／人（昼食含）

パソコン作業で気を付けたいこと

パソコンやPowerPointは、普通に使っていれば簡単には壊れることはありませんが、パソコンを快適に使用するために、覚えておきたい3つの注意点があります。

● 1. 強い衝撃を与えない。キーボードに飲み物をこぼさない!

パソコンは、精密機械です。そのため、強い衝撃によって壊れることがあります。特に、ノートパソコンのような持ち運びができるものは、慎重に扱いましょう。また、キーボードに飲み物をこぼさないように気を付けてください。キーボードに飲み物をこぼすと、キーボードの交換が必要になったり、パソコン自体が動作しなくなったりすることがあります。意外とよくあることなので、本当に注意してください。

● 2. 自分が保存したデータ以外は削除しない!

0章でも紹介していますが、パソコンのハードディスクの中には、パソコンを動かすためのファイルが保存されています。それらのファイルを削除すると、パソコン自体が正常に動かなくなってしまうことがあります。原則的に、自分で作成したり、保存したりしたデータ以外は削除しないと決めておくといいでしょう。

● 3. 席を離れるときは、パソコンをロックする!

席を離れるときは、他人に勝手にデータを見られたり、操作されたりしないように以下の手順でパソコンをロックしておきましょう。作業中のアプリを終了することなく席を離れられるので、短時間席を離れる場合に便利です。パソコンをロックすると、再度パソコンを使う場合、パスワードかPIN(暗証番号)の入力が必要になります。なお、帰宅する場合は、すべてのアプリを終了し、[スタート]メニューで[電源]をクリックした後、[シャットダウン]をクリックしてパソコンを終了してください。

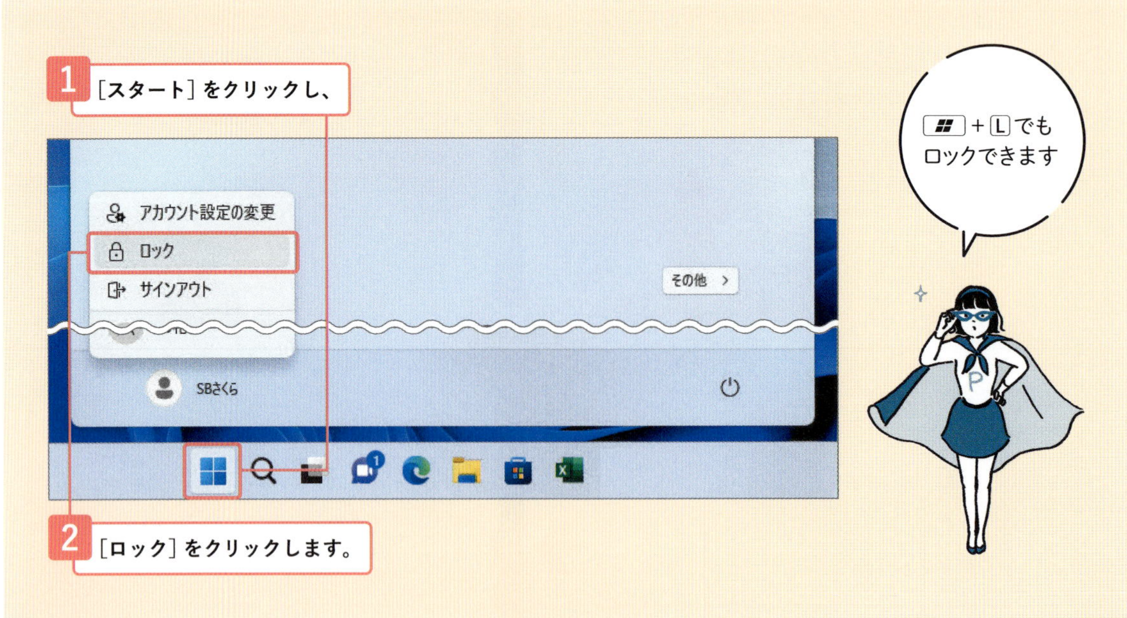

Point パソコンにやさしい習慣を身に付けよう

第 3 章

スライドを自在に操作する

ここでは、プレゼンテーションを構成するスライドの基本的な操作を確認しましょう。スライドの複製や順番の入れ替え、表示／非表示の切り替え、ほかのプレゼンテーションのスライドを再利用する方法などを紹介します。

Section

26 スライドのレイアウトを変更する

スライドの追加方法は、Section21で学習しました。スライドを追加した後で、レイアウトを変更して、入力済みの文字をそのまま新しいレイアウトに反映する方法を紹介します。

レッスン

まずは パッと見るだけ！

レイアウトの変更

スライドには、表紙用とか、コンテンツ用または白紙など、さまざまなレイアウトが用意されています。スライドのレイアウトは、簡単に変更することができます。

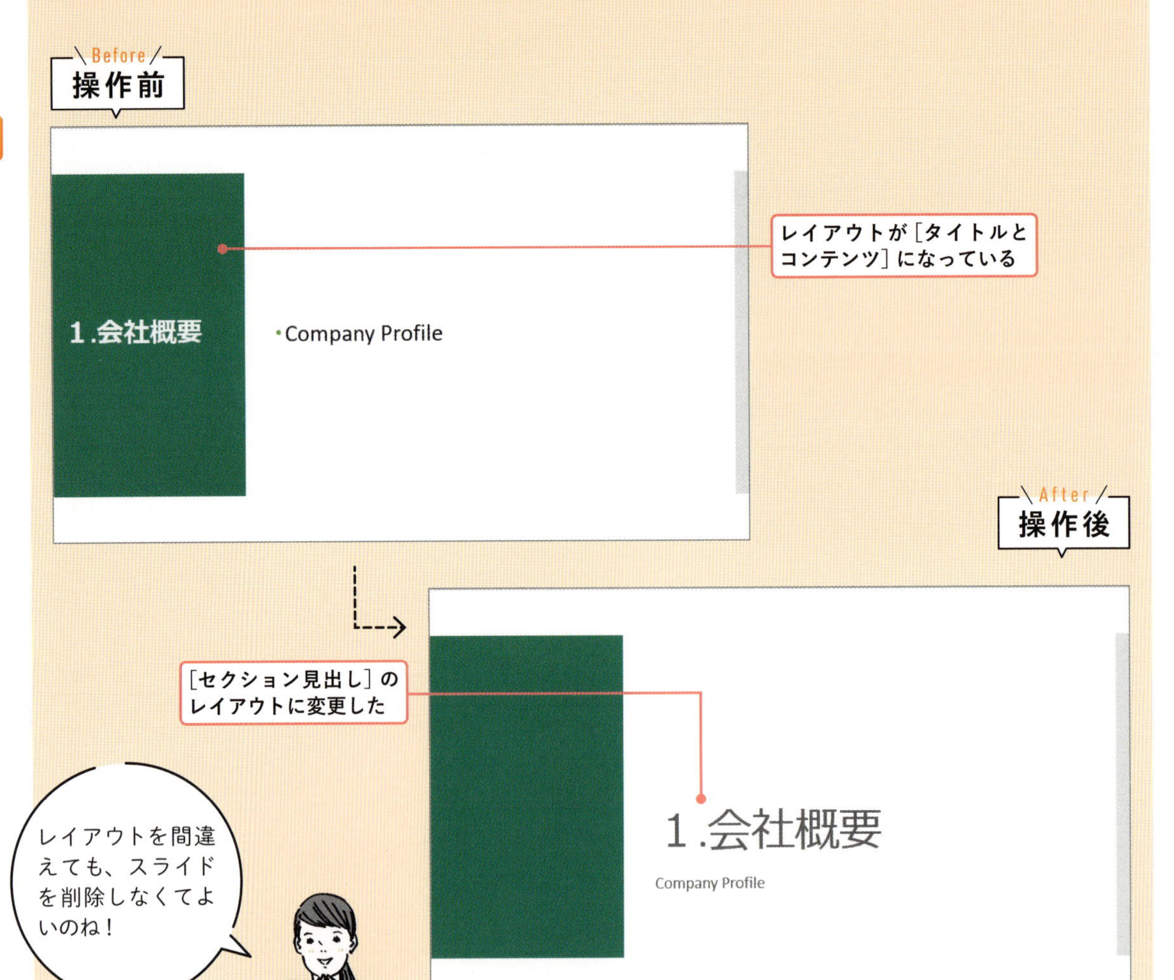

レッスン 26-1 レイアウトを変更する

練習用ファイル 26-会社案内.pptx

操作 レイアウトを変更する

スライドのレイアウトを変更するには、変更したいスライドをサムネイルウィンドウで選択し、[ホーム] タブの [レイアウト] をクリックして変更したいレイアウトをクリックします。

Point [セクション見出し] スライドの役割

ここでは、スライドの内容が切り替わる位置に [セクション見出し] スライドを配置しています。[セクション見出し] スライドのように、項目のタイトルのみのスライドがあると、プレゼンの際に内容を区切って説明しやすくなります。

Memo スライドのグループ分け

PowerPointには、複数のスライドをグループ分けして管理する [セクション] という機能が用意されています (p.107参照)。

ここでは、スライド番号2のスライドのレイアウトを [タイトルとコンテンツ] から [セクション見出し] に変更します。

1 レイアウトを変更するスライド (ここでは2枚目) をクリックし、

2 [ホーム] タブ→ [レイアウト] をクリックし、

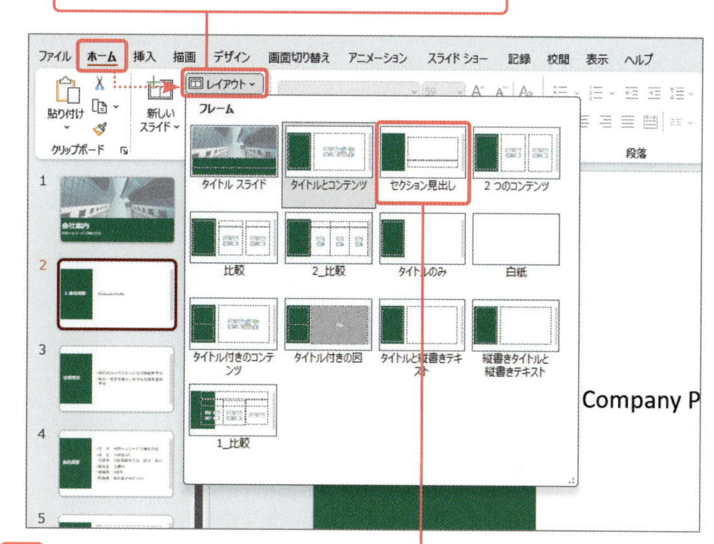

3 一覧からレイアウト (ここでは [セクション見出し]) をクリックすると、

4 レイアウトが変更されます。

Section

27 スライドを複製する

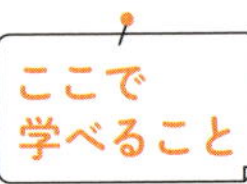

同じレイアウトのスライドをいくつか作成する場合、スライドを複製すれば、別々に作成するよりも効率的にスライドを作成することができます。スライドの複製方法を確認しましょう。

▶27-1 スライドを複製する

まずは パッと見るだけ！

スライドの複製

同じレイアウトのスライドを複数用意したい場合、**スライドを複製**して利用すると便利です。例えば、プレゼンテーション内で複数の表紙用のスライドを用意したいときなどに使えます。

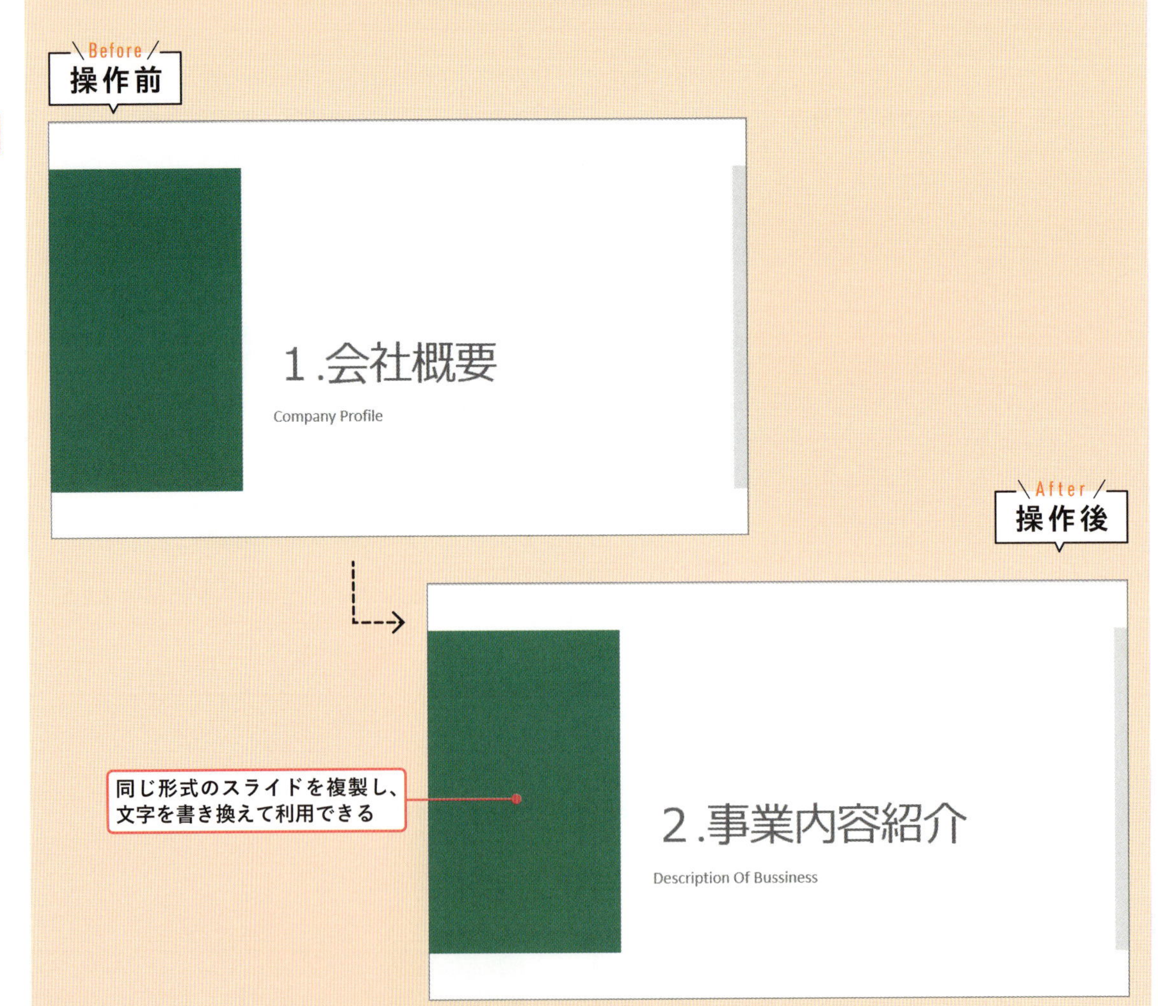

レッスン 27-1 スライドを複製する

練習用ファイル 27-会社案内.pptx

操作 スライドを複製する

スライドを複製するには、サムネイルウィンドウで複製したいスライドを右クリックし、ショートカットメニューから［スライドの複製］をクリックします。

Point スライドの削除

サムネイルウィンドウでスライドを選択し、Delete キーを押すと削除されます。

ここでは、スライド番号2のスライドを複製します。

1 複製するスライド（ここでは2枚目）を右クリックし、［スライドの複製］をクリックすると、

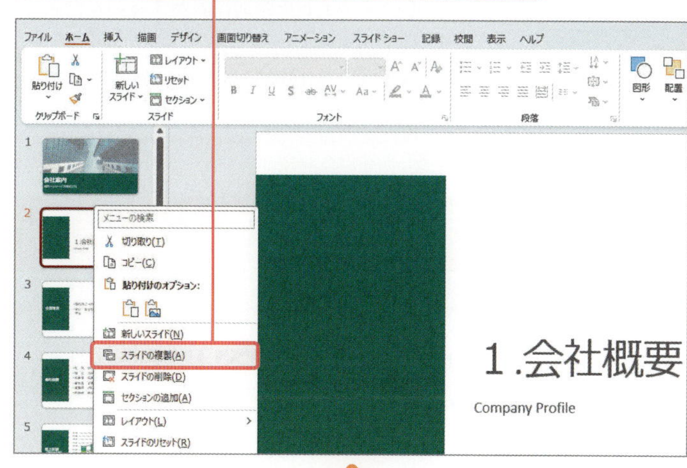

2 複製されたスライドが1つ下に追加されます。

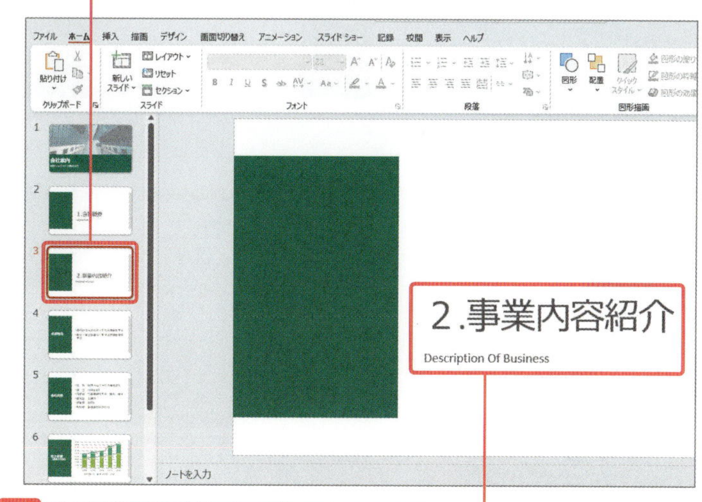

3 画面を参考にスライドの文字を修正しておきます。

時短ワザ 同じレイアウトのスライドの追加

サムネイルウィンドウで、スライドを選択し Enter キーを押すと、選択したスライドと同じレイアウトのスライドが追加されます。ただし、タイトルスライドの場合は、［タイトルとコンテンツ］が追加されます。スライドの追加の詳細はレッスン21-1のp.81を参照してください。

Section

28 スライドの順番を入れ替える

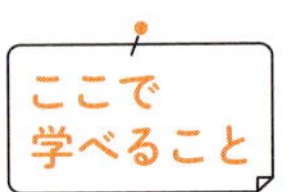

スライドの順番を入れ替えて、スライドの並びを整えてみましょう。スライドを移動するときは、すべてのスライドを画面に表示するのが便利です。

レッスン ▶28-1 スライドを移動する

まずは パッと見るだけ！

スライドの移動

スライドの位置は、表示モードを**スライド一覧**にして、移動先にスライドをドラッグするだけで、簡単に移動できます。

Before
操作前

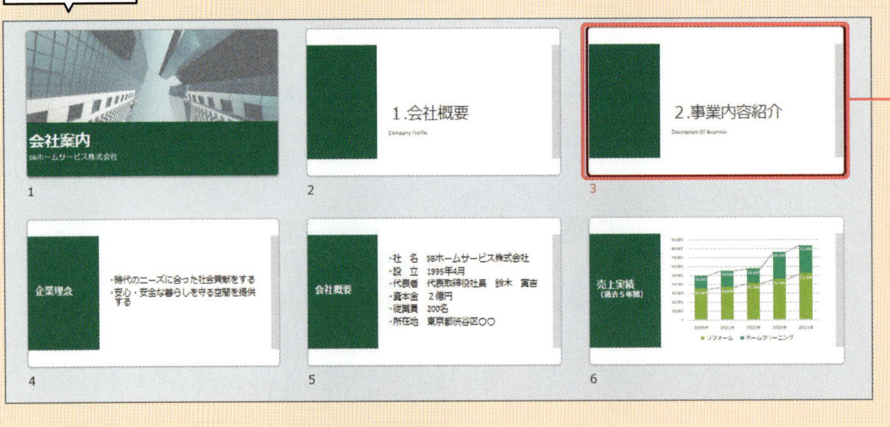

このスライドを1番後ろに移動したい

After
操作後

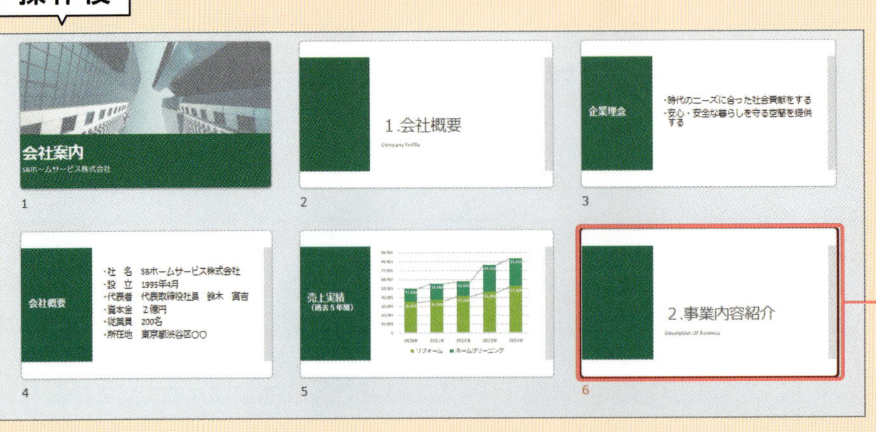

スライドの順番が入れ替わった

レッスン 28-1 スライドを移動する

練習用ファイル 28-会社案内.pptx

操作 スライドを移動する

スライドを移動するには、表示モードを［スライド一覧］に切り替えて、スライドを並べて表示し、目的の位置までドラッグします。

Point サムネイルウィンドウでスライドを移動する

サムネイルウィンドウで、スライドをドラッグしても移動することができます。比較的近い位置に移動する場合に便利です。

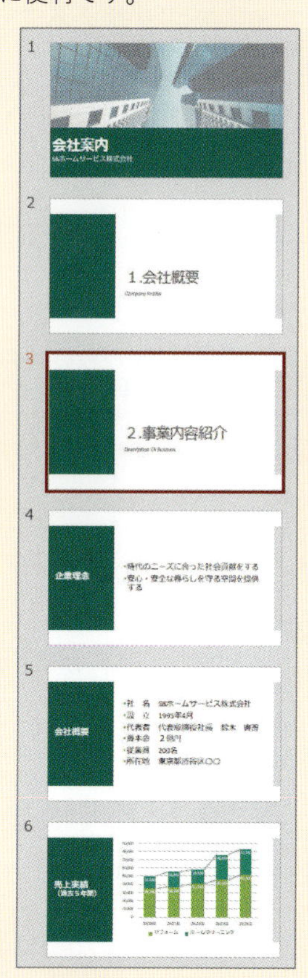

時短ワザ ダブルクリックでスライド編集画面を表示する

表示モードが［スライド一覧］のとき、スライドをダブルクリックすると、自動的に［標準］モードに切り替わり、そのスライドの編集画面が表示されます。

ここでは、スライド番号3のスライドをスライド番号6のスライドの後ろに移動します。

1 ［表示］タブ→［スライド一覧］をクリックして、

2 スライド一覧に切り替えます。

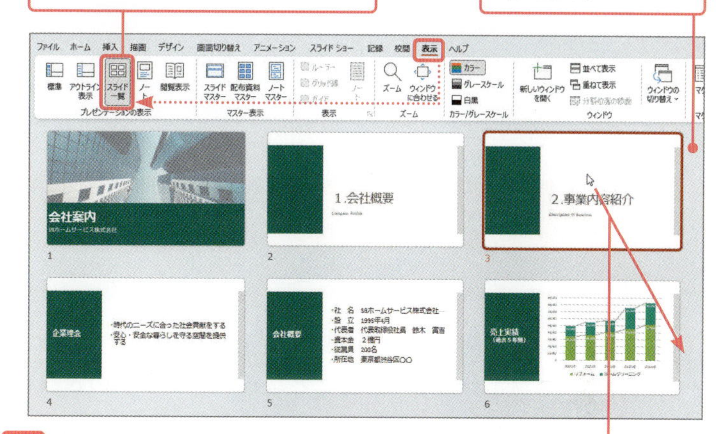

3 移動するスライド（ここでは3枚目）にマウスポインターを合わせ、6枚目のスライドの後ろまでドラッグすると、

4 スライドが移動します。

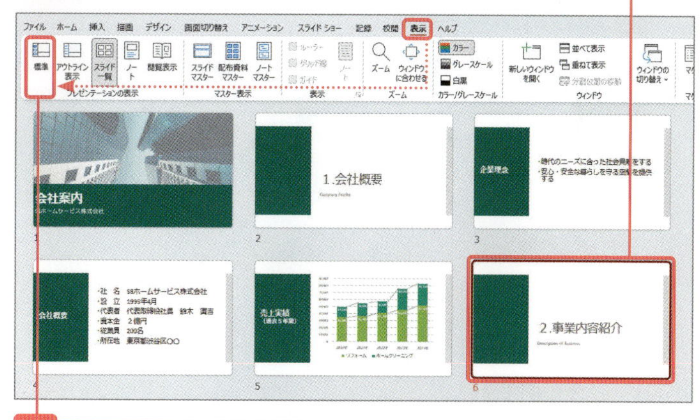

5 ［表示］タブ→［標準］をクリックして編集画面に戻しておきます。

Section
29 スライドの表示／非表示を切り替える

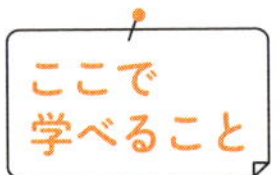

スライドを非表示設定にすると、スライドショー実行時に画面に表示しないスライドや印刷しないスライドを指定したりできます。スライドを非表示にする操作を確認しましょう。

レッスン
▶ 29-1　スライドを非表示にする

まずは パッと見るだけ！

スライドの表示と非表示

スライドショー実行時や印刷時に、必要に応じてスライドの表示／非表示を切り替えることができます。スライドを削除することなく、スライドの枚数を調整することができ、便利です。

Before
操作前

After
操作後

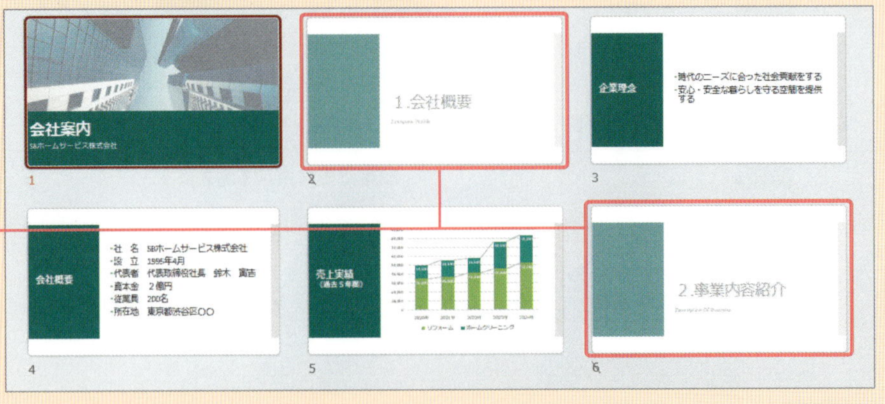

非表示設定にすると、淡色表示になり、スライドショーで表示されなくなる

レッスン 29-1 スライドを非表示にする

練習用ファイル 29-会社案内.pptx

操作 スライドを非表示にする

サムネイルウィンドウまたは、表示モードをスライド一覧にして、非表示にしたいスライドを右クリックして、ショートカットメニューから[非表示スライド]をクリックします。
複数のスライドをまとめて非表示設定したい場合は、1つ目のスライドをクリックして選択した後、2つ目以降のスライドをCtrlキーを押しながらクリックして複数のスライドを選択し、まとめて非表示設定をします。

Point スライドを再表示する

非表示設定されているスライドを右クリックし、[スライドの表示]をクリックします。

Memo [スライドショー]タブから非表示にする

非表示にしたいスライドを選択後、[スライドショー]タブ→[非表示スライド]をクリックしてもスライドを非表示に変更できます。クリックするごとに非表示／非表示を切り替えられます。

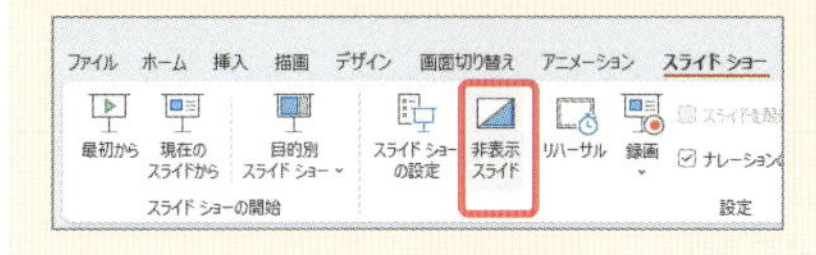

コラム 非表示スライドを印刷しないようにするには

[ファイル]タブ→[印刷]をクリックして表示される印刷画面の[すべてのスライドを印刷]をクリックし、表示されるメニューで[非表示スライドを印刷する]のチェックを外しておきます(p.327のMemo参照)。

ここでは、スライド番号2と6の2つのスライドをまとめて非表示設定にします。

1 [表示]タブ→[スライド一覧]をクリックし、表示モードをスライド一覧に変更します。

2 非表示にする1つ目のスライド(ここではスライド番号2)をクリックして選択し、

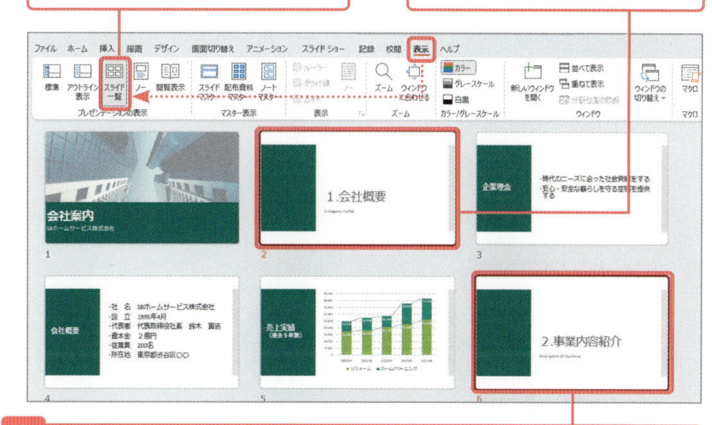

3 次に非表示にする2つ目のスライド(ここではスライド番号6)をCtrlキーを押しながらクリックして選択します。

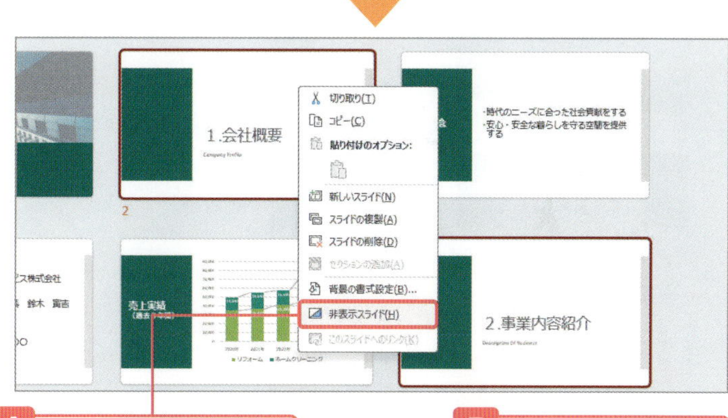

4 選択したスライド内で右クリックし、[非表示スライド]をクリックします。

5 スライドが非表示設定になり、淡色表示、スライド番号に斜線が引かれます。

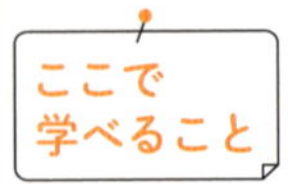

Section 30 ほかのプレゼンテーションのスライドを挿入する

ここで学べること

作成中のプレゼンテーションに、別のプレゼンテーションのスライドを取り込んで流用することができます。前年の資料などすでに作成されたスライドも使って、効率的に資料作成をしましょう。

レッスン ▶30-1 ほかのプレゼンテーションのスライドを再利用する

まずは パッと見るだけ！

スライドの再利用

ほかのプレゼンテーションのスライドを利用するには、［スライドの再利用］という機能を使うと便利です。スライドを取り込むと自動的に挿入先のプレゼンテーションのテーマが適用されます。

Before 操作前

▼会社案内.pptx

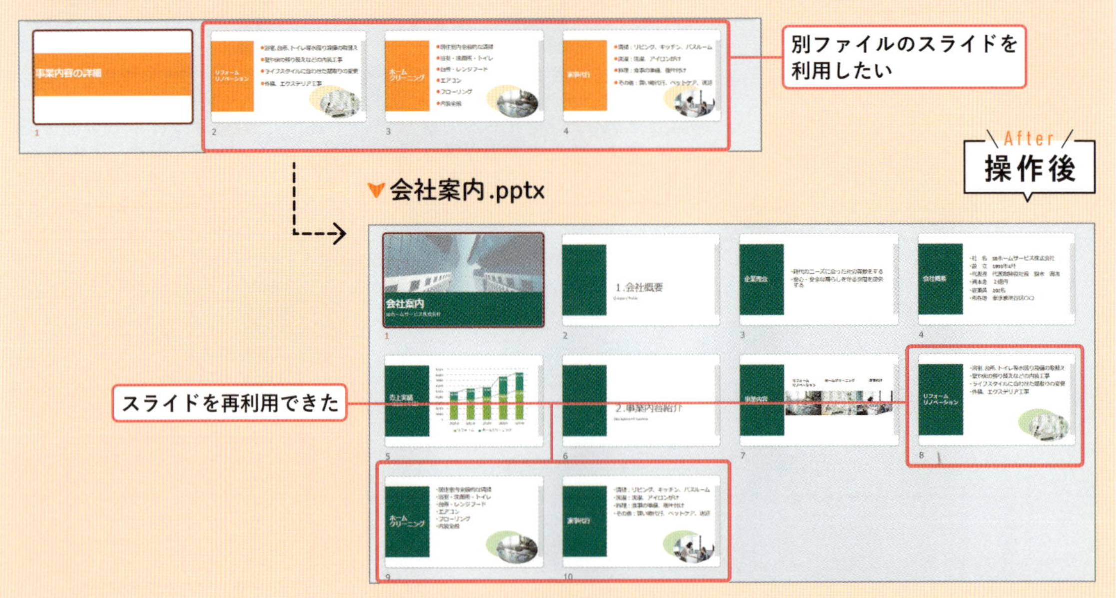

レッスン 30-1 ほかのプレゼンテーションのスライドを再利用する

練習用ファイル 30-会社案内.pptx
30-事業内容.pptx

操作 スライドを再利用する

ほかのプレゼンテーションのスライドを取り込んで利用するには、[ホーム] タブの [新しいスライド] のメニューで [スライドの再利用] をクリックします。[スライドの再利用] 作業ウィンドウで、取り込みたいプレゼンテーションを選択し、表示されるスライド一覧から取り込むスライドをクリックします。

Point サムネイルウィンドウで挿入先を指定する

表示モードが [標準] モードの状態でも、[サムネイルウィンドウ] でスライドの挿入位置をクリックして、[スライドを取り込む] 以降の操作をしても取り込むことができます。

スライドを取り込む位置を選択する

1 [表示] タブ→ [スライド一覧] をクリックして表示モードをスライド一覧に変更します。

2 スライドを挿入したい位置 (ここでは7枚目のスライドの後ろ) でクリックします。

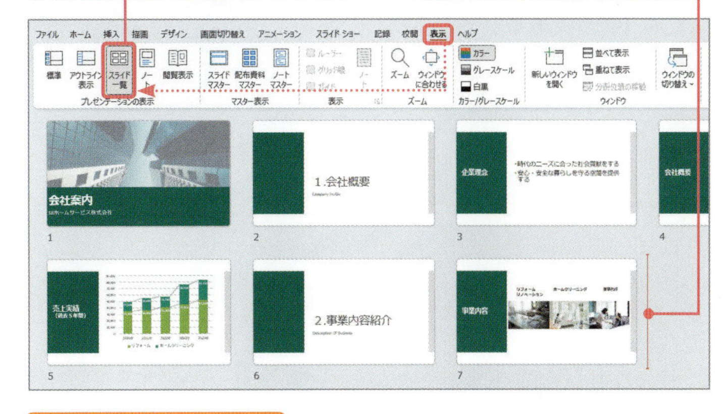

スライドを取り込む

1 [ホーム] タブ→ [新しいスライド] の▼をクリックして、

2 [スライドの再利用] をクリックします。

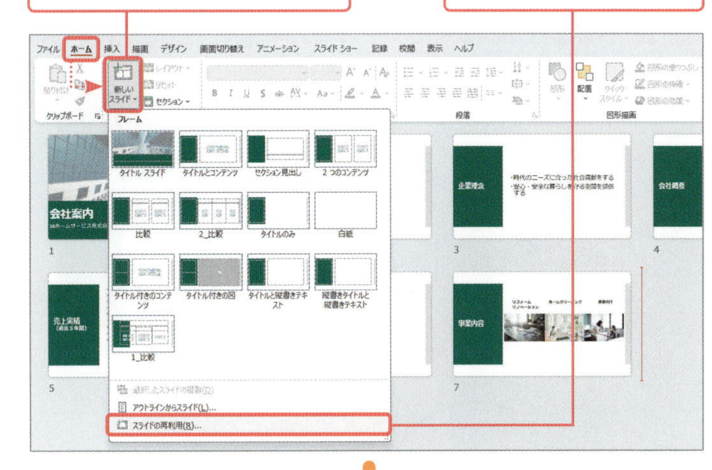

3 [スライドの再利用] 作業ウィンドウが表示されます。

4 [参照] をクリックして、

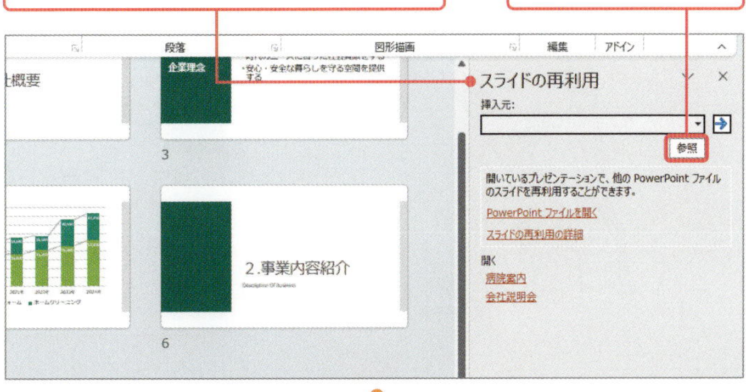
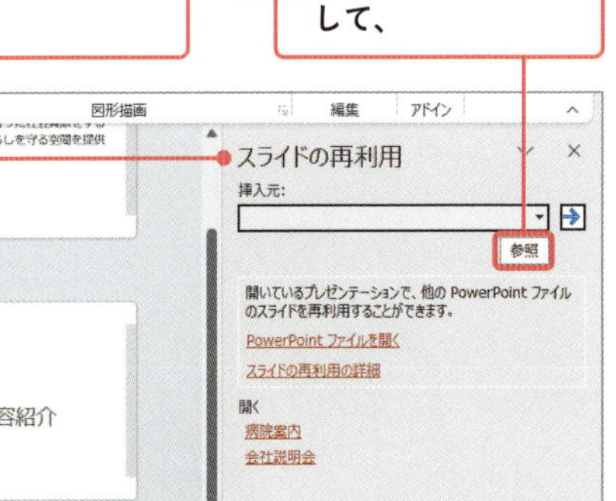

Memo コピー、貼り付けで取り込む

別のプレゼンテーションを開き、サムネイルウィンドウで取り込みたいスライドを選択して、Ctrl+Cキーを押してコピーし、作業中のプレゼンテーションで挿入したい位置をクリックしたら、Ctrl+Vキーを押して貼り付けても取り込むことができます。

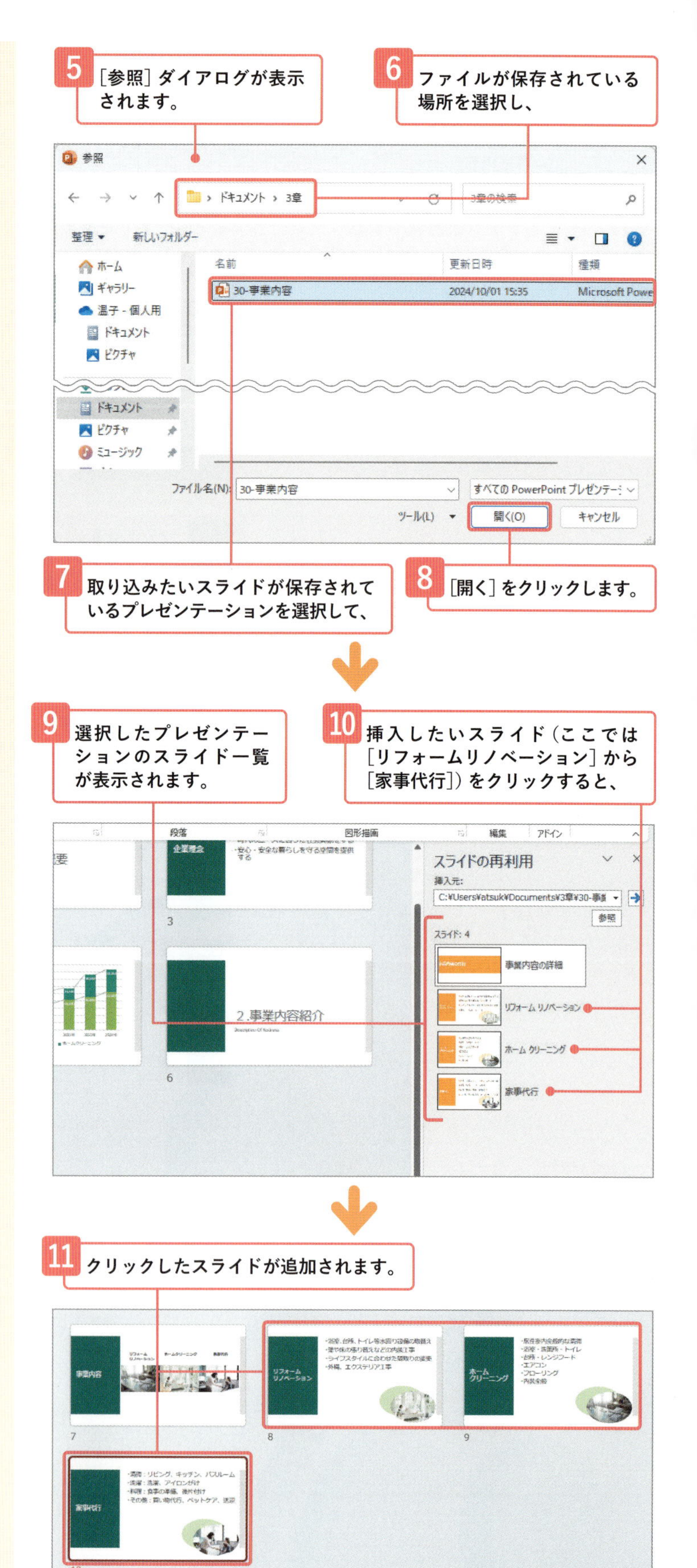

コラム　セクションを作成してスライドをグループ分けする

プレゼンテーションが複数のスライドで構成されているとき、セクションを作成してスライドを内容によってグループ分けすることができます。セクションを作成すると、セクション単位で移動、画面切り替え効果、テーマの変更、表示／非表示の切り替え、印刷などができます。スライドの枚数が多いプレゼンテーションを管理するのに便利です。

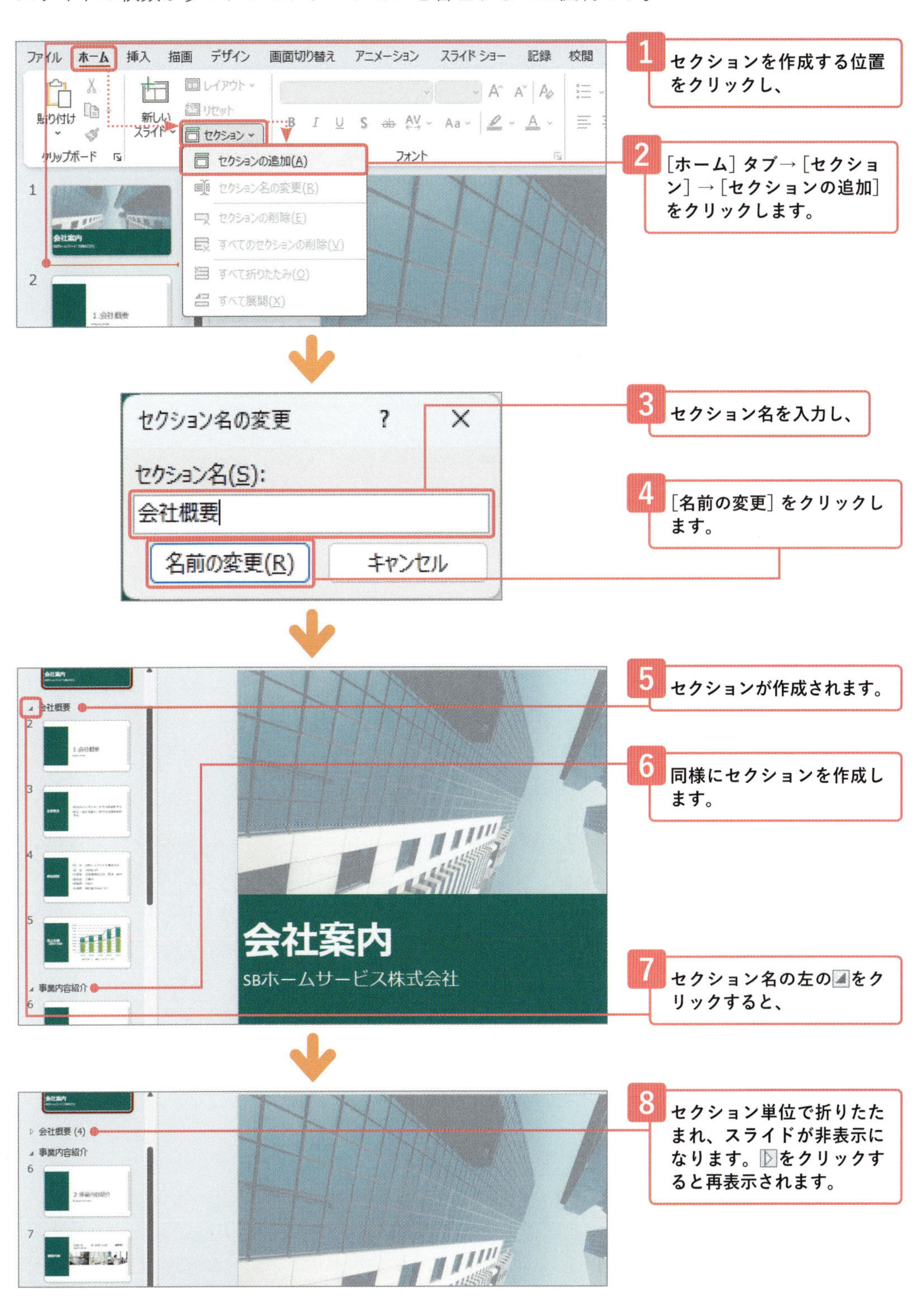

練習問題　スライドの操作を練習しよう

練習用ファイル　演習3-健康診断の流れ.pptx
演習3-病院案内.pptx

完成図を参考に、以下の手順で［演習3-健康診断の流れ.pptx］のスライドを操作してください。

1　スライド番号3のスライド［2．更衣］のレイアウトを［2つのコンテンツ］に変更し、完成図①を参照して文字を入力する（**レッスン26-1**参照）。
　ヒント：1行目を入力し、Enter キーで改行したら、Tabキーを押して字下げしてから2行目を入力します。

2　スライド番号3のスライドを複製し、完成図②を参照して文字を書き換える（**レッスン27-1**参照）。

3　最後のスライドの後ろに、別プレゼンテーション［演習3-病院案内.pptx］の2枚目のスライドを再利用し、完成図③を参照してタイトル「4．会計」に変更する（**レッスン30-1**参照）。

●元スライド

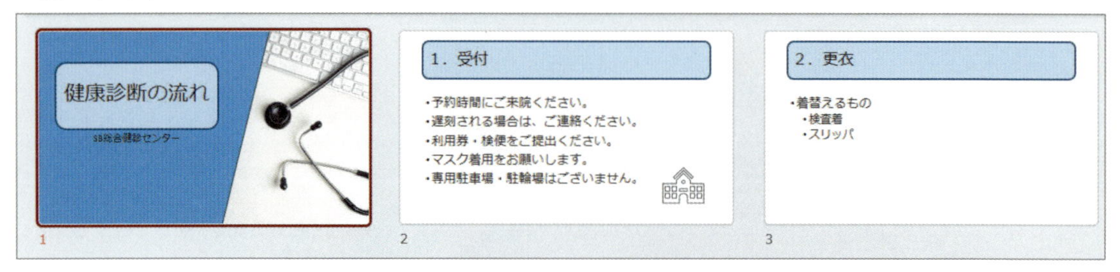

●完成図①：スライド［2．更衣］

2．更衣

- 着替えるもの
  - 検査着
  - スリッパ
- 外すもの
  - 金具のついている下着
  - 時計
  - アクセサリー

●完成図②：スライド［3．検査］

2

3．検査

- 基本検査項目
  - 身体測定、視力
  - 採尿、血圧、採血
  - 胸部x線
  - 診察
- オプション検査
  - PET検査
  - アレルギー検査
  - 婦人科系検査

●完成図③：スライド［4．会計］（スライドの再利用）

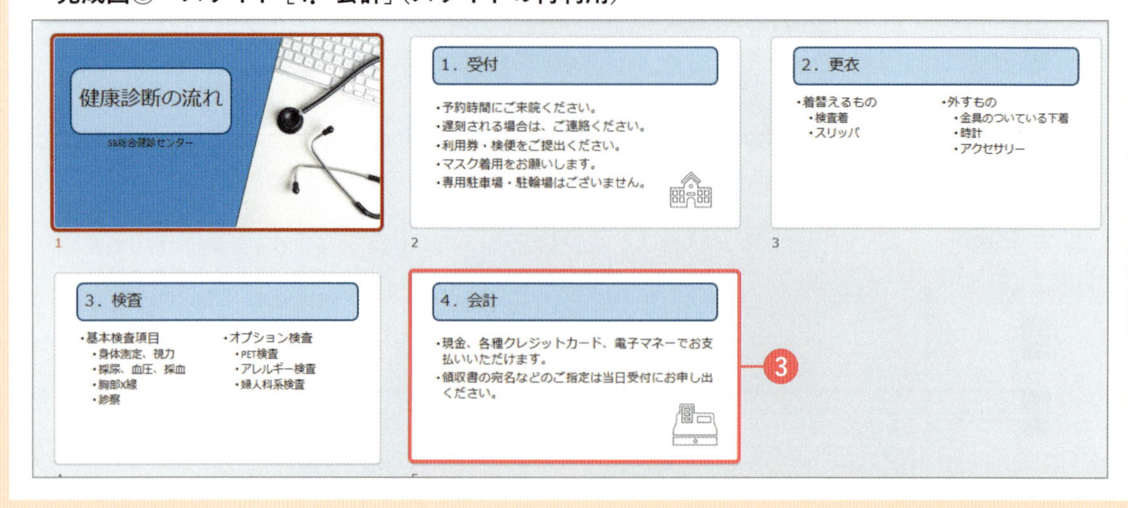

第 4 章

スライドのデザインを変更する

2章で紹介したように、スライドにテーマを設定すると一気に洗練されたスライドに変化させることができました。既存のテーマを当てはめるだけでなく、配色や背景を変えてアレンジすることができます。さらに、それらを独自のテーマとして保存することで、他のプレゼンテーションに適用することもできます。

Section

31 選択したテーマの配色を変更する

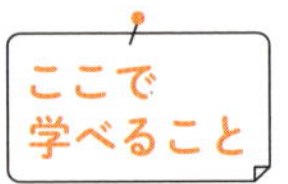

Section24で紹介したように、プレゼンテーションにテーマを適用した後に、テーマの配色を変更することもできます。配色を変更して、スライドの色合いをガラリと変えてみましょう。

▶ 31-1　配色を変更する

まずは パッと見るだけ！

配色の変更

プレゼンテーションに適用したテーマやバリエーションを変更しないで配色を変えることができます。プレゼンテーション全体の色合いを一括で変更できるというメリットがあります。

Before 操作前

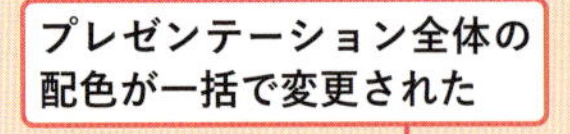

プレゼンテーション全体の配色が一括で変更された

After 操作後

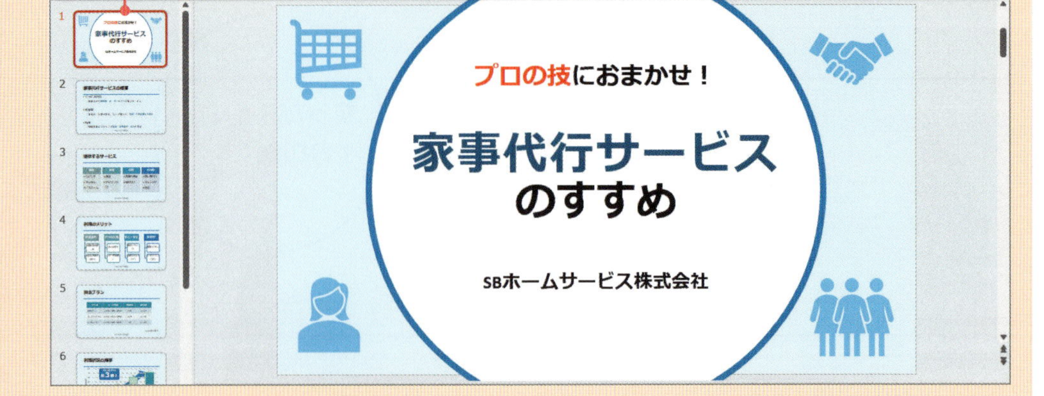

レッスン 31-1 配色を変更する

練習用ファイル 31-家事代行.pptx

操作 配色を変更する

テーマに用意されている配色のパターンを選択するには、[デザイン]タブの[バリエーション]グループの▽をクリックし、[配色]から配色のパターンを選択します。

Memo 元の色合いに戻すには

元の色合いに戻したい場合は、直後であれば、クイックアクセスツールバーの[元に戻す]をクリックします。PowerPointの既存のテーマでバリエーションを選択している場合は、バリエーションを選択し直します(p.90参照)。

Memo フォントや効果を変更する

手順2で[フォント]を選択するとプレゼンテーション全体のフォントを変更でき、[効果]を選択すると、プレゼンテーション内に配置した図形などのオブジェクトの効果を変更できます。また、[背景のスタイル]を選択すると、プレゼンテーション内の背景のスタイルを変更できます(レッスン32-1参照)。

1 [デザイン]タブ→[バリエーション]グループの▽をクリックし、

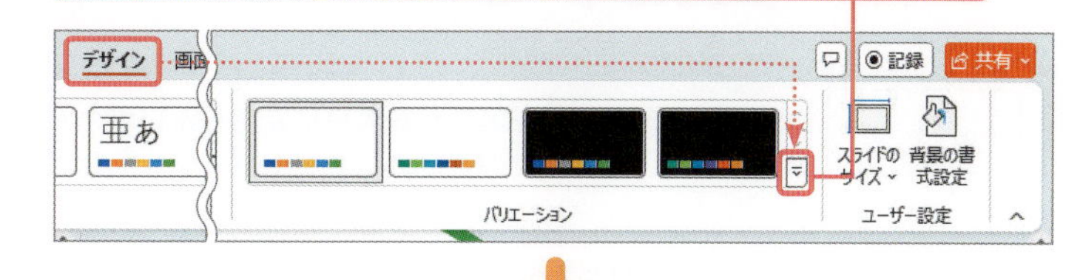

2 [配色]をクリックし、

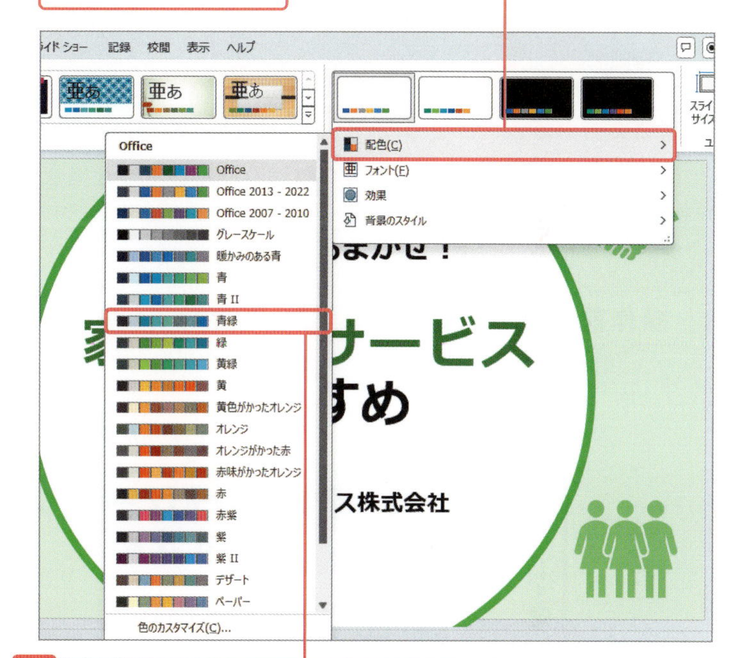

3 配色のパターン(ここでは[青緑])をクリックすると、

4 プレゼンテーション全体の配色が変更されます。

Section

32 スライドの背景のスタイルを変更する

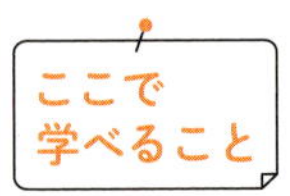

テーマの背景だけを濃(のう)色から淡色に変更したい場合があります。そのような場合に、スライドに設定されているテーマの背景の色やグラデーションなどを個別に変更する便利な方法を紹介します。

レッスン ▶32-1　背景のスタイルを変更する

まずは パッと見るだけ！

背景のスタイルの変更

テーマには、**背景のスタイルのパターン**がいくつか用意されており、プレゼンテーション毎に変更することができます。

レッスン 32-1 背景のスタイルを変更する

練習用ファイル 32-家事代行.pptx

操作 背景のスタイルを変更する

背景のスタイルを変更するには、[デザイン] タブの [バリエーション] グループの⊽をクリックし、[背景のスタイル] からパターンを選択します。

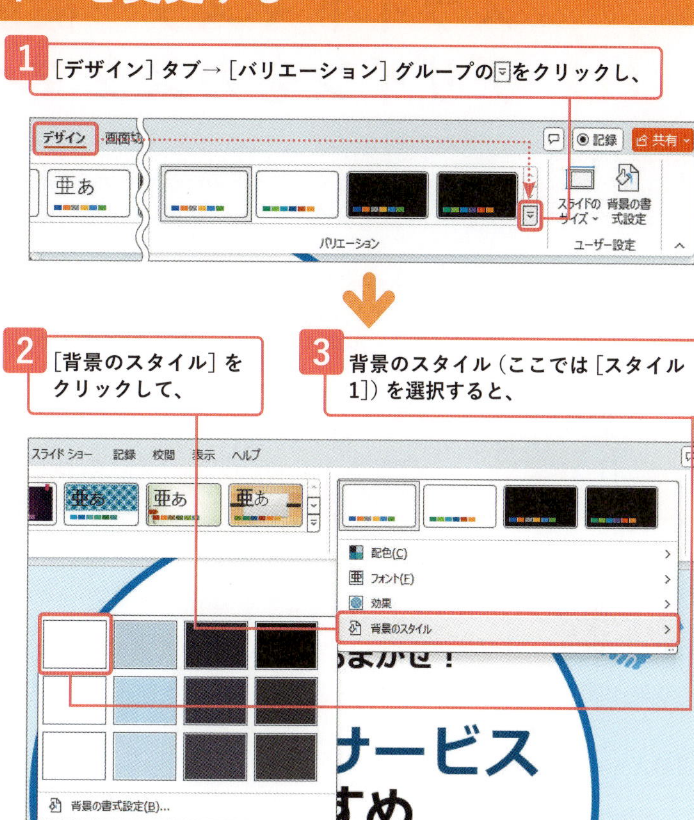

コラム 一覧にない色や画像を背景にするには

[デザイン] タブの [背景の書式設定] をクリックし❶、表示される [背景の書式設定] 作業ウィンドウで❷、塗りつぶしの種類を変更します。例えば、[塗りつぶし (パターン)] をクリックし❸、パターンをクリックすると❹、背景部分にパターンが表示されます❺。

Section

33 スライドマスター機能でデザインをカスタマイズする

ここで学べること

スライドマスターは、スライドのひな型です。タイトルや箇条書きなどの文字サイズや書式をプレゼンテーション全体で統一して変更したい場合は、スライドマスターを編集します。

レッスン

- ▶33-1 スライドマスター表示に切り替える
- ▶33-2 スライドマスターで全スライドに共通する設定をする
- ▶33-3 タイトルスライドで表紙ページを編集する

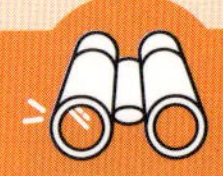

まずは パッと見るだけ！

スライドマスターのデザイン画面

［表示］タブの［スライドマスター］をクリックすると、**スライドのデザイン画面**が表示されます。**スライドマスター**や**レイアウトマスター**で書式を変更したり、図形を追加したりすると、そのレイアウトを適用しているスライドに反映されます。

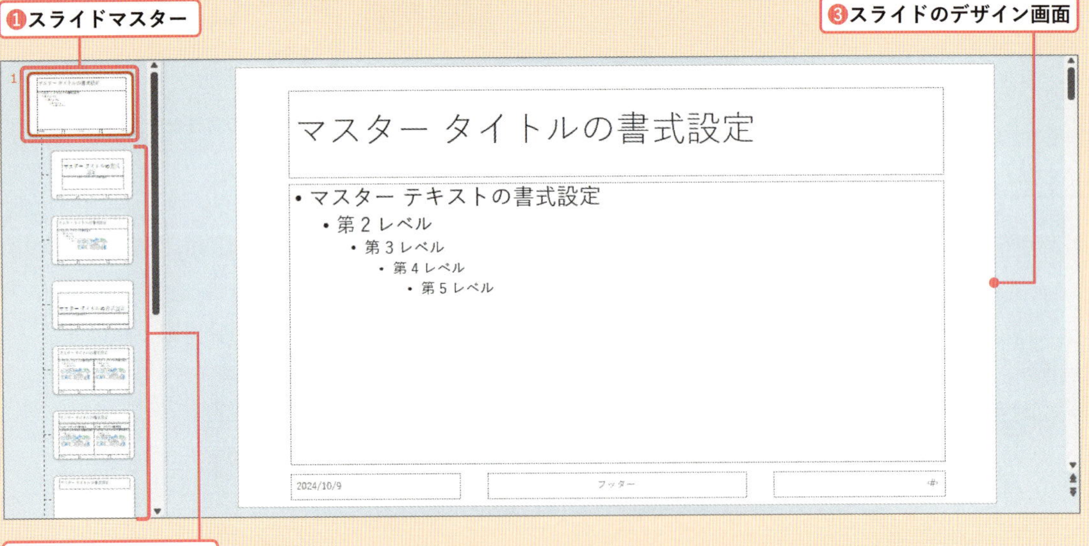

❶	スライドマスター	全スライド共通のひな型。設定した内容は全スライドに反映される
❷	レイアウトマスター	各スライドのレイアウトのひな型。スライドのレイアウトごとに調整したい場合に設定を変更する
❸	スライドのデザイン画面	デザインを編集する画面。左のサムネイルウィンドウで選択されているスライドのデザイン編集画面が表示される

オリジナルデザインの作成

文字のみを入力して作成したプレゼンテーションで**スライドマスター**を編集すると、オリジナルのデザインを作成することができます。

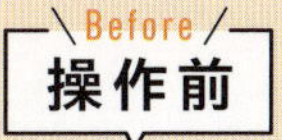

スライドに文字のみ入力されている

1
家事代行サービス
のご案内
SBホームサービス株式会社

2
家事代行サービスの概要
・家事全般を時間制・オーダーメイドで承るサービス
・単身者、共働き家庭、シニア層など、サポートを必要とする方
・経験豊富なスタッフが安心・安全なサービスを提供

3
提供するサービス
・掃除（リビング、キッチン、バスルームなど）
・洗濯（洗濯、アイロンがけ）
・料理（食事の準備、後片付け）
・その他（買い物代行、ペットケア、送迎など）

4
料金プラン
・定期プラン
・3,800円（税込4,180円）× 2時間 × 月4回 = 33,440円
・プレミアムプラン
・4,600円（税込5,060円）× 3時間 × 月4回 = 60,720円
・カスタムプラン
・5,000円（税込5,500円）× 3時間～ × 1回 = 16,500円～

5
お客様の声
・プロのスタッフのおかげで、家がいつもきれいで助かってます。
・栄養バランスを考えた作り置きの料理を作ってくださるので、食事に困ることがなくなりました。
・事前のヒアリングがあるので、安心してお任せできます。

6
お問合せ
・電話番号 03-xxxx-xxxx
・メール sb_homesupport@xxx.xx
・Webサイト https://sb_homesupport.xxx.xx
・住所 東京都渋谷区〇〇

After
操作後

1
家事代行サービス
のご案内
SBホームサービス株式会社

2
家事代行サービスの概要
・家事全般を時間制・オーダーメイドで承るサービス
・単身者、共働き家庭、シニア層など、サポートを必要とする方
・経験豊富なスタッフが安心・安全なサービスを提供

3
提供するサービス
・掃除（リビング、キッチン、バスルームなど）
・洗濯（洗濯、アイロンがけ）
・料理（食事の準備、後片付け）
・その他（買い物代行、ペットケア、送迎など）

4
料金プラン
・定期プラン
・3,800円（税込4,180円）× 2時間 × 月4回 = 33,440円
・プレミアムプラン
・4,600円（税込5,060円）× 3時間 × 月4回 = 60,720円
・カスタムプラン
・5,000円（税込5,500円）× 3時間～ × 1回 = 16,500円～

5
お客様の声
・プロのスタッフのおかげで、家がいつもきれいで助かってます。
・栄養バランスを考えた作り置きの料理を作ってくださるので、食事に困ることがなくなりました。
・事前のヒアリングがあるので、安心してお任せできます。

6
お問合せ
・電話番号 03-xxxx-xxxx
・メール sb_homesupport@xxx.xx
・Webサイト https://sb_homesupport.xxx.xx
・住所 東京都渋谷区〇〇

オリジナルのデザインを作成できた

スライドマスター
で一括設定！

レッスン33-1 スライドマスター表示に切り替える

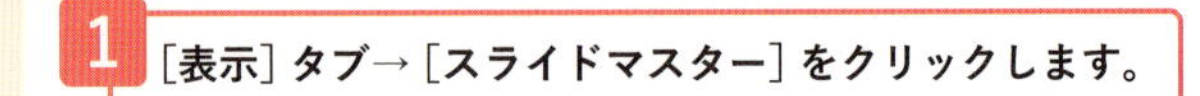

練習用ファイル 33-1-家事代行.pptx

操作 スライドマスター表示に切り替える

スライドマスターを表示するには、[表示]タブの[スライドマスター]をクリックします。サムネイルウィンドウにプレゼンテーションに用意されているスライドレイアウトの一覧が表示されます。

Point [スライドマスター]タブ

スライドマスター表示にすると、[スライドマスター]タブが表示されます。[スライドマスター]のリボンには、スライドに対してさまざまな設定ができるボタンが用意されています。

1 [表示]タブ→[スライドマスター]をクリックします。

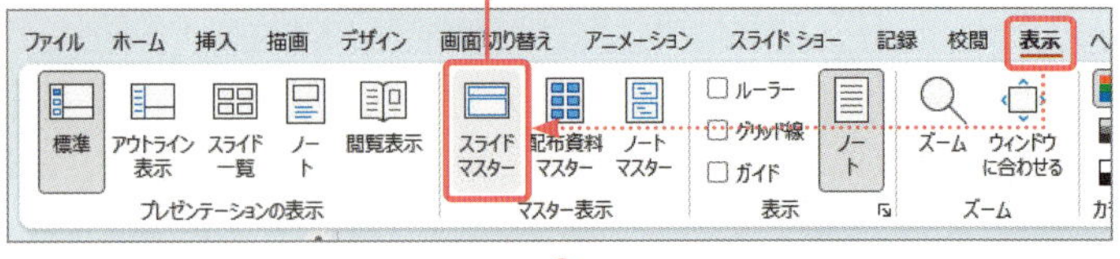

2 スライドマスター表示に切り替わります。

3 サムネイルウィンドウの一番上のスライドをクリックすると、

[スライドマスター]タブ

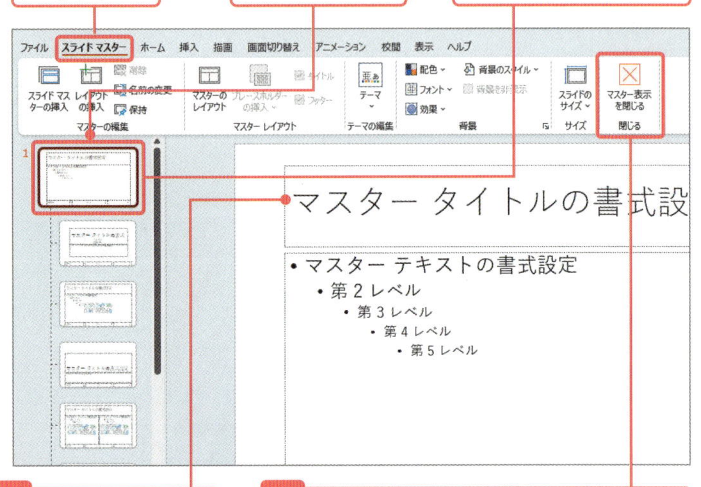

4 スライドマスターの編集画面が表示されます。

5 [スライドマスター]タブ→[マスター表示を閉じる]をクリックすると、[標準]モードに戻ります。

Memo 使用しているスライドを確認する

スライドマスター表示のときに、サムネイルウィンドウでスライドにマウスポインターを合わせると、スライドの種類とプレゼンテーション内で使用しているスライド番号がポップヒントで表示されます。ポップヒントを見れば、どのスライドを修正対象にすればよいかがわかります。

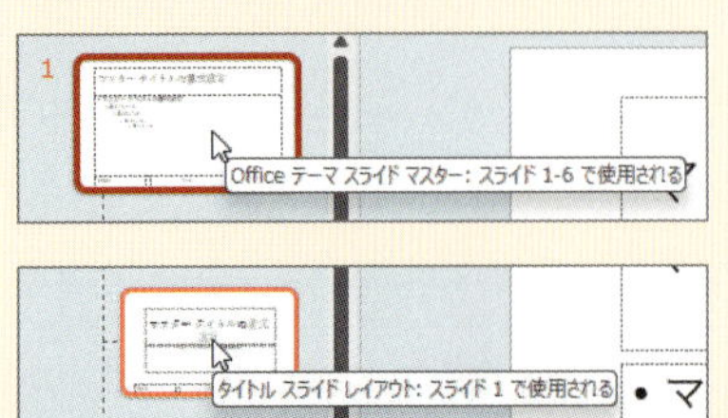

サムネイルウィンドウの左に「1」と付いているのがスライドマスターです

サムネイルウィンドウを上にスクロールしたら見えた！

レッスン 33-2 スライドマスターで全スライドに共通する設定をする

練習用ファイル 33-2-家事代行.pptx

操作 全スライドに共通する設定を変更する

一番上にあるスライドマスターで設定を変更すると、原則的に全スライドに反映されます。
ここでは、プレゼンテーション全体のフォントを「メイリオ」、タイトルを太字、箇条書きの段落後の間隔を「12pt」、タイトル下に区切り線を引いてみましょう。

Memo [デザイン] タブからでもフォントを変更できる

[デザイン] タブ→ [バリエーション] グループの▽をクリックし、[フォント] をクリックして表示されるフォント一覧からでも同様に変更できます (p.138参照)。

Memo プレースホルダー内のテキスト全体を対象にする

「段落後の間隔の変更」の手順1でプレースホルダーを選択すると、プレースホルダー内の箇条書きの文字全体が対象となります。

フォントの変更

1 レッスン 33-1を参考にスライドマスター表示に切り替えて、一番上のスライドマスターを選択しておきます。

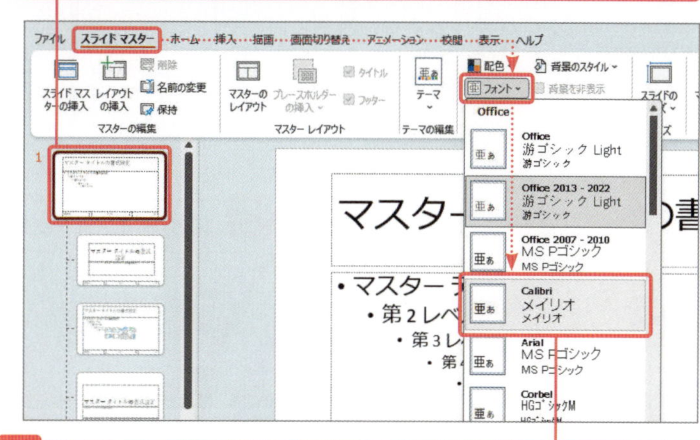

2 [スライドマスター] タブ→ [フォント] →目的のフォント (ここでは [メイリオ]) をクリックすると、

3 すべての日本語フォントが [メイリオ] に変更されます。

マスター タイトルの書式設定
・マスター テキストの書式設定
・第 2 レベル
・第 3 レベル
・第 4 レベル
・第 5 レベル

段落後の間隔の変更/タイトルを太字に変更

1 [マスターテキストの書式設定] のプレースホルダーの枠をクリックして選択します。

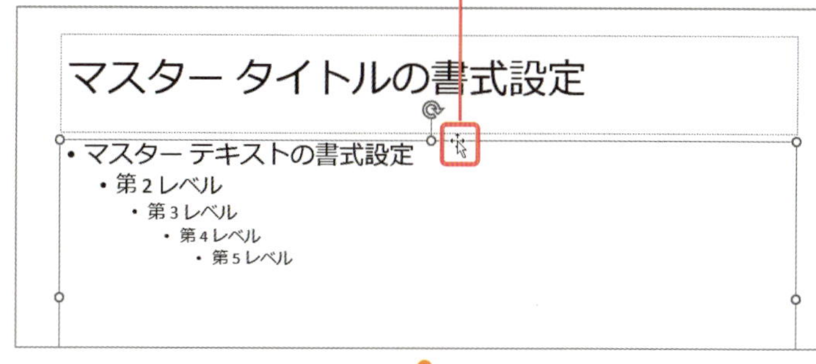

Memo 行間と段落後間隔

「段落後の間隔の変更」の手順2の[行間]にある数字は、行と行の間隔になります。
手順4の段落後の間隔は、次の箇条書きとの間隔です。箇条書きと箇条書きの間隔を広げたいときは、段落後の間隔を変更してください。

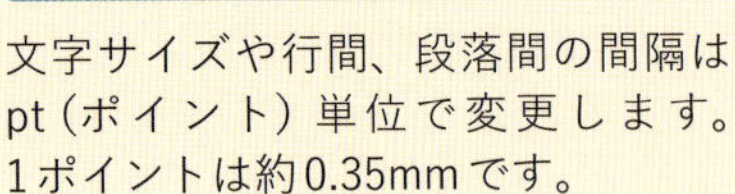

Memo pt（ポイント）

文字サイズや行間、段落間の間隔はpt（ポイント）単位で変更します。1ポイントは約0.35mmです。

2 ［ホーム］タブ→［行間］→［行間のオプション］をクリックします。

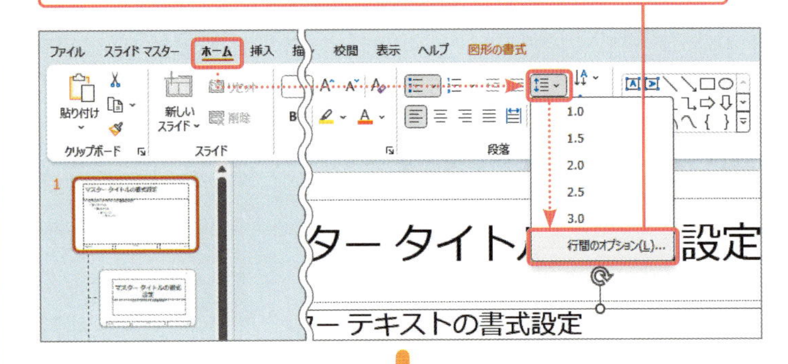

3 ［段落］ダイアログが表示されます。

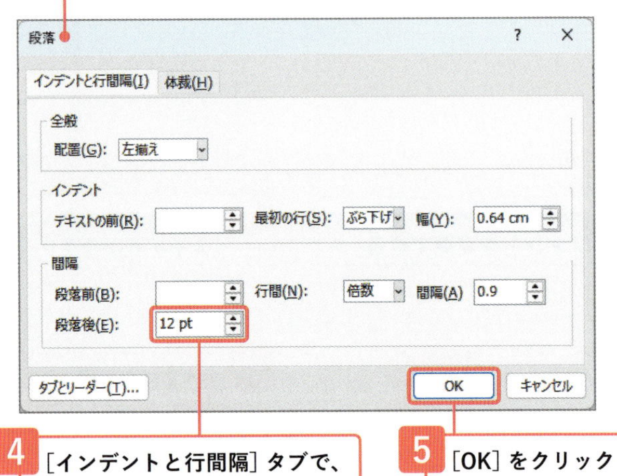

4 ［インデントと行間隔］タブで、［段落後］を「12pt」に変更し、

5 ［OK］をクリックします。

タイトルを太字にします。

6 箇条書きの段落後の間隔が広がりました。

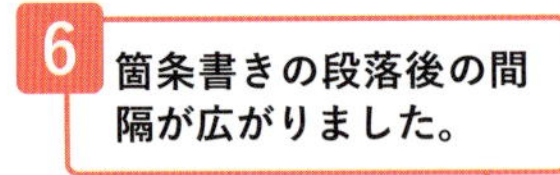

7 続けて［マスタータイトルの書式設定］のプレースホルダーの枠をクリックして選択し、

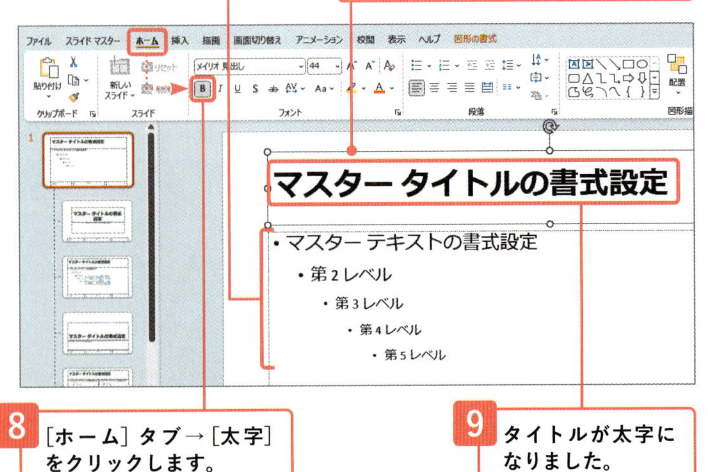

8 ［ホーム］タブ→［太字］をクリックします。

9 タイトルが太字になりました。

タイトル下に区切り線を引く

1 ［挿入］タブ→［図形］→［線］▧をクリックします。

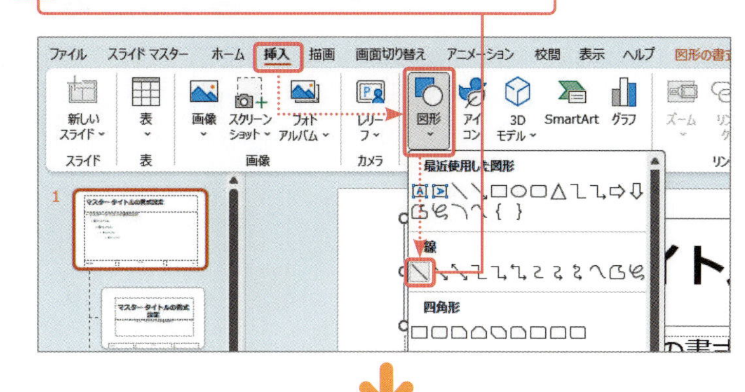

2 タイトルのプレースホルダーの左辺上にマウスポインターを合わせ、

3 Shift キーを押しながら右辺上までドラッグします。

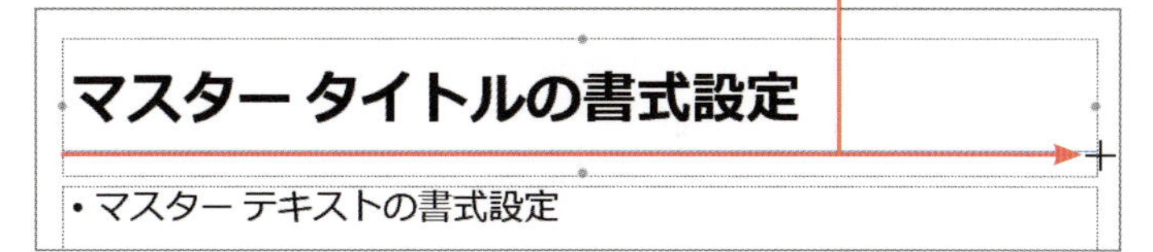

区切り線を太くします。

4 続けて、コンテキストタブの［図形の書式］タブ→［図形の枠線］→［太さ］→線の太さの種類（ここでは「6pt」）をクリックします。

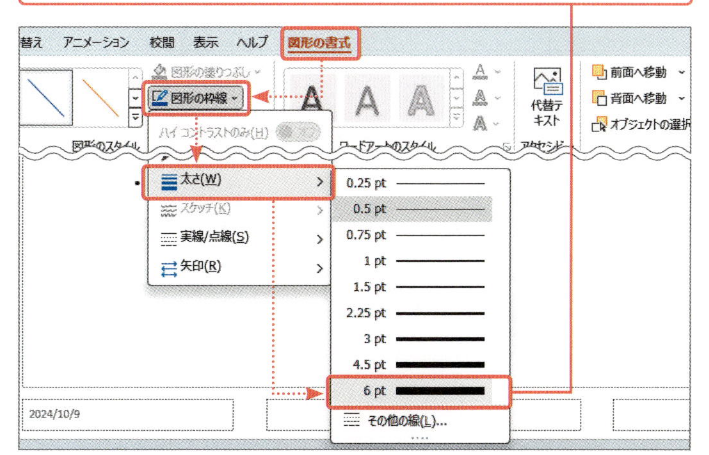

Memo 水平線を引く

水平線を引くには、Shift キーを押しながらドラッグします。Shift キーを押しながらドラッグすると、垂直線、水平線、45度斜め線を引くことができます。

Point 直線を二重線に設定する

「タイトル下に区切り線を引く」の手順4で［その他の線］をクリックするか、［図形の書式］タブの［図形のスタイル］グループにある▧をクリックすると、［図形の書式設定］作業ウィンドウが表示されます1。［塗りつぶしと線］の［線］をクリックして展開し2、［一重線/多重線］の▽をクリックして一覧から二重線を選択します3。この作業ウィンドウでは、選択している図形について塗りつぶしや線の色、透明度、矢印の種類など、さまざまな設定が行えます。

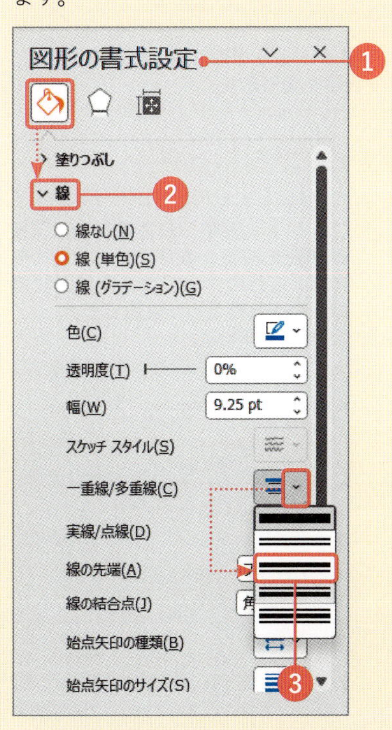

5 線の太さが変更になりました。

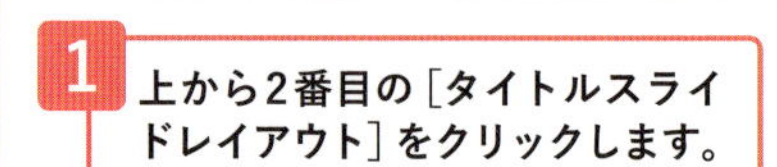

タイトルスライドの区切り線を非表示にする

表紙となるタイトルスライドにも横線が表示されますが、ここでは不要なので非表示にします。

1 上から2番目の［タイトルスライドレイアウト］をクリックします。

2 表紙となるタイトルスライドに横線が表示されています。

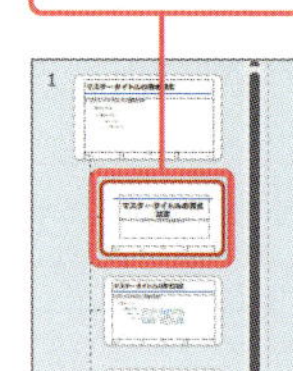

3 ［スライドマスター］タブ→［背景を非表示］をクリックしてチェックを付けると、

4 横線が非表示になります。

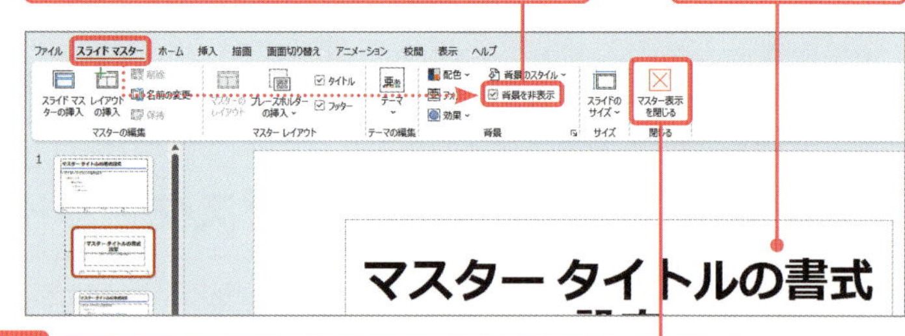

5 ［スライドマスター］タブ→［マスター表示を閉じる］をクリックしてスライドマスター表示を閉じます。

スライドマスターの設定を確認する

1 ［表示］タブ→［スライド一覧］をクリックし、スライド一覧表示にします。

2 フォント、太字、箇条書きの段落後の間隔の変更、表紙（タイトルスライド）以外のすべてのスライドに横線が引かれたことを確認します。

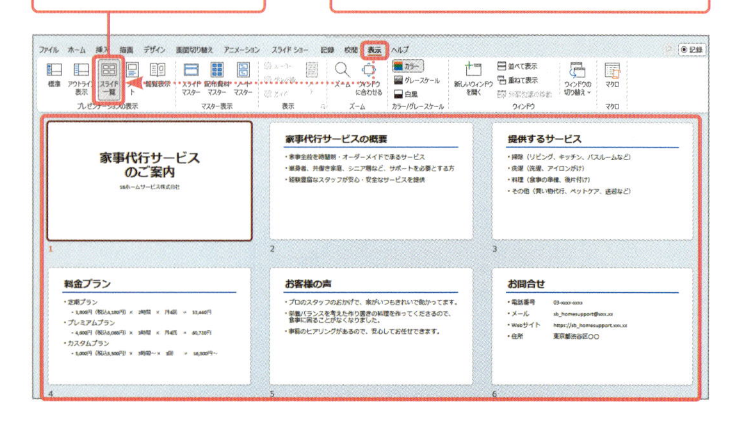

Memo スライドマスター上の図形

一番上にあるスライドマスター上に図形を追加するとすべてのスライドに表示されます。図形を表示したくない場合は、「タイトルスライドの区切り線を非表示にする」の手順3のように［背景を非表示］にチェックを付けるとスライドごとに非表示にできます。

レッスン 33-3 タイトルスライドで表紙ページを編集する

練習用ファイル 33-3-家事代行.pptx

操作 表紙ページを編集する

表紙ページを編集するには、タイトルスライドで設定します。
ここでは、背景に画像を挿入してオリジナルの表紙を作ってみましょう。

Memo すべてのスライドに適用する

［背景の書式設定］作業ウィンドウの［すべてに適用］をクリックするとすべてのスライドに同じ背景を設定することができます。

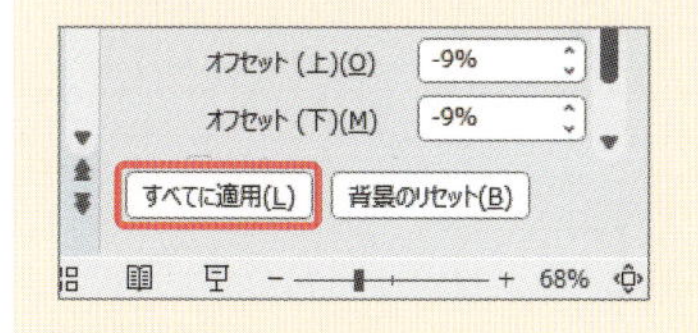

表紙の画像を挿入する

レッスン33-1を参照してスライドマスター表示に切り替えておきます。

1 タイトルスライド（上から2番目）をクリックし、

2 ［スライドマスター］タブ→［背景のスタイル］→［背景の書式設定］をクリックします。

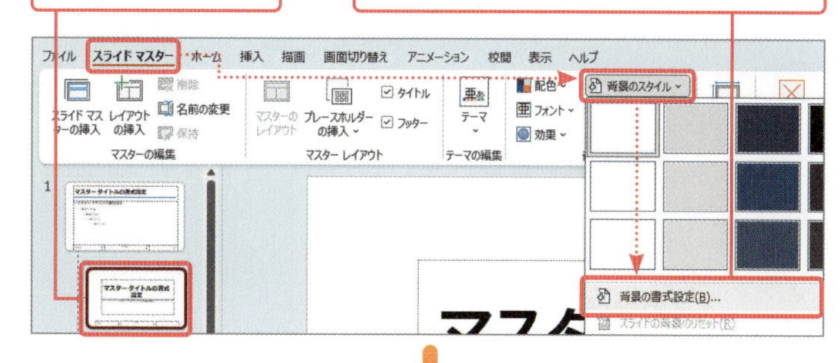

3 ［背景の書式設定］作業ウィンドウが表示されます。

4 ［塗りつぶし（図またはテクスチャ）］をクリックし、

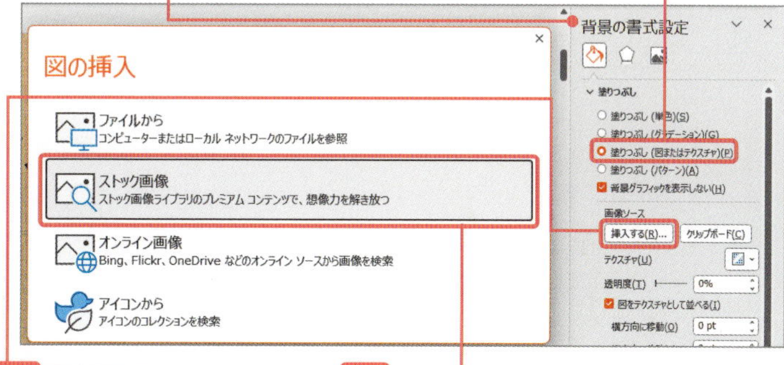

5 ［挿入する］をクリックします。

6 ［図の挿入］で画像の種類（ここでは［ストック画像］）を選択します。

7 ［ストック画像］ダイアログが表示されます。

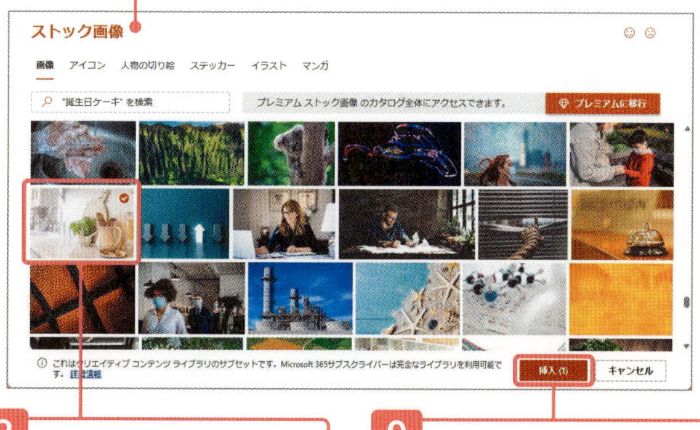

8 挿入する画像をクリックしてチェックを付け、

9 ［挿入］をクリックすると、背景に画像が設定されます。

Memo [図形の書式設定] 作業ウィンドウが表示されていない場合

コンテキストタブの [図形の書式] タブの [図形のスタイル] グループにあるをクリックして表示します (p.119 の Point 参照)。

文字の背景に色を付ける

画像の上でもタイトルの文字が読みやすくなるようにします。

1 [マスタータイトルの書式設定] の外枠をクリックして選択し、

2 [マスターサブタイトルの書式設定] の外枠を Ctrl キーを押しながらクリックして選択したら、

3 コンテキストタブの [図形の書式] タブ→ [図形の塗りつぶし] の⌄をクリックし、一覧から [白、背景1] をクリックして選択します。

4 [図形の書式設定] 作業ウィンドウの [図形のオプション] の [塗りつぶし] で [透明度] を「20%」に変更します。

5 プレースホルダー以外の部分をクリックして、いったん選択を解除したのち、[マスターサブタイトルの書式設定] の外枠をクリックし、上中央のハンドル [○] をドラッグして隙間がなくなるようサイズ調整します。

6 [スライドマスター] タブ→ [マスター表示を閉じる] をクリックしてスライドマスター表示を閉じます。

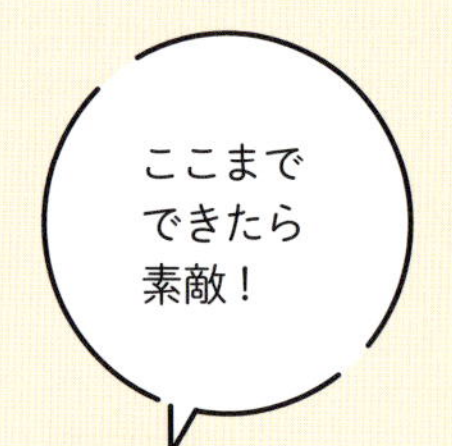

設定結果を確認する

1 タイトルスライドの背景に画像が設定されたことを確認します。

コラム 挿入できる図の種類

挿入できる図は、以下の通りです。p.121の「表紙の画像を挿入する」の手順6で［ストック画像］、［オンライン画像］、［アイコンから］をクリックすると、下図のような画面が表示され、一覧から画像を選択し、［挿入］をクリックして挿入できます。

ファイルから	パソコン内に保存されている画像
ストック画像	Microsoftが提供するロイヤリティフリー（無料で使用できる）の画像
オンライン画像	インターネット上にある画像。著作権を有するものがあるため、使用する際は利用規約の確認が必要
アイコンから	アイコン

● ストック画像

● アイコン画像

● オンライン画像

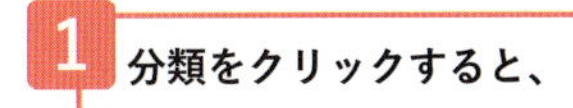

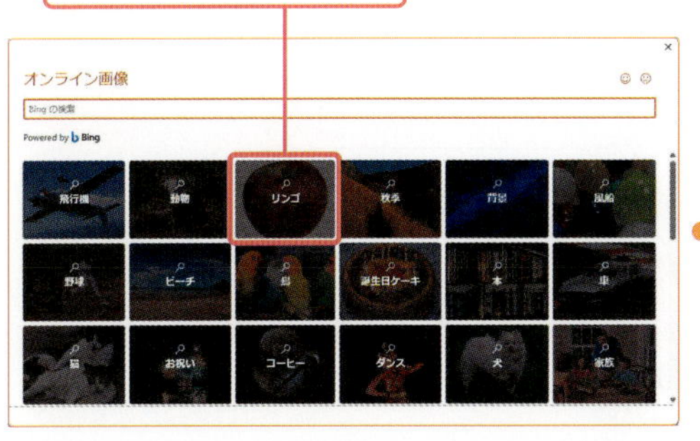

2 関連する画像がインターネット上で検索されます。

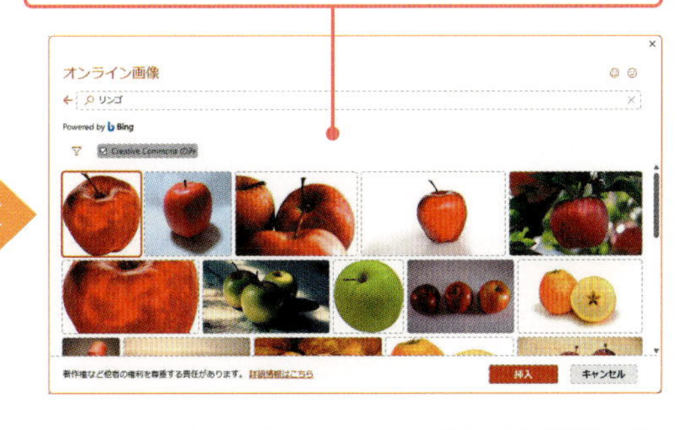

Section

34 スライドにロゴを表示する

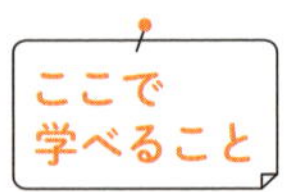

Section33では、スライドマスターに配置した画像や図形はすべてのスライドの同じ位置に表示されることを学びました。これを利用して、会社のロゴを一気に表示する方法を紹介します。

レッスン ▶ 34-1 ロゴ画像を挿入する

まずは パッと見るだけ！

会社のロゴの表示

スライドマスターに**ロゴの画像ファイル**を配置すると、すべてのスライドの同じ位置に画像が表示されます。

Before 操作前

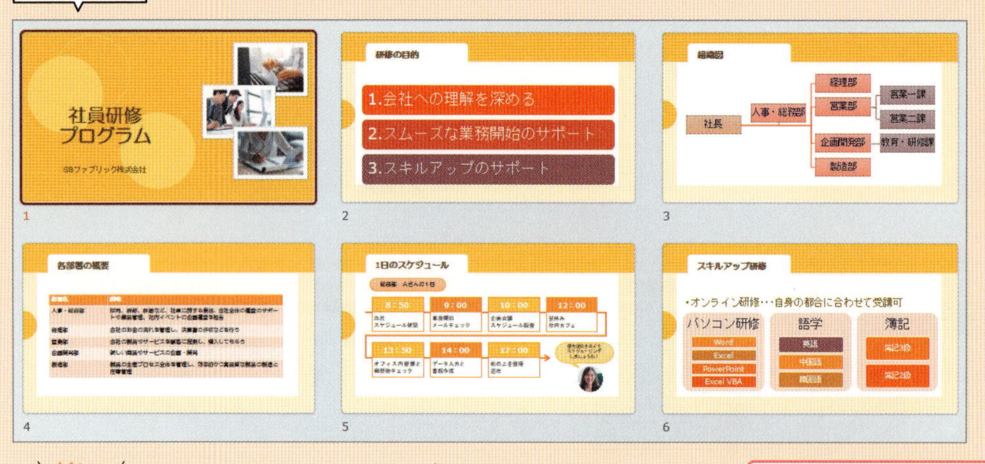

After 操作後

ロゴが表紙以外のすべてのスライドに表示された

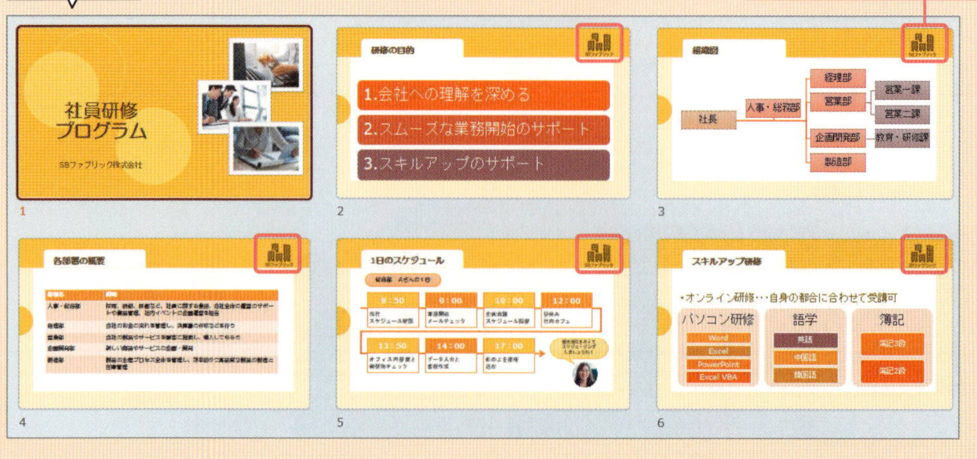

レッスン34-1 ロゴ画像を挿入する

練習用ファイル 34-社員研修.pptx

操作 画像ファイルを挿入する

会社のロゴの画像をスライドマスターに配置することですべてのスライドにロゴが表示されます。スライドマスター表示に切り替えて、一番上にあるスライドマスターに画像を配置することがポイントです。

Memo 表紙にロゴが表示されない理由

レッスン33-2 のp.120で、スライドマスターに追加した横線が表紙に表示されないように、表紙となるタイトルスライドで［背景を非表示］にチェックを付けています。このサンプルも同様に、タイトルスライドに［背景を非表示］にチェックを付けているため、スライドマスターに追加したロゴがタイトルスライドには表示されません。

レッスン33-1を参照してスライドマスター表示に切り替えておきます。

1 一番上のスライドマスターをクリックし、

2 ［挿入］タブ→［画像］→［このデバイス］をクリックします。

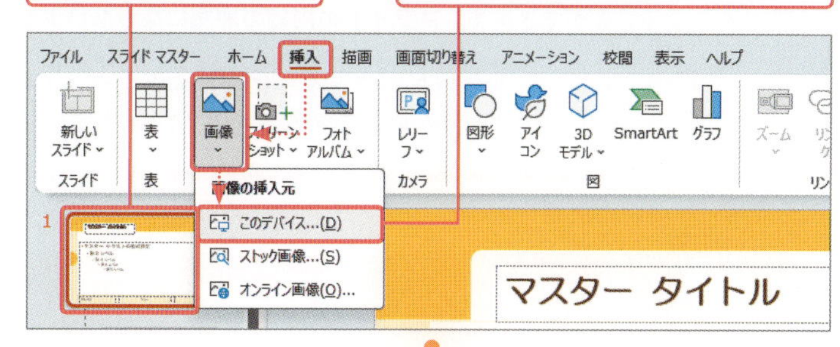

3 ［図の挿入］ダイアログが表示されます。

4 画像の保存場所を選択し、

5 挿入する画像をクリックして、

6 ［挿入］をクリックします。

7 ロゴが挿入されたら、配置したい位置にドラッグして移動し、サイズ調整しておきます。

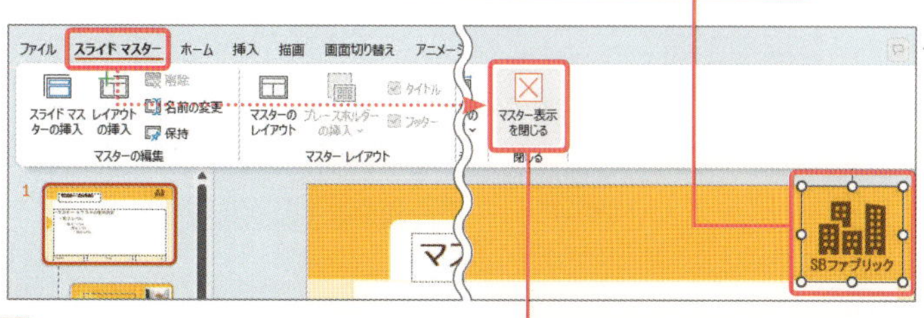

8 ［スライドマスター］タブ→［マスター表示を閉じる］をクリックしてスライドマスター表示を閉じます。

［表示］タブ→［スライド一覧］をクリックしてスライド一覧表示にして、表紙以外のすべてのスライドにロゴが追加されたことを確認します。

Section
35 スライドに会社名やスライド番号を表示する

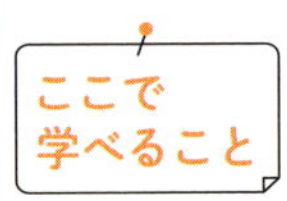

スライドの上または下の端に、会社名や発表者などの文字列やスライド番号、日付を表示することができます。スライドの内容の邪魔にならないように淡色で表示されることを確認しましょう。

- 35-1 表紙以外のフッターに会社名とスライド番号を表示する
- 35-2 2枚目からスライド番号を「1」と表示する

まずは パッと見るだけ！

フッターの表示

スライドの下部にフッターという領域があり、そこに会社名などの文字列を表示できます。また、日付時刻やスライド番号を表示することもできます。

Before 操作前

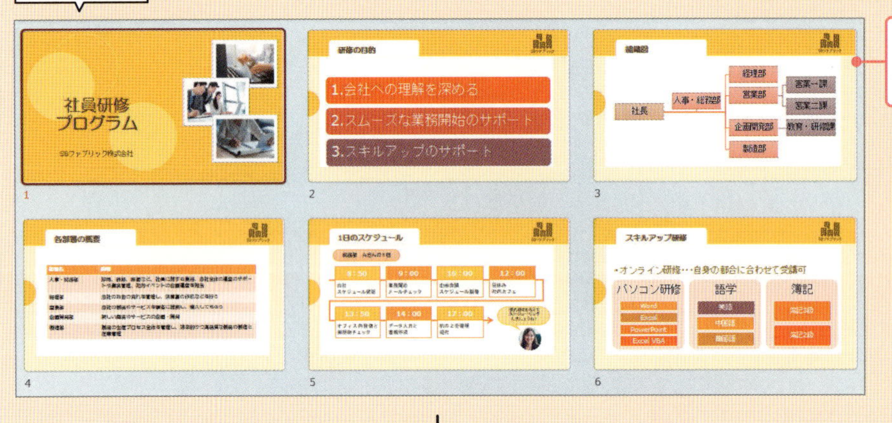

フッターに会社名とスライド番号を表示したい

After 操作後

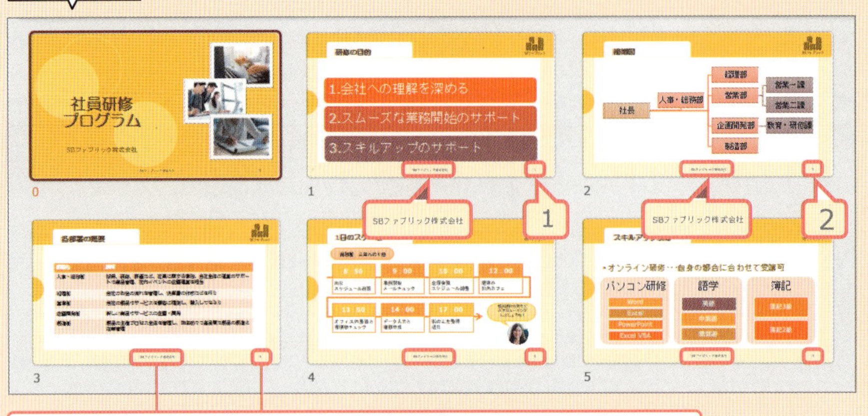

表紙以外のスライドに会社名とスライド番号が表示された。
また、2枚目のスライドが「1」となるようにスライド番号が調整されている

レッスン 35-1 表紙以外のフッターに会社名とスライド番号を表示する

練習用ファイル 35-1-社員研修.pptx

操作 フッターを設定する

フッターを設定するには、[挿入] タブ→[ヘッダーとフッター] をクリックして表示される [ヘッダーとフッター] ダイアログを使います。ここでは、表紙を除く2枚目以降のスライドに会社名とスライド番号を表示します。すべてのスライドに同じフッターの情報を表示するには、[すべてに適用] をクリックします。

Point フッターを解除するには

[ヘッダーとフッター] ダイアログで解除したい項目のチェックを外し、[すべてに適用] をクリックします。

Memo ヘッダー

ヘッダーとは、用紙などの上端の領域です。PowerPointのスライドは、フッターのみでヘッダーは用意されていません。配布用の用紙を印刷したい場合にヘッダーが表示されます。

Memo 日付を表示する

[ヘッダーとフッター] ダイアログで [日付と時刻] をクリックすると、フッターの日付と時刻の領域に日付または時刻が表示できるようになります。[自動更新] をオンにすると、スライドを表示したときの日付が自動的に表示されるようになります。[固定] をオンにすると、テキストボックスに入力した日付が表示されるようになります。

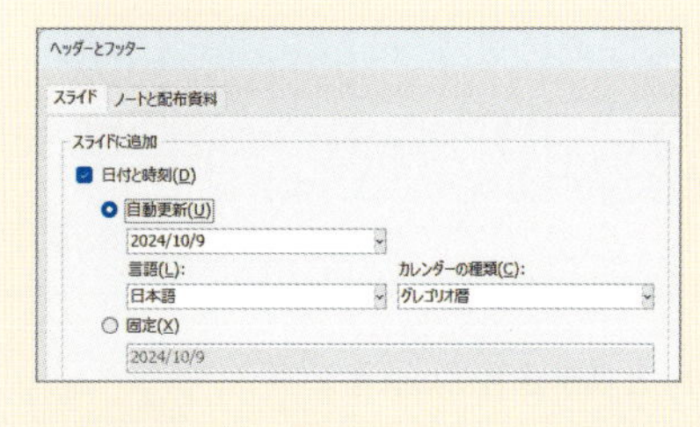

フッターを設定する

1 [挿入] タブ→ [ヘッダーとフッター] をクリックします。

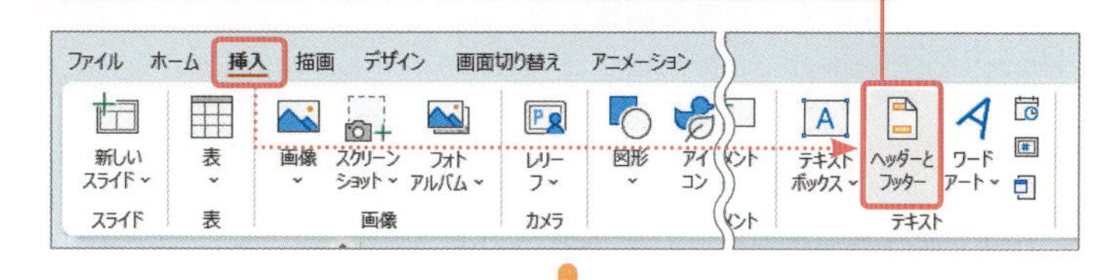

2 [ヘッダーとフッター] ダイアログの [スライド] タブが表示されます。

3 [スライド番号] と [フッター] にチェックを付けます。

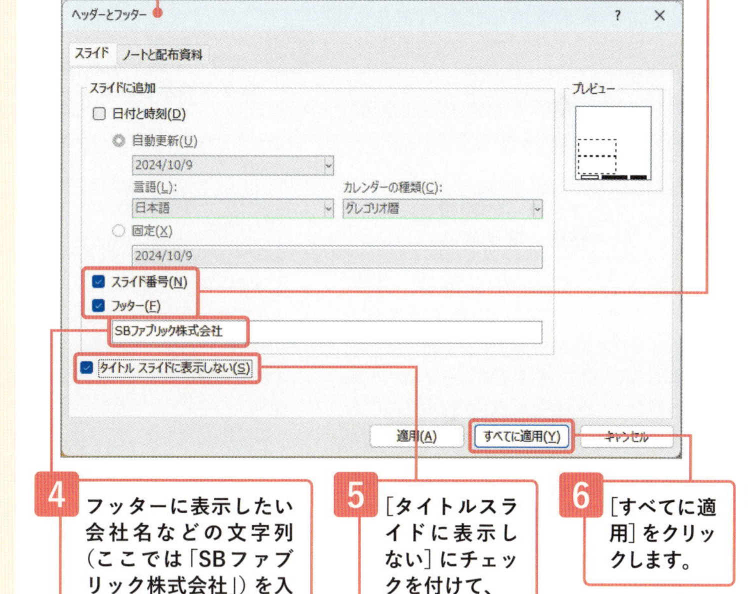

4 フッターに表示したい会社名などの文字列(ここでは「SBファブリック株式会社」)を入力します。

5 [タイトルスライドに表示しない] にチェックを付けて、

6 [すべてに適用] をクリックします。

設定結果を確認する

1 スライド番号2のスライドをクリックします。

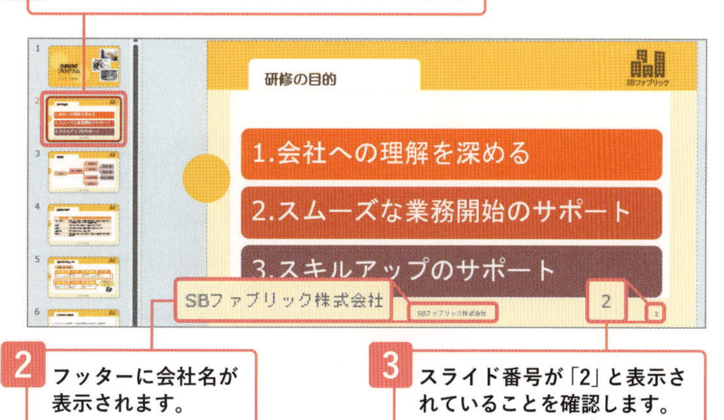

2 フッターに会社名が表示されます。

3 スライド番号が「2」と表示されていることを確認します。

レッスン 35-2 2枚目からスライド番号を「1」と表示する

練習用ファイル 35-2-社員研修.pptx

操作 スライド番号を調整する

スライド番号は、1枚目から順番に1，2，3と表示されます。既定では表紙のスライドが「1」となるので、表紙のスライド番号を「0」にして、2枚目から1，2，3と表示されるように調整してみましょう。

コラム テーマによって配置が異なる

日付やスライド番号など表示する位置は、設定しているテーマによって異なります。テーマによっては、スライド番号がスライドの上端に配置されている場合があります。

コラム フッターの配置を確認、変更する

スライドのフッターの配置は、スライドマスターで確認、変更できます。スライドマスター表示で1番上のスライドマスターを表示すると、フッター領域に日付用、文字列用、スライド番号用の枠が配置されています。「<#>」と表示されている枠がスライド番号用です。フッターの位置を変更したい場合は、この枠をドラッグして移動し、配置を変更することができます。

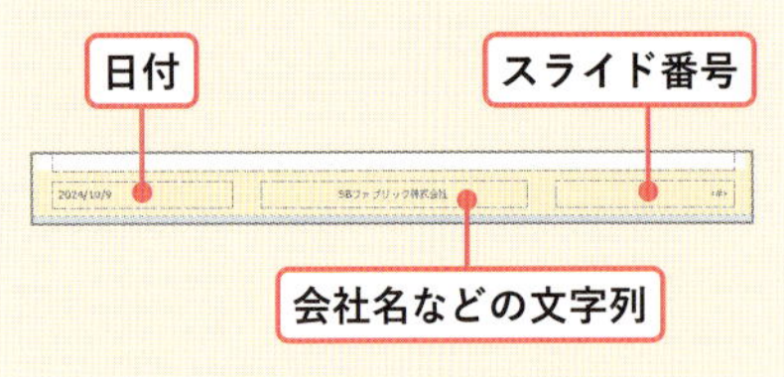

スライド番号を調整する

1 ［デザイン］タブ→［スライドのサイズ］→［ユーザー設定のスライドのサイズ］をクリックします。

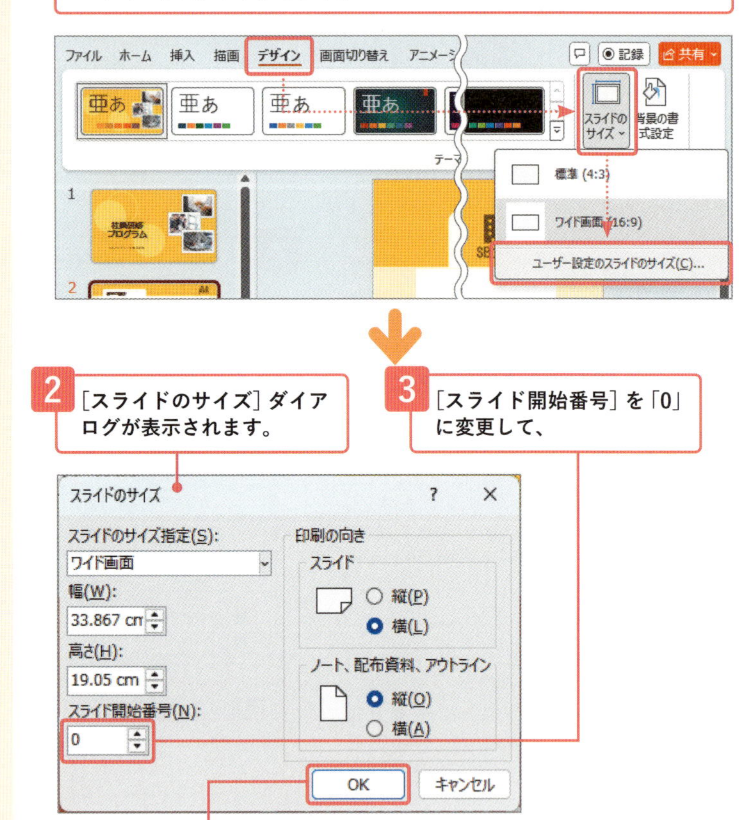

2 ［スライドのサイズ］ダイアログが表示されます。

3 ［スライド開始番号］を「0」に変更して、

4 ［OK］をクリックします。

調整結果を確認する

1 スライド番号が0から振りなおされました。

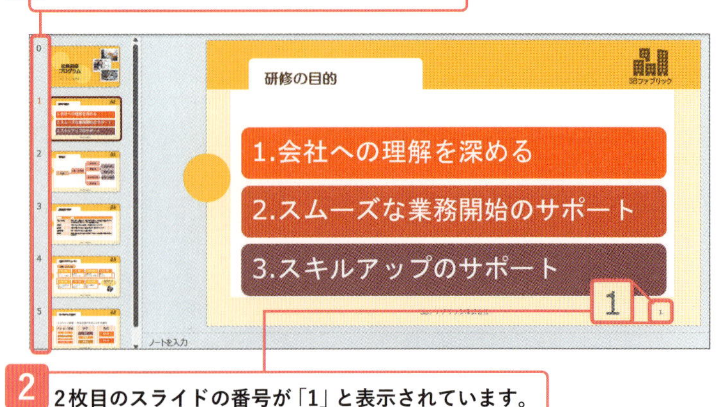

2 2枚目のスライドの番号が「1」と表示されています。

Section

36 スライドマスターで編集したデザインをテーマとして保存する

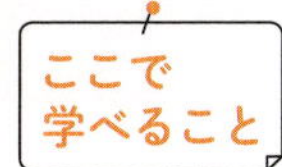

ここで学べること　スライドマスターで編集したデザインをテーマとして保存すると、ほかのプレゼンテーションで同じデザインを利用することができます。ここでは、オリジナルのテーマの保存方法を確認しましょう。

レッスン　▶36-1　現在のスライドの設定をテーマとして保存する

まずは パッと見るだけ！

ユーザー定義のテーマ

スライドマスターで画像を配置したり、配色や背景を設定したりして編集したデザインを**テーマとして保存**しておくと、同じデザインをほかのプレゼンテーションに適用することができます。

▼テーマを保存する

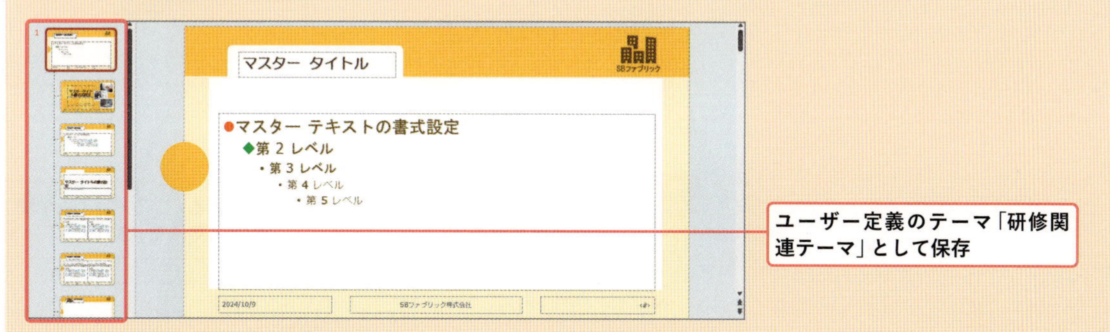

▼テーマを適用する

レッスン36-1 現在のスライドの設定をテーマとして保存する

練習用ファイル 36-社員研修.pptx
36-スキルアップ研修.pptx

操作 現在のテーマを保存する

スライドマスターでデザインしたスライドの設定をオリジナルの名前を付けて、ユーザー定義のテーマとして保存することができます。ユーザー定義のテーマでは、スライドの設定内容が保存され、別のプレゼンテーションで適用して利用することができます。

Memo [デザイン] タブからテーマを保存する

ここでは、スライドマスターを表示してユーザー定義のテーマを保存しています。一方でスライドマスターを表示しなくても、通常の編集画面で[デザイン] タブ→[テーマ] グループの▽をクリックして、[現在のテーマを保存] をクリックしても保存できます。

スライドマスターの設定をテーマとして保存する

36-社員研修.pptxを開き、レッスン33-1を参考にスライドマスター表示に切り替えておきます。

1 [スライドマスター] タブ→[テーマ] →[現在のテーマを保存] をクリックします。

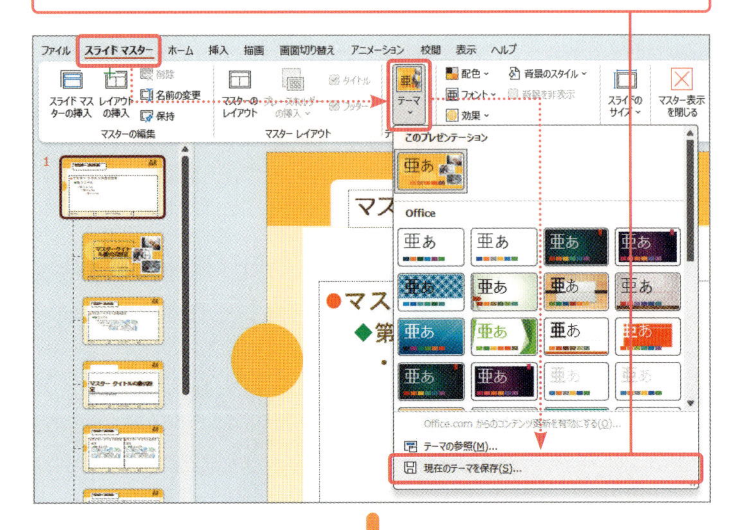

2 [現在のテーマを保存] ダイアログが表示されます。

3 テーマ名（ここでは「研修関連テーマ」）を入力し、

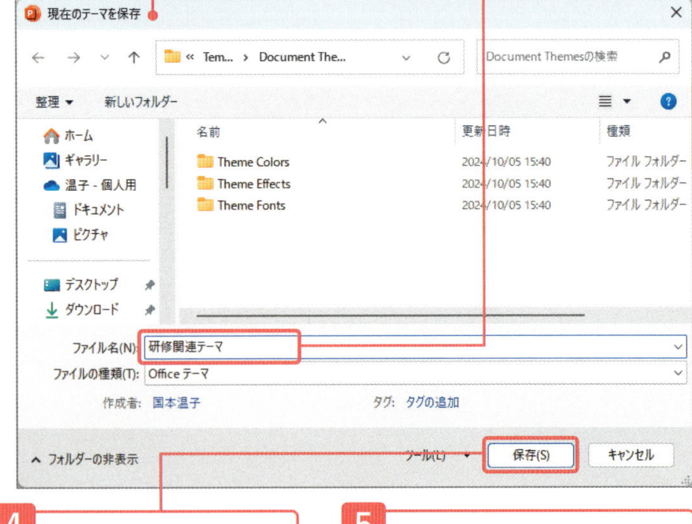

4 [保存] をクリックします。

5 開いているプレゼンテーション（ここでは36-社員研修.pptx）を閉じておきます。

既存のプレゼンテーションに適用する

テーマを適用するプレゼンテーションを開いておきます（ここでは36-スキルアップ研修.pptx）。

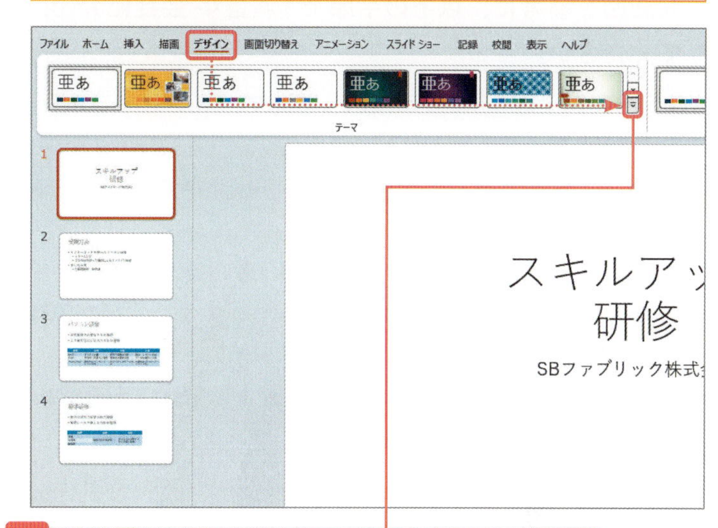

1 ［デザイン］タブ→［テーマ］グループの をクリックして、

2 表示されるテーマの［ユーザー定義］から保存したテーマ（ここでは［研修関連テーマ］）をクリックすると、

3 プレゼンテーションに保存したテーマが適用されました。

コラム テーマを保存するファイル

テーマを保存するファイルは拡張子が「.thmx」になります。［現在のテーマを保存］ダイアログを表示したときに設定されている保存場所は「C:¥Users¥(ユーザー名)¥AppData¥Roaming¥Microsoft¥Templates¥Document Themes」です。ここに保存しておくと、テーマの一覧にあるユーザー定義のテーマから選択できるようになります。そのため、特に変更する必要はありませんが、別の場所に保存した場合は、テーマを適用する際、p.130の「スライドマスターの設定をテーマとして保存する」の手順1で［テーマを参照］をクリックして、保存したファイルを選択してください。

練習問題 オリジナルのテーマを作ってみよう

練習用ファイル　演習4-会社紹介.pptx　ライン.png　演習4-部署紹介.pptx

完成図を参考に、以下の手順で［演習4-会社紹介.pptx］のスライドのデザインを編集してください。

1 スライドマスター表示に切り替えて、プレゼンテーション全体のフォントを「メイリオ」、タイトルを太字、箇条書きの段落後間隔を「12pt」に変更する（**レッスン33-2**参照）。

2 スライドマスターに画像「ライン.png」を挿入しタイトル上余白に配置する（**レッスン34-1**参照）。
ヒント：タイトルスライドには表示されない設定になっていることを確認します。

3 タイトルスライドの背景にストック画像から企業を連想させる任意の画像を挿入し、透明度を「30%」に設定する（**レッスン33-3**参照）。
ヒント：画像の透明度は［背景の書式設定］作業ウィンドウで設定します。

4 各スライドに自動更新する日付、会社名（SBファブリック株式会社）、スライド番号を表示する。タイトルスライドには表示しない（**レッスン35-1**、**35-1Memo**参照）。

5 「SBファブリックテーマ」とテーマ名を付けて保存し、プレゼンテーション［演習4-部署紹介.pptx］に保存したテーマを適用する（**レッスン36-1**参照）。

▼完成見本1：①～④

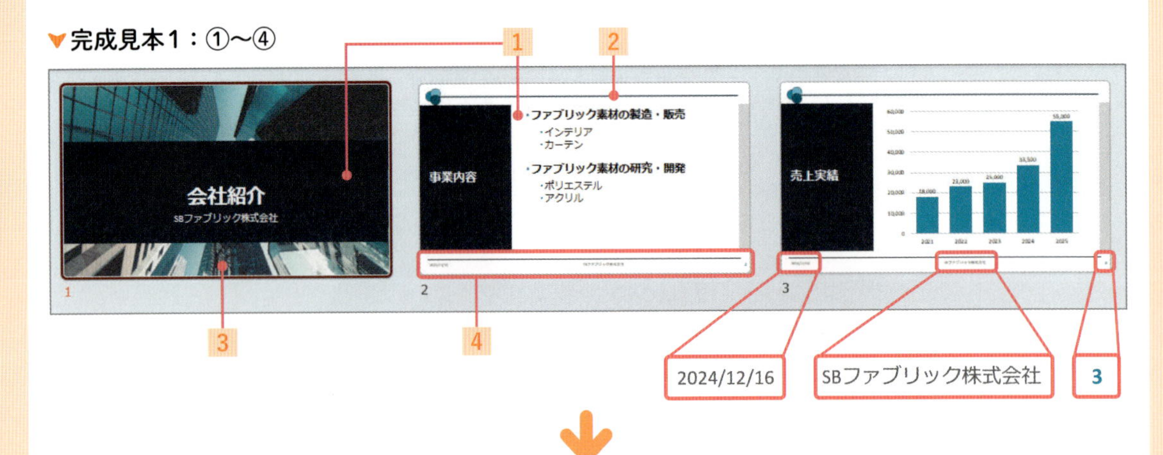

▼完成見本2：⑤別プレゼンテーションにテーマ適用後

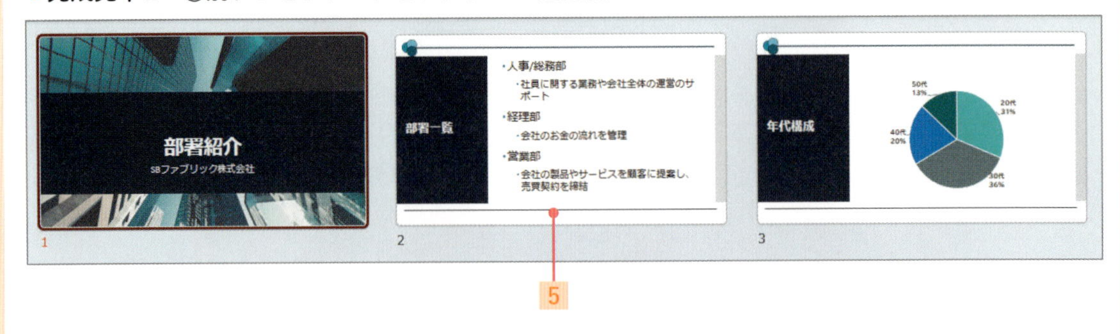

第 5 章

文字の書式設定を整える

本章では、スライド内に入力する文字や箇条書きの書式設定、文字の見せ方を変更する方法を紹介します。スライドでは、基本的に箇条書きの形式で文字を入力します。箇条書きを読みやすくする工夫を知りましょう。

見やすい資料が
正義よ♪

Section
37 文字のサイズや色を変更する

テーマやスライドマスターでは、プレゼンテーション全体の書式を統一することができました。強調したい文字にサイズ、太字、色などの設定をするとその文字を目立たせることができます。

レッスン
- 37-1 文字のサイズやスタイルを変更する
- 37-2 文字の色を変更する

まずは パッと見るだけ！

文字の書式の設定

箇条書きの中で部分的に太字や色などの書式を設定することにより、ポイントにしたい語句を目立たせ、メリハリがつきます。

Before
操作前

家事代行サービスの概要

- サービス内容
- 家事全般を時間制・オーダーメイドで承るサービス
- ご利用者
- 単身者、共働き家庭、シニア層など、サポートを必要とする方
- 特徴
- 経験豊富なスタッフが安心・安全なサービスを提供

単調で読みにくい

After
操作後

家事代行サービスの概要

- **サービス内容**
- 家事全般を**時間制・オーダーメイド**で承るサービス
- **ご利用者**
- 単身者、共働き家庭、シニア層など、**サポートを必要とする方**
- **特徴**
- 経験豊富なスタッフが**安心・安全なサービス**を提供

メリハリがあって
読みやすい

レッスン 37-1 文字のサイズやスタイルを変更する

練習用ファイル 37-1-家事代行.pptx

操作 選択した文字の書式を変更する

部分的に書式を変更するには、対象となる文字をドラッグして選択し、[ホーム] タブの [フォント] グループにある書式設定のボタンをクリックします。

Memo 少しずつ文字サイズを拡大／縮小する

[ホーム] タブの [フォントサイズの拡大] A^ボタンと [フォントサイズの縮小] Aˇボタンをクリックすると、少しずつ文字サイズが拡大／縮小されます。少しずつ文字サイズを変えたいときに便利です。

Memo 一覧から文字サイズを選択する

[ホーム] タブの [文字サイズ] の⌄をクリックし、一覧から設定したいフォントサイズをクリックします。また、ボックスに直接数値を入力してサイズを指定することもできます。フォントサイズはポイント単位で、1ポイントは1/72インチ (約0.35mm) です。

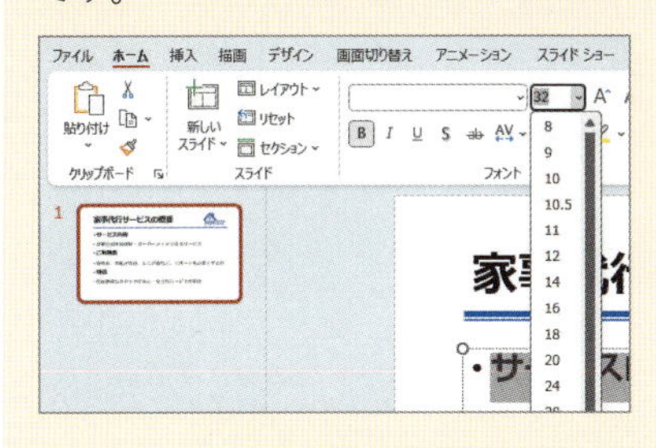

Memo 行間が狭すぎる場合

箇条書きで、上の行と下の行の文字がくっついている場合は、行間を広げることで対処します。詳細はSection42を参照してください。

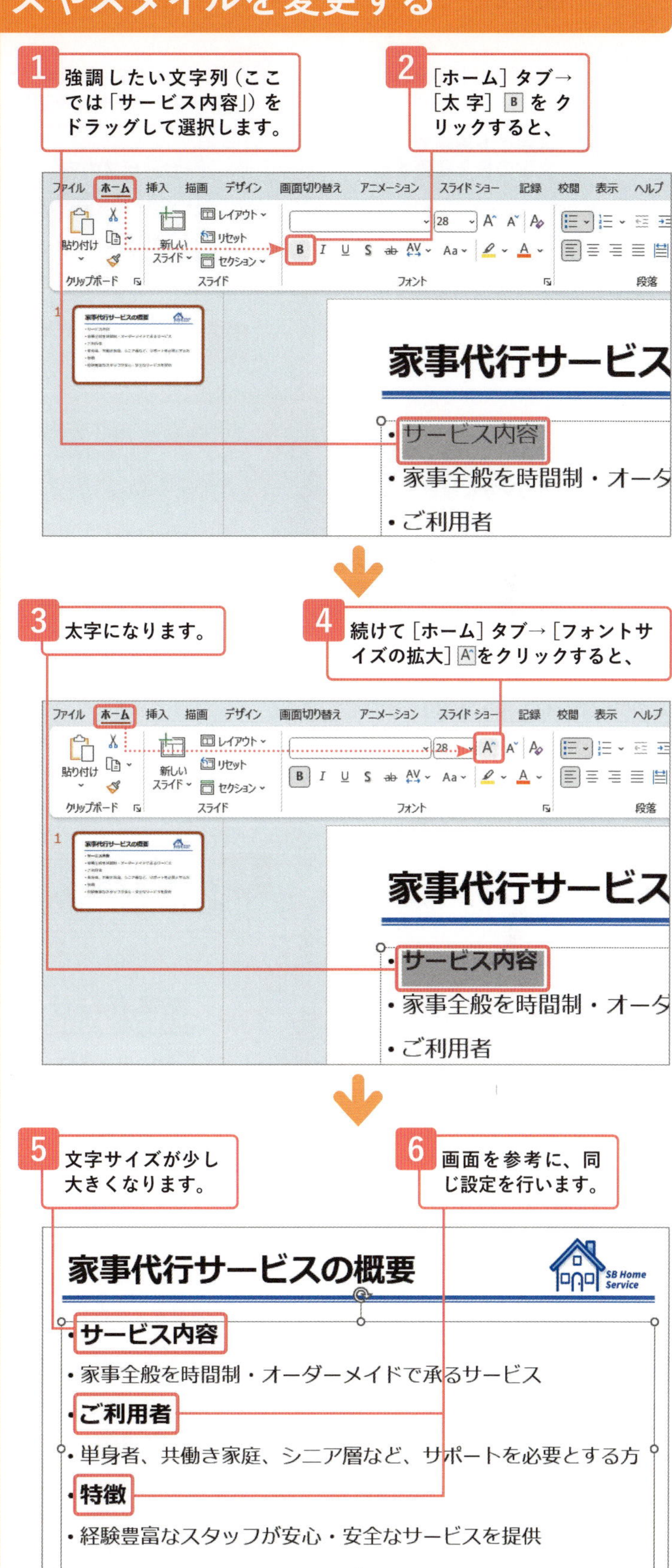

レッスン 37-2 文字の色を変更する

練習用ファイル 37-2-家事代行.pptx

操作 スポイト機能で文字の色を変更する

パワーポイントでは、文字の色をスライド内に配置されている図形や画像などの色と同じ色にするための「スポイト」という機能があります。ここでは、スポイト機能を使って色を設定してみましょう。

Memo プレースホルダー内のすべての文字に設定する場合

プレースホルダー内のすべての文字に対して設定する場合は、プレースホルダーの枠をクリックしてから書式の設定をします。

Memo 設定した文字書式をリセットする

文字列に設定された文字書式をまとめて解除するには、対象となる文字列を選択し、[ホーム] タブ→[すべての書式をクリア] をクリックします。

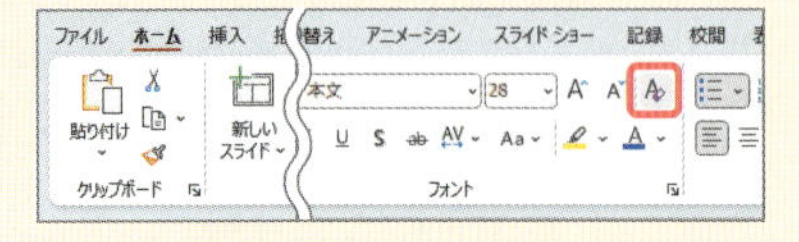

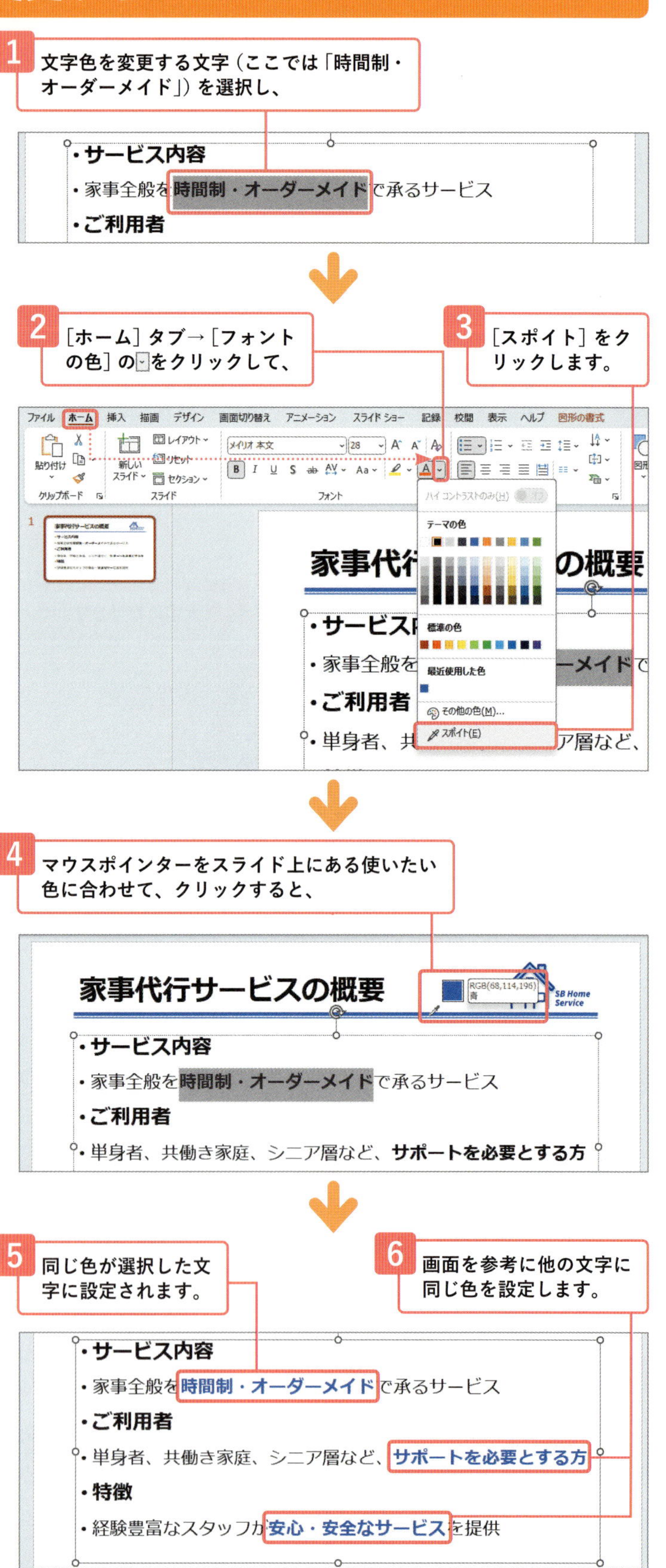

Point カラーパレットから文字の色を変更する

文字色を変更するには、[ホーム] タブの [文字の色] の⌄をクリックして、カラーパレットから目的の色をクリックします。[テーマの色] は、現在選択されているテーマの色によって配色が変わります❶。[標準の色] は、固定でテーマの色を変更しても変わることはありません❷。[最近使用した色] は最近使用した色が表示されるので、同じ色を続けて設定したい場合に簡単に選択できます❸。[その他の色] をクリックすると❹、[色の設定] ダイアログ表示され、[標準] タブで色を選択したり❺、[ユーザー設定] タブで任意の色を作成したりすることができます❻。

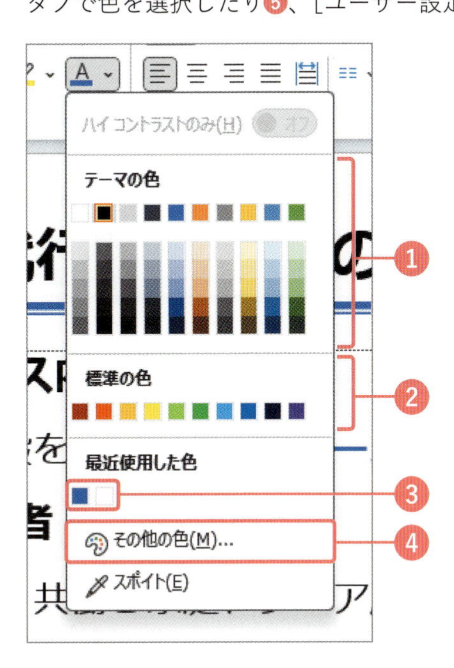

● [色の設定] ダイアログの [標準] タブ

● [色の設定] ダイアログの [ユーザー設定] タブ

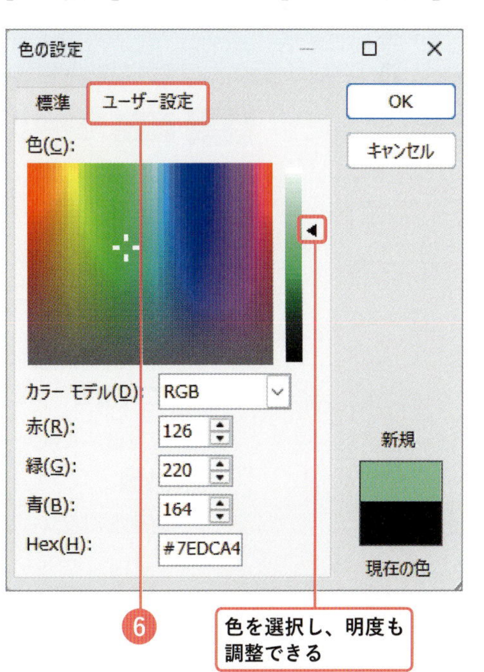

コラム　文字のフォント変更について

文字のフォント（書体）は、文字単位またはプレゼンテーション単位で変更できます。タイトルや項目名など、部分的に強調したい場合は文字単位で変更し、プレゼンテーション全体の書体を統一して変更したい場合は、プレゼンテーション単位で変更します。

●部分的に変更する場合

対象となる文字列を選択し❶、［ホーム］タブの［フォント］の⌄をクリックして、一覧から目的のフォントをクリックします❷。なお、英字のみのフォントは半角英数字に適用されます。

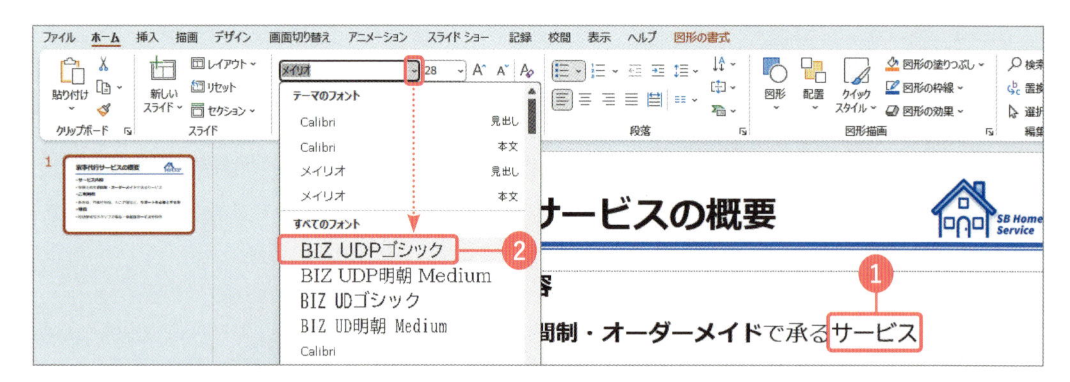

●プレゼンテーション全体を変更する場合

プレゼンテーション全体のフォントをまとめて変更するには、［デザイン］タブの［バリエーション］グループにある⌄をクリックし❶、［フォント］をクリックして❷、一覧からフォントを選択します❸（**レッスン33-2** の p.117 参照）。

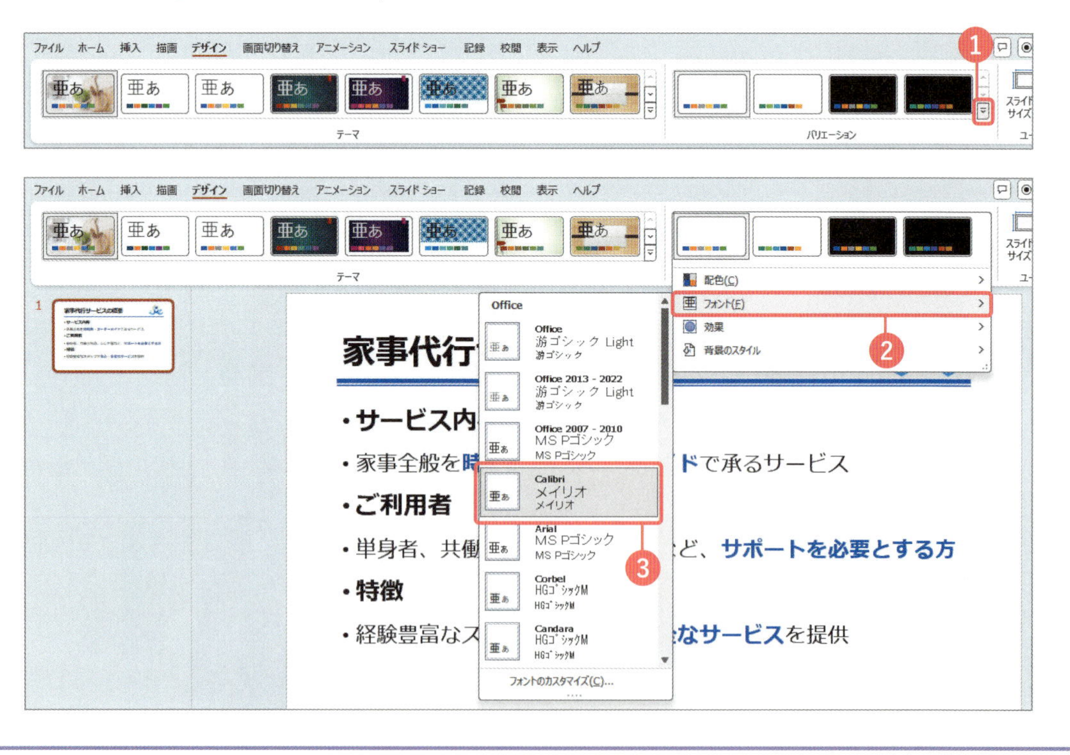

時短ワザ　同じ文字書式をコピーする

文字に設定した同じ書式を離れた別の文字に設定したい場合は、書式のコピーが便利です。書式が設定されている文字を選択し❶、[ホーム] タブの [書式のコピー/貼り付け] をクリックし❷、マウスポインターの形がになったら、コピー先の文字をドラッグすると❸、同じ書式が設定されます❹。なお、をダブルクリックすると、Esc キーを押すまで続けて文字をドラッグして書式をコピーすることができます。

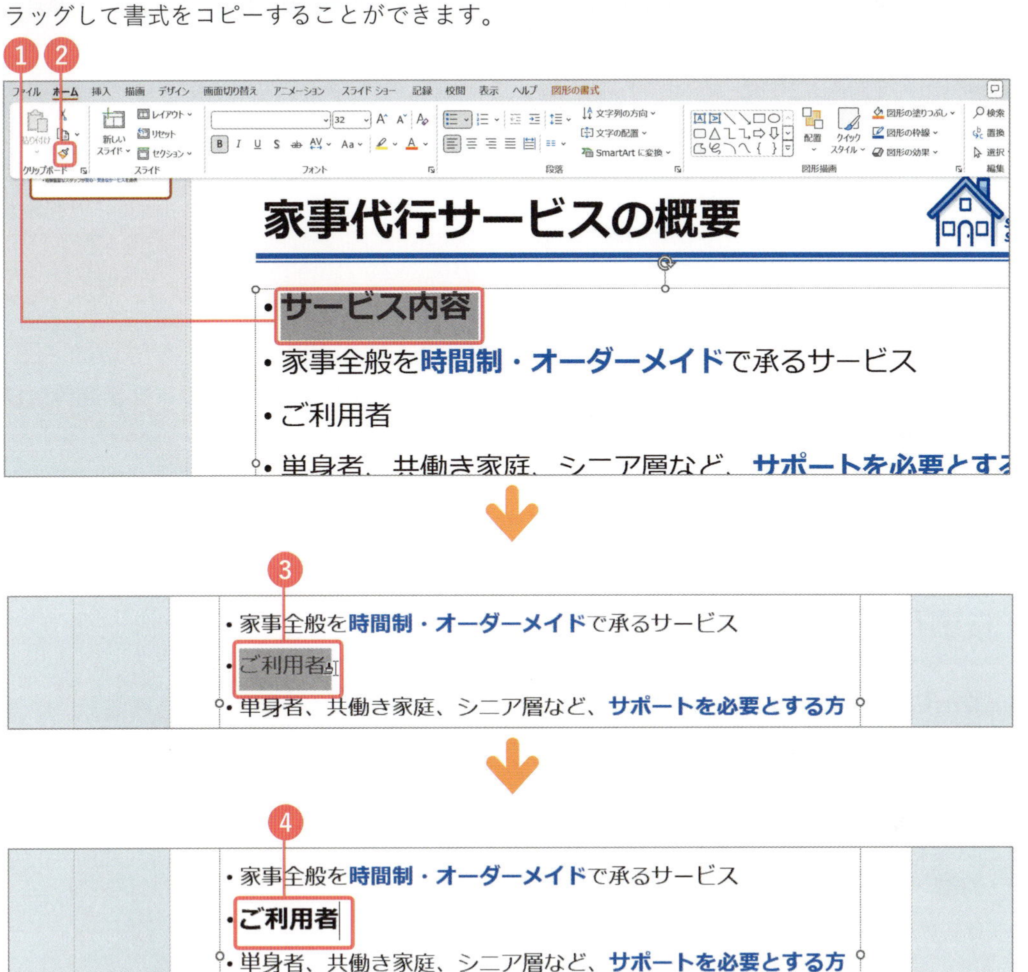

Section

38 箇条書きのレベルを変更する

ここで学べること

箇条書きにはいくつかの階層（レベル）が用意されています。階層を変更することで、項目とその内容が区別されたわかりやすい資料になります。

レッスン

▶ 38-1　箇条書きのレベルを変更する

まずは パッと見るだけ！

箇条書きのレベルの変更

箇条書きのレベルを変更すると、下の箇条書きは上の箇条書きの説明になり、従属関係をはっきりさせることができます。

Before 操作前

家事代行サービスの概要

- **サービス内容**
- 家事全般を**時間制・オーダーメイド**で承るサービス
- **ご利用者**
- 単身者、共働き家庭、シニア層など、**サポートを必要とする方**
- **特徴**
- 経験豊富なスタッフが**安心・安全なサービス**を提供

項目と内容の箇条書きのレベルが同じ

After 操作後

家事代行サービスの概要

- **サービス内容**
  - 家事全般を**時間制・オーダーメイド**で承るサービス
- **ご利用者**
  - 単身者、共働き家庭、シニア層など、**サポートを必要とする方**
- **特徴**
  - 経験豊富なスタッフが**安心・安全なサービス**を提供

箇条書きのレベルを変更することで、項目と内容が区別された

レッスン 38-1 箇条書きのレベルを変更する

練習用ファイル 38-家事代行.pptx

操作 箇条書きのレベルを変更する

箇条書きのレベルを下げるには、レベルを下げたい箇条書きの行頭でTabキーを押します。また、レベルを上げたい場合は、Shiftを押しながらTabキーを押します。
ここでは、入力されている箇条書きに対してレベルを変更しますが、入力時に同じキー操作でレベルを変更することもできます。

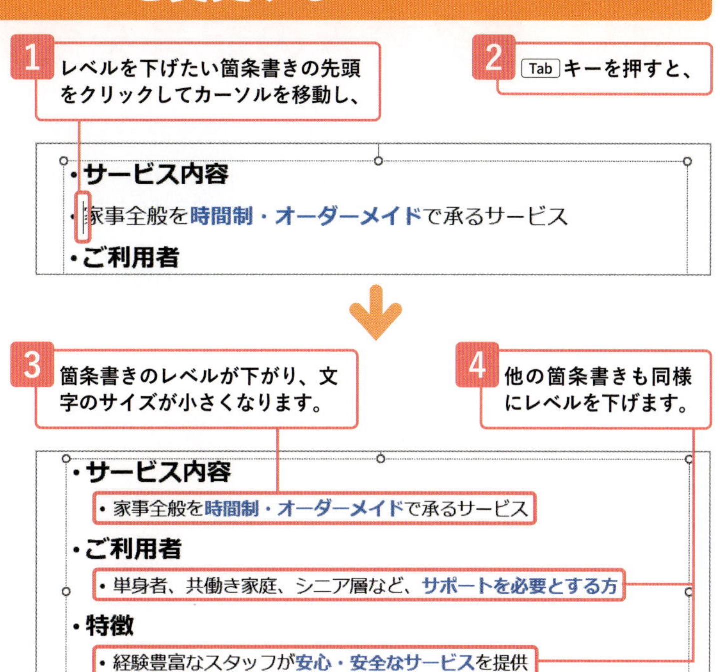

Memo ドラッグでレベル変更する

レベルを変更したい箇条書きの行頭文字にマウスポインターを合わせ、✥の形になったら右にドラッグすると❶、レベルを下げることができます❷。反対に左にドラッグするとレベルが上がります。

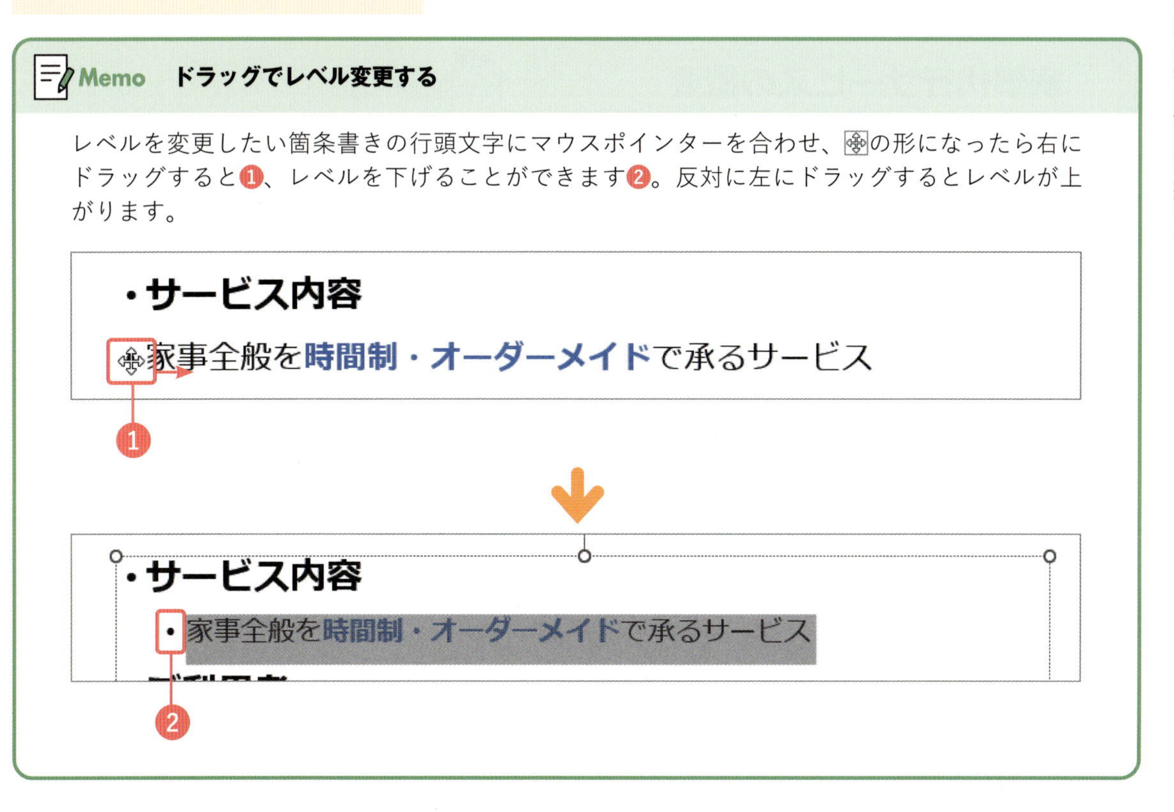

Section

39 箇条書きの記号を変更する

ここで学べること

箇条書きの先頭に表示される行頭文字は「・」ですが、別の記号に変更することができます。箇条書きのレベルによって異なる行頭文字にしたい場合は、スライドマスターで変更します。

レッスン

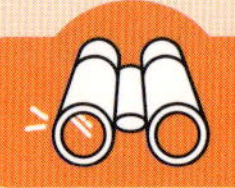

まずは パッと見るだけ！

箇条書きの記号の変更

箇条書きの記号を箇条書きのレベルによって変更したり、サイズや色を変更してアクセントを付けたりできます。

Before 操作前

家事代行サービスの概要

- サービス内容
  - 家事全般を**時間制・オーダーメイド**で承るサービス
- ご利用者
  - 単身者、共働き家庭、シニア層など、**サポートを必要とする方**
- 特徴
  - 経験豊富なスタッフが**安心・安全なサービス**を提供

箇条書きの行頭文字の初期設定は「・」

After 操作後

家事代行サービスの概要

●サービス内容

➢家事全般を**時間制・オーダーメイド**で承るサービス

●ご利用者

➢単身者、共働き家庭、シニア層など、**サポートを必要とする方**

●特徴

➢経験豊富なスタッフが**安心・安全なサービス**を提供

行頭文字を箇条書きのレベルによって変更し、色やサイズを変更した

レッスン 39-1 箇条書きのレベルによって行頭文字を変更する

練習用ファイル 39-家事代行.pptx

操作 箇条書きの行頭文字を変更する

箇条書きの行頭文字をプレゼンテーション単位で変更したい場合は、スライドマスターで行頭記号を設定します。ここでは、第1レベル、第2レベルの行頭文字を変更してみましょう。

第1レベルの行頭文字を変更する

レッスン33-1のp.116を参照してスライドマスター表示に切り替えて、1番上のスライドマスターをクリックしておきます。

1 箇条書きの1行目にある文字列「マスターテキストの書式設定」内をクリックしてカーソルを移動したら、

2 [ホーム] タブ→[箇条書き] の をクリックし、

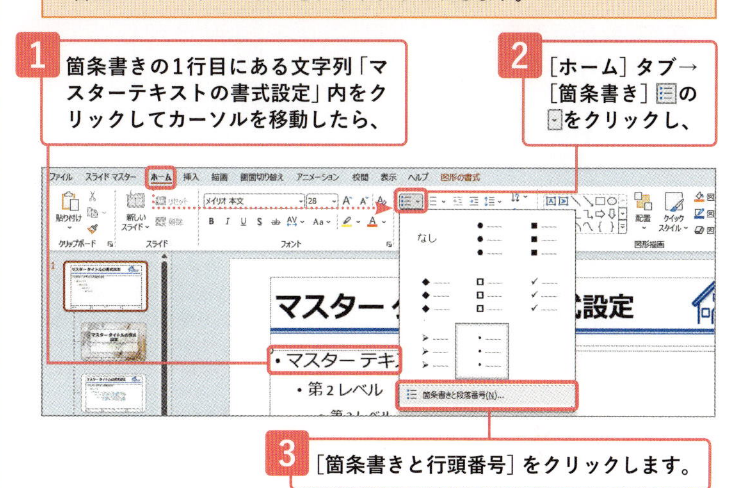

3 [箇条書きと行頭番号] をクリックします。

4 [箇条書きと段落番号] ダイアログの[箇条書き] タブが表示されます。

5 一覧から使用したい記号をクリックし、

6 必要に応じて[サイズ] を変更します(ここでは、「120」)。

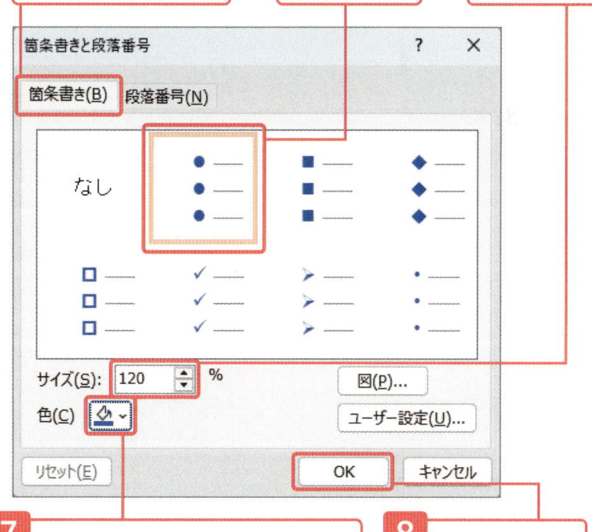

7 必要に応じて[色] を変更します(ここでは、「青、アクセント1」)。

8 [OK] をクリックします。

9 第1レベルの箇条書きの記号が変更されました。

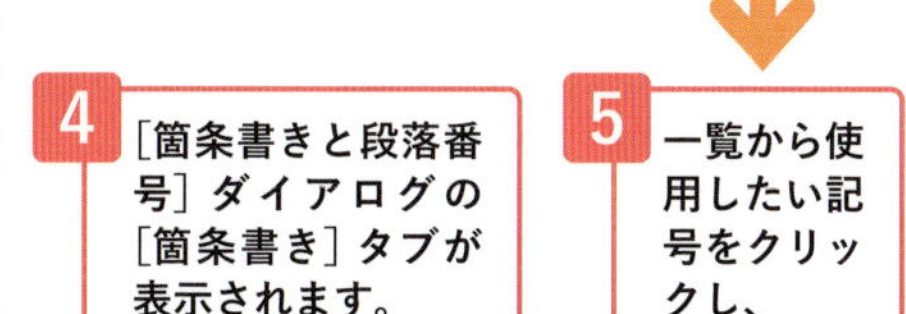

Memo 行頭文字の色を変更する

行頭文字は基本的に黒で表示されます。行頭文字の色を変更すると、アクセントになり箇条書きが読みやすく、見栄えがよくなります。行頭文字の色は、プレゼンテーションの基本色に合わせると統一感が出せます。

第2レベルの行頭文字を変更する

1 2行目の箇条書きの行をクリックします。

2 ［ホーム］タブ→［箇条書き］☰の⌄→［箇条書きと段落記号］をクリックします。

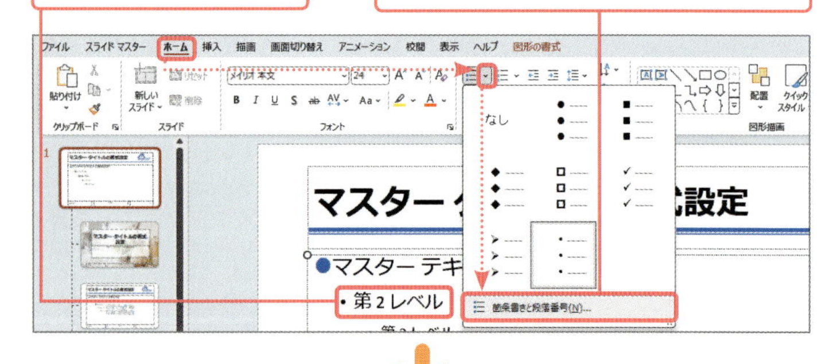

3 同様にして、第2レベルで使用する記号をクリックします。

4 必要に応じて［サイズ］と［色］を指定します（ここでは［色］のみ「青、アクセント1」に変更）。

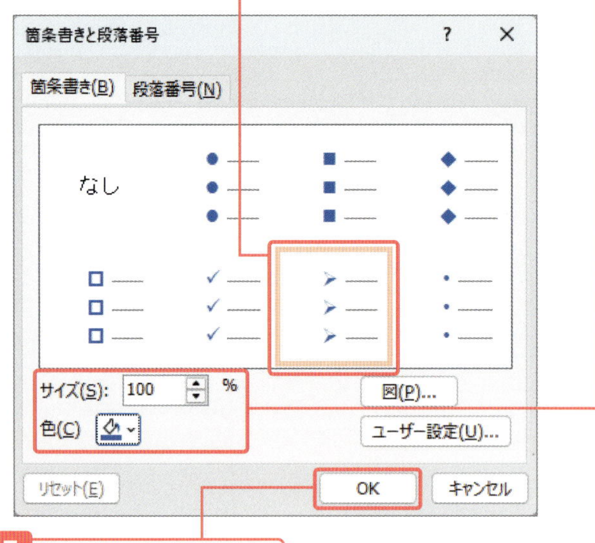

5 ［OK］をクリックします。

6 第2レベルの記号が変更されました。

7 ［スライドマスター］タブ→［マスター表示を閉じる］をクリックしてスライドマスター表示を閉じます。

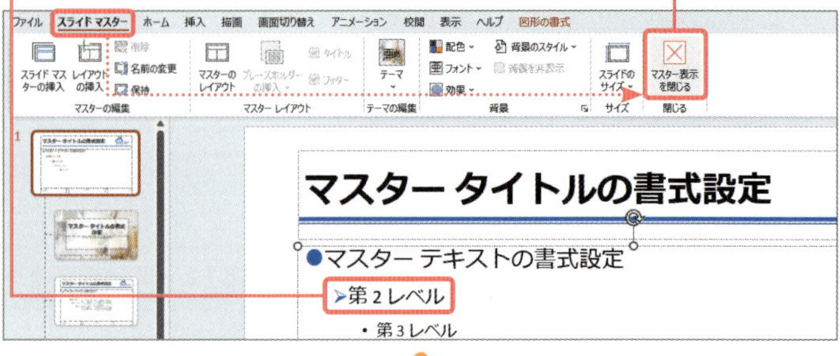

Memo スライド単位で箇条書きを変更する

ここでは、スライドマスターで箇条書きの記号を変更したので、すべてのスライドの箇条書きについて、記号が変更されます。スライド単位で変更したい場合は、標準表示の状態で、対象となるスライドを選択し、箇条書きの設定を行います。

Memo 行頭文字のサイズを変更する

行頭文字を設定してみて、小さすぎると思うことがあります。その際はp.143の「第1レベルの行頭文字を変更する」の手順6のように文字サイズのパーセントを大きくして調整します。

上級テクニック 箇条書きの記号を非表示にする

内容によっては、箇条書きの記号を非表示にしたい場合があるでしょう。その場合、スライド内で対象となる箇条書きの行内でクリックし、［箇条書き］☰をクリックします。クリックするごとに表示／非表示を切り替えることができます。

設定結果を確認する

1 箇条書きの第1レベルと第2レベルで異なる行頭文字が設定されました。

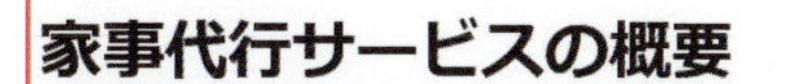

●サービス内容
➢家事全般を**時間制・オーダーメイド**で承るサービス
●ご利用者
➢単身者、共働き家庭、シニア層など、**サポートを必要とする方**
●特徴
➢経験豊富なスタッフが**安心・安全なサービス**を提供

コラム　一覧にない記号を行頭文字にする

一覧にない記号を行頭文字にしたい場合は、[箇条書きと段落番号] ダイアログの [図] または [ユーザー設定] をクリックします。[図] をクリックすると [図の挿入] 画面が表示され、ユーザーがパソコンやオンラインから画像やアイコンを選択して行頭文字に設定することができます。また、[ユーザー設定] をクリックすると、[記号と特殊文字] ダイアログが表示され、一覧の中から選択した記号を行頭文字に設定することができます。

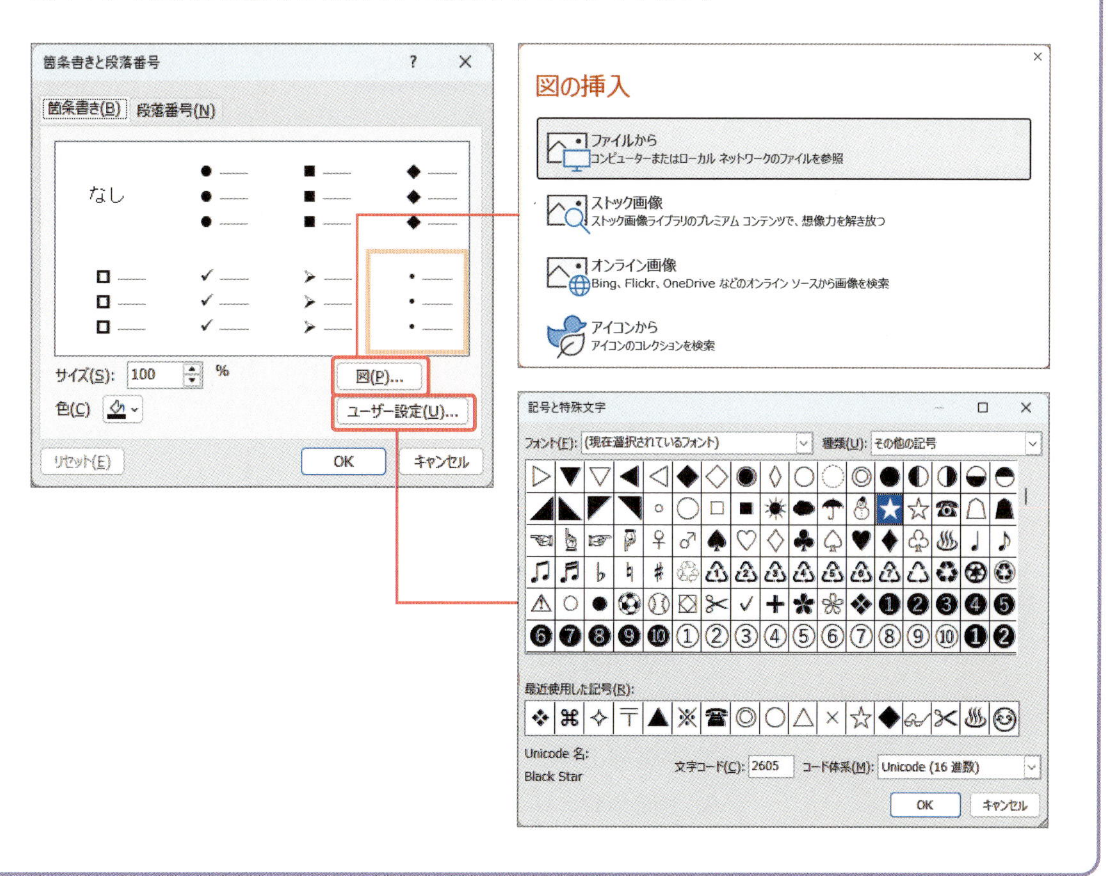

Section

40 箇条書きの記号を連番に変更する

ここで学べること

箇条書きを「・」などの記号ではなく、数字やアルファベットに変えて、順番を表すことができます。これらは通常スライド単位で指定するので、連番にしたいスライドの編集画面で設定します。

レッスン

▶ 40-1　段落番号を付ける

まずは パッと見るだけ！

行頭文字を連番にする

プレゼンテーションに目次のスライドを追加した場合、目次の順番を数字で表示したいことがあります。連番に変更するには、箇条書きに**段落番号**を設定します。

Before 操作前

目次

SB Home Service

●家事代行サービルの概要
●提供するサービス
●料金プラン
●お客様の声
●お問合せ

箇条書きを連番にしたい

After 操作後

目次

1. 家事代行サービスの概要
2. 提供するサービス
3. 料金プラン
4. お客様の声
5. お問合せ

連番に変更され、順番がわかりやすくなった

レッスン 40-1 段落番号を付ける

練習用ファイル 40-家事代行.pptx

操作 段落番号を付ける

箇条書きを連番に変更するには、[ホーム] タブの [段落番号] をクリックします。[段落番号] を直接クリックすると、「1.、2.、3.」の数字が設定されますが、⌄をクリックしてメニューから、「①、②、③」のような囲み数字などを選択することができます。

Memo 箇条書きに戻すには

段落番号に変更後、箇条書きに戻すには、[箇条書き] をクリックします。

Memo 部分的に段落番号を設定する

部分的に段落番号を設定するには、段落番号に変更したい箇条書きの行を選択し、段落番号を設定してください。

1 箇条書きのプレースホルダーの枠をクリックして、

2 [ホーム] タブ→[段落番号] の⌄をクリックして、

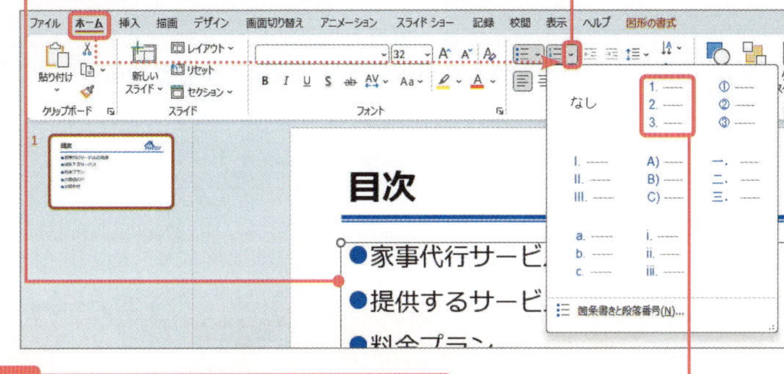

3 一覧から段落番号をクリックすると、

4 連番に変更されました。

目次

1. 家事代行サービルの概要
2. 提供するサービス
3. 料金プラン
4. お客様の声
5. お問合せ

上級テクニック 段落番号の開始番号を変更する

段落番号を設定すると、「1」から連番が設定されます。開始番号を指定したい場合は、手順3で [箇条書きと段落番号] をクリックし❶、[箇条書きと段落番号] ダイアログの [段落番号] タブの [開始] で開始番号を指定してください❷。

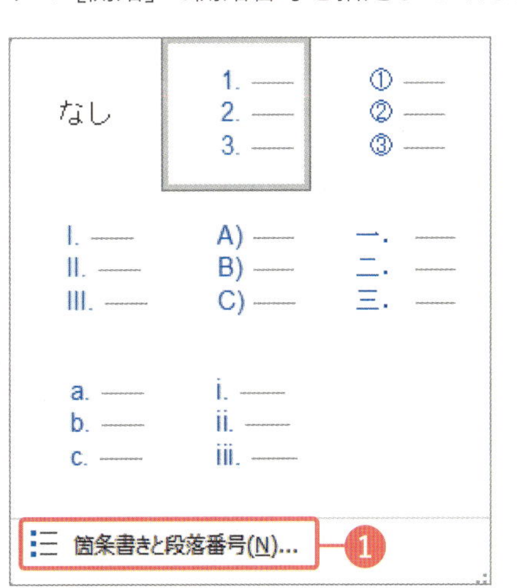

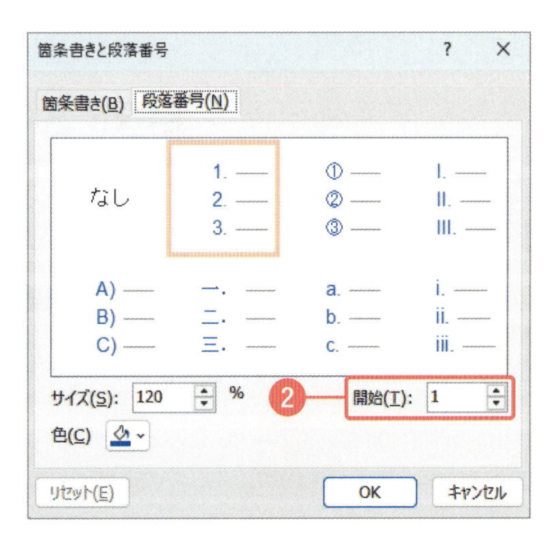

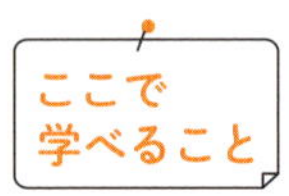

41 文字の先頭位置を揃える

箇条書きでは、項目と内容の間にスペースを空けるとすっきりします。[スペース] キーを押して空白を作ると微妙なずれが発生することがあるので [Tab] キーを使ってきれいに揃えましょう。

レッスン

まずは パッと見るだけ！

タブの設定

下図の例では、項目に続く内容を「()」で囲んで区別しています。ここでは、タブを使って項目と内容の間にスペースを空けて、内容の先頭の文字位置を揃えています。

Before
操作前

提供するサービス

●**掃除**（リビング、キッチン、バスルームなど）
●**洗濯**（洗濯、アイロンがけ）
●**料理**（食事の準備、後片付け）
●**その他**（買い物代行、ペットケア、送迎など）

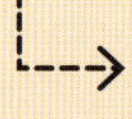

After
操作後

提供するサービス

●**掃除**　リビング、キッチン、バスルームなど
●**洗濯**　洗濯、アイロンがけ
●**料理**　食事の準備、後片付け
●**その他**　買い物代行、ペットケア、送迎など

タブを設定することで、文字の開始位置が揃った

レッスン 41-1 文字の配置を変更する

練習用ファイル 41-家事代行.pptx

操作 任意の位置に文字を揃える

任意の位置にタブを設定するには、ルーラーを表示します。ルーラーの上をクリックすることでタブが追加されます。
なお、タブを設定する場合は、先に対象となる箇条書きを選択し、次にタブを設定してください。

Point ルーラー

ルーラーとは、水平、垂直方向に表示される目盛りです。タブを設定する場合に表示し、使用します。

Memo 既定のタブ位置

既定では、2.54cmごとにタブが設定されています。行の途中でTabキーを押すと、カーソルの右にある一番近くのタブ位置にカーソルが移動します。

1 ［表示］タブ→［ルーラー］をクリックしてチェックを付けます。

2 ルーラーが表示されます。

3 箇条書きをドラッグして選択します。

4 ルーラー上のタブを設定したい位置（ここでは「6」）をクリックします。

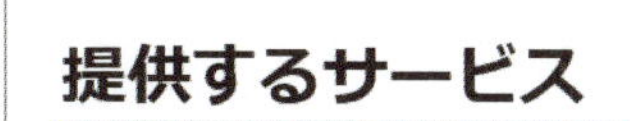

5 左揃えタブ⌊が表示されます。

6 タブを挿入したい位置をクリックしてカーソルを移動し、

7 Tabキーを押します。

Memo タブ位置を間違えた場合

タブ位置を変更したい箇条書きの行を選択し、タブ記号をルーラー上でドラッグして調整します。また、タブ記号をルーラーの外にドラッグすると削除できます。

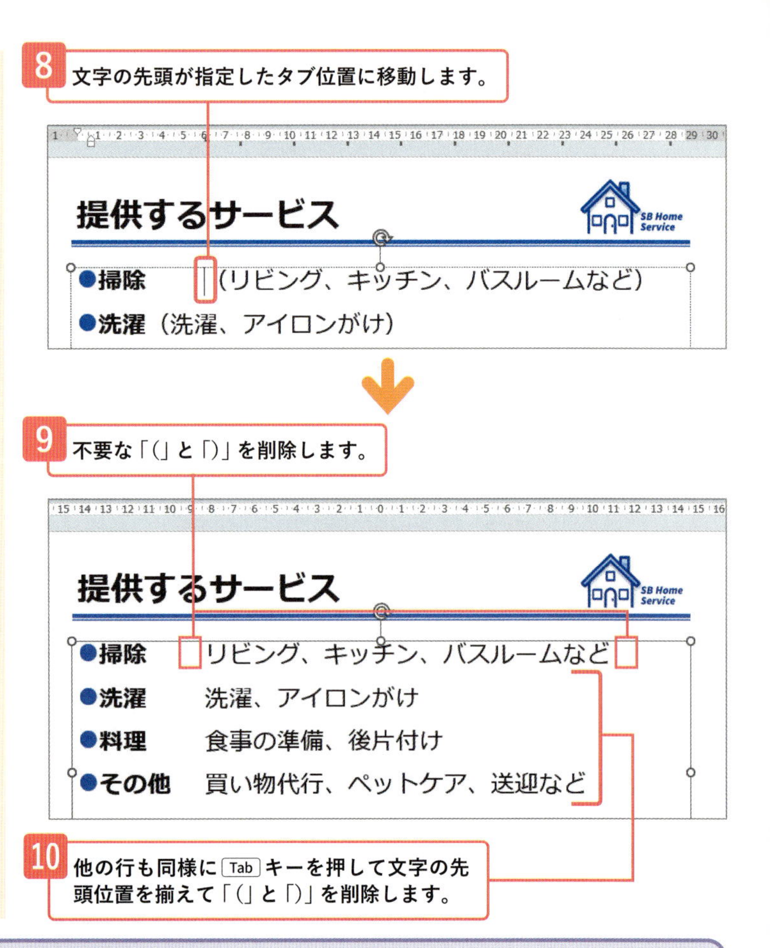

コラム タブの種類と文字揃え

同じ行にある複数の項目を空白で区切る場合、項目と項目の間でTabキーを押して、タブを挿入します。タブは、文字の揃え方により4種類あります。

既定では、ルーラー上でクリックすると左揃えタブが設定されます。タブの種類を変更するには、水平ルーラーの左端にあるタブボタンをクリックます。タブボタンをクリックするごとに「左揃え」、「中央揃え」、「右揃え」、「小数点揃え」に順番に切り替わります。タブの種類を切り替えたのち、水平ルーラー上でクリックしてタブを挿入してください。

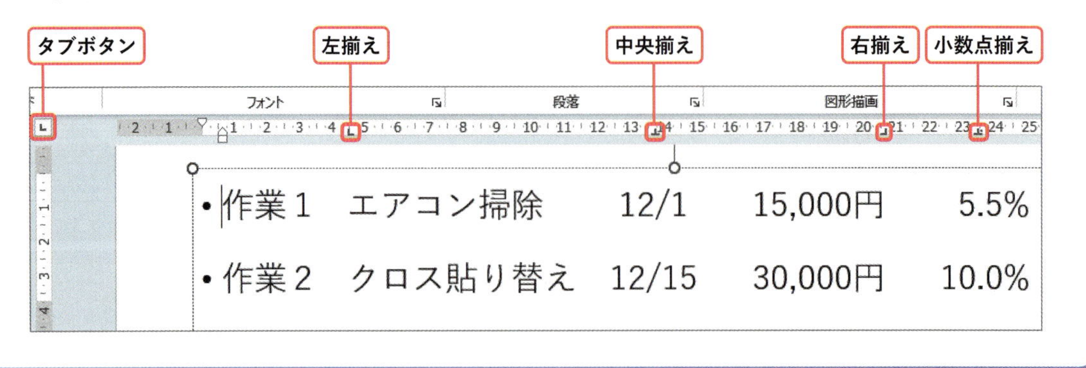

上級テクニック Wordの資料をスライドに取り込む

Section17で説明したように、Wordでスライドの構成を考えた場合、Wordで見出しスタイルを設定しておくと、見出しスタイルのレベルをもとにPowerPointの［タイトルとコンテンツ］のレイアウトでタイトルと箇条書きが入力された状態でスライドを追加することができます。Wordの［見出し1］、［見出し2］、［見出し3］は、それぞれスライドのタイトル、第1レベルの箇条書き、第2レベルの箇条書きに対応しています。効率的にプレゼンテーションを作成するのに役立ちます。以下の手順で取り込むことができます。

● 1．Wordの資料に見出しスタイルを設定する

Wordで見出しスタイルを設定しておきます。見出しを設定したい行内でクリックし❶、［ホーム］タブの［スタイル］グループで見出しスタイルをクリックします❷。見出しスタイルを設定したら保存して閉じておきます❸。なお、ここでは区別しやすいように見出しスタイルの書式を変更しています。また、見出しスタイルを設定していない箇条書きは取り込まれません。

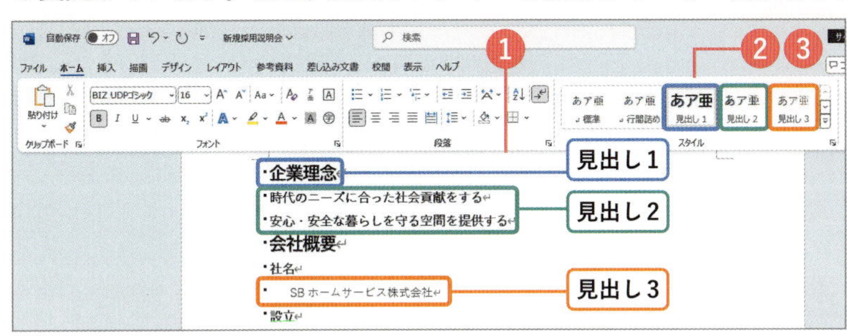

● 2．PowerPointにスライドとして追加する

PowerPointで新しいプレゼンテーションを作成し、［ホーム］タブの［新しいスライド］のをクリックし❶、［アウトラインからスライド］をクリックします❷。［アウトラインの挿入］ダイアログで取り込みたいWordの文書をクリックして❸、［挿入］をクリックすると❹、タイトルスライドの次にWordの資料がスライドに追加されます❺。見出しに設定されていた書式がそのまま反映されます❻。

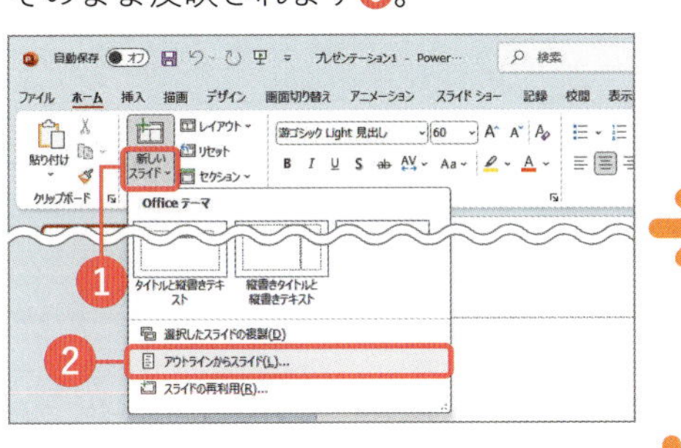

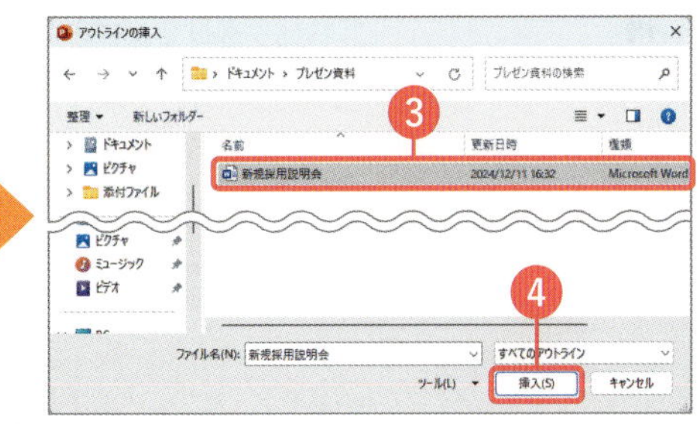

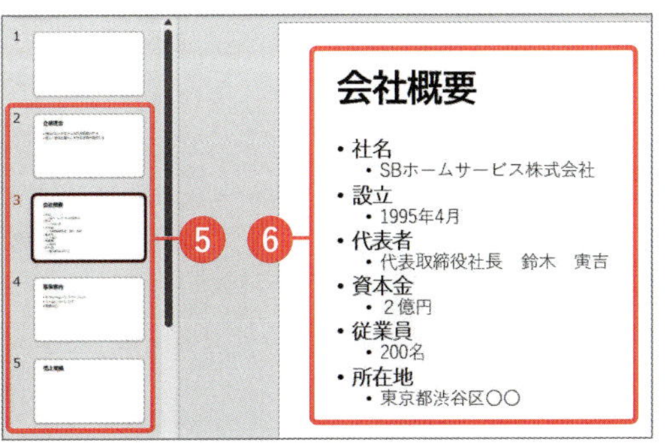

Section

42 文字の行間を調整する

箇条書きと箇条書きの間隔を調整するには、**レッスン** 33-2で説明したように段落後の間隔を広げます。1つの箇条書きが複数行になる場合、上下の行の間隔を調整するには行間を変更します。

レッスン ▶42-1 行間を変更する

まずは パッと見るだけ！

行間の調整

上下の行間が狭くて文字が読みづらく、見栄えが悪い場合、**行間**を広げて調整します。

Before 操作前

●**契約内容の確認**
➤サービスの内容や料金の確認をしてください。特に追加料金やオプションサービスについての詳細を把握してください。
●**貴重品の管理**
➤家事代行スタッフが家に入るため、貴重品や重要書類は鍵のかかる場所に保管するなど、管理を徹底してください。

行間が狭い

After 操作後

●**契約内容の確認**
➤サービスの内容や料金の確認をしてください。特に追加料金やオプションサービスについての詳細を把握してください。
●**貴重品の管理**
➤家事代行スタッフが家に入るため、貴重品や重要書類は鍵のかかる場所に保管するなど、管理を徹底してください。

行間を広げて読みやすくなった

コラム 行間と段落間隔

行と行の間隔には、以下のようにすべての行の間隔となる行間隔と、段落と段落の間隔となる段落間隔があります。段落とは、Enter キーを押して行を改め、次に Enter キーを押すまでの文字の集まりをいいます。段落間隔には、段落前と段落後の2つの間隔があります。**レッスン 33-2** のp.117では、段落後の間隔を広げて箇条書きと箇条書きの間隔を調整しています。

●**契約内容の確認** Enter
段落前間隔
➤サービスの内容や料金の確認をしてください。特に追加料金やオプションサービスについての詳細を把握してください。Enter
行間
段落後間隔
●**貴重品の管理** Enter
段落

レッスン 42-1 行間を変更する

練習用ファイル 42-家事代行.pptx

操作 行間を変更する

複数行になっている箇条書きで行間を広げてみましょう。箇条書きのプレースホルダーを選択して、行間を広げることで、プレースホルダー内にあるすべての箇条書きについて行間が調整されます。

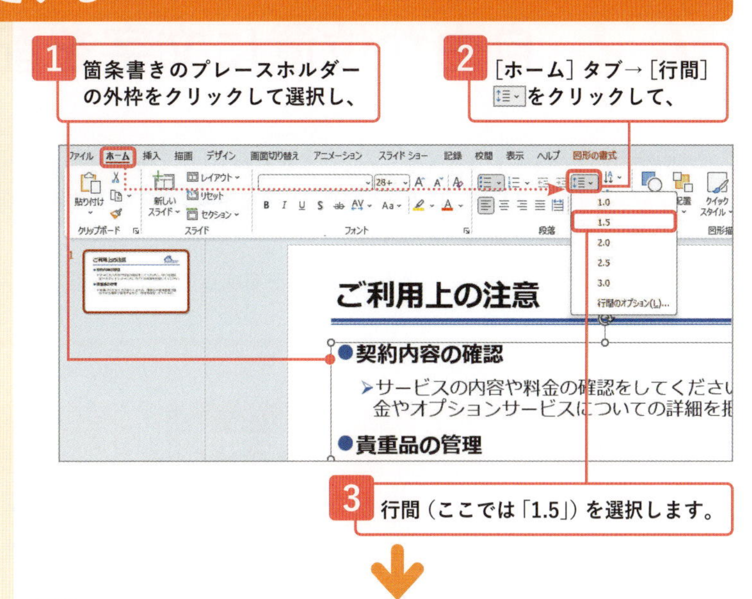

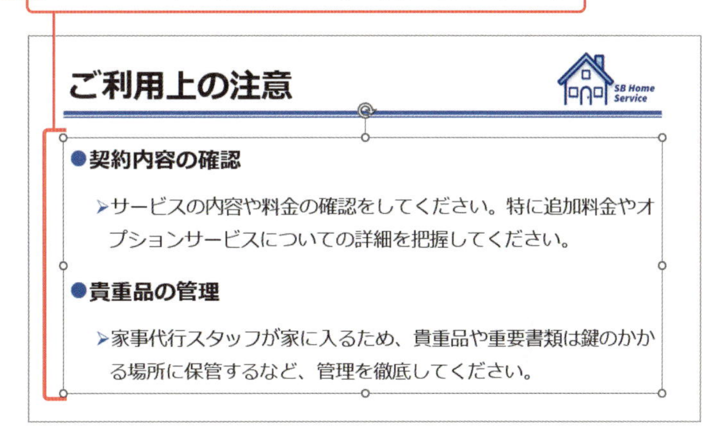

Memo 箇条書き単位で行間を設定したい場合

プレースホルダー単位ではなく、個別の箇条書き単位で行間を設定したい場合は、設定を変更する箇条書きのみ選択し、行間を変更します。

Memo すべてのスライドで同じ行間隔にしたい場合

プレゼンテーション全体で行間隔を同じにしたい場合は、スライドマスターを表示し、1番上のスライドマスターの箇条書きのプレースホルダーを選択し、行間を設定してください（レッスン33-2のp.117参照）。

Point 行間を広げたら文字が小さくなった

行数がプレースホルダーの高さより増えた場合、自動調整機能が働き、すべての行がプレースホルダー内に収まるように、行間や文字サイズが調整されます。ここの操作の場合もプレースホルダーから行があふれそうになったため、この機能が働き、文字サイズが自動的に小さくなっています。プレースホルダー内をクリックすると、左下に［自動調整オプション］が表示されます。これをクリックするとメニューが表示され、あふれた行についてどのように処理するか選択することができます。

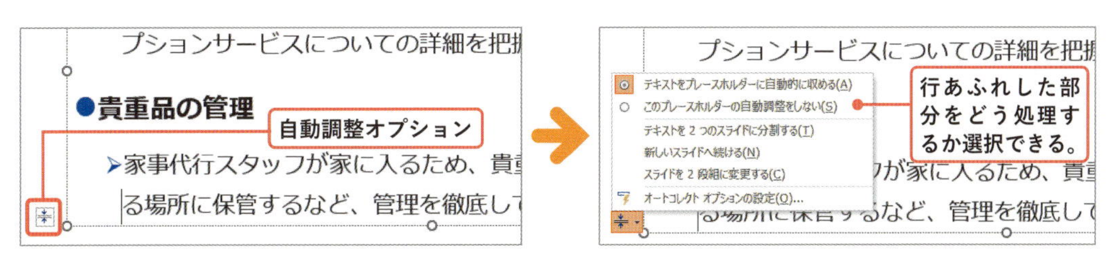

Section

43 自由な位置に文字を配置する

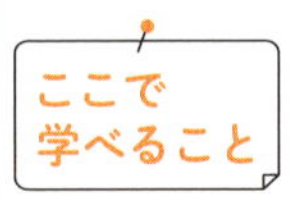

スライドの自由な位置に文字を配置したい場合は、テキストボックスを使います。テキストボックスには、横書きと縦書きの2種類あります。テキストボックスの使い方を確認しましょう。

レッスン ➤43-1 テキストボックスを追加して文字を配置する

まずは パッと見るだけ！

テキストボックスの利用

スライドには、箇条書きで文字を入力するのが基本ですが、自由な位置に文字を配置したいこともあるでしょう。そのような場合は、テキストボックスを使います。

\Before/
操作前

料金プラン

●定期プラン
➢3,800円（税込4,180円）× 2時間 × 月4回 ＝ 33,440円
●プレミアムプラン
➢4,600円（税込5,060円）× 3時間 × 月4回 ＝ 60,720円
●カスタムプラン
➢5,000円（税込5,500円）× 3時間～× 1回 ＝ 16,500円～

\After/
操作後

料金プラン

●定期プラン
➢3,800円（税込4,180円）× 2時間 × 月4回 ＝ 33,440円
●プレミアムプラン
➢4,600円（税込5,060円）× 3時間 × 月4回 ＝ 60,720円
●カスタムプラン
➢5,000円（税込5,500円）× 3時間～× 1回 ＝ 16,500円～

2030年9月1日現在

箇条書きとは別に、任意の位置にテキストボックスが配置された

レッスン 43-1 テキストボックスを追加して文字を配置する

練習用ファイル 43-家事代行.pptx

操作 テキストボックスを追加する

テキストボックスを追加するには、[挿入] タブの [横書きテキストボックスの描画] をクリックします。なお、縦書きテキストボックスを追加する場合は、[横書きテキストボックスの描画] の下にある をクリックして [縦書きテキストボックス] を選択します。

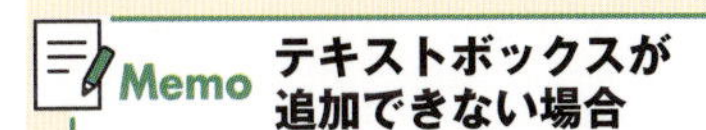

Memo テキストボックスが追加できない場合

プレースホルダーの枠が表示されている場合は、そのプレースホルダー内にテキストボックスを配置できません。いったんサムネイルウィンドウでスライドを選択し、プレースホルダーの選択を解除してからテキストボックスを追加してください。

1 [挿入] タブ→ [横書きテキストボックスの描画] をクリックします。

2 マウスポインターの形が になったら、文字を入力したい位置でクリックします。

➤5,000円（税込5,500円）× 3時間～ × 1回 = 16,500円～

3 テキストボックスが作成されたら、文字を入力します（ここでは「2030年9月1日現在」）。

4 テキストボックス以外の場所をクリックして選択を解除しておきます。

➤5,000円（税込5,500円）× 3時間～ × 1回 = 16,500円～

2030年9月1日現在

コラム テキストボックスの移動／サイズ変更／削除

テキストボックスは、図形として扱います。そのため図形と同じ操作で移動、削除ができます。テキストボックスを選択し、周囲に白いハンドルが表示されたら、辺上にマウスポインターを合わせ の形になったらドラッグして移動します。サイズ変更は白いハンドル上にマウスポインターを合わせ の形になったらドラッグします。高さは自動調整されるため、横幅のみ変更できることに注意してください。また、テキストボックスを選択し、Delete キーを押して削除できます。

● 移動

● サイズ変更

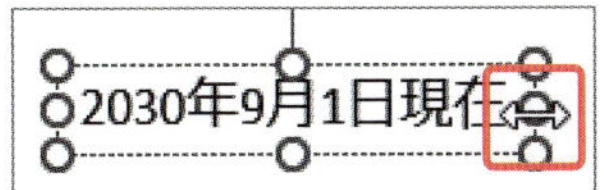

練習問題 スライド内の文字を編集しよう

練習用ファイル 演習5-販促プロジェクト.pptx

完成図を参考に、以下の手順で書式を設定してください。

ヒント：1～3はプレゼンテーション全体に対して設定するため、スライドマスターで変更します。

1. プレゼンテーション全体に対して、箇条書きの文字サイズを、[ホーム] タブの [フォントサイズの拡大] を2回クリックして全体的に2段階大きくする（レッスン**37-1**参照）。
2. プレゼンテーション全体に対して、箇条書きの行間隔を「1.5」に変更する（レッスン**42-1**参照）。
3. プレゼンテーション全体に対して、箇条書きの第1レベルの行頭文字を「◆」、倍率を「100%」に設定する。また、箇条書きの第2レベルの行頭文字を「●」、倍率を「100%」、色を「茶、アクセント6」に設定する（レッスン**39-1**参照）。
4. スライド番号2のスライドの箇条書きを「①、②、③」の形式の段落番号に変更する（レッスン**40-1**参照）。
5. スライド番号3のスライドで、2行目と4行目の箇条書きをレベル2に変更する（レッスン**38-1**参照）。
6. スライド番号7のスライドで、箇条書きで内容の先頭位置を左揃えタブを「10cm」位置に追加し、完成図のように文字の先頭を揃える（レッスン**41-1**参照）。

完成見本

● スライドマスター

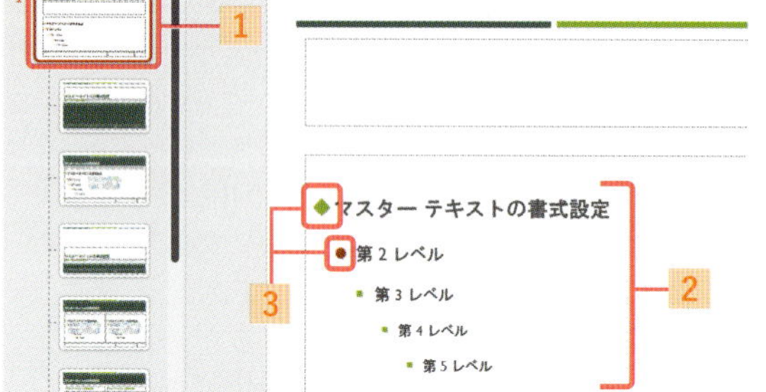

● スライド番号2

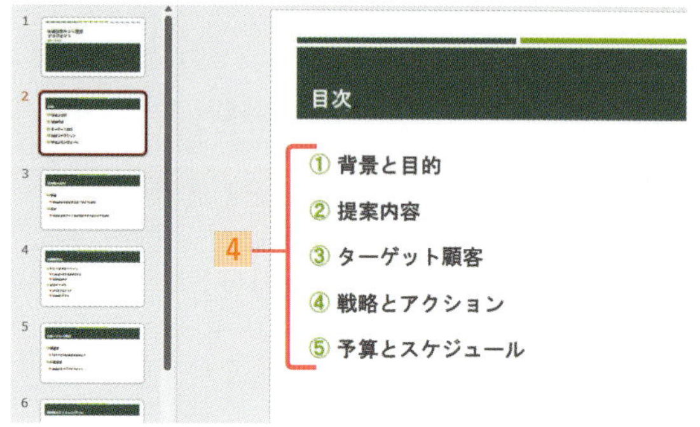

● スライド番号3

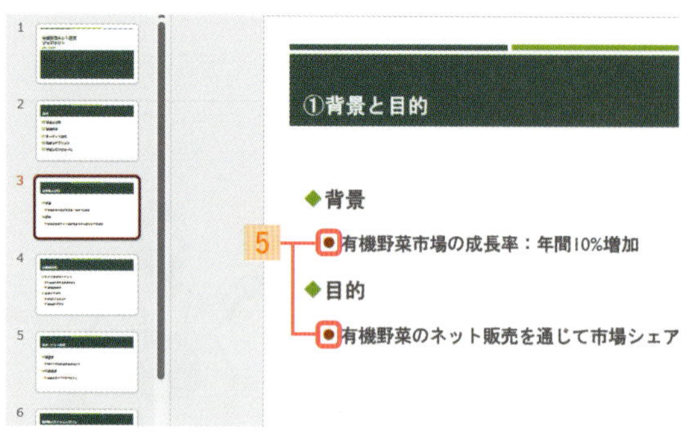

● スライド番号7

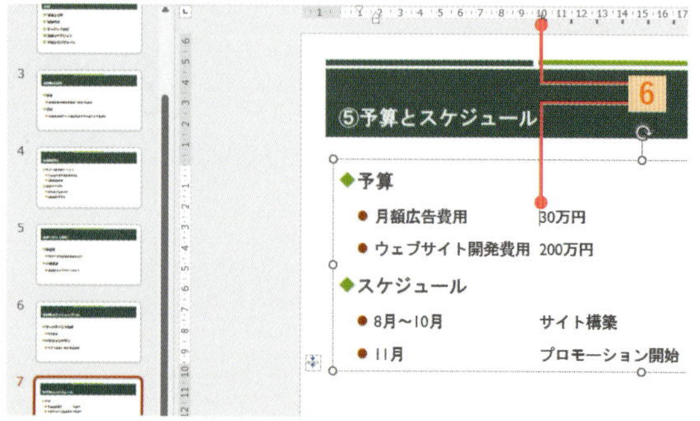

第 6 章

表を利用して情報を整理する

スライドに表を挿入すると、データをきれいに並べることができるため、商品の内容や価格で比較検討する場合などに有効です。ここでは、スライドに表を挿入し、編集する方法を習得しましょう。

Section

44 スライドに表を挿入する

［表の挿入］機能を使うと、列数と行数を指定するだけで簡単に表を作成することができます。表にデータを入力したり、表のスタイルを変更して見た目を変更したりする方法を確認しましょう。

まずは パッと見るだけ！

表の挿入

スライドに表を挿入する操作はとてもシンプルです。［表の挿入］アイコンをクリックして行数、列数を指定して表を挿入し、文字を入力してスタイルを変更するだけです。

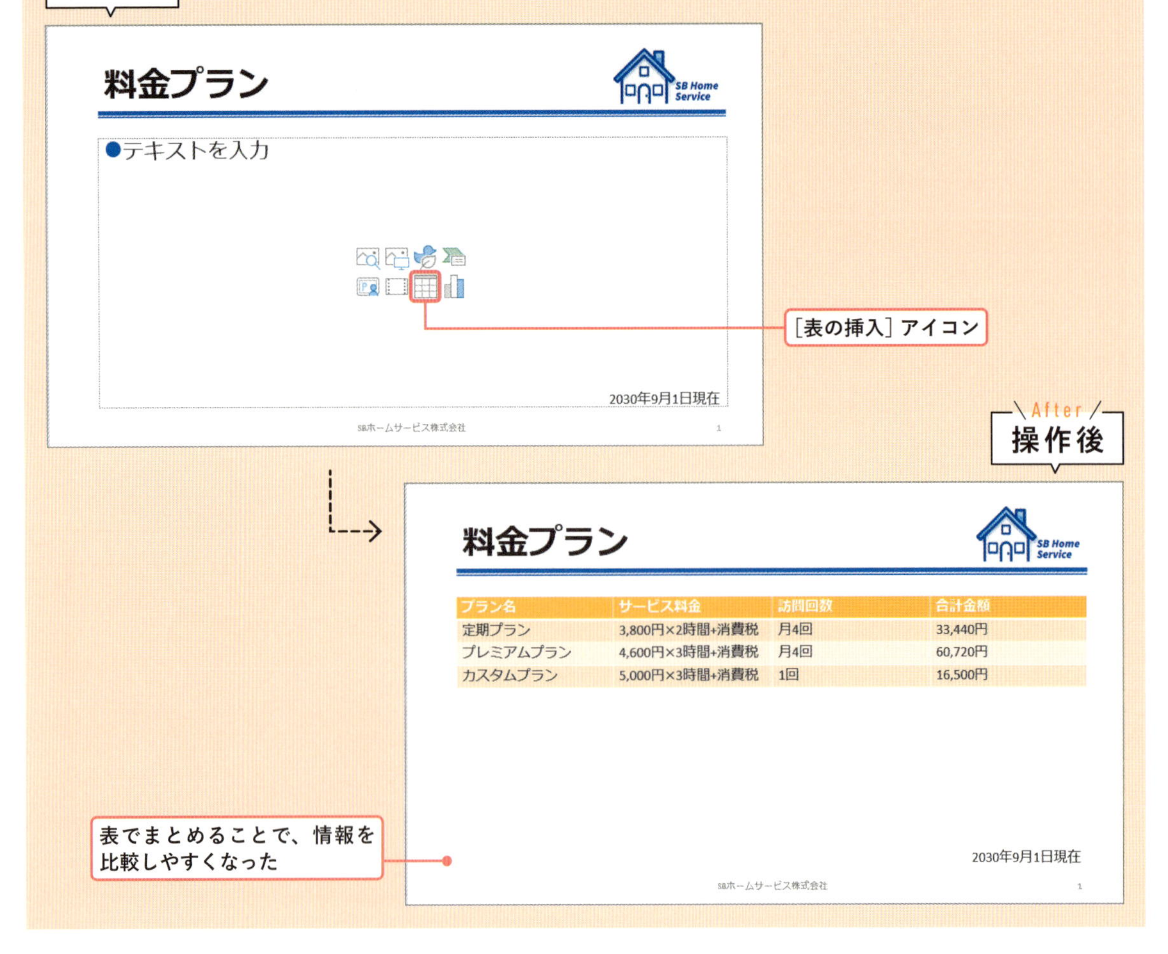

レッスン 44-1 スライドに表を挿入する

練習用ファイル 44-1-家事代行.pptx

操作 表を挿入する

プレースホルダー内に表示されている［表の挿入］をクリックすると、［表の挿入］ダイアログが表示され、表の列数と行数を指定するだけで表が挿入されます。

Memo ［挿入］タブから表を挿入する

［挿入］タブの［表］をクリックし❶、表の行数と列数の位置をクリックします❷。この機能を使うと、上下に表を並べるなど、スライド内に複数の表を配置することができます。

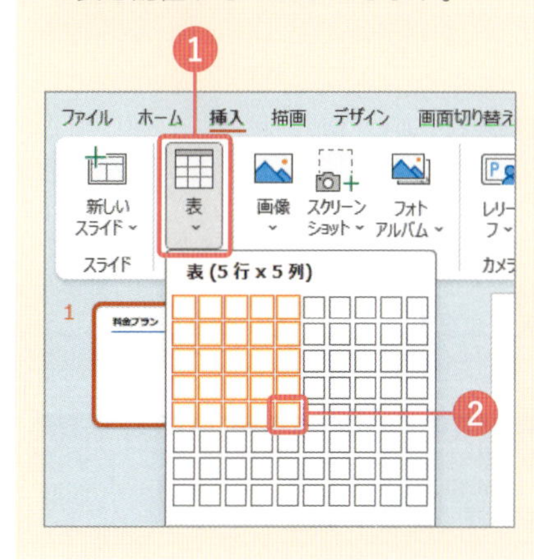

ここでは、4列、4行の表を挿入します。

1 スライド内にある［表の挿入］をクリックします。

2 ［表の挿入］ダイアログが表示されます。

3 ［列数］に「4」と入力し、

4 ［行数］に「4」と入力して、

5 ［OK］をクリックします。

6 4列4行の表が挿入されます。

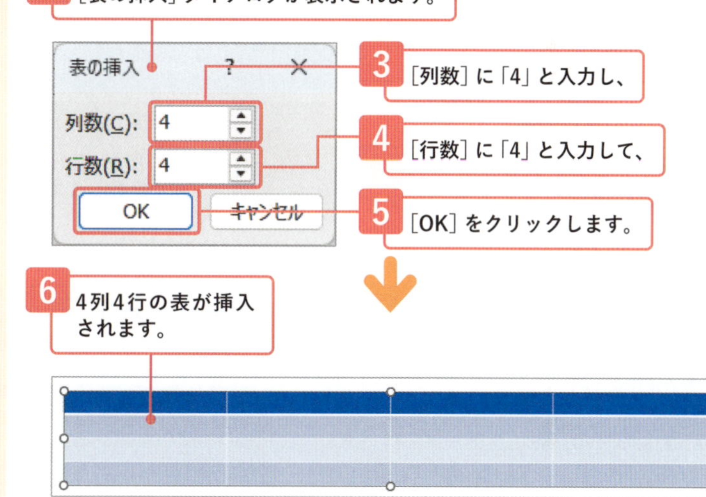

コラム セル／行／列の選択

セル／行／列を選択するには、それぞれ以下の手順で操作します。

● **セルの選択**

選択したいセルの左下角にマウスポインターを合わせ、の形になったらクリックします。複数のセルを選択する場合は、セルの中にマウスポインターを合わせ、の形でドラッグしても選択できます。

● **行の選択**

選択したい行の左にマウスポインターを合わせ、の形になったら、クリックします。上下にドラッグすると複数の行を選択できます。

● **列の選択**

選択したい列の上にマウスポインターを合わせ、の形になったら、クリックします。左右にドラッグすると複数の列を選択できます。

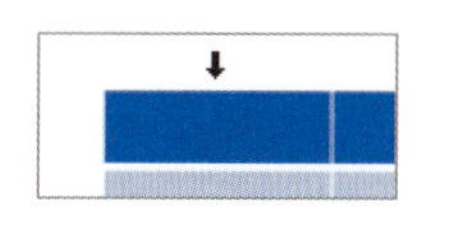

レッスン44-2 表に文字を入力する

練習用ファイル 44-2-家事代行.pptx

操作 表内に文字を入力する

表内の1つ1つの入力欄を「セル」と呼び、セルに文字を入力して表を完成させます。
セルに文字を入力したら、Tabキーを押すと右のセルにカーソルが移動します。行末のセルでTabキーを押すと、下の行の先頭セルにカーソルが移動します。表の最終行の行末のセルでTabキーを押すと、下に行が追加され、先頭セルにカーソルが移動します。なお、Shiftキーを押しながらTabキーを押すとカーソルが逆方向に移動します。

Memo 列幅より文字数が多い場合

列幅より入力した文字数が多い場合は、自動的に行高が増え、文字が折り返されて入力されます。列幅や行高の変更方法はレッスン46-1を参照してください。

Memo セル内でEnterキーを押した場合

セル内でEnterキーを押すと、改行され、行高が増えます。間違えてEnterキーを押した場合は、直後にBack spaceキーを押すと行高が元に戻ります。

時短ワザ 矢印キーで移動する

表内で↑、↓、←、→キーを押してもセル移動ができます。

1 1行目の1列目のセルをクリックしてカーソルを移動し、

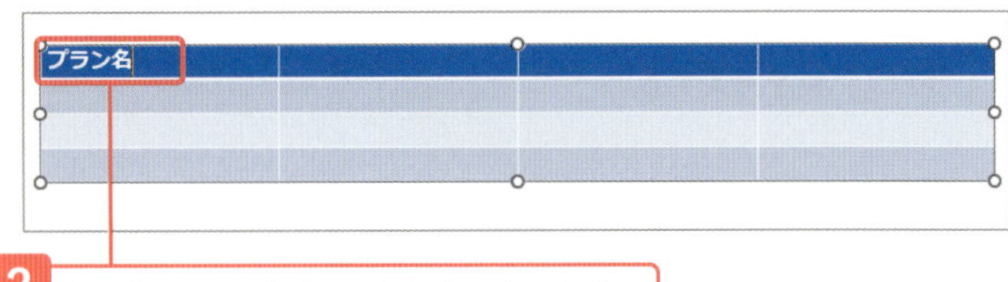

2 文字（ここでは「プラン名」）を入力します。

3 Tabキーを押して右隣りのセルにカーソルを移動し、

4 文字（ここでは「サービス料金」）を入力します。

5 同様にして、画面を参考に3列目、4列目も入力し、

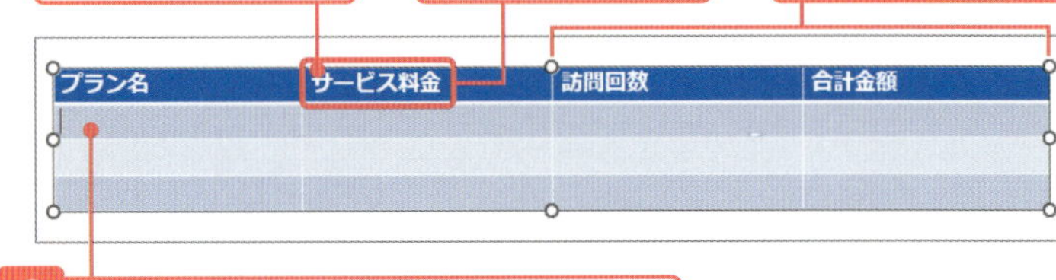

6 Tabキーを押すと2行目の1列目のセルにカーソルが移動します。

7 同様にして表内にデータを入力します。

プラン名	サービス料金	訪問回数	合計金額
定期プラン	3,800円×2時間＋消費税	月4回	33,440円
プレミアムプラン	4,600円×3時間＋消費税	月4回	60,720円
カスタムプラン	5,000円×3時間＋消費税	1回	16,500円

レッスン 44-3 表のスタイルを変更する

練習用ファイル 44-3-家事代行.pptx

操作 表のスタイルを変更する

表には、罫線や色などを組み合わせた表のスタイルが用意されています。スタイルの一覧の中から、目的のスタイルをクリックするだけで表全体のデザインを変更することができます。

Memo 表のスタイル名を確認するには

表のスタイルの一覧で、任意のスタイルにマウスポインターを合わせると、スタイル名がポップヒントで表示されます。スタイル設定の際の目安にしてください。

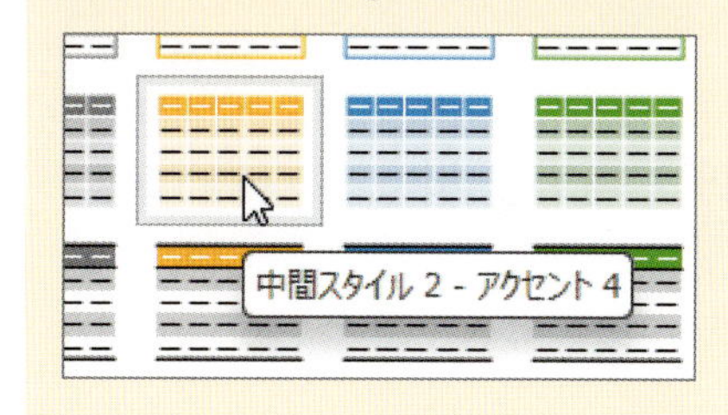

1 表内をクリックし、

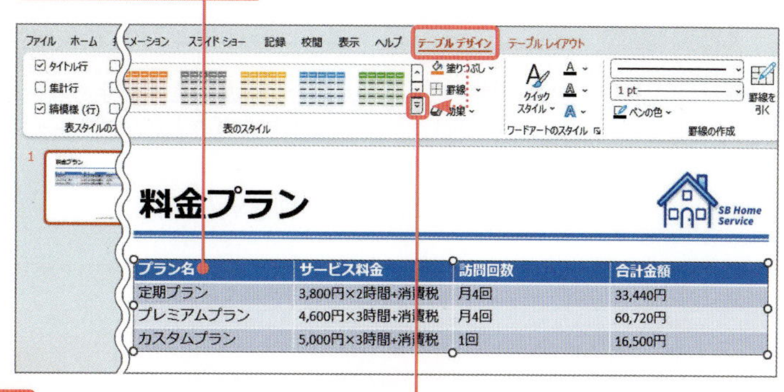

2 コンテキストタブの［テーブルデザイン］タブ→［表のスタイル］グループにある▽をクリックします。

3 スタイルの一覧の中から任意のスタイル（ここでは［中間スタイル2 アクセント4］）をクリックします。

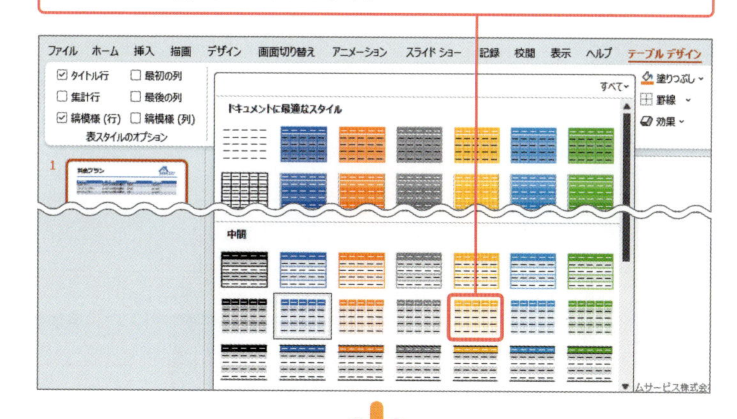

4 スタイルが変更されました。

プラン名	サービス料金	訪問回数	合計金額
定期プラン	3,800円×2時間+消費税	月4回	33,440円
プレミアムプラン	4,600円×3時間+消費税	月4回	60,720円
カスタムプラン	5,000円×3時間+消費税	1回	16,500円

上級テクニック 罫線だけの表にしたい場合

手順3でメニューの一番下にある［表のクリア］をクリックすると、表に設定されている色などの書式が解除され、黒の格子状の罫線のみの表になります。画面で見るのではなく、印刷で見せたい場合に文字が読みやすくなる効果があります。

プラン名	サービス料金	訪問回数	合計金額
定期プラン	3,800円×2時間+消費税	月4回	33,440円
プレミアムプラン	4,600円×3時間+消費税	月4回	60,720円
カスタムプラン	5,000円×3時間+消費税	1回	16,500円

［表のクリア］を選択すると、表全体が罫線で囲まれたシンプルな形になる

Section

45 表の行や列を追加／削除する

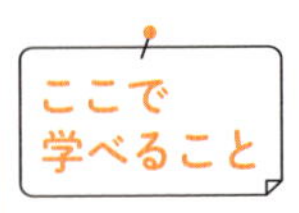

表の行や列が不足した場合に追加したり、余分な行や列を削除したりと、表の行数や列数を変更したい場合は、コンテキストタブの［テーブルレイアウト］タブのメニューを使います。

レッスン

▶ 45-1　行や列を挿入／削除する

まずは パッと見るだけ！

行や列の追加／削除

表内にカーソルを移動し、そのカーソルの位置を基準に上下に行を追加したり、左右に列を追加したりできます。表のスタイルが設定されている場合は、行や列の色は自動で調整されます。

▼行の追加

ここに行を追加したい

プラン名	サービス料金	訪問回数	合計金額
定期プラン	3,800円×2時間+消費税	月4回	33,440円
プレミアムプラン	4,600円×3時間+消費税	月4回	60,720円
カスタムプラン	5,000円×3時間+消費税	1回	16,500円

After
操作後

プラン名	サービス料金	訪問回数	合計金額
定期プラン	3,800円×2時間+消費税	月4回	33,440円
プレミアムプラン	4,600円×3時間+消費税	月4回	60,720円
カスタムプラン	5,000円×3時間+消費税	1回	16,500円

行が追加された

▼行の削除

Before
操作前

この行を削除したい

プラン名	サービス料金	訪問回数	合計金額
定期プラン	3,800円×2時間+消費税	月4回	33,440円
プレミアムプラン	4,600円×3時間+消費税	月4回	60,720円
カスタムプラン	5,000円×3時間+消費税	1回	16,500円

After
操作後

プラン名	サービス料金	訪問回数	合計金額
定期プラン	3,800円×2時間+消費税	月4回	33,440円
プレミアムプラン	4,600円×3時間+消費税	月4回	60,720円
カスタムプラン	5,000円×3時間+消費税	1回	16,500円

行が削除された

レッスン 45-1 行や列を挿入／削除する

練習用ファイル 45-家事代行.pptx

操作 行や列の挿入／削除する

表内に行や列を挿入するには、挿入したい行や列内のセルをクリックしてカーソルを表示し、コンテキストタブの［テーブルレイアウト］タブの［行と列］グループにあるボタンで挿入します。
また、行や列を削除するには、コンテキストタブの［テーブルレイアウト］タブの［削除］をクリックし、［列の削除］または［行の削除］でカーソルのある列または行が削除されます。

Point カーソルのある行または列が基準となる

行や列を表に挿入する場合、カーソルのある上下に行を挿入、左右に列を挿入します。行と列の挿入位置は、［テーブルレイアウト］タブの［行と列］グループにあるボタンで指定します。

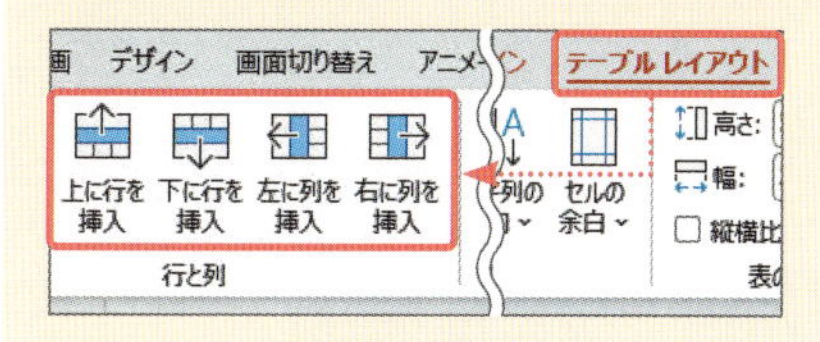

Memo 表全体を削除するには

「行の削除」の手順 2 で［表の削除］をクリックすると表全体が削除されます。

時短ワザ Back space キーで削除する

削除したい行または列を選択し、Back space キーを押します。Back space キーを使って削除する場合は、行単位、列単位で選択する必要があることに注意してください。

行を挿入する

ここでは表の3行目に行を挿入します。

1 表内のセル（ここでは3行目のセル）をクリックしてカーソルを表示します。

2 コンテキストタブの［テーブルレイアウト］タブの［上に行を挿入］をクリックすると、

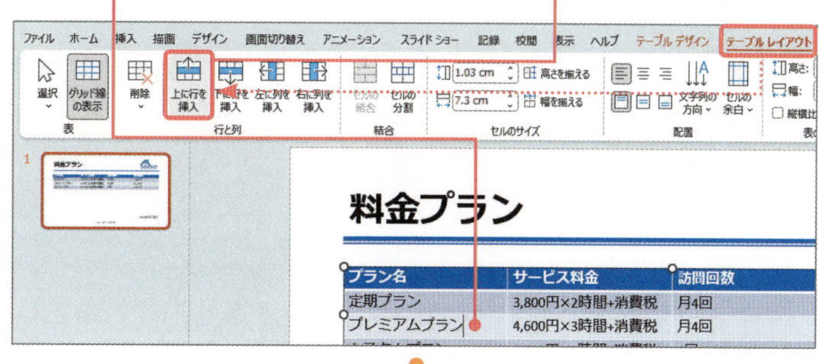

3 カーソルのある行の上に行が挿入されました。

プラン名	サービス料金	訪問回数	合計金額
定期プラン	3,800円×2時間+消費税	月4回	33,440円
プレミアムプラン	4,600円×3時間+消費税	月4回	60,720円
カスタムプラン	5,000円×3時間+消費税	1回	16,500円

行を削除する

ここでは表の3行目の行を削除します。

1 表内のセル（ここでは3行目のセル）をクリックします。

2 コンテキストタブの［テーブルレイアウト］タブ→［削除］→［行の削除］をクリックすると、

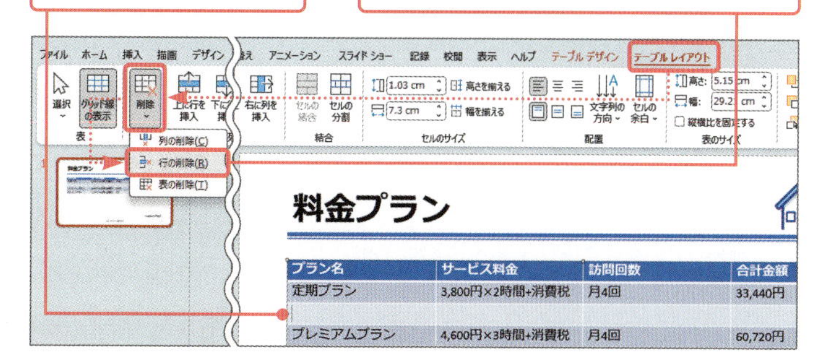

3 カーソルのある行が削除されました。

プラン名	サービス料金	訪問回数	合計金額
定期プラン	3,800円×2時間+消費税	月4回	33,440円
プレミアムプラン	4,600円×3時間+消費税	月4回	60,720円
カスタムプラン	5,000円×3時間+消費税	1回	16,500円

Section
46 表の列の幅と行の高さを調整する

ここで学べること

表の列幅より多くの文字を入力すると、文字が自動的に折り返され行が増えますが、任意の高さに調整することも可能です。ここでは、列幅と行の高さを調整する方法を確認しましょう。

レッスン ▶46-1 列幅と行高を変更する

まずはパッと見るだけ！

列幅と行高の変更

セル内の文字数に合わせて列幅を広げたり、行高を広げてゆとりを持たせたりして、表の見た目を整えることができます。

Before 操作前

プラン名	サービス料金	訪問回数	合計金額
定期プラン	3,800円×2時間+消費税	月4回	33,440円
プレミアムプラン	4,600円×3時間+消費税	月4回	60,720円
カスタムプラン	5,000円×3時間+消費税	1回	16,500円

文字が窮屈に見える

Before 操作前

プラン名	サービス料金	訪問回数	合計金額
定期プラン	3,800円×2時間+消費税	月4回	33,440円
プレミアムプラン	4,600円×3時間+消費税	月4回	60,720円
カスタムプラン	5,000円×3時間+消費税	1回	16,500円

列幅と行の高さを広げて整えた

レッスン46-1 列幅と行高を変更する

練習用ファイル 46-家事代行.pptx

操作 列幅と行高を変更する

列幅を変更するには、変更したい列の右境界線にマウスポインターを合わせ、⫩の形になったらドラッグします。また、行高を変更するには、変更したい行の下境界線にマウスポインターを合わせ、⫩の形になったらドラッグします。

Point 文字長に合わせて列幅を自動調整する

手順2でダブルクリックすると、文字の長さに合わせて列幅が自動で調整されます。

Memo 列幅や行高を同じに揃える

高さを揃えたい連続する複数の行を選択し、コンテキストタブの[テーブルレイアウト]タブの[高さを揃える]をクリックします❶。同様に幅を揃えたい連続する複数の列を選択し、[幅を揃える]を選択します❷。

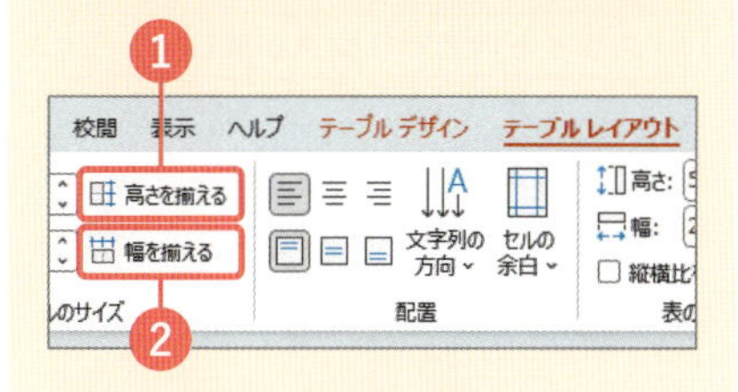

上級テクニック 行高や列幅を数値で正確にサイズ変更する

行高を変更したい行または列幅を変更したい列を選択し、コンテキストタブの[テーブルレイアウト]タブで、[セルのサイズ]グループの[高さ]で行高、[幅]で列幅を数値で指定できます。

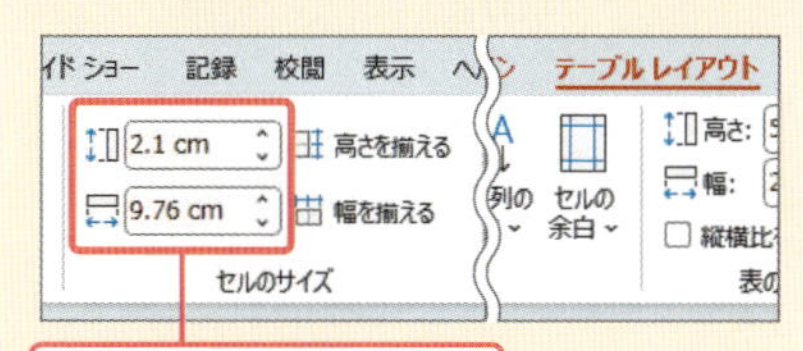

行、列単位で数値を指定

列幅を変更する

ここでは表の2列目の列幅を変更します。

1 表内でクリックして表内にカーソルを表示します。

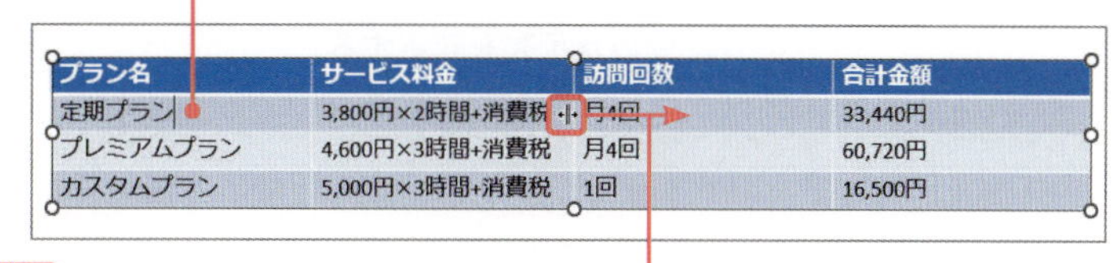

プラン名	サービス料金	訪問回数	合計金額
定期プラン	3,800円×2時間+消費税	月4回	33,440円
プレミアムプラン	4,600円×3時間+消費税	月4回	60,720円
カスタムプラン	5,000円×3時間+消費税	1回	16,500円

2 変更したい列の右側の境界線にマウスポインターを合わせ、⫩の形になったら右にドラッグします。

3 列幅が変更されました。

プラン名	サービス料金	訪問回数	合計金額
定期プラン	3,800円×2時間+消費税	月4回	33,440円
プレミアムプラン	4,600円×3時間+消費税	月4回	60,720円
カスタムプラン	5,000円×3時間+消費税	1回	16,500円

行高を変更する

ここでは表の1行目の行高を変更します。

1 表内でクリックしてカーソルを表示しておきます。

プラン名	サービス料金	訪問回数	合計金額
定期プラン	3,800円×2時間+消費税	月4回	33,440円
プレミアムプラン	4,600円×3時間+消費税	月4回	60,720円
カスタムプラン	5,000円×3時間+消費税	1回	16,500円

2 変更したい行の下側の境界線にマウスポインターを合わせ、⫩の形になったら下にドラッグします。

3 行の高さが変更されました。

プラン名	サービス料金	訪問回数	合計金額
定期プラン	3,800円×2時間+消費税	月4回	33,440円
プレミアムプラン	4,600円×3時間+消費税	月4回	60,720円
カスタムプラン	5,000円×3時間+消費税	1回	16,500円

Section 47

表の位置やサイズ、文字の配置を調整する

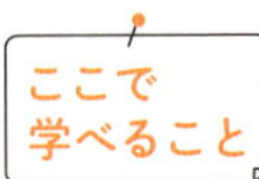

表がスライドの上の方に偏って配置されていたり、表の大きさがスライドに対して小さすぎたりした場合に、表の位置やサイズを調整して、スライドをバランスよく見せる方法を説明します。

- 47-1 表のサイズを変更する
- 47-2 表の位置を変更する
- 47-3 文字の配置を変更する

まずは パッと見るだけ！

表のサイズと位置／文字の配置

表全体のサイズを変更し、表の位置を整えることで、表とスライドの余白のバランスを整えることができます。また、表内の文字の配置を整えることで表の完成度を上げます。

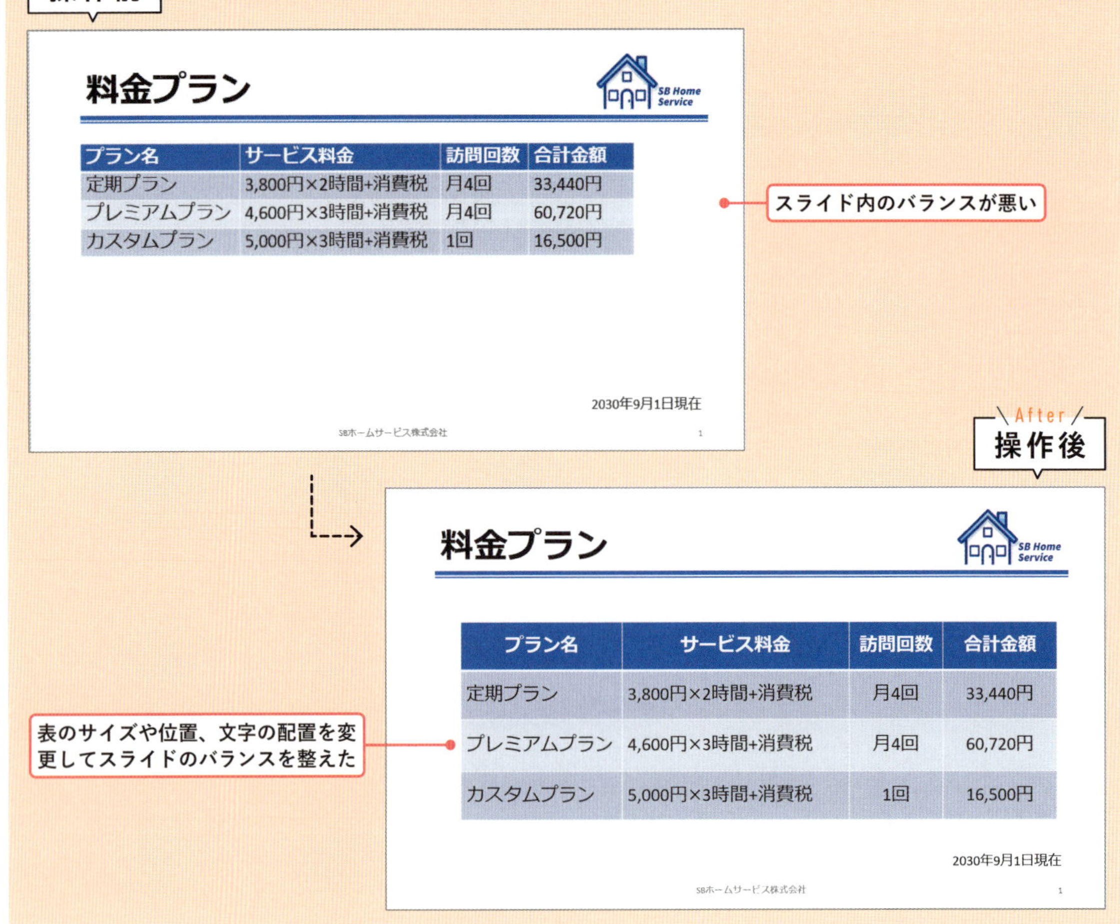

レッスン 47-1 表のサイズを変更する

練習用ファイル 47-1-家事代行.pptx

操作 表全体のサイズを変更する

行単位、列単位ではなく、表を全体的に大きくしたり小さくしたりするには、表が選択されている状態で表示される白いハンドル（○）をドラッグします。

Memo 文字が2行になってしまった場合

表全体をドラッグして変更すると、列幅や行高が自動で調整されます。文字数が列幅より大きい場合は、2行に分かれて表示されてしまいます。1行にするには、表の右中央にあるハンドルをドラッグして表の横幅を広げるか、レッスン46-1を参照して、1行で表示されるように列幅を調整します。

Memo 表の文字サイズを大きくする

表内の文字を全体的に大きくしたい場合は、表の外枠をクリックして選択し、[ホーム] タブの [フォントサイズの拡大] を数回クリックして調整します。数値で指定したい場合は、[フォントサイズ] で数値を指定してください。全体的に変更したい場合は、表内にカーソルが表示されていない状態で操作する必要があります。

1 表内をクリックして選択し、

プラン名	サービス料金	訪問回数	合計金額
定期プラン	3,800円×2時間+消費税	月4回	33,440円
プレミアムプラン	4,600円×3時間+消費税	月4回	60,720円
カスタムプラン	5,000円×3時間+消費税	1回	16,500円

2 周囲に表示された白いハンドルで、右下角のハンドルにマウスポインターを合わせの形になったら、ドラッグします（ここでは、斜め右下にドラッグ）

3 表全体のサイズが調整されました。

プラン名	サービス料金	訪問回数	合計金額
定期プラン	3,800円×2時間+消費税	月4回	33,440円
プレミアムプラン	4,600円×3時間+消費税	月4回	60,720円
カスタムプラン	5,000円×3時間+消費税	1回	16,500円

上級テクニック 表のサイズを数値で指定する

[テーブルレイアウト] タブの [表のサイズ] グループにある [高さ] で表全体の高さ、[幅] で表全体の幅を数値で指定できます。[縦横比を固定する] にチェックを付けると、表の縦横比を固定します。例えば、[高さ] を変更すると、縦横比が変わらないように [幅] も自動で変更されます。

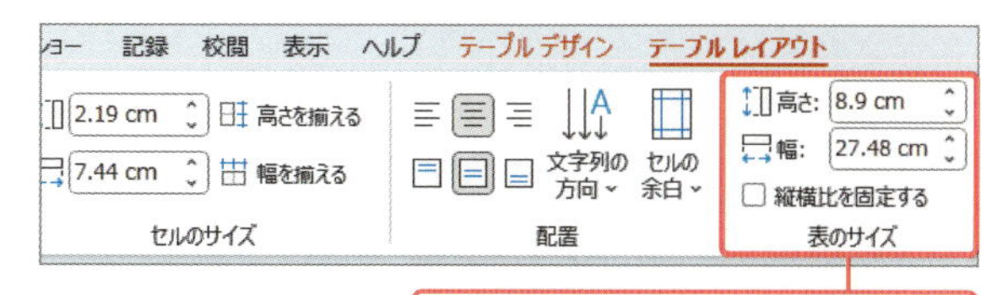

表全体の縦、横サイズを数値で指定

レッスン47-2 表の位置を変更する

練習用ファイル 47-2-家事代行.pptx

操作 表を移動する

表全体を移動する場合は、表の中でクリックし、周囲に白いハンドルが表示されたら、表の外周の境界線にマウスポインターを合わせ、の形になったらドラッグします。

Point スマートガイドを目印にする

表のドラッグ中に、プレースホルダーの中央や上下の余白が同じ位置などで赤い点線のラインが自動で表示されます。これをスマートガイドといいます。スマートガイドを目印にして配置する位置を調整するとよいでしょう。

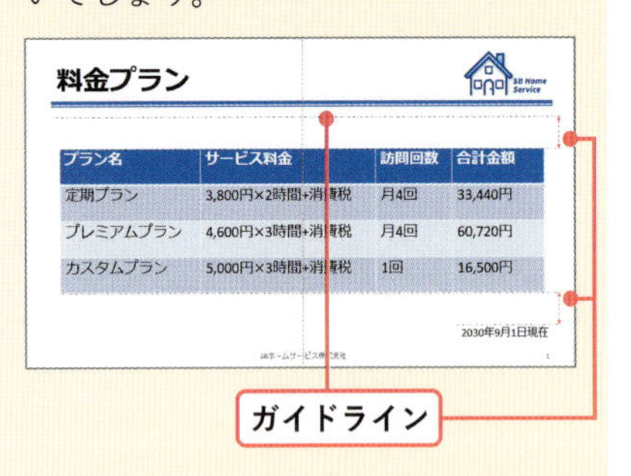

プラン名	サービス料金	訪問回数	合計金額
定期プラン	3,800円×2時間+消費税	月4回	33,440円
プレミアムプラン	4,600円×3時間+消費税	月4回	60,720円
カスタムプラン	5,000円×3時間+消費税	1回	16,500円

ガイドライン

Memo メニューを使ってスライドの中央に配置する

表を選択し、コンテキストタブの[テーブルレイアウト]タブで[配置](オブジェクトの配置)をクリックし、表示されるメニューで[左右中央揃え]をクリックするとスライドの左右中央、[上下中央揃え]をクリックするとスライドの上下中央に配置できます。

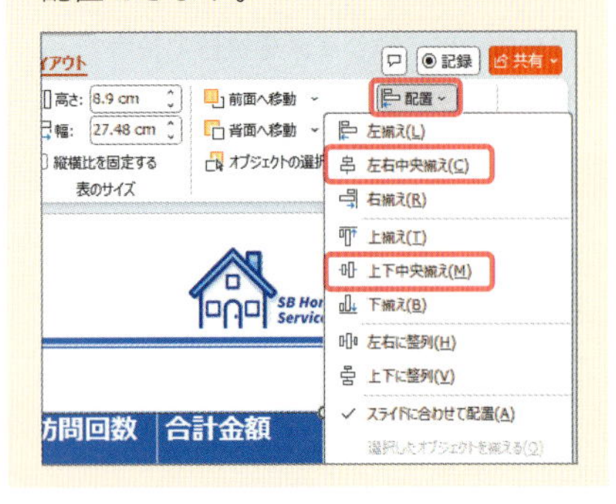

1 表内をクリックして選択し、

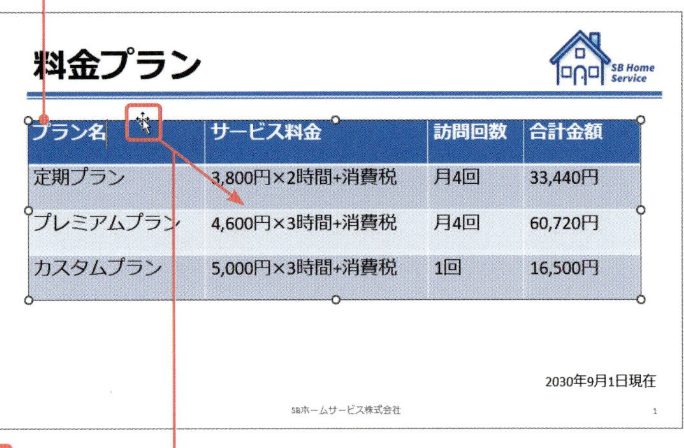

プラン名	サービス料金	訪問回数	合計金額
定期プラン	3,800円×2時間+消費税	月4回	33,440円
プレミアムプラン	4,600円×3時間+消費税	月4回	60,720円
カスタムプラン	5,000円×3時間+消費税	1回	16,500円

2 表の周囲の境界線にマウスポインターを合わせ、の形になったらドラッグします

3 表全体が移動しました。

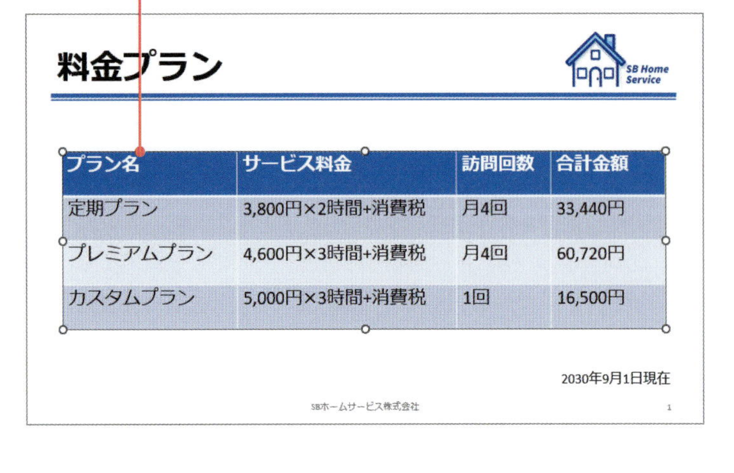

プラン名	サービス料金	訪問回数	合計金額
定期プラン	3,800円×2時間+消費税	月4回	33,440円
プレミアムプラン	4,600円×3時間+消費税	月4回	60,720円
カスタムプラン	5,000円×3時間+消費税	1回	16,500円

レッスン 47-3 文字の配置を変更する

練習用ファイル 47-3-家事代行.pptx

Point 文字の配置を変更する

表内に入力された文字は、既定では左揃え、上揃えで配置されます。
文字の配置を整えて、表の見栄えを整えます。

上下中央に揃える

ここでは表全体でセル内の文字を上下で中央に揃えます。

1 表の中でクリックします。

2 表の外枠にマウスポインターを合わせ、⊕の形になったらクリックして表を選択します。

プラン名	サービス料金	訪問回数	合計金額
定期プラン	3,800円×2時間+消費税	月4回	33,440円
プレミアムプラン	4,600円×3時間+消費税	月4回	60,720円
カスタムプラン	5,000円×3時間+消費税	1回	16,500円

3 コンテキストタブの［テーブルレイアウト］タブ→［上下中央揃え］をクリックすると、

4 表内のすべての文字が上下で中央に揃います。

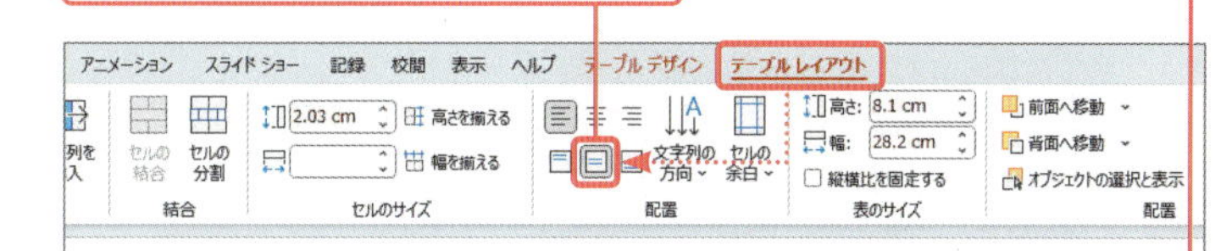

料金プラン

SB Home Service

プラン名	サービス料金	訪問回数	合計金額
定期プラン	3,800円×2時間+消費税	月4回	33,440円
プレミアムプラン	4,600円×3時間+消費税	月4回	60,720円
カスタムプラン	5,000円×3時間+消費税	1回	16,500円

Memo 上揃えと上下中央揃え

セルの上下で配置される文字の場所が変わります。

- 上揃え

プラン名

- 上下中央揃え

プラン名

左右中央に揃える

ここでは表の1行目を左右中央に揃えます。

1 表の1行目の左余白にマウスポインターを合わせ、➡の形になったらクリックし、行選択します。

プラン名	サービス料金	訪問回数	合計金額
定期プラン	3,800円×2時間+消費税	月4回	33,440円
プレミアムプラン	4,600円×3時間+消費税	月4回	60,720円
カスタムプラン	5,000円×3時間+消費税	1回	16,500円

Memo 列を選択する

選択したい列の上余白にマウスポインターを合わせ、⬇の形になったらクリックします。複数列を選択する場合は、横にドラッグします。または、セル内にマウスポインターを合わせ、ドラッグしても選択することができます。

訪問回数	合計金額
月4回	33,440円

Memo 左揃えと中央揃え

セルの左右で配置される文字の場所が変わります。

● 左揃え

プラン名

● 中央揃え

プラン名

2 コンテキストタブの［テーブルレイアウト］タブ→［中央揃え］をクリックすると、

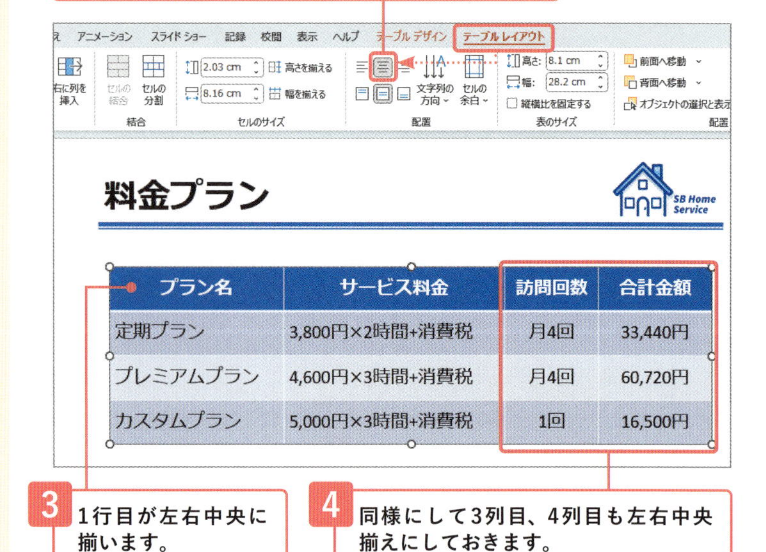

プラン名	サービス料金	訪問回数	合計金額
定期プラン	3,800円×2時間+消費税	月4回	33,440円
プレミアムプラン	4,600円×3時間+消費税	月4回	60,720円
カスタムプラン	5,000円×3時間+消費税	1回	16,500円

3 1行目が左右中央に揃います。

4 同様にして3列目、4列目も左右中央揃えにしておきます。

コラム 縦書きにするには

セル内の文字を縦書きにするには、縦書きに変更したいセルを選択し❶、コンテキストタブの［テーブルレイアウト］タブで［文字列の方向］をクリックし❷、［縦書き］をクリックします❸。選択したセル内の文字が縦書きになります❹。

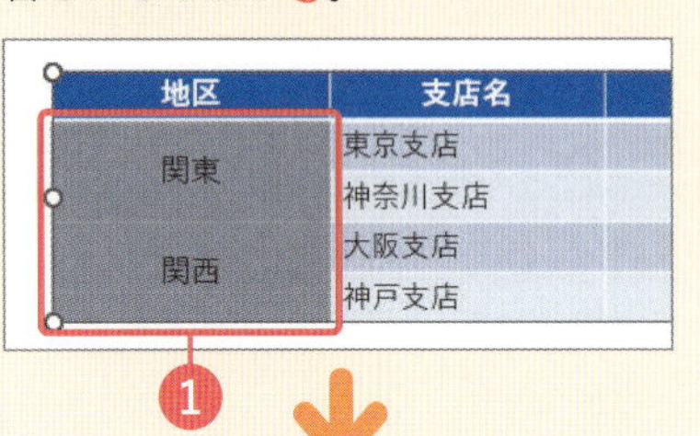

地区	支店名
関東	東京支店
	神奈川支店
関西	大阪支店
	神戸支店

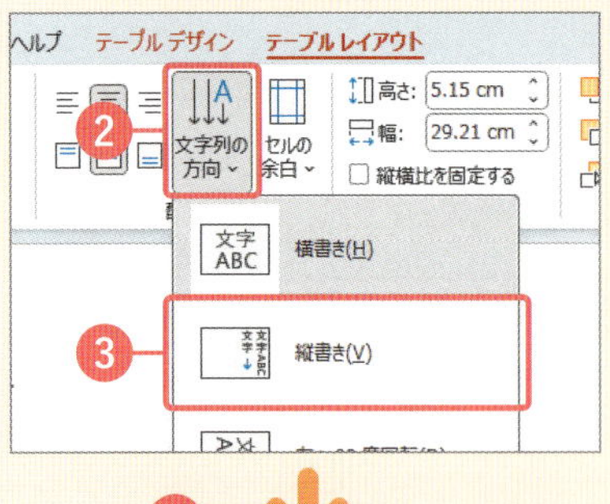

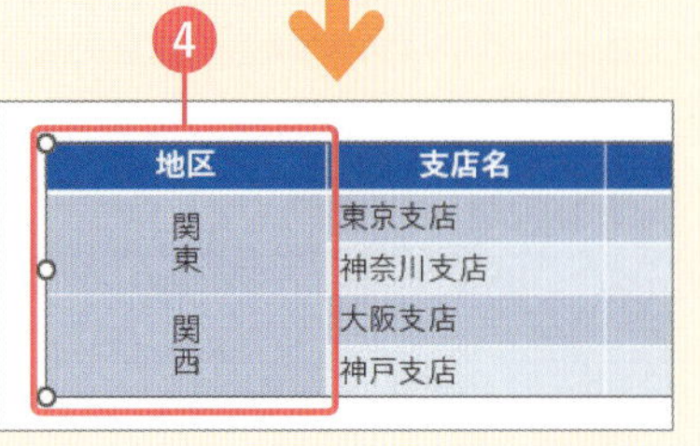

地区	支店名
関東	東京支店
	神奈川支店
関西	大阪支店
	神戸支店

コラム セル内で均等に配置するには

セル内の文字をセル幅に均等に配置したい場合は、変更したいセルを選択し、［ホーム］タブ→［両端揃え］をクリックします❶。セル幅いっぱいに文字列が広がります❷。［両端揃え］をクリックするごとに設定と解除が切り替わります。

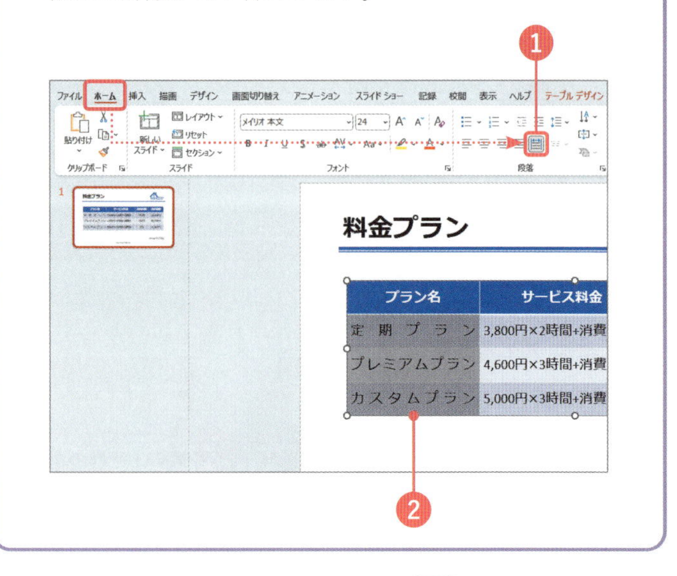

プラン名	サービス料金
定　期　プ　ラ　ン	3,800円×2時間+消費
プレミアムプラン	4,600円×3時間+消費
カ ス タ ム プ ラ ン	5,000円×3時間+消費

48 Excelの表を挿入する

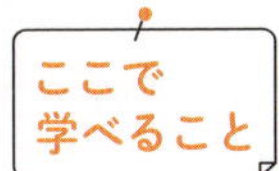

PowerPointでは、表の数値を使って計算することができません。計算結果を表示するには、Excelの表をスライドに貼り付けると簡単です。貼り付けた表は、PowerPointの表として編集することができます。また、Excelとリンクして貼り付けると、Excelのデータが反映されます。

レッスン
- 48-1 Excelの表をスライドに貼り付ける
- 48-2 Excelの表とリンクしてスライドに貼り付ける

まずは パッと見るだけ！

Excelの表の貼り付け

Excelで作成した表をPowerPointに貼り付ける方法には、大きく2つあります。通常の［コピー］、［貼り付け］で貼り付ける方法と、［リンク貼り付け］という方法です。

Before 操作前

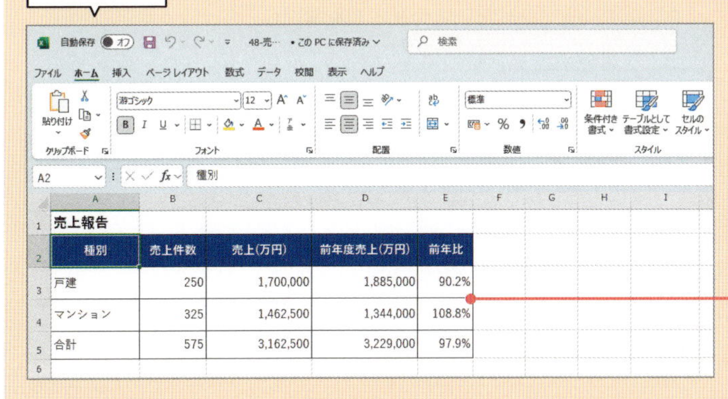

売上報告				
種別	売上件数	売上(万円)	前年度売上(万円)	前年比
戸建	250	1,700,000	1,885,000	90.2%
マンション	325	1,462,500	1,344,000	108.8%
合計	575	3,162,500	3,229,000	97.9%

Excelで作成された表

After 操作後

▼貼り付け

売上実績

種別	売上件数	売上(万円)	前年度売上(万円)	前年比
戸建	250	1,700,000	1,885,000	90.2%
マンション	325	1,462,500	1,344,000	108.8%
合計	575	3,162,500	3,229,000	97.9%

元のExcelの表と関係なく、PowerPointで編集ができる状態で貼り付けられる

▼リンク貼り付け

売上実績

種別	売上件数	売上(万円)	前年度売上(万円)	前年比
戸建	250	1,700,000	1,885,000	90.2%
マンション	325	1,462,500	1,344,000	108.8%
合計	575	3,162,500	3,229,000	97.9%

元のExcelの表とリンクした状態で貼り付けられるため、Excel側での変更がスライドに反映される

レッスン 48-1 Excelの表をスライドに貼り付ける

練習用ファイル 48-1-売上報告.pptx
48-売上.xlsx

Point Excelの表を貼り付ける

Excelの表をコピーし、PowerPointのスライドに貼り付けると、PowerPointの表として貼り付けられます。そのため、これまで説明した手順で、データ入力、書式変更、編集することができます。

コラム 文字だけ色がついている

Excelの表をスライドに貼り付けると、Excelでセルに塗りつぶしの色が設定されていたセルの文字のみ色が設定されていることがあります。これを解除するには、[ホーム] タブの [蛍光ペンの色] で [なし] を選択します。

Memo 文字と罫線の間隔を広げる

罫線と文字がくっついていて、文字が見づらい場合、表の外枠をクリックし、[テーブルレイアウト] タブの [セルの余白] をクリックし、[標準] をクリックして調整できます。

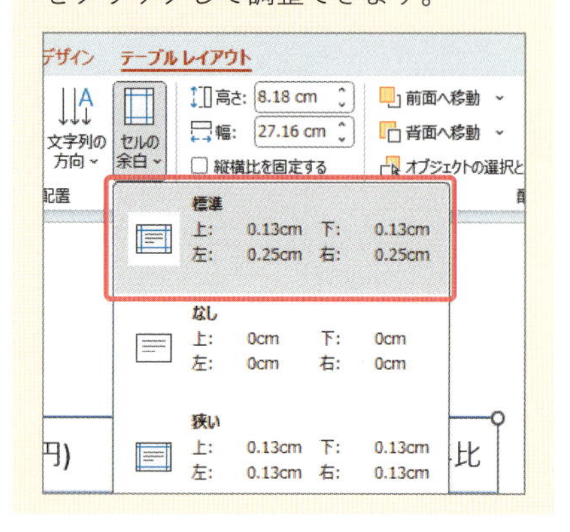

Excelの表を貼り付ける

1 Excelのブックを開き、表をドラッグして選択します。

2 [ホーム] タブ→ [コピー] をクリックします。

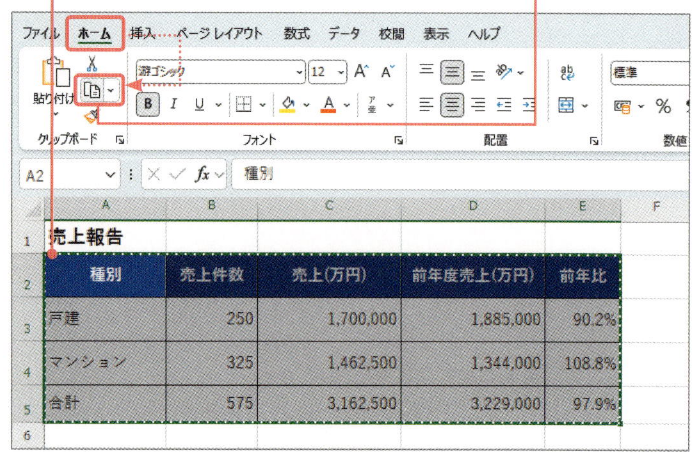

3 PowerPointで貼り付けるスライドを選択し、

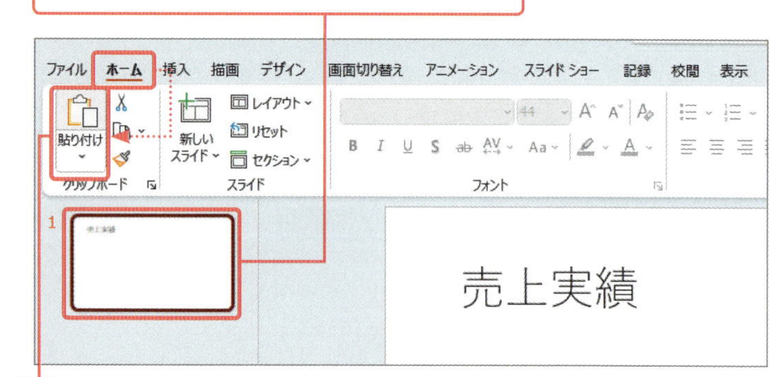

4 [ホーム] タブ→ [貼り付け] をクリックすると、

5 スライドの中央にPowerPointの表に変換されて貼り付けられます。

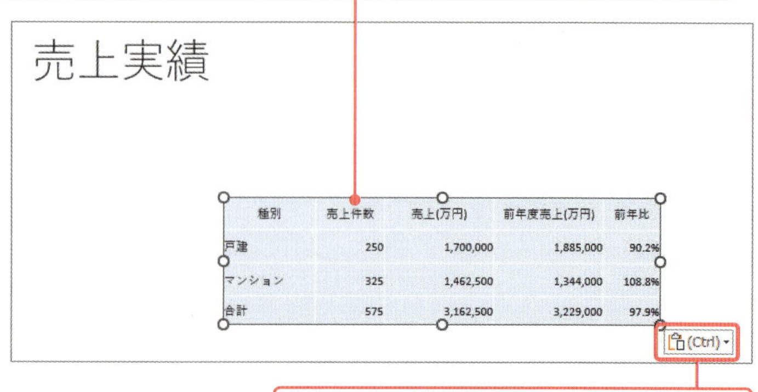

[貼り付けのオプション] (p.175のコラム参照)

Memo セルに色を付ける

セル単位で色を変更したい場合、色を付けたいセルを選択し❶、[テーブルデザイン] タブ→ [塗りつぶし] の ⌄ をクリックして一覧から色を選択します❷。

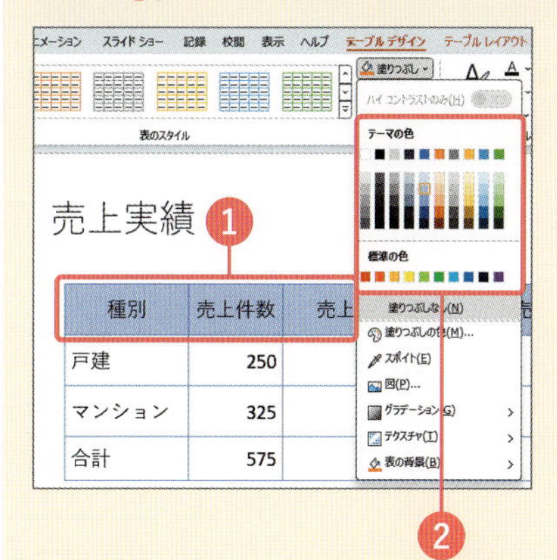

1 Section47を参照して表のサイズや位置を調整します。

2 レッスン47-1Memoを参照して文字サイズを調整し、レッスン46-1を参照して列幅を調整します。

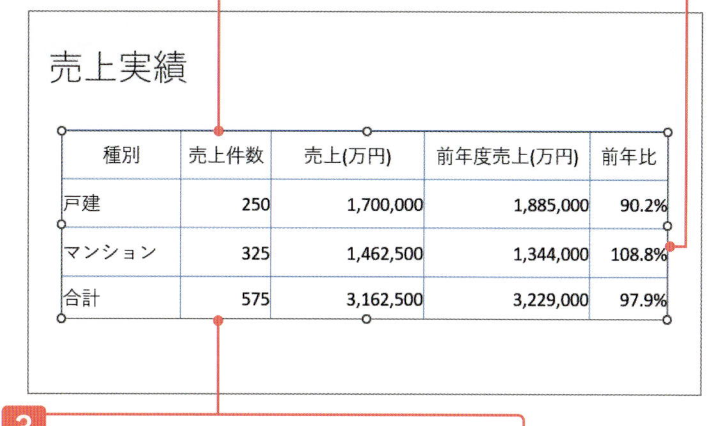

種別	売上件数	売上(万円)	前年度売上(万円)	前年比
戸建	250	1,700,000	1,885,000	90.2%
マンション	325	1,462,500	1,344,000	108.8%
合計	575	3,162,500	3,229,000	97.9%

3 レッスン44-3を参照して、表のスタイル (ここでは [淡色スタイル3-アクセント1]) を設定します。

レッスン 48-2 Excelの表とリンクしてスライドに貼り付ける

練習用ファイル 48-2-売上報告.pptx
48-売上.xlsx

Point Excelの表のリンクを貼り付ける

Excelの表をリンク貼り付けすると、元のExcelのファイルとリンクした状態になります。そのため、Excelの表に変更があると、PowerPointに貼り付けた表にも変更が反映されます。データを頻繁に変更する場合は、スライドの修正の手間が省けるので便利です。
ただし、この場合、PowerPointで表のサイズ変更や移動はできますが、セルの色を変えるなど書式の変更やデータの修正は、リンク元のExcelのブックで行います。スライド上の表をダブルクリックすると、Excelのブックが自動的に開き、Excelで表を編集することができます。

Excelの表をリンク貼り付けする

レッスン48-1の手順でExcelの表をコピーしておきます。

1 PowerPointで貼り付けるスライドを選択し、

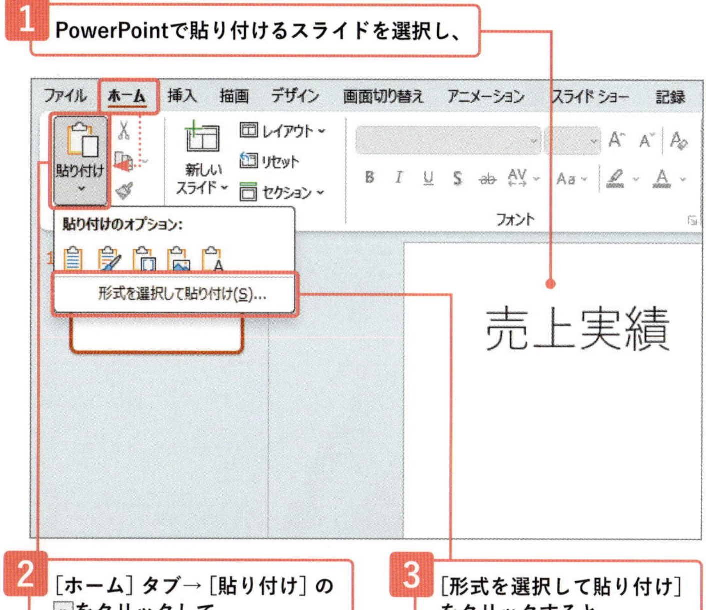

2 [ホーム] タブ→ [貼り付け] の ⌄ をクリックして、

3 [形式を選択して貼り付け] をクリックすると、

4 ［形式を選択して貼り付け］ダイアログが表示されます。

5 ［リンク貼り付け］をクリックし、

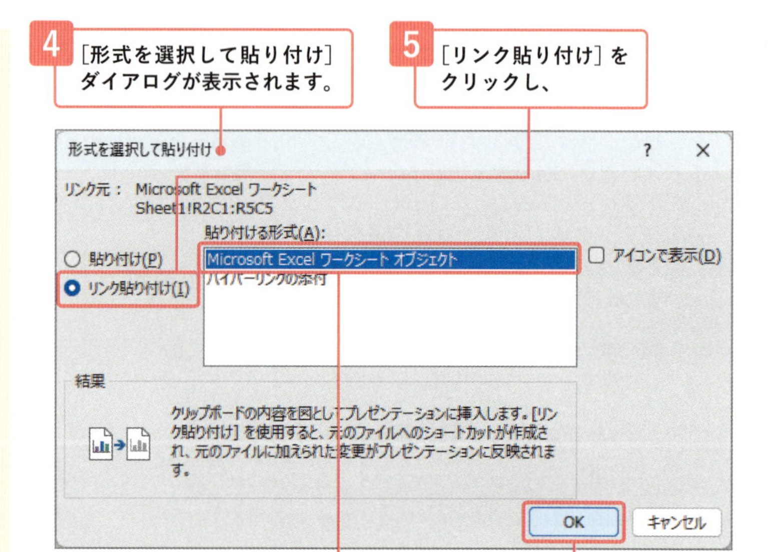

6 ［貼り付ける形式］で［Microsoft Excel ワークシートオブジェクト］を選択して

7 ［OK］をクリックします。

8 Excelの表がリンク貼り付けされたら、Section47を参照して表のサイズや配置を調整しておきます。

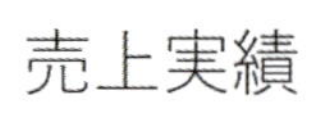

種別	売上件数	売上(万円)	前年度売上(万円)	前年比
戸建	250	1,700,000	1,885,000	90.2%
マンション	325	1,462,500	1,344,000	108.8%
合計	575	3,162,500	3,229,000	97.9%

リンクを開く

1 PowerPointの表内でダブルクリックすると、

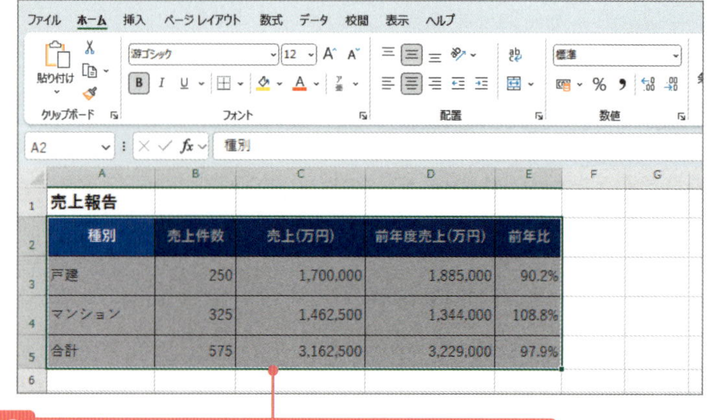

種別	売上件数	売上(万円)	前年度売上(万円)	前年比
戸建	250	1,700,000	1,885,000	90.2%
マンション	325	1,462,500	1,344,000	108.8%
合計	575	3,162,500	3,229,000	97.9%

2 リンク元のExcelのブックが開き、表を編集できます。

Point データの更新

リンク貼り付けをした表を含むプレゼンテーションをいったん閉じて再度開く場合、以下のようなメッセージが表示されます。［リンクを更新］をクリックすると、Excelからデータが更新されます。

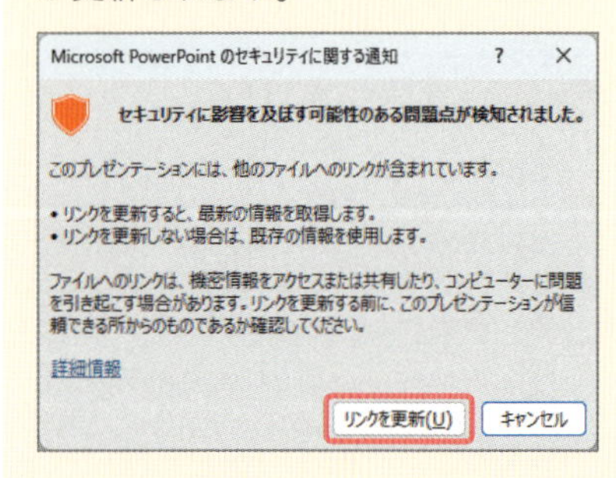

Memo ここで使用しているスライドのレイアウト

ここでは、スライドのレイアウトを［タイトルのみ］にしています。通常よく使用する［タイトルとコンテンツ］の場合、リンクした表の背後にコンテンツのアイコンが見えたり、箇条書きの仮の文字が見えたりして見づらいためです。

コラム　貼り付けのオプションの種類

表を貼り付けるときに、[ホーム] タブの [貼り付け] のをクリックして表示される [貼り付けのオプション] のメニューで貼り付けの形式を選択できます。それぞれの内容は以下の通りです。なお、表を貼り付けた直後に表の右下に表示される [貼り付けのオプション] をクリックしても同様に貼り付けの形式を変更できます。

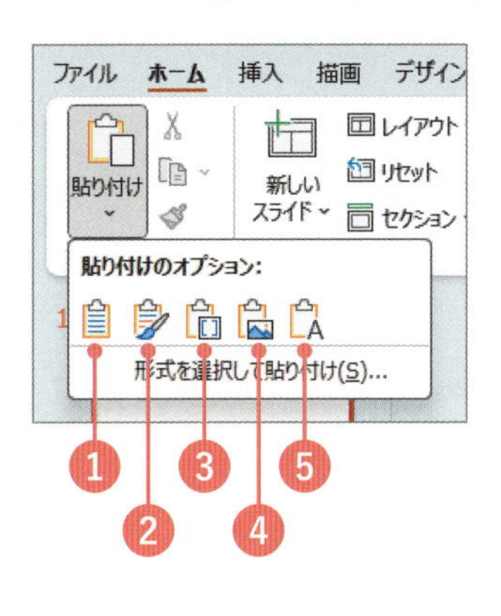

	ボタン名	内容
1	貼り付け先のスタイルを使用	貼り付け先のスライドの書式に合わせて表を貼り付ける
2	元の書式を保持	Excelで設定した書式を保持して表を貼り付ける
3	埋め込み	Excelのオブジェクトとして貼り付ける。表をダブルクリックすると、Excelのメニューが表示され、Excelの表として編集できる
4	図	表を図として貼り付ける。データの編集や書式の変更はできない
5	テキストのみ保持	表に入力されたテキストのみが貼り付けられる

コラム　セルを結合／分割するには

隣り合う複数のセルを1つのセルにまとめることを「セルの結合」といい、1つのセルを指定した行数、列数で複数のセルに分けることを「セルの分割」といいます。

● セルの結合

隣接する複数のセルを選択し❶、コンテキストタブの [テーブルレイアウト] タブ→ [セルの結合] をクリックすると❷、セルがまとめられ、1つになります❸。

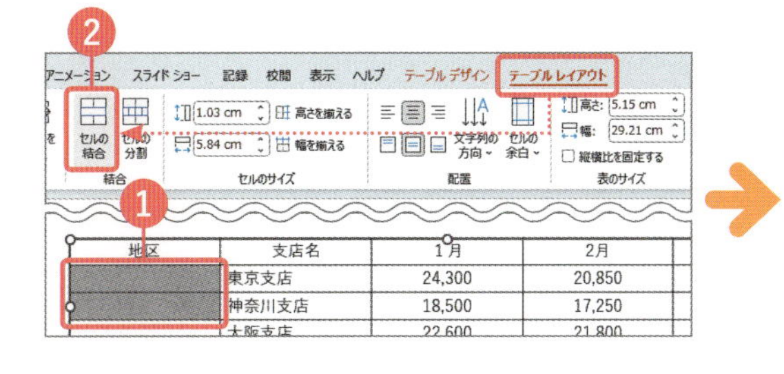

● セルの分割

ここでは、横に隣り合う2つのセルに対して2行に分割します。分割したいセルを選択し❶、コンテキストタブの [テーブルレイアウト] タブ→ [セルの分割] クリックすると❷、[セルの分割] ダイアログが表示されます❸。列数は「1」、行数は「2」に変更し❹、[OK] をクリックします❺。選択したそれぞれのセルが列数1、行数が2に分割されます❻。

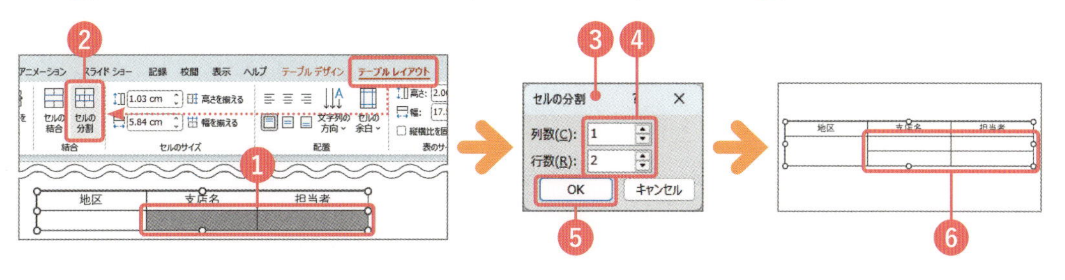

練習問題 表を作成する練習をしよう

練習用ファイル 演習6-旅行案内.pptx

完成図を参考に、以下のようにスライド番号3のスライドに表を作成してください。

1 3列6行の表を挿入し、[完成見本1] を参照して文字を入力する(レッスン44-1、44-2参照)。

2 表のスタイルを [淡色スタイル2　アクセント3] に変更する(レッスン44-3参照)。

▼完成見本1

日程	内容	備考
1日目	羽田発	パリ直行便
2日目	パリ着	夜:モン・サン・ミッシェルに移動し、宿泊
3日目	モン・サン・ミッシェル	午後:パリへ移動し、宿泊
4日目	パリ自由行動	オプション:ルーアン
5日目	パリ自由行動 パリ発	夜:羽田直行便

3 2列目([内容] 列)の右に列を挿入し、[完成見本2] を参照して文字を入力する(レッスン45-1参照)。

4 6行目([5日目] 行)の下に行を挿入し、[完成見本2] を参照して文字を入力する(レッスン45-1参照)。

5 [完成見本2] を参照して適宜列幅を変更し、表全体を高さ「10cm」、幅「27cm」に調整して、左右中央になるように配置する(レッスン46-1、レッスン47-1上級テクニック、47-2Memo参照)。

6 1行目と3列目の文字位置を上下、左右ともに中央揃え、2行目～7行目を上下中央に配置する(レッスン47-3参照)。

▼完成見本2

日程	内容	食事	備考
1日目	羽田発		パリ直行便
2日目	パリ着	昼、夜	夜:モン・サン・ミッシェルに移動し、宿泊
3日目	モン・サン・ミッシェル	朝	午後:パリへ移動し、宿泊
4日目	パリ自由行動	朝	オプション:ルーアン
5日目	パリ自由行動 パリ発	朝	夜:羽田直行便
6日目	羽田着		

第 7 章

見やすいグラフを作成する

グラフを使うと、データの推移や比較、構成などをわかりやすく示すことができます。PowerPointでは、棒グラフや円グラフなどさまざまなグラフを作成できます。適切なグラフを選択し、見やすく編集することで、より効果的な資料になります。

グラフでデータを可視化しましょう

Section

49 グラフを挿入する

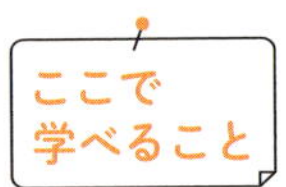

表の数値をグラフ化することで、データの大小や割合、傾向などを視覚化して、数値だけでは読み取れない情報を把握するのに役立ちます。ここでは、グラフの作成方法を確認しましょう。

▶ 49-1 棒グラフを作成する

まずは パッと見るだけ！

グラフの利用

棒グラフは、数値の大小を比較するのに適切なグラフです。例えば、各年の売上を比較するのに向いています。

Before
操作前

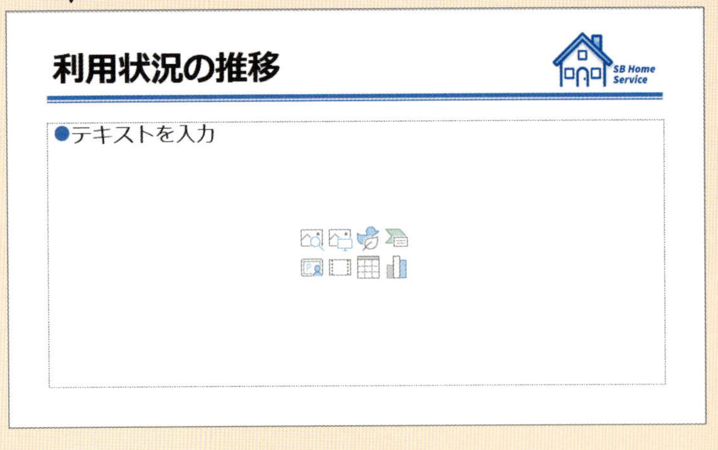

After
操作後

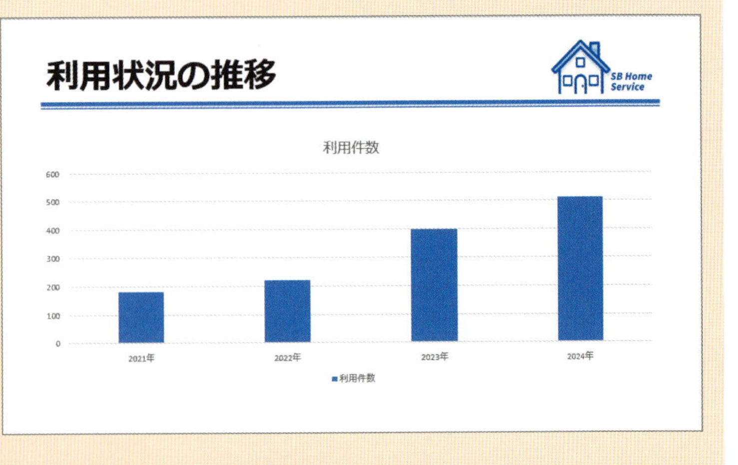

レッスン 49-1 棒グラフを作成する

練習用ファイル 49-家事代行.pptx

操作 棒グラフを作成する

スライドにグラフを挿入するには、スライドに表示される［グラフの挿入］を使うと便利です。［グラフの挿入］をクリックして、作成するグラフの種類を選択すると、ワークシートが表示されるので、グラフ化するデータを入力します。

Memo ［挿入］タブからグラフを作成する

［挿入］タブの［グラフ］をクリックしても同じ手順でグラフを挿入することができます。

Memo グラフデータのウィンドウのサイズを調整する

［Microsoft PowerPoint内のグラフ］ウィンドウが表示されたとき、作業しやすいようにウィンドウのサイズを調整するには、ウィンドウの境界線上にマウスポインターを合わせて⇕の形になったら、ドラッグしてウィンドウサイズを広げます。

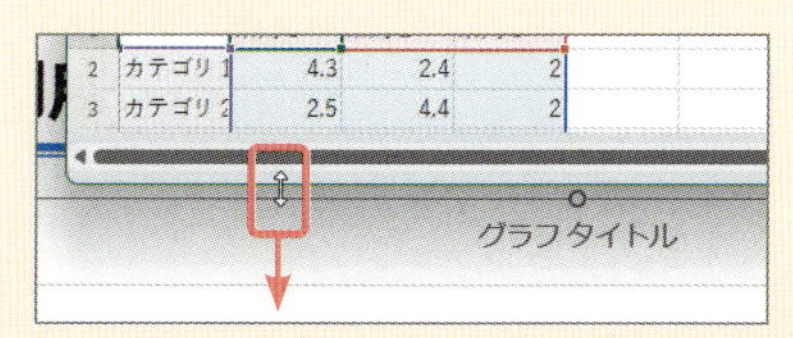

グラフの種類を選ぶ

ここでは、2021年～2024年の利用件数の棒グラフを作成します。

1 プレースホルダー内にある［グラフの挿入］をクリックします。

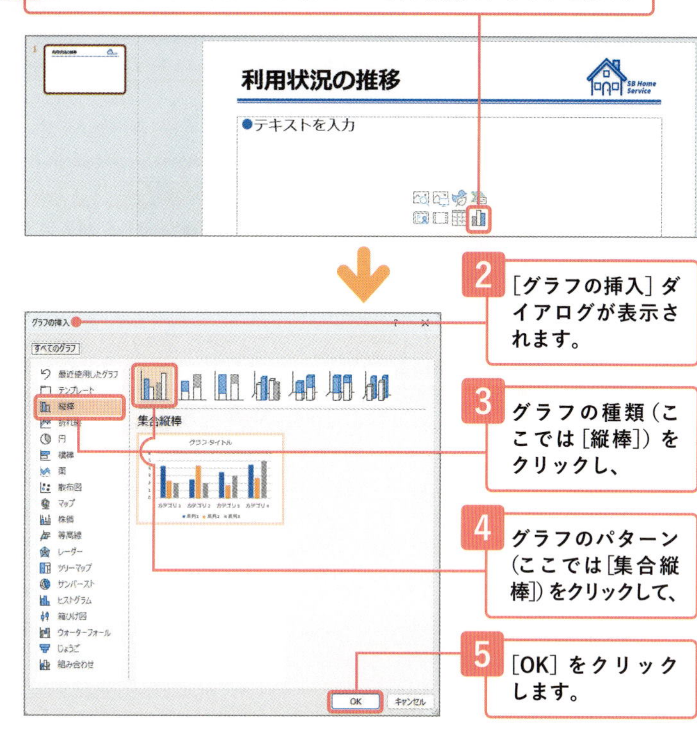

2 ［グラフの挿入］ダイアログが表示されます。

3 グラフの種類（ここでは［縦棒］）をクリックし、

4 グラフのパターン（ここでは［集合縦棒］）をクリックして、

5 ［OK］をクリックします。

グラフのデータを入力する

デフォルトでサンプルデータが表示されますが、ここでグラフを作成したいデータに変更します。

1 ［Microsoft PowerPoint内のグラフ］ウィンドウが表示され、ワークシート内にサンプルデータが入力されていることを確認します。

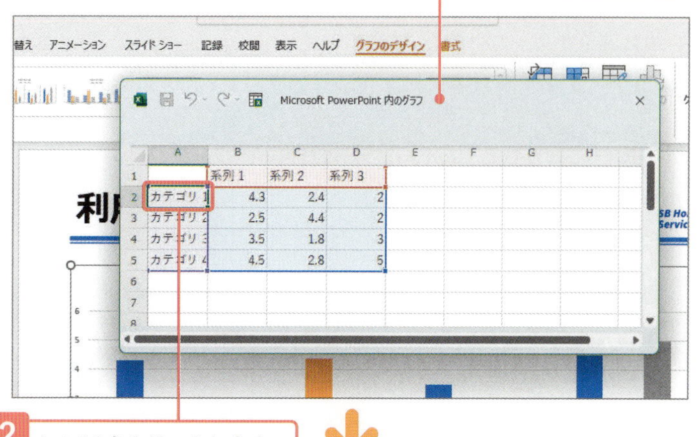

2 セルA2をクリックします。

Memo グラフ作成後にデータを修正するには

グラフ作成後、グラフが選択されている状態で、コンテキストタブの［グラフのデザイン］タブで［データの編集］をクリックします。［Microsoft PowerPoint内のグラフ］ウィンドウが表示されたら、データを修正してください。

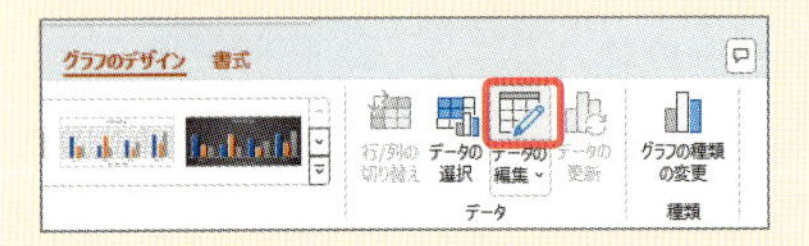

Point 青枠内のデータがグラフ化される

［Microsoft PowerPoint内のグラフ］ウィンドウでグラフ化するのは、青枠内のデータです。必要なデータでグラフ化されるように、「グラフの範囲を調整する」の手順2のように枠の大きさを調整します。

3 データ（ここでは「2021年」）を入力します。

4 同様に画面を参照してグラフ化するデータを入力します。

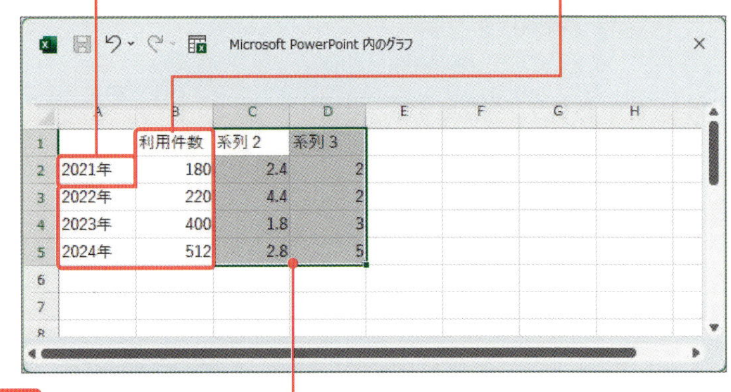

5 不要なデータが入力されているセル（ここではC1～D5）を選択し Delete キーを押して削除します。

グラフの範囲を調整する

1 不要なデータが削除されていることを確認します。

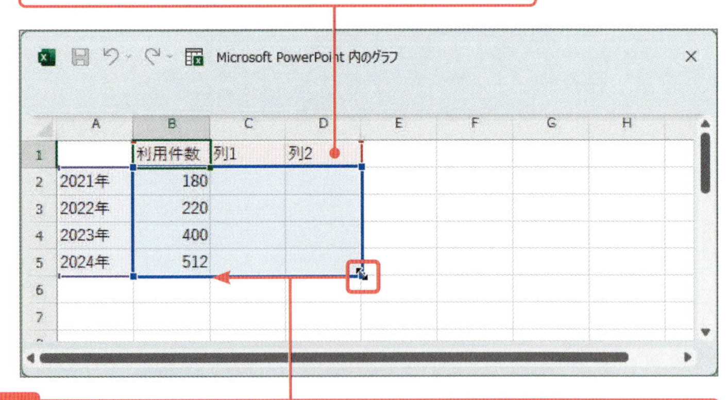

2 ここにマウスポインターを合わせ、マウスポインターの形が↘になったら、最後のデータのセル（ここではセルB5）まで左にドラッグします。

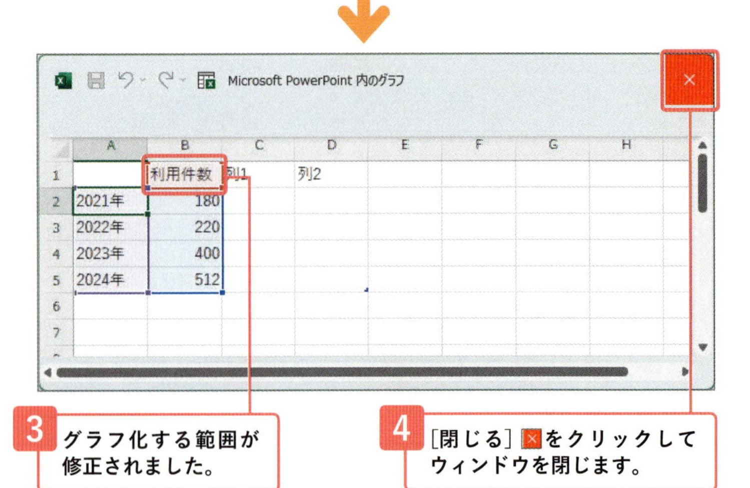

3 グラフ化する範囲が修正されました。

4 ［閉じる］×をクリックしてウィンドウを閉じます。

Memo グラフを削除する

グラフ内をクリックし、グラフの周囲に表示される外枠にマウスポインターを合わせ、の形になったらクリックして選択して、Deleteキーを押します。

5 スライドにグラフが挿入されました。

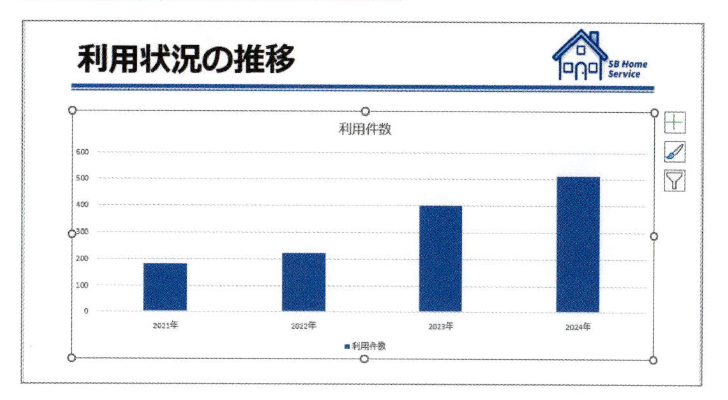

コラム グラフの種類は後から変更できる

グラフの種類を間違えた場合は、グラフ作成後にグラフの種類を変更することができます。グラフが選択されている状態で、コンテキストタブの［グラフのデザイン］タブにある［グラフの種類の変更］をクリックすると❶、［グラフの種類の変更］ダイアログが表示されます❷。ダイアログで変更したいグラフを選択します❸。

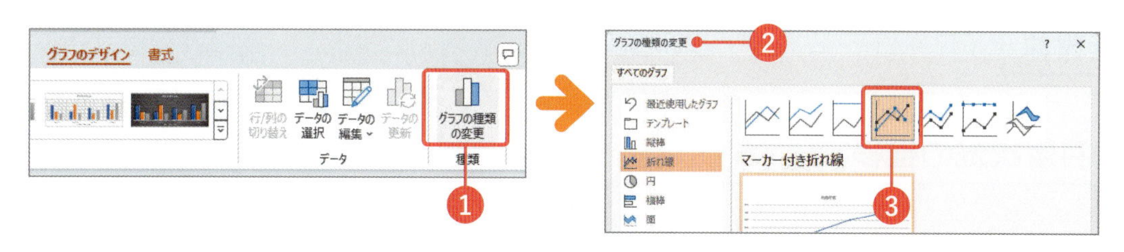

Memo ショートカットツール

グラフを作成すると、グラフの右上に3つのボタンが表示されます。これは「ショートカットツール」といい、グラフ編集に便利な機能がまとめられています（レッスン50-1コラム、レッスン51-2 Memo参照）。

ボタン	名称	機能
＋	グラフ要素	グラフに表示する要素と表示位置を指定する
🖌	グラフスタイル	グラフのスタイルや配色を変更する
▽	グラフフィルター	グラフに表示する項目を指定する

Memo グラフの移動とサイズ変更

スライド上に作成されたグラフは、選択すると周囲に白いハンドル「○」が表示されます。
ハンドルが表示された状態で、マウスを動かしポインターの形を確認してからドラッグします。グラフ移動は、サイズ変更はの形です。

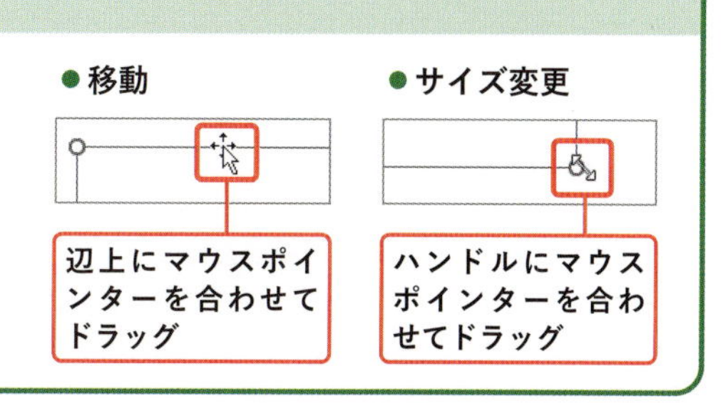

Section 50 グラフのスタイルや色を変更する

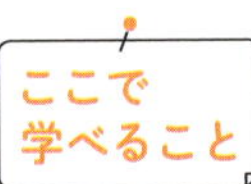

グラフを作成すると、プレゼンテーションに設定されているテーマによってスタイルが設定されます。グラフの作成後にスタイルや色合いを変更して、グラフの見た目を変えることができます。

レッスン
- 50-1 グラフのスタイルを変更する
- 50-2 グラフの色を変更する

まずは パッと見るだけ！

グラフのスタイルや色の変更

グラフのスタイルによってグラフの太さや色を変えたり、網掛けやグラデーションなどの効果が設定されたりします。また、グラフの色を個別に変えることもできます。

Before 操作前

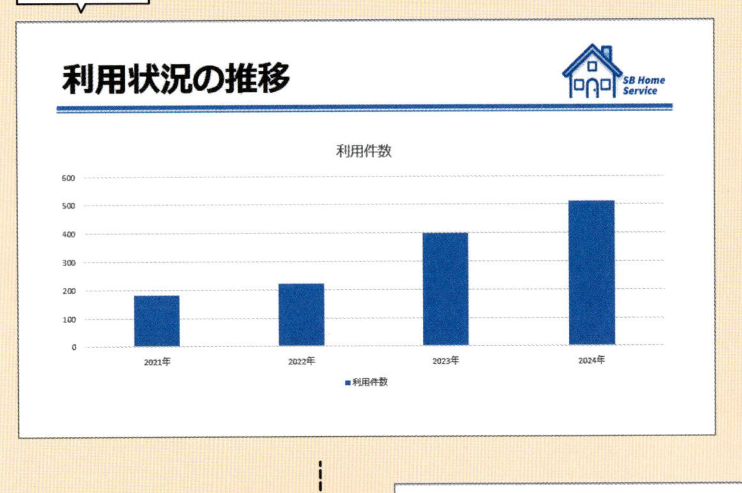

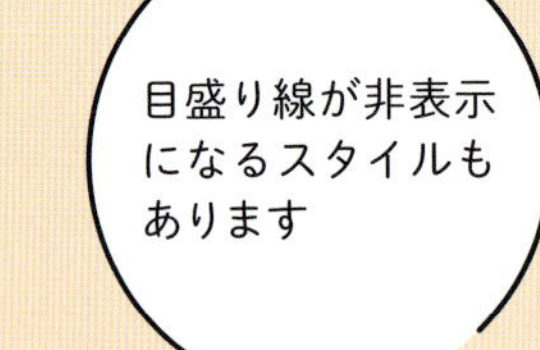

After 操作後

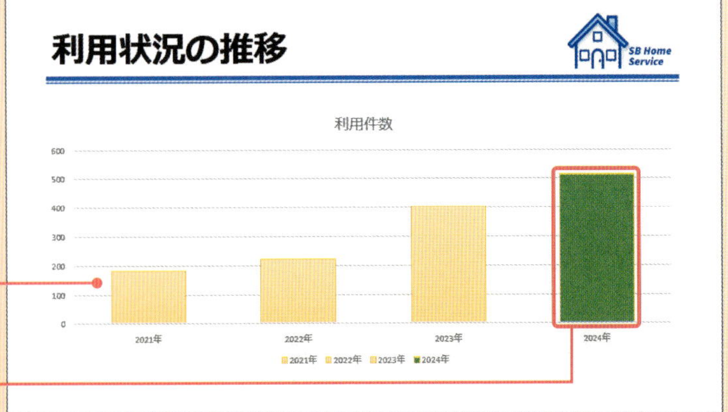

グラフのスタイルを太く変更し、グラフの色を黄色にした

1つのデータのみ色を変えて強調した

レッスン 50-1 グラフのスタイルを変更する

練習用ファイル 50-1-家事代行.xlsx

操作 グラフのスタイルを変更する

グラフのスタイルを変更するには、コンテキストタブの［グラフのデザイン］タブの［グラフスタイル］グループでスタイルを選択します。

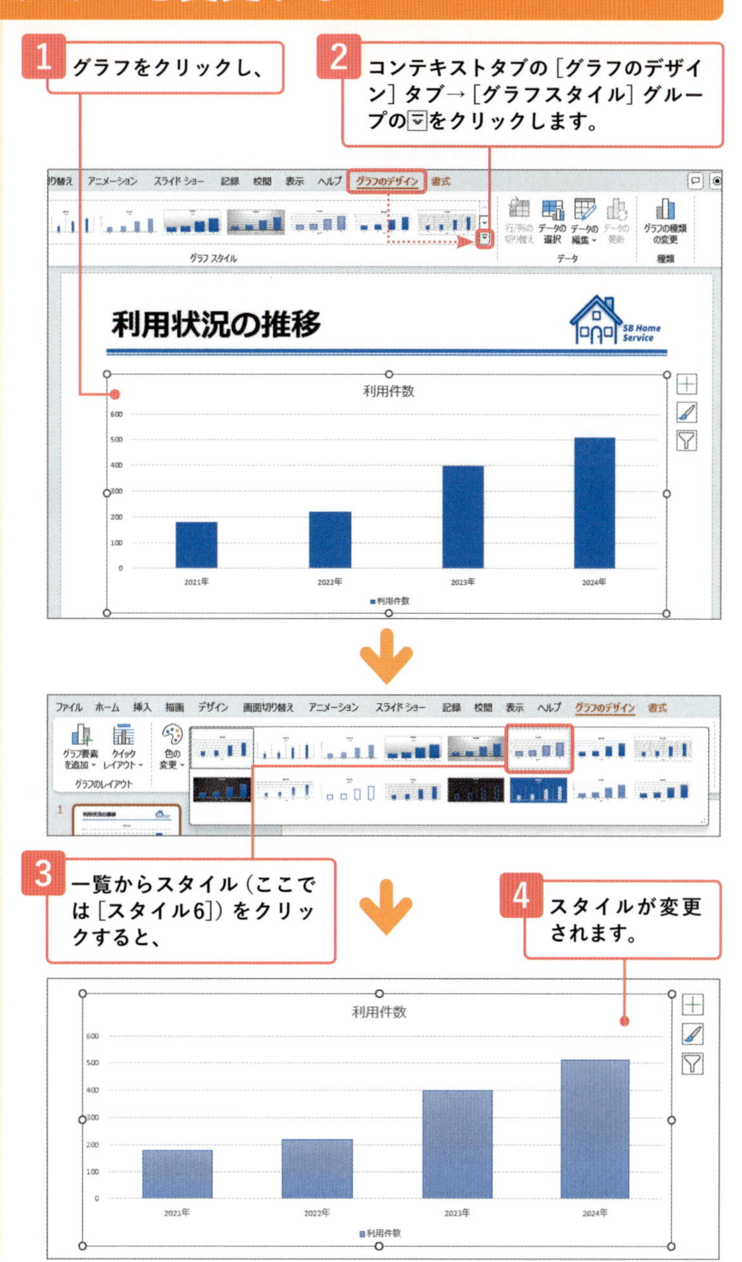

コラム ショートカットツールを使ってスタイルを変更する

グラフの右上に表示されているショートカットツールの［グラフスタイル］をクリックし❶、表示されるスタイル一覧からスタイルを選択して変更することもできます❷。

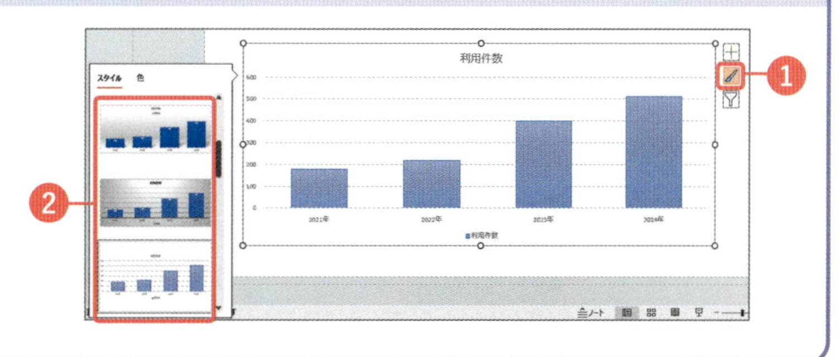

レッスン 50-2 グラフの色を変更する

練習用ファイル 50-2-家事代行.pptx

Point グラフの色を変更する

グラフの色は、グラフ全体の配色を変更する方法とグラフのデータを個別に変更する方法があります。データ単位で色を変更すると、特定のデータを強調して注目させるのに役立ちます。

Memo 配色はテーマによって異なる

一覧に表示される配色の種類は、プレゼンテーションに設定されているテーマによって異なります。

グラフの配色を変更する

1 グラフ内でクリックし、

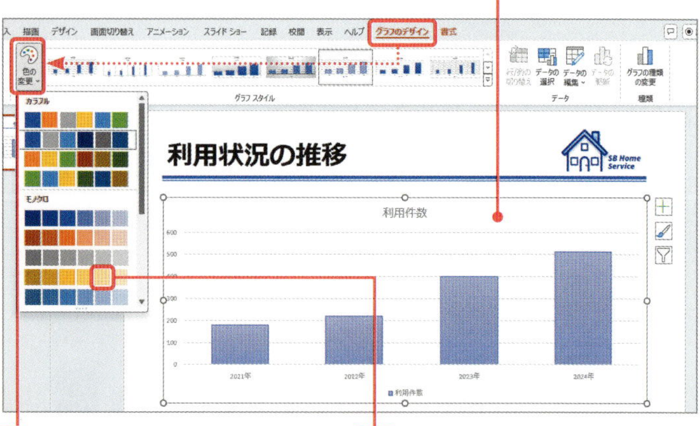

2 コンテキストタブの［グラフのデザイン］タブ→［色の変更］をクリックして、

3 一覧から配色（ここでは、［モノクロ パレット4］）をクリックすると、

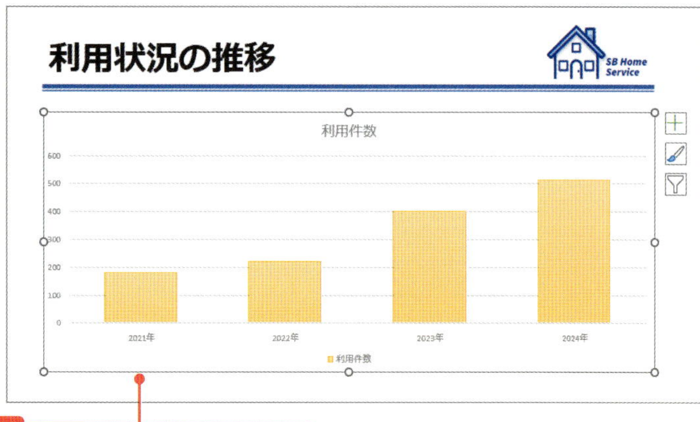

4 グラフの色が変更されます。

操作 対象となる要素を選択する

グラフの中で1つの要素のみ選択したい場合、選択したい要素の中でクリックすると、その要素の系列が選択されます。もう1回クリックすると要素のみ選択され、その要素に対して設定変更ができます。

Memo [書式] タブで色を変更する

グラフ内の各要素の色を変更する場合、コンテキストタブの [書式] タブの [図形のスタイル] グループにあるボタンを使います。

Point 色設定のポイント

スライドに配置するグラフは、できるだけシンプルに、色も少なめにして、見せたい部分だけ別の色にして強調するのが効果的です。一目で内容を伝えるのに、多色使いや過度な書式設定は必要ありません。

特定のデータのみを変更する

1 色を変更したいグラフのデータをゆっくり2回クリックして、特定のデータのみ選択します。

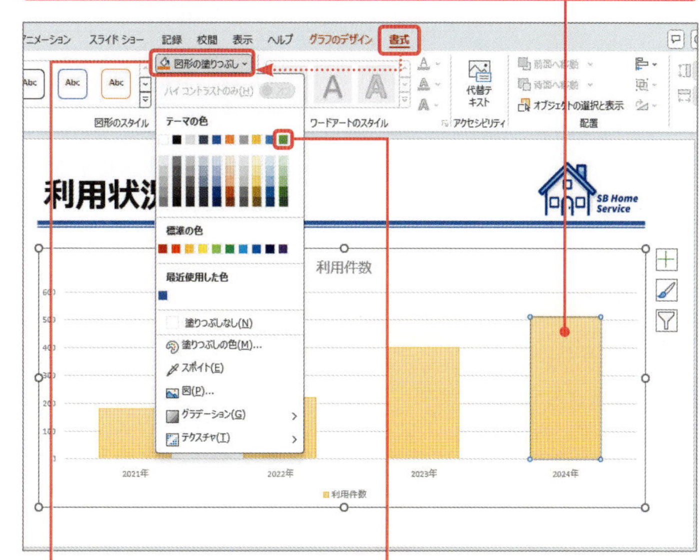

2 コンテキストタブの [書式] タブの [図形の塗りつぶし] のをクリックし、

3 カラーパレットから色（ここでは [緑、アクセント6]）をクリックすると、

4 選択したデータのみ色が変更されます。

Section

51 グラフ要素の表示／非表示を変更する

初期設定で作成したグラフには、不要な要素が表示されていたり、見せたい要素が非表示になっていたりします。各要素は、表示／非表示を切り替えたり、表示位置を変更したりできます。

レッスン

- 51-1 グラフタイトルと凡例を非表示にする
- 51-2 データラベルを表示する

まずは パッと見るだけ！

グラフ要素の表示／非表示

グラフ要素は表示／非表示を切り替えて、グラフをより見やすく調整できます。下図では、データラベルを表示、グラフタイトルと凡例を非表示にして、文字の大きさや色も変更しています。

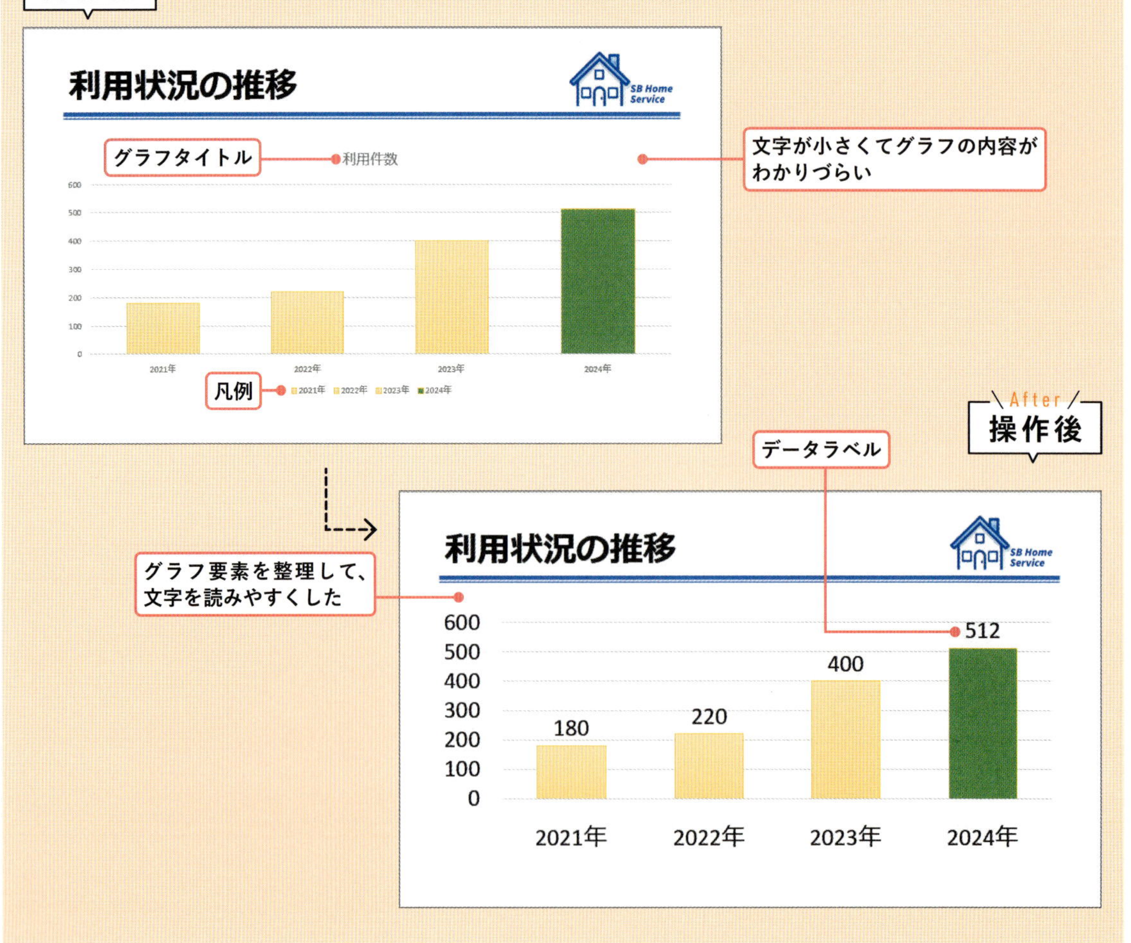

● グラフの構成要素

棒グラフは次のような構成になっています。マウスポインターを要素の上に合わせると、ポップヒントで要素名が表示されます。編集するときは、対象となる要素を選択してからメニューを選択します。

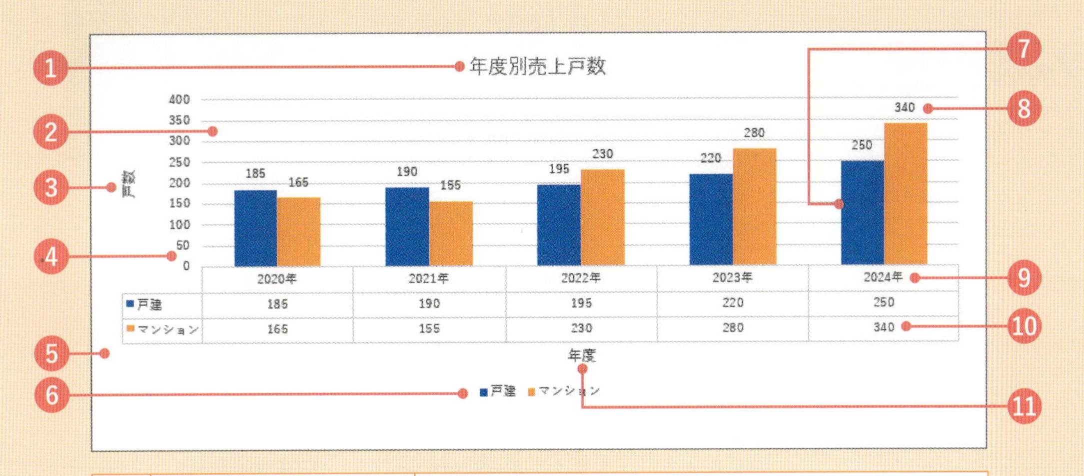

❶	**グラフタイトル**	グラフのタイトル
❷	**プロットエリア**	グラフ本体の領域
❸	**縦（値）軸ラベル**	縦（値）軸のタイトル
❹	**縦（値）軸**	データの数値軸
❺	**グラフエリア**	グラフ全体の領域
❻	**凡例**	系列名または分類名と色の対応リスト
❼	**系列（データ系列）**	数値を図、同じ色で表している部分。 同じ種類のデータ要素の集まり
❽	**データラベル**	各データの値
❾	**横（項目）軸**	データの項目軸
❿	**データテーブル**	グラフデータの表
⓫	**横（項目）軸ラベル**	横（項目）軸のタイトル

レッスン 51-1 グラフタイトルと凡例を非表示にする

練習用ファイル **51-1-家事代行.pptx**

操作 要素を非表示にする

グラフの要素を非表示にするには、対象となる要素を選択し Delete キーを押します。要素を削除すると、それに合わせてグラフサイズが自動で調整されます。

ここでは、グラフタイトルと凡例を例に要素を非表示にしてみましょう。

1 非表示にする要素（ここではグラフタイトル）をクリックして選択して、Delete キーを押します。

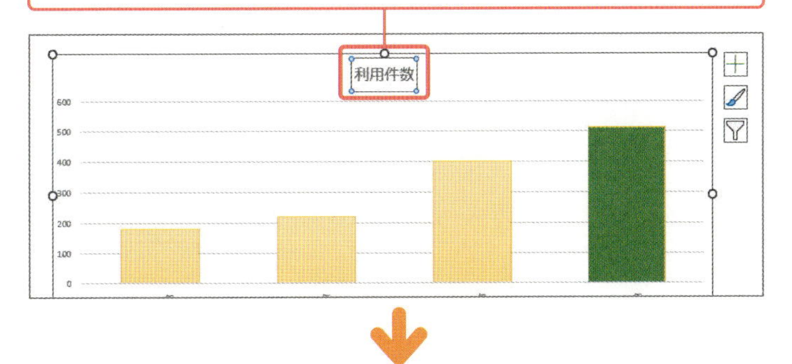

Memo 凡例

グラフの色と系列名との対応リストのことです。ここでは、系列が年度のみで必要ないため非表示にしています。

Memo 間違えて非表示にした場合

直後であれば、クイックアクセスツールバーの［元に戻す］をクリックして復活できます。または、**レッスン51-2**の操作で再表示できます。

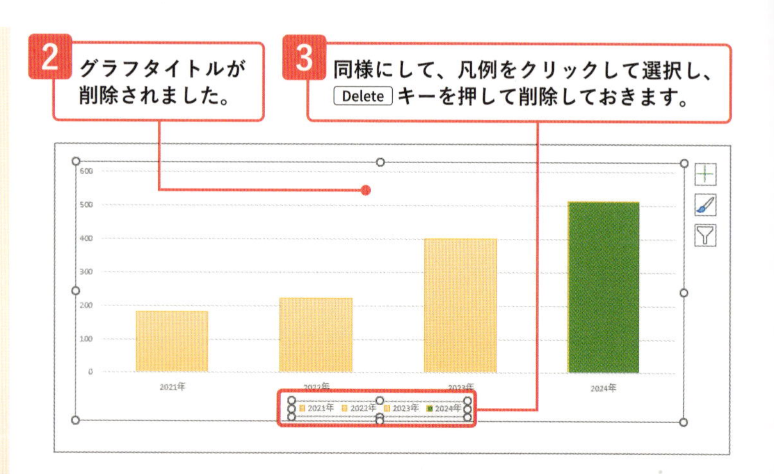

レッスン 51-2 データラベルを表示する

練習用ファイル 51-2-家事代行.pptx

操作 要素を表示する

グラフに表示されていない要素を表示するには、コンテキストタブの［グラフのデザイン］タブにある［グラフ要素を追加］をクリックし、表示したい要素を選択して、表示位置を指定します。

データラベルの表示

ここでは、データラベルの要素を表示しましょう。

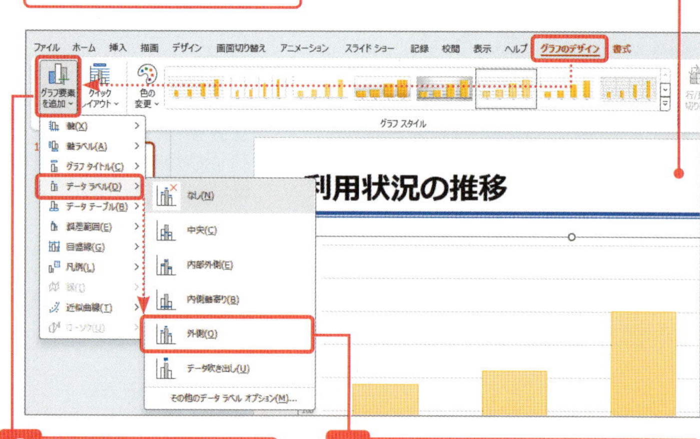

2 コンテキストタブの［グラフのデザイン］タブ→［グラフ要素を追加］をクリックします。

3 表示したい要素（ここでは［データラベル］）にマウスポインターを合わせ、表示位置（ここでは［外側］）をクリックします。

4 指定した位置にデータラベルが表示されます。

グラフ内の文字の拡大／色の変更

グラフ内の文字サイズを全体的に大きく、濃い色にして読みやすくします。

1 グラフの外枠をクリックし、

2 ［ホーム］タブ→［フォントサイズの拡大］Aを数回（ここでは7回）クリックすると、

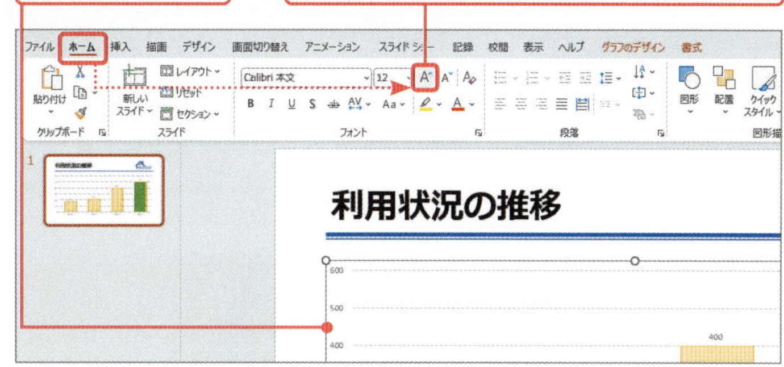

3 文字サイズが全体的に大きくなりました。

4 続けて、［ホーム］タブ→［フォントの色］のをクリックし、

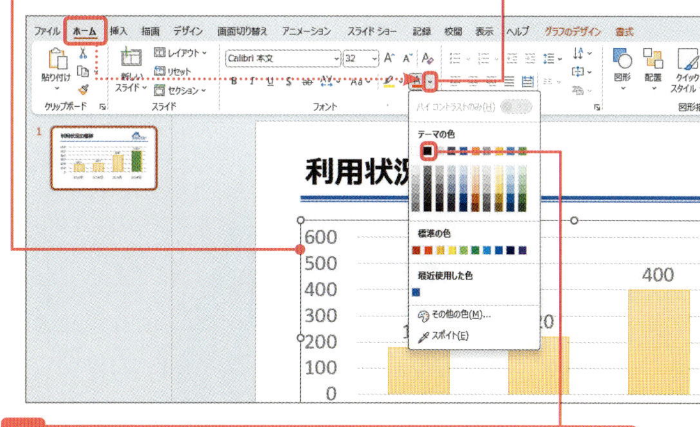

5 カラーパレットから濃い目の色（ここでは［黒 テキスト1］）をクリックします。

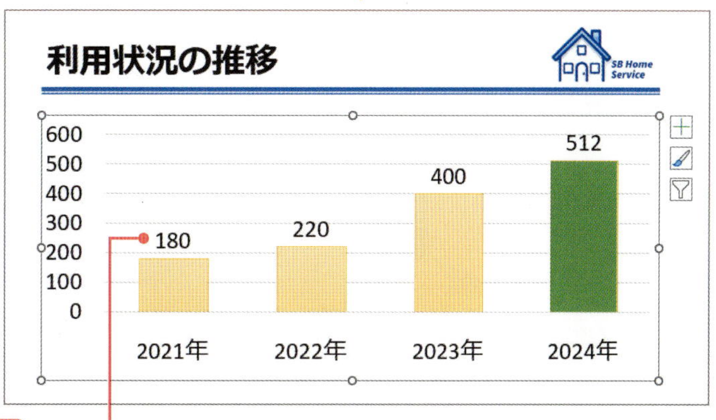

6 文字の色が濃くなり、サイズが大きくなって、読みやすくなりました。

Memo 文字の書式を調整しておく

グラフ内に表示されるデータラベルの文字や項目軸や数値軸の文字が初期設定では、小さくて見づらい場合があります。
手順ではグラフ内のすべての文字について、［フォントサイズの拡大］Aボタンを使って同じ比率で大きくしていますが、データラベル、軸目盛りなど個別に要素を選択し、フォントサイズを調整することもできます。

Memo ショートカットツールで要素の表示／非表示を切り替える

グラフの右上に表示されているショートカットツールの［グラフ要素］をクリックし❶、表示されるグラフ要素一覧でグラフ要素にマウスポインターを合わせ、右端の［>］をクリックして❷、表示位置をクリックします❸。
また、グラフ要素一覧の各グラフ要素にあるチェックボックスでチェックを外すと要素を非表示にできます。

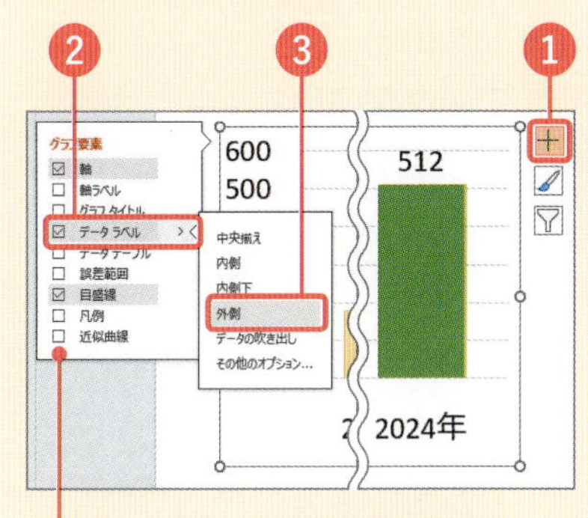

チェックを外して要素を非表示にできる

Section

52 グラフをより見やすく調整する

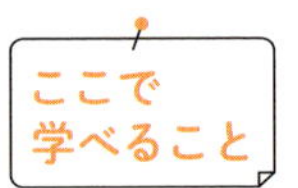

グラフが読みやすくなるように、数値に千の区切りでカンマ「,」を付けたり、データの内容に合わせてグラフの色を変えるなど、グラフをより見やすくする方法を紹介します。

レッスン

まずは パッと見るだけ！

各要素の調整

ここではグラフの文字色と文字サイズはあらかじめ変更してあります（レッスン51-2参照）。下図のグラフの要素を比較して、読みやすさを確認してください。

▼数値軸の調整

Before 操作前

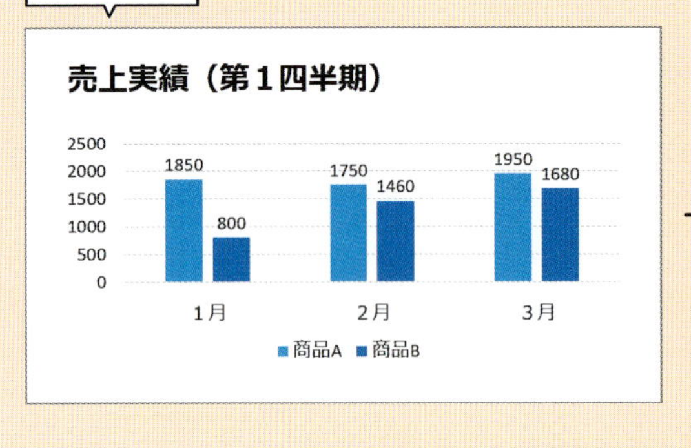

---→

After 操作後

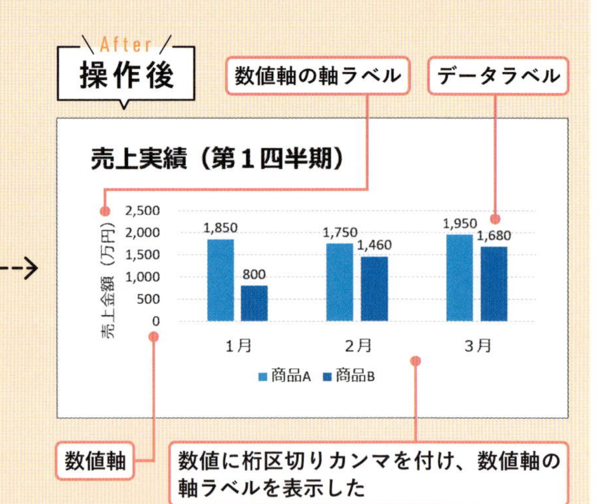

▼データラベルと色の調整

Before 操作前

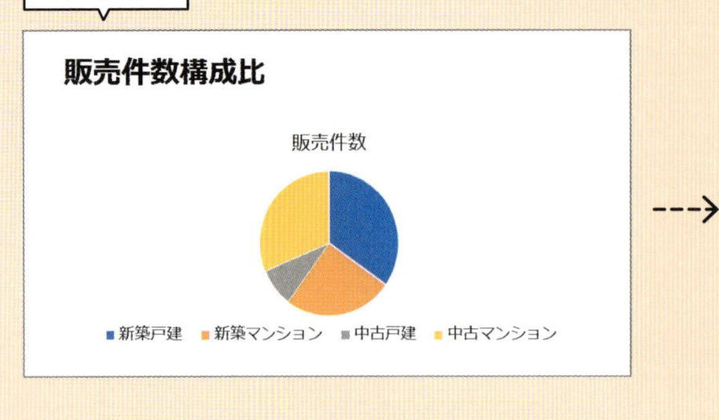

---→

After 操作後

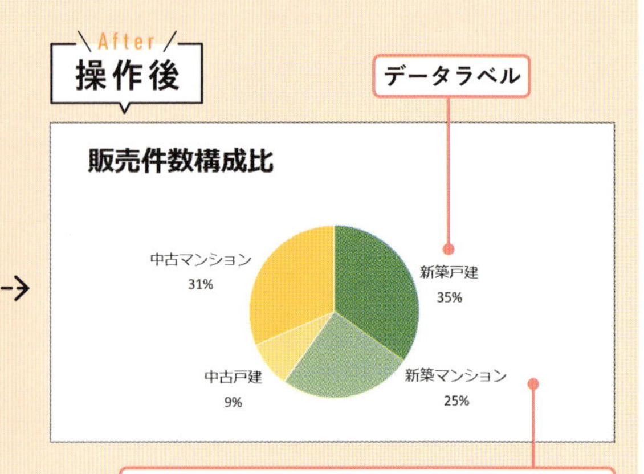

レッスン 52-1 棒グラフの数値軸を調整する

練習用ファイル 52-1-棒グラフ.pptx

操作 数値軸を調整する

棒グラフのような数値軸のあるグラフでは、目盛りの数字に対して単位を表示したり、桁区切りカンマを付けたりと、数字を正確に見せるための設定が必要な場合があります。
軸の詳細設定は、[軸の書式設定] 作業ウィンドウを表示して設定します。

Memo 軸の最大値や目盛りの間隔を指定する

軸の最大値や目盛り間隔は、自動で設定されますが、任意の値に変更することができます。
[軸のオプション] で [境界値] の [最大値] で数値軸の最大値を指定でき、[単位] の [主] で目盛間隔を指定できます。

Memo データラベルも桁区切りカンマを表示する

データラベルも同じ手順で桁区切りカンマを表示することができます。[商品A] と [商品B] の系列ごとに設定してください。

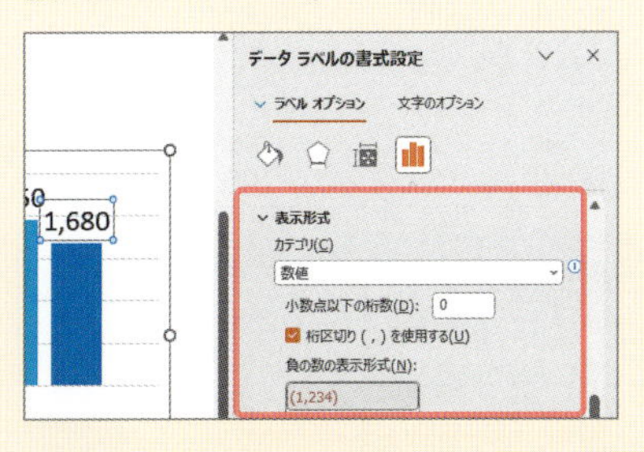

数値軸の目盛りを調整する

ここでは、数値軸の目盛りの数値を3桁ごとの桁区切り表示にします。

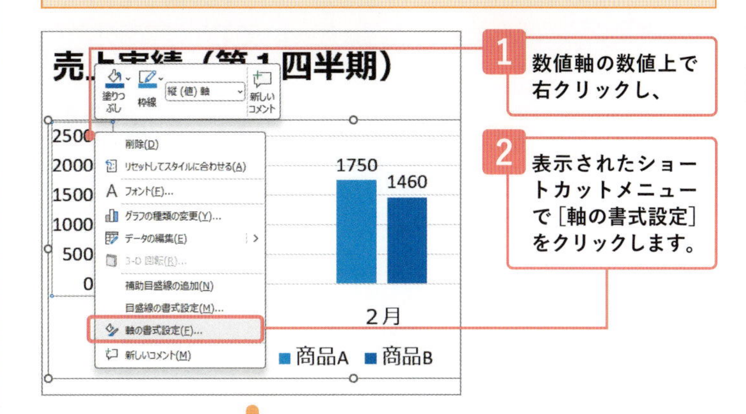

1 数値軸の数値上で右クリックし、

2 表示されたショートカットメニューで [軸の書式設定] をクリックします。

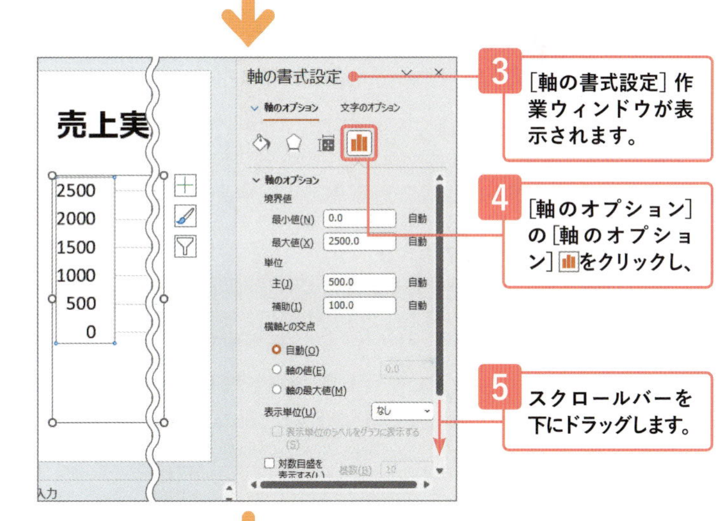

3 [軸の書式設定] 作業ウィンドウが表示されます。

4 [軸のオプション] の [軸のオプション] をクリックし、

5 スクロールバーを下にドラッグします。

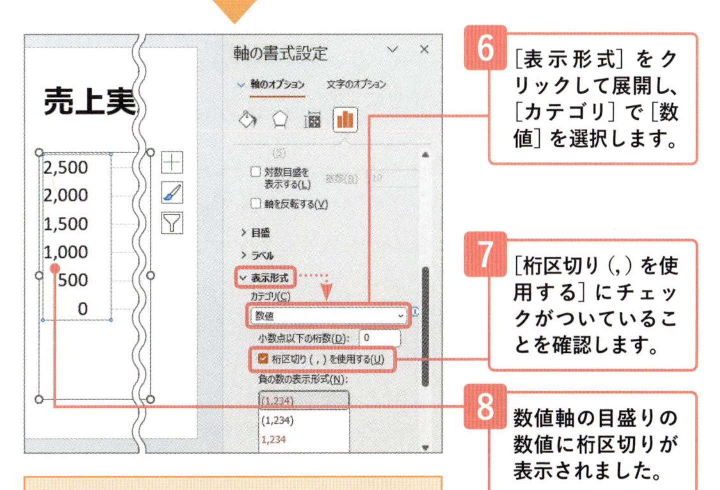

6 [表示形式] をクリックして展開し、[カテゴリ] で [数値] を選択します。

7 [桁区切り(,)を使用する] にチェックがついていることを確認します。

8 数値軸の目盛りの数値に桁区切りが表示されました。

右上の [閉じる] ☒をクリックして [軸の書式設定] 作業ウィンドウを閉じておきます。

数値軸ラベルを表示する

ここでは、「売上金額（万円）」と数値軸ラベルを表示します。

1 コンテキストタブの［グラフのデザイン］タブ→［グラフ要素を追加］をクリックし、

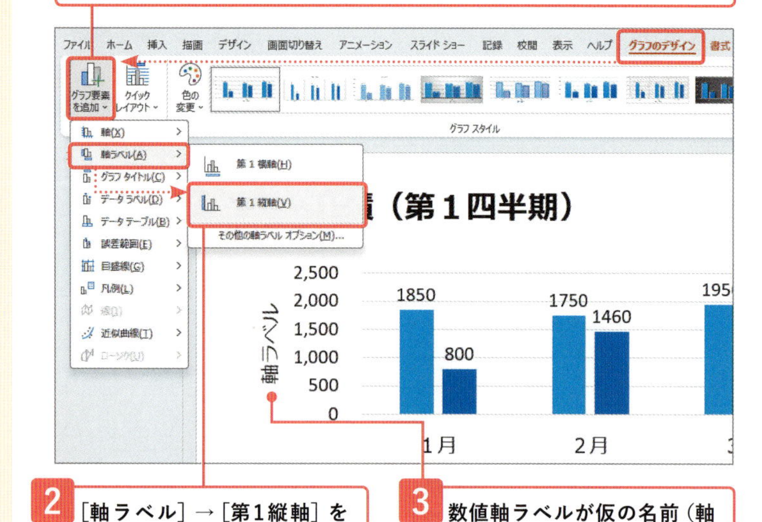

2 ［軸ラベル］→［第1縦軸］をクリックすると、

3 数値軸ラベルが仮の名前（軸ラベル）で表示されます。

4 ラベル内でクリックしてカーソルを表示したら、Back space または Delete キーを押して文字を削除し、表示したい文字（ここでは「売上金額（万円）」）を入力します。

Memo ラベルの位置を調整する

ラベルなどの各要素の位置を調整したい場合は、要素の枠上にマウスポインターを合わせて の形になったらドラッグします。

時短ワザ ［（要素名）の書式設定］作業ウィンドウを表示する

グラフ内の各要素をダブルクリックすると、その要素の書式設定作業ウィンドウが表示されます。そのため、数値軸を直接ダブルクリックしても［軸の書式設定］作業ウィンドウを表示することができます。
作業ウィンドウが表示されている場合は、グラフ上の別の要素をクリックするだけで、その要素の作業ウィンドウに切り替えることができます。

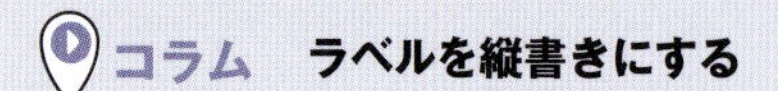

コラム ラベルを縦書きにする

数値軸ラベルが横向きになっているのを縦書きにするには、軸ラベルを選択し、［ホーム］タブ→［文字列の方向］をクリックして❶、［縦書き］をクリックします❷。

レッスン 52-2 円グラフのデータラベルを調整する

練習用ファイル 52-2-円グラフ.pptx

Point 円グラフのラベルの調整

円グラフを作成すると、既定ではデータラベルなしの円グラフに、グラフタイトルと凡例が表示された状態になります。
グラフタイトルと凡例を削除し、円グラフにデータラベルとして分類名やパーセントを表示すると、円グラフだけで情報を得ることができます。

Memo 円グラフ

円グラフは、各要素が全体に対してどのぐらいの割合になっているかを見るのに使われます。通常、グラフ化する数値は1月とか年間合計とか1種類にします。ここで使用しているデータは下図のようになっています。

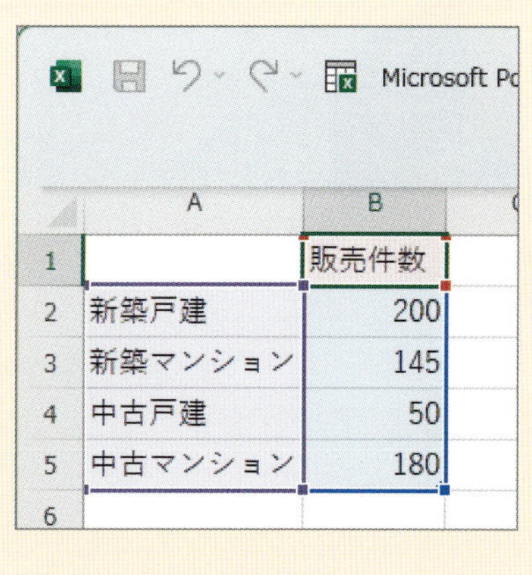

	A	B
1		販売件数
2	新築戸建	200
3	新築マンション	145
4	中古戸建	50
5	中古マンション	180
6		

データラベルを表示する

ここでは、データラベルを系列名とパーセントの両方が表示されるように調整してみましょう。

1 レッスン51-1の手順でグラフタイトルと凡例を非表示にしておきます。

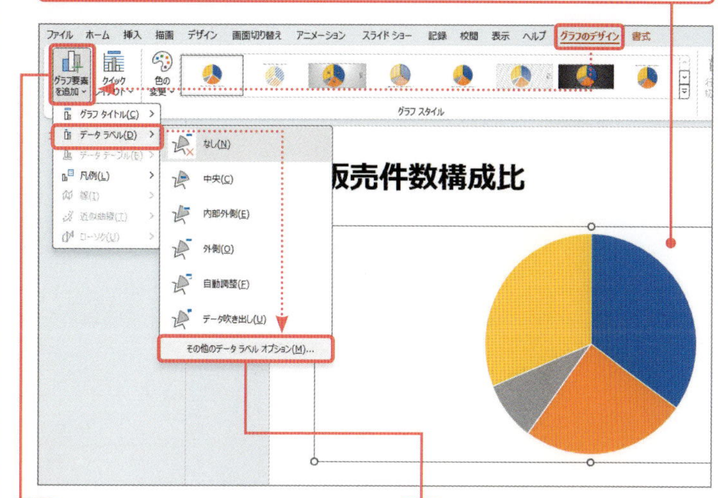

2 コンテキストタブの［グラフのデザイン］タブ→［グラフ要素を追加］をクリックし、

3 ［データラベル］→［その他のデータラベルオプション］をクリックします。

4 ［データラベルの書式設定］作業ウィンドウが表示されます。

5 ［ラベルオプション］でラベルに表示する項目にチェックを付けます（ここでは、［分類名］と［パーセンテージ］）。

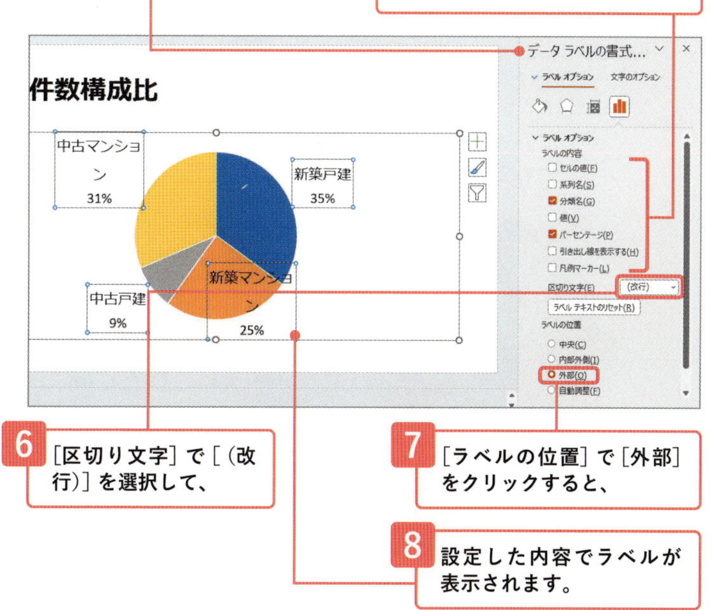

6 ［区切り文字］で［（改行）］を選択して、

7 ［ラベルの位置］で［外部］をクリックすると、

8 設定した内容でラベルが表示されます。

データラベルの枠の大きさ／位置を調整する

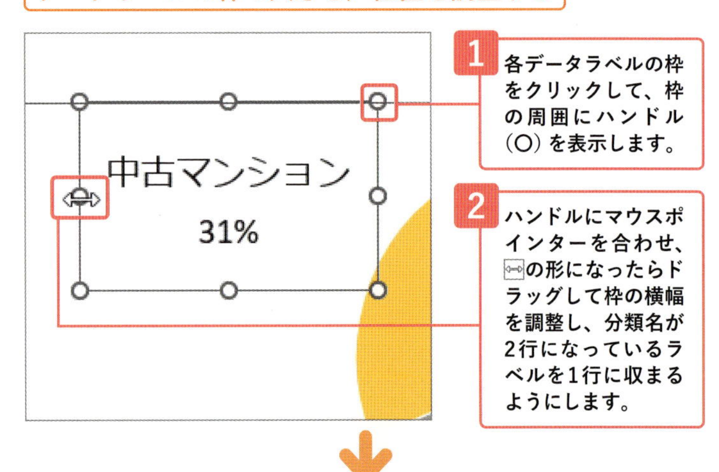

1 各データラベルの枠をクリックして、枠の周囲にハンドル（○）を表示します。

2 ハンドルにマウスポインターを合わせ、⇔の形になったらドラッグして枠の横幅を調整し、分類名が2行になっているラベルを1行に収まるようにします。

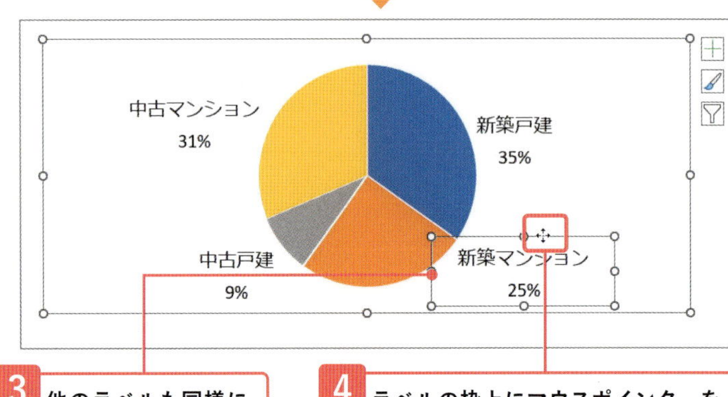

3 他のラベルも同様にサイズを調整します。

4 ラベルの枠上にマウスポインターを合わせ、✥の形になったらドラッグして位置を調整します。

円グラフの扇の色を調整する

ここでは、新築と中古のデータで異なる色味に設定します。

1 円グラフの1つ目のデータ（ここでは［新築戸建］）でゆっくり2回クリックして選択します。

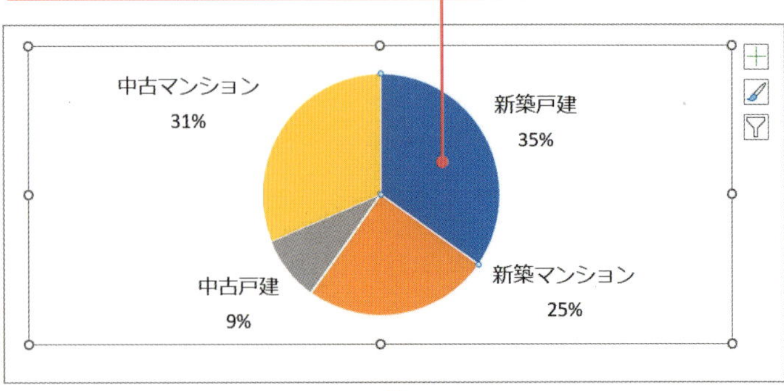

Memo 割合は自動で計算される

円グラフを作成するときに各要素の全体に対する割合は自動で計算されます。そのため、円グラフを作成するためのデータの表に［構成比］の列を作成する必要はありません。

あと少し！

Memo 1つのデータのみ選択する

円グラフの中の1つのデータのみ選択するには、円グラフの中で1回クリックして、円グラフを選択したのち、もう1回グラフのデータの中でクリックすると、1つのデータのみ選択されます。選択したデータには、頂点の3か所にハンドル（○）が表示されます。

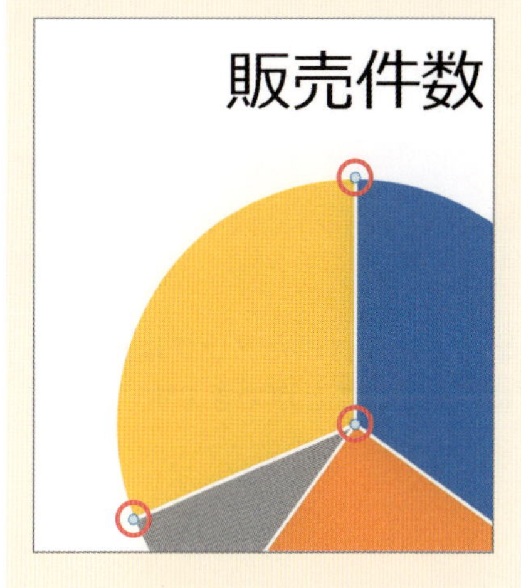

Point 分類ごとに同じ色味でまとめる

同じ色味でまとめることで、分類（ここでは新築と中古）で大きく色分けすることができ、全体に占める割合がわかりやすくなります。

2 コンテキストタブの［書式］タブ→［図形の塗りつぶし］の▼をクリックし、

3 一覧から色（ここでは、［緑、アクセント6］）をクリックします。

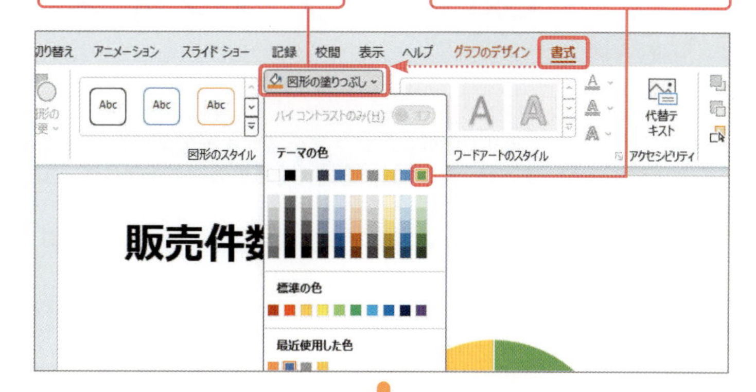

4 データの色が変更されました。

5 同様にして2つ目のデータ（ここでは［新築マンション］）を選択し、同じ色味のもの（ここでは、［緑、アクセント6、白＋基本色40%］）を設定します。

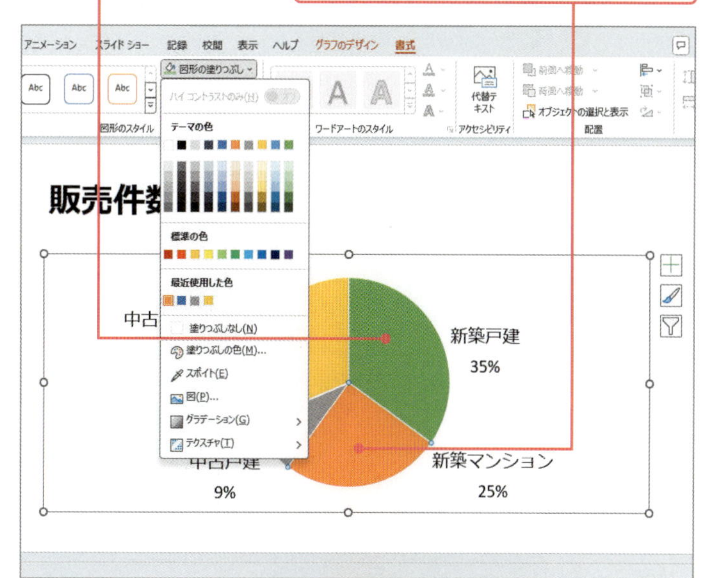

6 3つ目のデータ［中古戸建］には、［中古マンション］と同じ色味のもの（ここでは、［ゴールド、アクセント4、白+基本色40%］）を設定します。

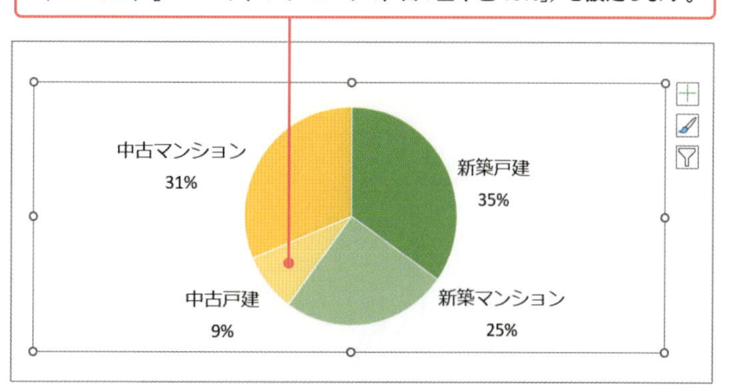

Section

53 Excelのグラフをスライドに挿入する

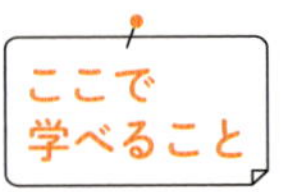

Excelで作成したグラフをスライドで使いたい場合は、そのままコピー、貼り付けで利用できます。ExcelとPowerPointの連携機能を上手に使って、効率的に資料を作りましょう。

▶ 53-1 Excelのグラフをスライドに貼り付ける

まずは パッと見るだけ！

Excelのグラフの貼り付け

Excelで作成したグラフは、スライドに貼り付けられます。また、貼り付けたグラフはPowerPointのテーマが適応され、プレゼンテーション全体のイメージに合わせることができます。

Before 操作前

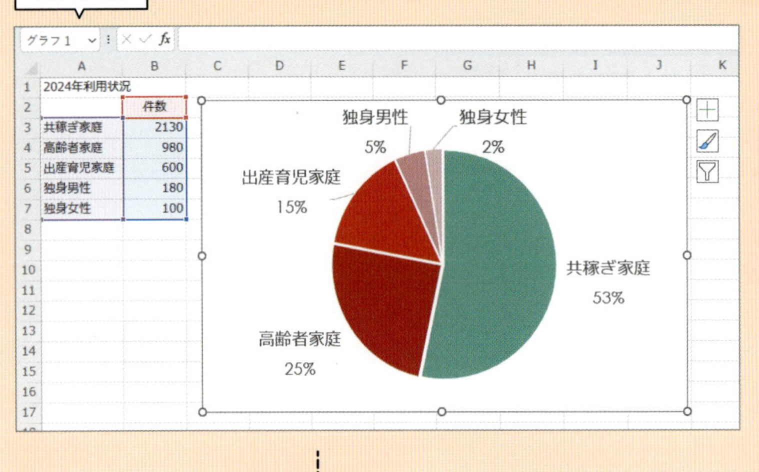

After 操作後

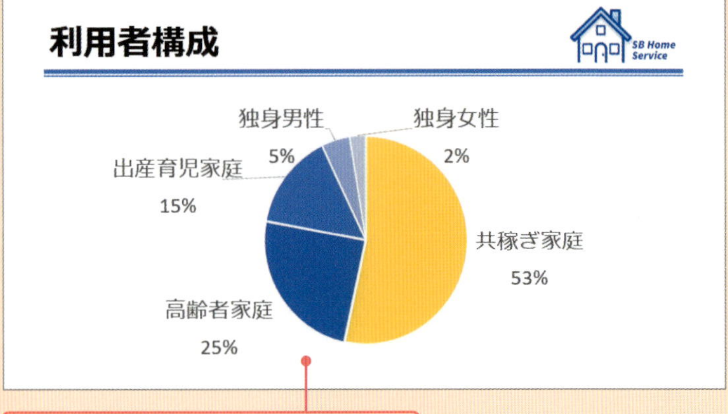

プレゼンテーションのテーマが適用された状態でExcelのグラフを貼り付けられた

レッスン 53-1 Excelのグラフをスライドに貼り付ける

練習用ファイル 53-家事代行.pptx
53-利用者構成.xlsx

操作 グラフを張り付ける

Excelのブックを開き、利用したいグラフをコピーして、PowerPointのスライドに貼り付けます。
グラフの貼り付け方によって、Excelで設定した書式のまま貼り付けるか、プレゼンテーションに設定されているテーマが適用されるように貼り付けるか選択できます。

グラフを貼り付ける

ここでは、プレゼンテーションのテーマを適用した状態で貼り付けてみましょう。

1 グラフが作成されているExcelのブックを開いておきます（ここでは、53-利用者構成.xlsx）。

2 グラフ内の何もないところをクリックして選択し、

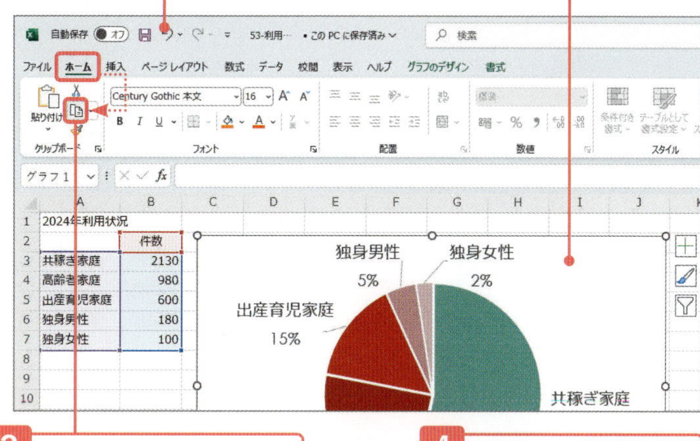

3 ［ホーム］タブ→［コピー］をクリックします。

4 PowerPointのプレゼンテーションに切り替えて、スライド内でクリックしてカーソルを表示し、

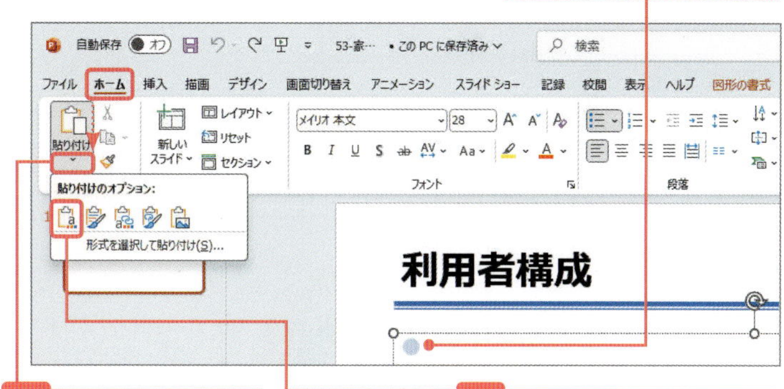

5 ［ホーム］タブ→［貼り付け］の⌄をクリックして、

6 ［貼り付け先のテーマを使用しブックを埋め込む］をクリックすると、

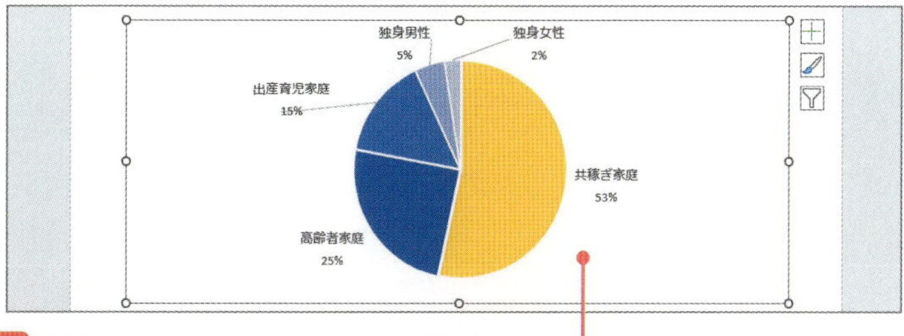

7 Excelのグラフが貼り付けられ、開いているプレゼンテーションのテーマが適用されました。

グラフの文字の見た目を整える

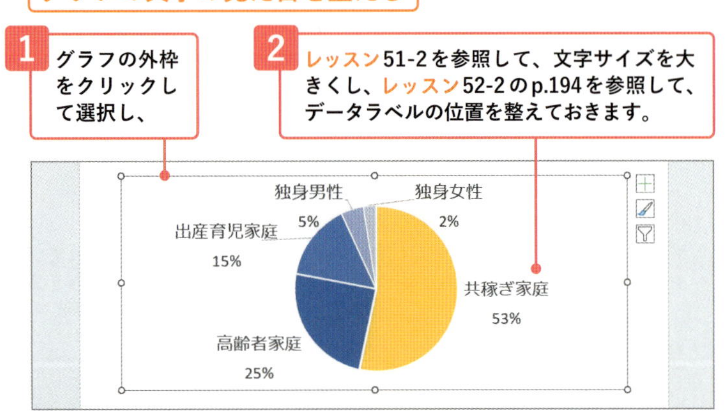

Memo 円グラフのデータを修正するには

円グラフのデータを修正するには、コンテキストタブの［グラフのデザイン］タブの［データの編集］をクリックします。［Microsoft PowerPoint内のグラフ］ウィンドウが表示されたら、データを修正してください。なお［データの編集］の⌄をクリックすると、下図のようにメニューが表示されます。［Excelでデータを編集］をクリックすると❶、Excelのワークシート上で編集ができます❷。Excelのメニューを使って表やグラフ編集することができます。

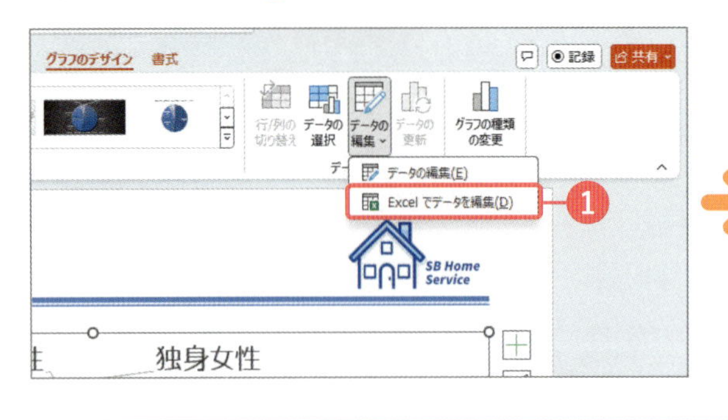

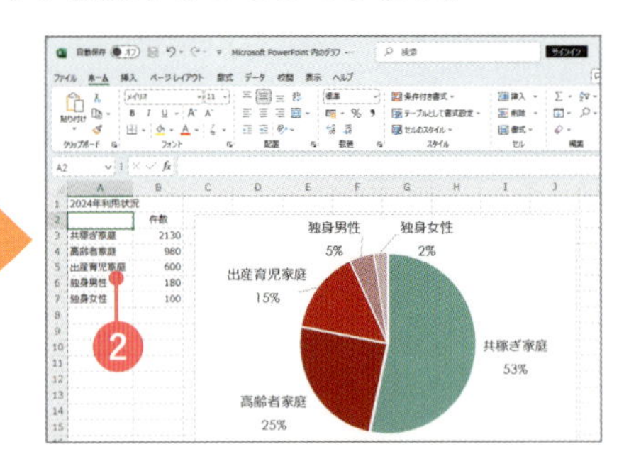

コラム 貼り付けのオプション

コピーしたグラフの右下に表示される［貼り付けのオプション］をクリックすると、下表のようなメニューが表示されます。メニューをクリックして、貼り付け方法を変更することができます。なお、［ホーム］タブの［貼り付け］の⌄をクリックしても同じメニューが表示されます。

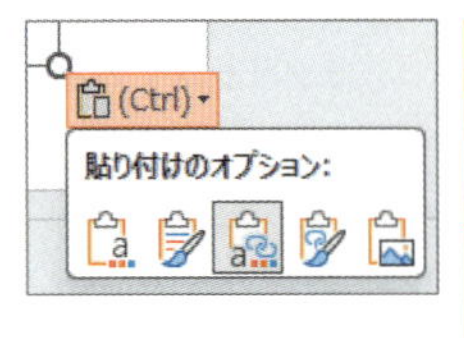

アイコン		内容
	貼り付け先のテーマを使用しブックを埋め込む	既定値。PowerPointのプレゼンテーションに設定されているテーマを適用して埋め込む
	元の書式を保持しブックを埋め込む	Excelで設定した書式を残してスライドに埋め込む
	貼り付け先テーマを使用しデータをリンク	PowerPointのプレゼンテーションに設定されているテーマを適用してリンク貼り付けする
	元の書式を保持しデータをリンク	Excelで設定した書式を残してスライドにリンク貼り付けする
	図	Excelで設定した書式のまま画像として貼り付ける

練習問題 グラフを作る練習をしよう

演習7-グラフ.pptx

完成図を参考に、以下の手順でグラフを作成してください。

1 スライドに「積み上げ縦棒グラフ」を追加する（図1）（**レッスン49-1**参照）。

2 ［Microsoft PowerPoint内のグラフ］ウィンドウにデータを入力する（図2）（**レッスン49-1**参照）。

3 グラフのスタイルを［スタイル9］に変更する（**レッスン50-1**参照）。

4 グラフ要素で、［グラフタイトル］を非表示にする（**レッスン51-1**参照）。

5 フォントサイズを全体的に大きく（24ポイント）し、文字色を黒にする（**レッスン51-2**参照）。

6 数値軸の目盛りに3桁ごとの桁区切りカンマを設定し、数値軸ラベル「売上金額（単位：万円）」を追加する（**レッスン52-1**参照）。

7 データラベルを中央に表示し、3桁ごとの桁区切りカンマを表示する（**レッスン51-2**、**レッスン52-1Memo**参照）。

8 グラフ要素の追加で［線］→［区分線］を選択し、区分線を表示する（**レッスン51-2**参照）。

●図1：［グラフの挿入］ダイアログ

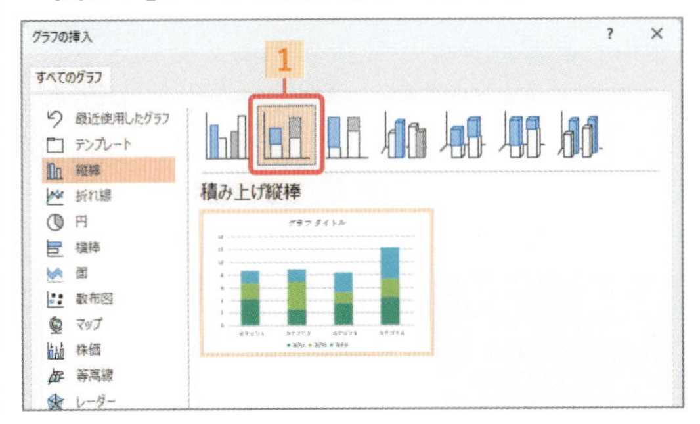

●図2：グラフデータ

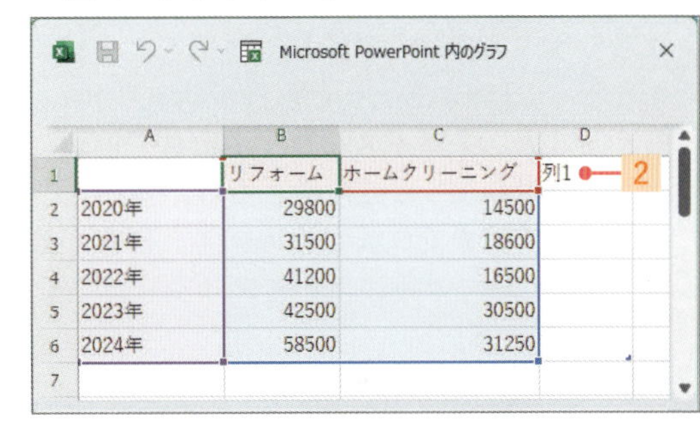

	A	B	C	D
1		リフォーム	ホームクリーニング	列1
2	2020年	29800	14500	
3	2021年	31500	18600	
4	2022年	41200	16500	
5	2023年	42500	30500	
6	2024年	58500	31250	
7				

●完成図

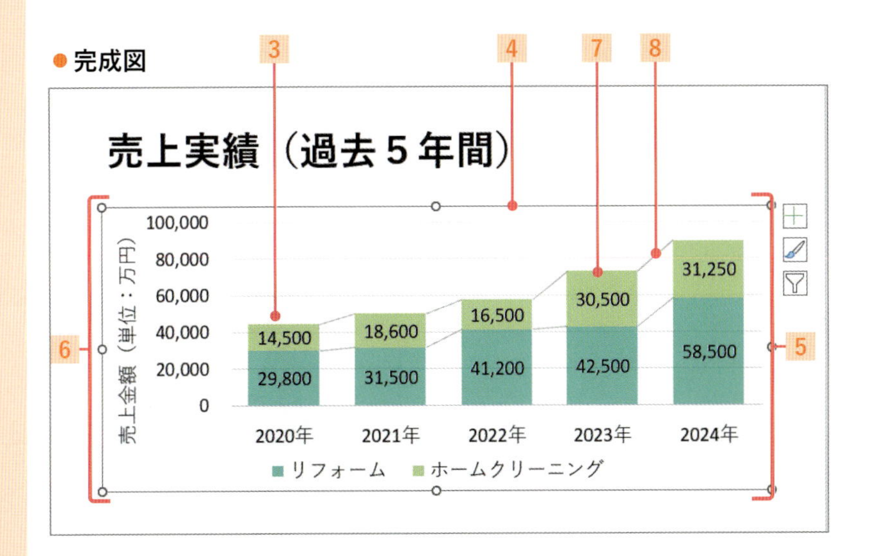

甘くておいしい！不調に効くおすすめドリンク

毎日のパソコン仕事、目が疲れたり、座りっぱなしで手足が冷たくなったり、首や肩が凝ったりと、体にさまざまな症状が出がちです。そんな不調に効く、おいしくて体によいおすすめドリンクを紹介します。

● ブルーベリー入りスムージー

ブルーベリーに含まれるアントシアニンは、目の健康にとてもよいとされます。強力な抗酸化物質なので目の組織を酸化ストレスから保護します。また、網膜の健康を維持し、加齢による視力の低下を防ぎ、目の炎症を軽減し、乾燥や充血を抑え、血流を改善するといった効果があります。「目が疲れたな」と思ったら、コンビニでブルーベリー入りスムージーを買ってみてはいかがでしょうか。自宅にミキサーがあれば、ブルーベリー、バナナ、リンゴ、牛乳または豆乳、氷2，3個でスムージーを作ってもおいしいですよ。

● チャイ

チャイは、スパイスと紅茶をミルクで煮出して作られるインドの伝統的な飲み物です。スパイスに、ショウガ、シナモン、カルダモン、グローブが使われています。これらのスパイスの作用により、体内の炎症を軽減し、消化不良や胃の不調を緩和します。また、免疫力を高める働きもしますから、「体がちょっと弱っているな」というときに飲むとよいですね。コーヒーショップでも買えますし、スパイスを買えば自分で簡単に作れます。スパイスを鍋に入れ、水を加えて火をつけて、沸騰し香りが立ってきたら、紅茶（アールグレーがおすすめ）を入れて、最後に牛乳か豆乳を入れて沸騰直前に火を止めます。砂糖かはちみつで甘みを加えて、香りを楽しみながら飲んでくださいね。ちなみにスパイスはすり鉢ですりつぶしておくとより香りが引き立ちます。

● 甘酒

甘酒は、風邪をひきそうなときの救世主です。飲む点滴と呼ばれるくらい体によいです。最近はやりの米麹を発酵させて本格的に作ることもできますが、スーパーで売っている酒粕と砂糖と水を鍋に入れて沸騰させるだけで簡単に作れます。体が温まり、元気になりますよ。この中に、すりおろしたショウガを少し入れると、体がさらに温まり、なおよいです。作るのが面倒であれば、スーパーとかコンビニでも売っていますから、購入してもいいですね。「風邪ひくかも」と体からの危険信号を感じたとき、熱々の甘酒で体を救ってあげましょう。

Point 人に優しく、自分にはもっと優しく！

第 8 章

図形を利用してメリハリをつける

スライド上に円、四角形、直線、矢印などの図形を配置すると、グラフの傾向を示したり、シンプルな流れ図などを作成したりすることができます。ここでは、図形の基本的な作成方法から、さまざまな編集方法を紹介します。

図形は意外と
簡単です

Section

54 図形を挿入する

ここで学べること

スライド上には、四角形や円、直線やコネクタなどいろいろな図形を配置することができます。例えば、グラフの傾向を示したり、簡単な地図を作成したりと、その使い方はさまざまです。

レッスン

まずは パッと見るだけ！

図形の挿入

スライドに図形を挿入すると、情報を明確に伝えやすくなります。例えば、グラフに図形を配置し、数値の増加を示す文字を入力することで、グラフの傾向を示すことができます。

Before 操作前

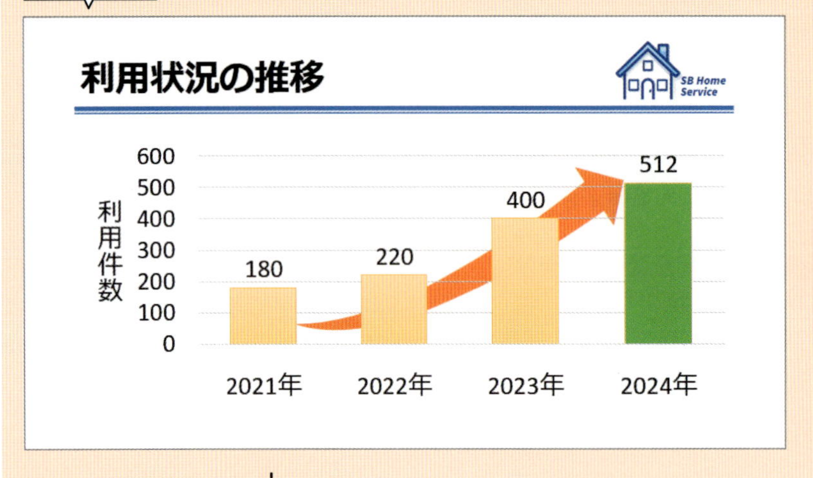

After 操作後

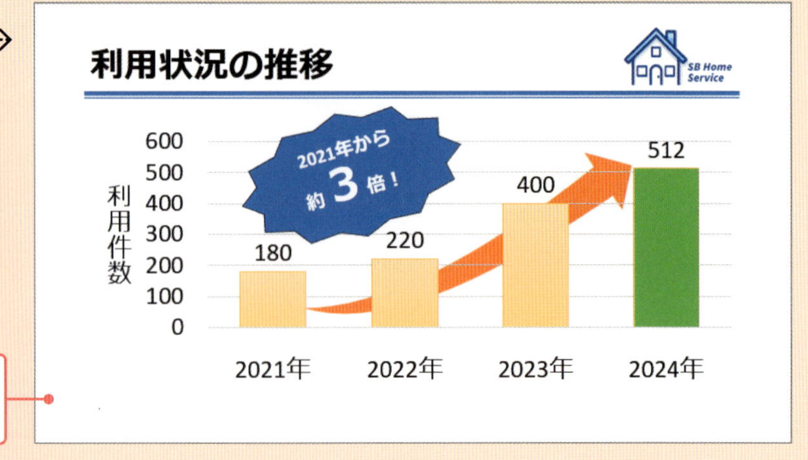

図形を配置して、スライドの内容がよりわかりやすくなった

レッスン 54-1 図形を挿入する

練習用ファイル 54-1-図形.pptx

操作 図形を挿入する

図形を挿入するには、[挿入] タブの[図形] をクリックし、一覧から作成したい図形を選択し、ドラッグします。

Point 正方形や垂直／水平線を描画する

Shift キーを押しながらドラッグすると、正方形、正円形になります。直線の場合は、水平、垂直、斜め45度の線が引けます。

Memo 図形の選択／解除

図形の中または境界線上でマウスポインターの形が⇔のときにクリックすると選択され、周囲に白いハンドル（○）が表示されます。図形以外をクリックすると選択が解除されます。

Memo 図形の削除

図形を削除するには、図形を選択し、Delete キーを押します。

コラム 図形サイズを数値で変更する

図形を選択し、コンテキストタブの[図形の書式] タブの[サイズ] グループにある[図形の高さ] と[図形の幅] で、それぞれcm単位で変更することができます。

1 [挿入] タブ→[図形]→[正方形/長方形] をクリックします。

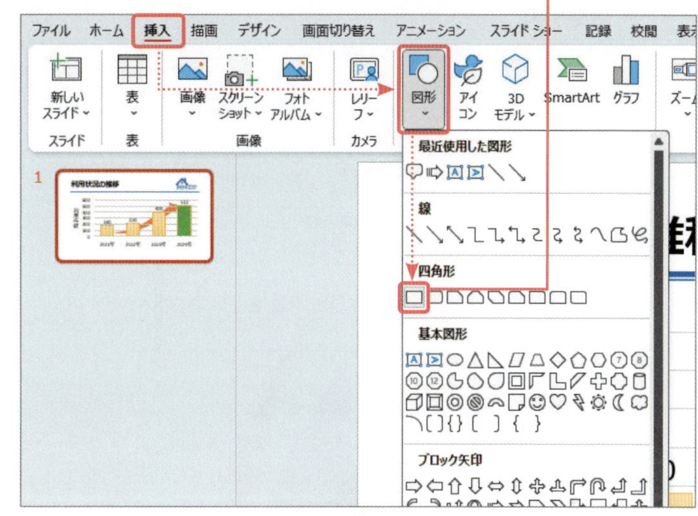

2 マウスポインターの形が⊞になったら、開始位置から終了位置までドラッグすると、

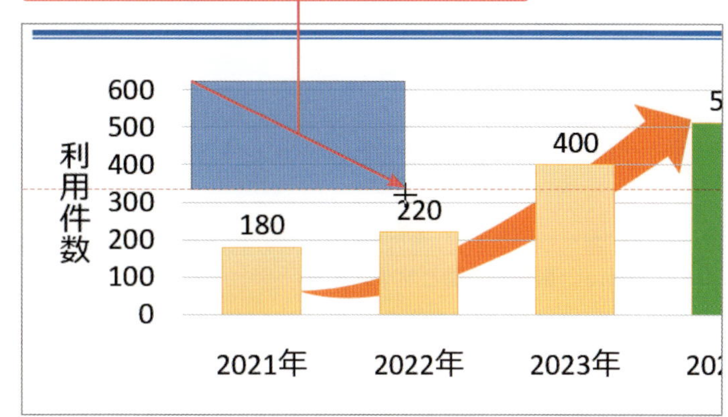

3 図形が作成されます。

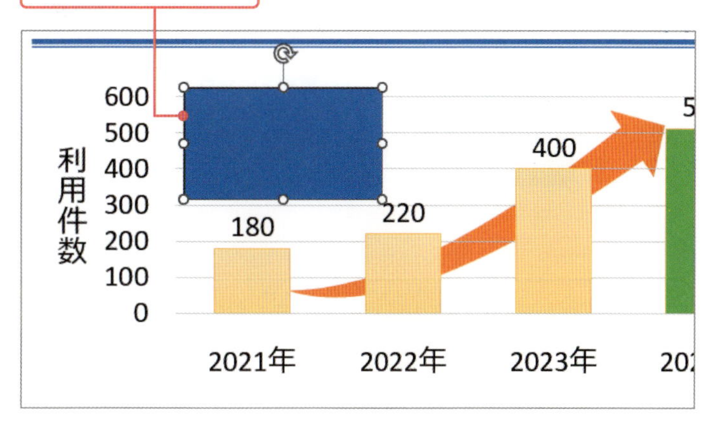

コラム　線を描画する

線を描画する場合は、単体で線を引いたり、図形と図形をつなぎ合わせたりできます。

●線を引く

[挿入] タブ→ [図形] → [線] を選択し❶、ドラッグします❷。

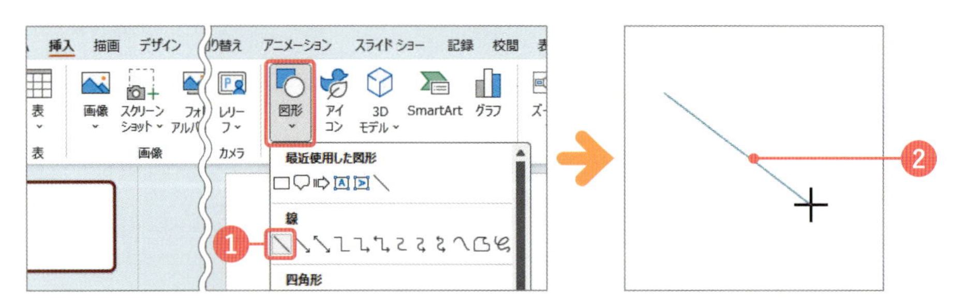

●線で図形と図形をつなぎ合わせる

図形が複数配置されているときに線を描画しようとすると、図形の周囲に接続ポイントが表示されます❶。接続ポイントからもう一方の接続ポイントまでドラッグすると、図形と図形を線で結ぶことができます❷。この場合、図形を移動しても直線は接続された状態が維持されます❸。

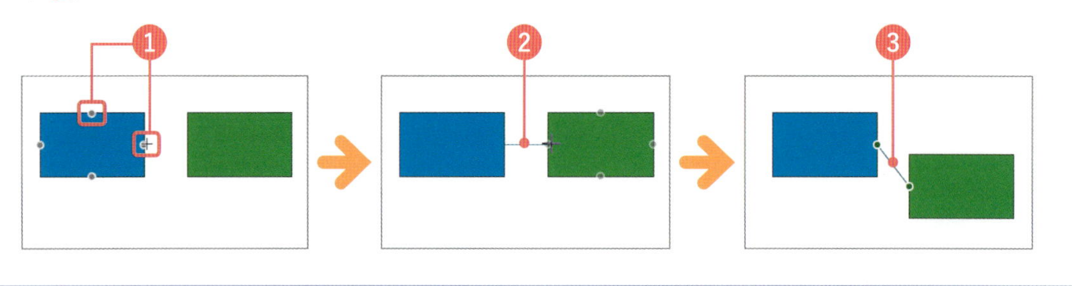

Memo　図形の移動とサイズ変更

図形を移動するには、図形を選択し、図形の中または境界線上にマウスポインターを合わせ、の形になったらドラッグします。また、サイズを変更するには、白いハンドル「○」上にマウスポインターを合わせ、の形になったらドラッグします。マウスポインターの形状を確認しながら操作してください。

●移動　　●サイズ変更

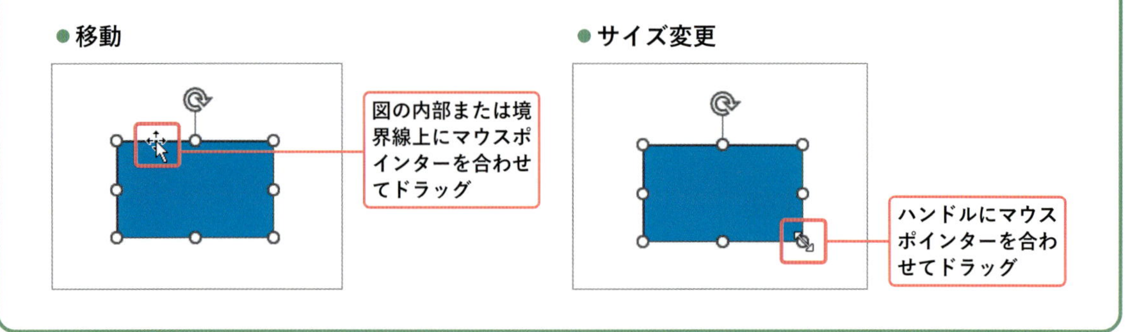

レッスン 54-2 図形を変更する

練習用ファイル 54-2-図形.pptx

Point 図形の変更

作成した図形の種類は、必要に応じて変更することができます。作成したものの、形が適切でない場合に図形を作り直すことなく、種類を変更して対応することができます。

Memo 図形をコピーする

図形を選択し、Ctrl キーを押しながらドラッグします。図形を並べながらコピーすることができます。
また、[ホーム] タブの [コピー] をクリックし、続けて [貼り付け] をクリックしてもコピーできます。この場合は、図形を移動して配置を整える必要があります。

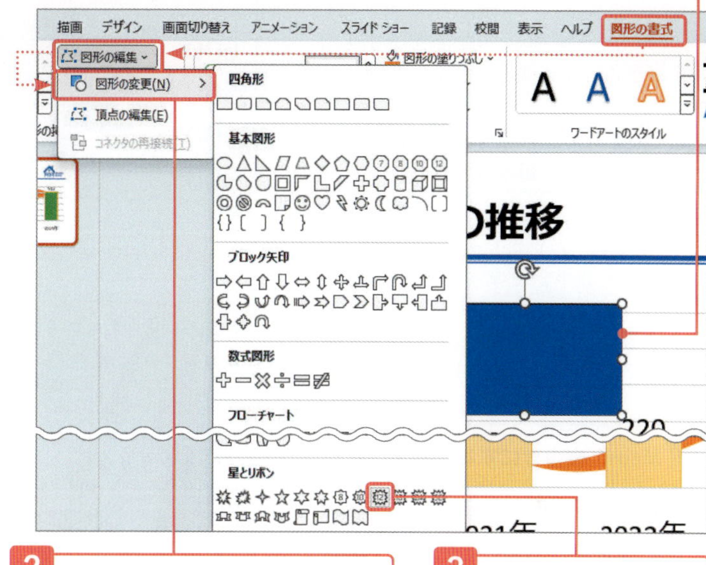

2 コンテキストタブの [図形の書式] タブ→ [図形の編集] → [図形の変更] をクリックして、

3 変更したい図形（ここでは [星：12pt]）をクリックすると、

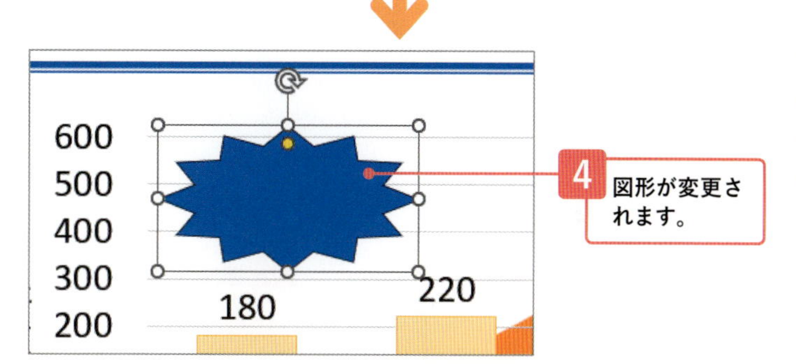

4 図形が変更されます。

レッスン 54-3 図形に文字を入力する

練習用ファイル 54-3-図形.pptx

操作 図形に文字を入力する

図形の中に文字を表示するには、図形を選択してそのまま文字を入力するだけです。また入力した文字は、文字単位でサイズ変更や太字などの書式を設定することができます。

文字を入力する

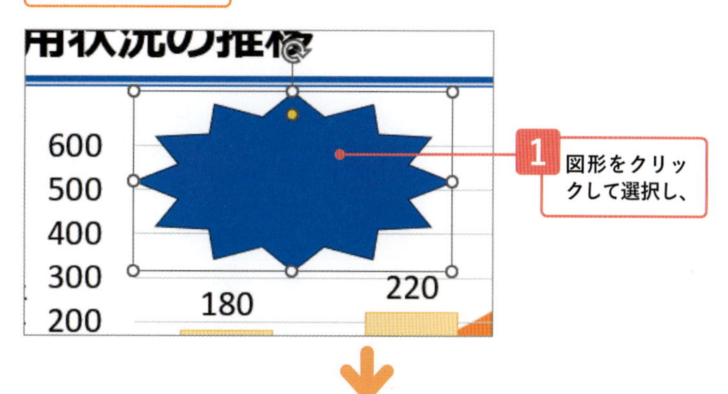

1 図形をクリックして選択し、

Point 図形内の文字を修正する

図形内に入力された文字を修正する場合は、文字上でクリックしてカーソルを表示し、Back space キーまたは Delete キーを押して文字を消去し、文字を入力します。

上級テクニック テキストボックスと組み合わせる

図形内に文字を直接入力する以外に、図形の上にテキストボックスを配置して図形の中に文字を表示することもできます。テキストボックスを使う場合は、図形の中の自由な位置に配置できます（p.154参照）。

Memo 縦書きにする

図形内の文字を縦書きにしたい場合は、図形の外枠をクリックして選択し、［ホーム］タブの［文字列の方向］をクリックし、［縦書き］をクリックします。

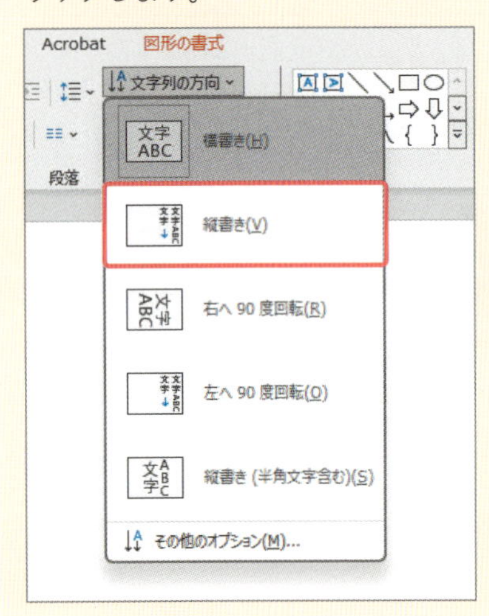

2 文字を入力すると（ここでは「2021年から［改行］約3倍！」）、そのまま図形内に文字が表示されます。

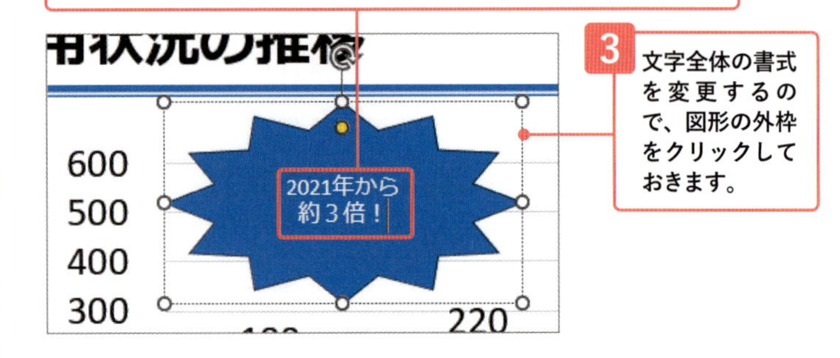

3 文字全体の書式を変更するので、図形の外枠をクリックしておきます。

文字を太字に変更／文字サイズを上げる

図形が選択されていることを確認します。ここでは、文字全体を太字、文字サイズを24ポイント、「3倍」の「3」のみを54ポイントに変更します。

1 ［ホーム］タブ→［太字］をクリックし、

2 続けて［フォントサイズの拡大］を24ポイントになるまで数回クリックします。

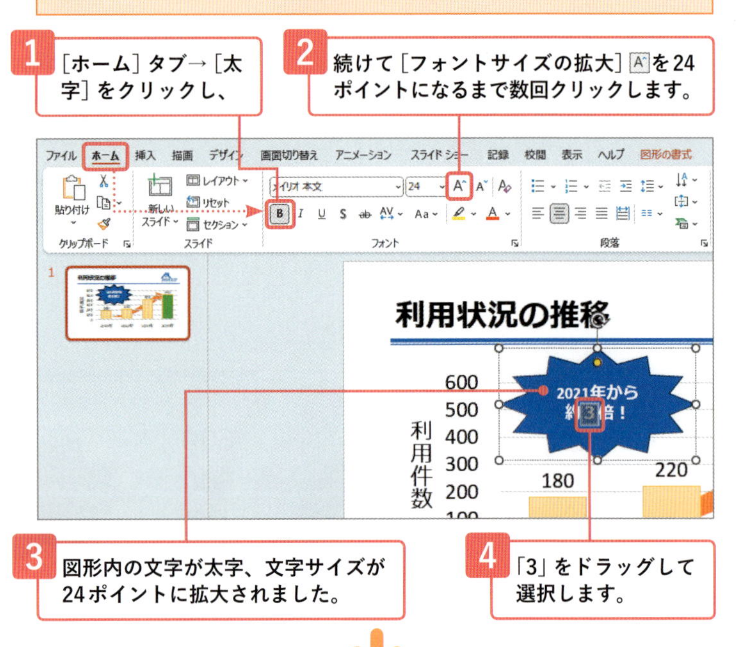

3 図形内の文字が太字、文字サイズが24ポイントに拡大されました。

4 「3」をドラッグして選択します。

5 手順 2 を参照し、［フォントサイズの拡大］を54ポイントになるまで数回クリックして、個別に文字サイズを拡大します。

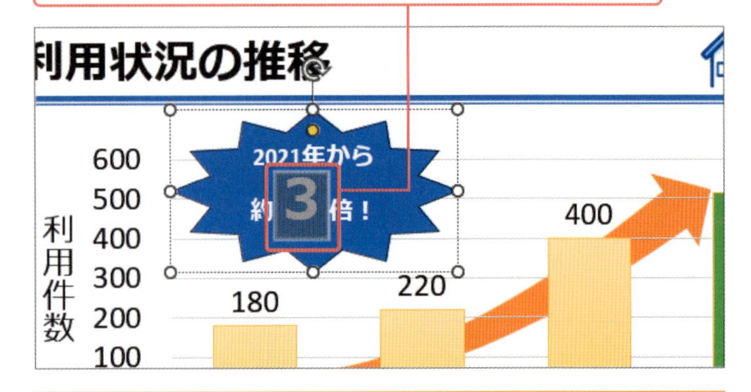

ここでは図形のサイズを高さ「5.5」、幅「10」の状態で操作しています。

コラム　図形内の文字色や効果を設定する

図形内の文字色は、［ホーム］タブの［フォントの色］でも文字色を変更できますが、コンテキストタブの［図形の書式］タブにある［ワードアートのスタイル］グループにあるボタンでも変更できます。その場合、文字内の色、輪郭の色、効果を設定することができます。

●ワードアートのスタイルを使って設定

ワードアートのスタイルには、文字色や文字の輪郭の色、効果を組み合わせたデザインが用意されています。クリックするだけで、見栄えを整えられます。
図形を選択し❶、［ワードアートのスタイル］グループの▼をクリックして❷、一覧からスタイルをクリックすると❸、文字にスタイルが設定されます❹。

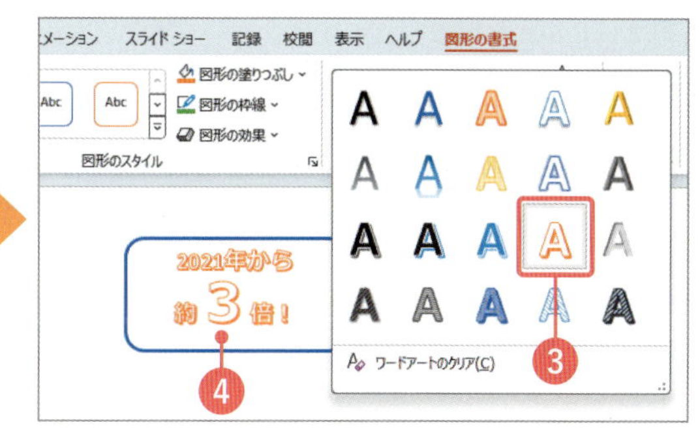

●文字内の色を変更

コンテキストタブの［図形の書式］タブにある［文字の塗りつぶし］Aの▼をクリックし❶、一覧から色をクリックすると❷、文字色が変更されます❸。

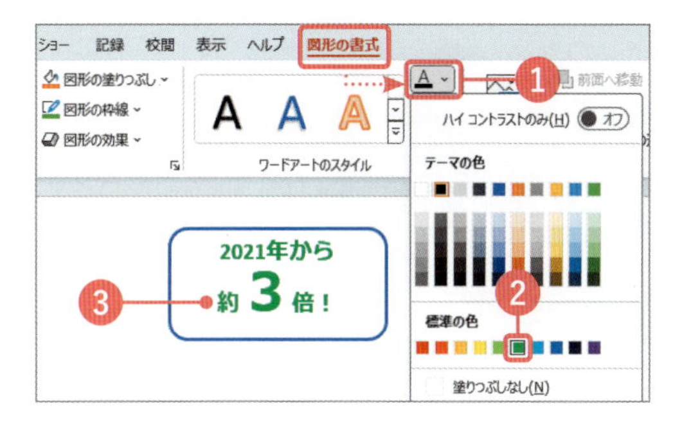

●文字の輪郭の色を変更

コンテキストタブの［図形の書式］タブにある［文字の輪郭］Aの▼をクリックし❶、一覧から色をクリックすると❷、文字の輪郭の色が変更されます❸。

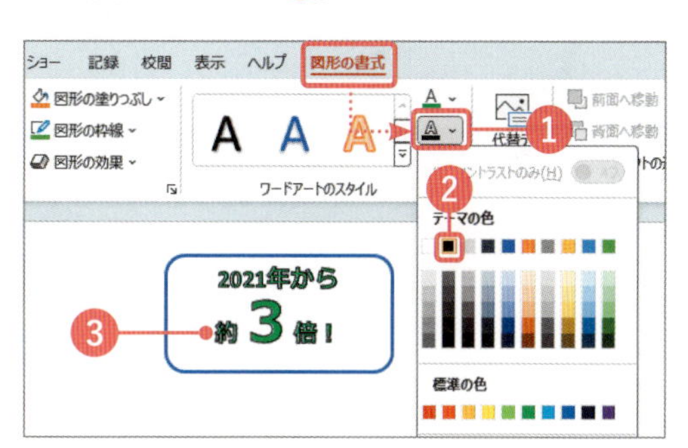

●文字に効果を設定

［文字の効果］には、文字に影を付けたり、変形させたり、さまざまな効果が用意されています。コンテキストタブの［図形の書式］タブにある［文字の効果］Aの▼をクリックし❶、効果の種類を選択し❷、一覧から効果をクリックすると❸、文字に効果が設定されます❹。

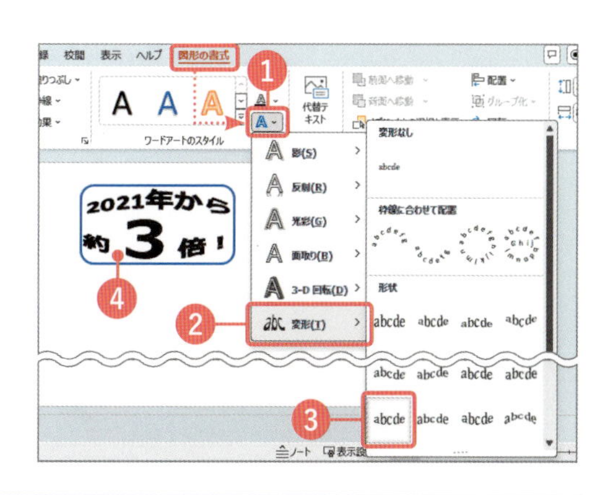

レッスン 54-4 図形を回転／変形させる

練習用ファイル 54-4-図形.pptx

操作 図形を回転／変更させる

図形を回転させて角度を変えたり、変形したりして、目的にあった図形に調整します。
角度の変更は、図形の回転ハンドルをドラッグします。変形は、黄色い変形ハンドルをドラッグします。

Memo 上下／左右の反転や90度回転させる

図形を上下や左右に反転したり、90度ごとに回転したりする場合は、コンテキストタブの［図形の書式］タブ→［回転］（オブジェクトの回転）をクリックしてメニューから［右へ90度回転］［左へ90度回転］［上下反転］［左右反転］で設定します。

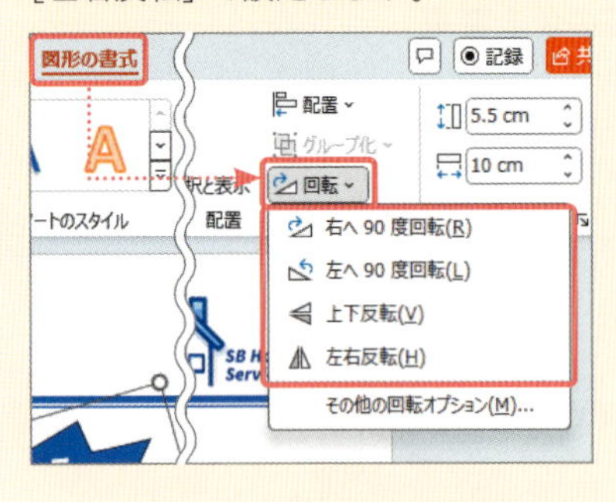

図形を回転させる

1 図形をクリックして選択し、

2 回転ハンドルにマウスポインターを合わせ、の形になったら斜め左にドラッグすると、

3 マウスポインターの形がになり、図形が回転します。

図形を変形させる

1 図形をクリックして選択し、

2 変形ハンドルにマウスポインターを合わせ、の形になったら右にドラッグすると、

3 図形が変形します。

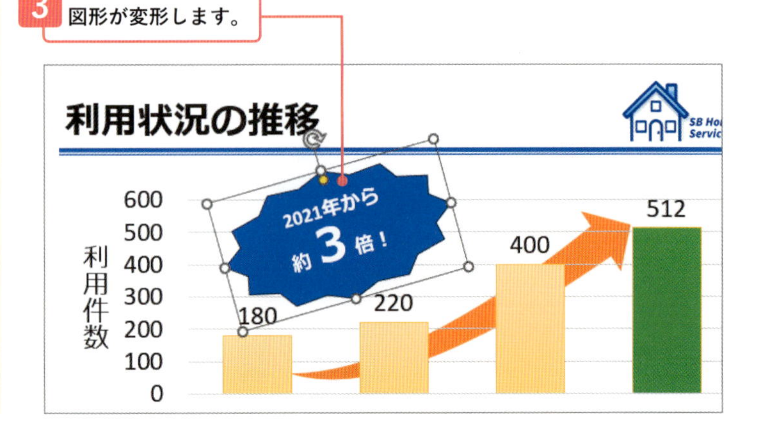

コラム　図形の頂点を編集して、図形を変形させる

図形に用意されている変形ハンドルを使えば、図形の形をある程度変更することができますが、この部分をもう少し変えられたらと思うこともあるでしょう。そのような場合、図形の頂点を編集することで対応することができます。例えば、以下の図形は変形ハンドルをドラッグすると、折り目の大きさは変更できますが、折り目の三角の部分は変更できません。このような場合、図形の頂点を編集することで調整することが可能です。

● 変更ハンドルで変形

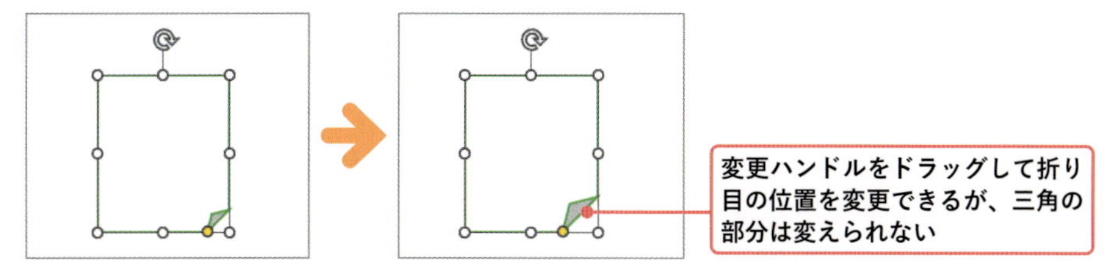

変更ハンドルをドラッグして折り目の位置を変更できるが、三角の部分は変えられない

● 図形の頂点を編集して変形

1 図形を選択し、コンテキストタブの［図形の書式］タブ→［図形の編集］→［頂点の編集］をクリックします。

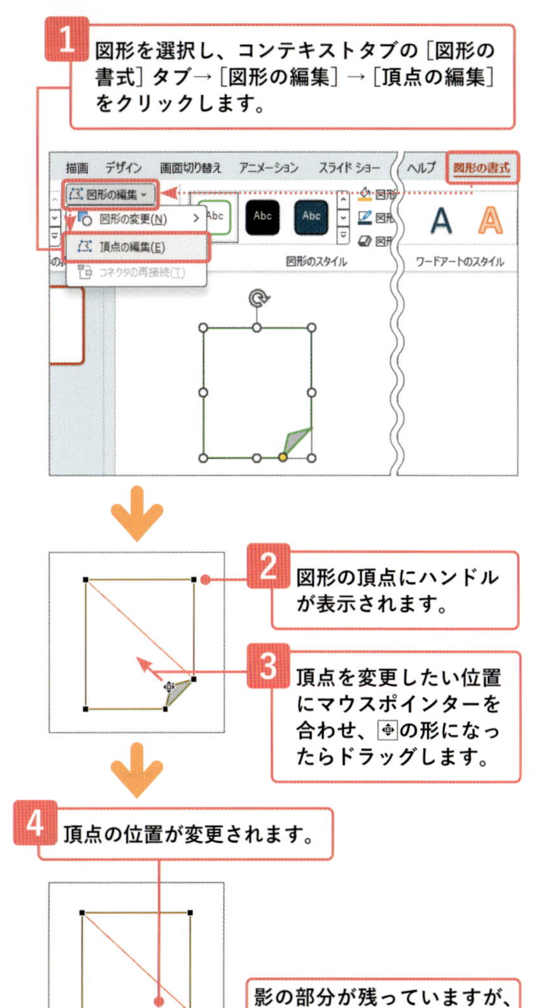

2 図形の頂点にハンドルが表示されます。

3 頂点を変更したい位置にマウスポインターを合わせ、[ポインター]の形になったらドラッグします。

4 頂点の位置が変更されます。

影の部分が残っていますが、ここでは削除します。

5 影の頂点を右クリックし、［頂点の削除］をクリックします。

游ゴシック 本文
18
新しいコメント
頂点の追加(A)
頂点の削除(L)
パスを開く(N)
パスを閉じる(L)
頂点を中心にスムージングする(S)
頂点で線分を伸ばす(R)
頂点を基準にする(C)
頂点編集の終了(E)

6 頂点が削除され、影の部分が削除されました。

7 図形以外の部分をクリックして編集を終了します。

折り目の三角の部分を増やすことができました。

Section

55 図形のスタイルや色を変更する

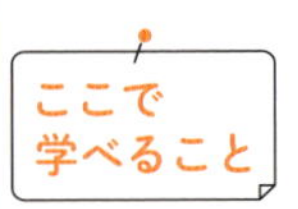

図形を追加したときの図形の色は、プレゼンテーションに設定されているテーマや配色によって異なります。図形の色は、後から自由に変更することができます。

- 55-1 図形にスタイルを設定する
- 55-2 図形を塗りつぶす／枠線の色を変更する

まずは パッと見るだけ！

図形の色の変更

塗りつぶしの色と枠線の色がセットされている図形のスタイルを適用すると、一気に図形の色を変更できます。また、塗りつぶしの色と外枠の色を個別に設定することもできます。

Before 操作前

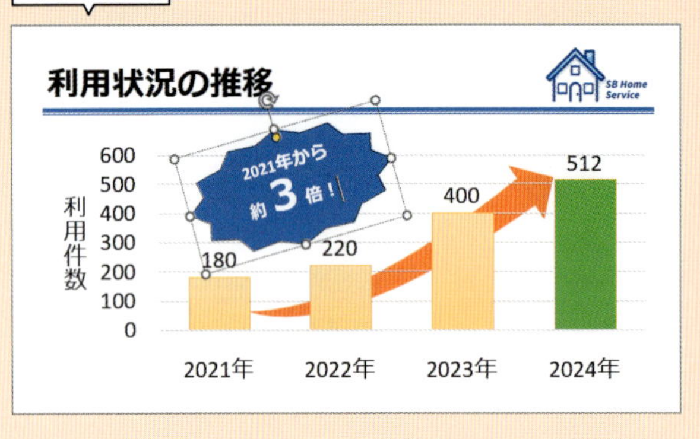

After 操作後

▼スタイルを使って変更

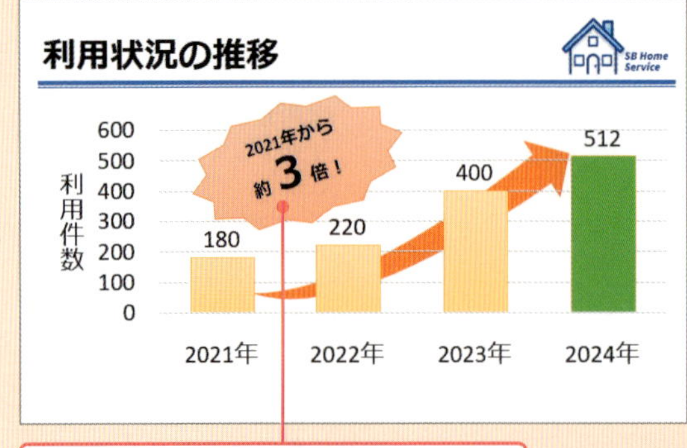

塗りつぶし、外枠の色や効果、文字色の組み合わせを素早く変更できる

▼図形の内部と外枠を変更

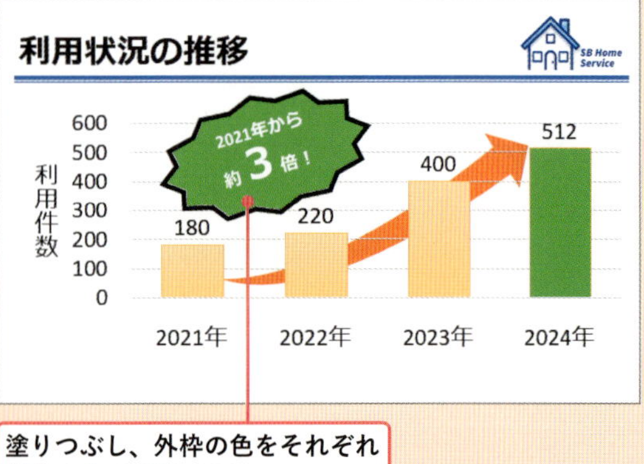

塗りつぶし、外枠の色をそれぞれ任意の色で変更できる

レッスン 55-1 図形にスタイルを設定する

練習用ファイル 55-1-図形.pptx

Point 図形のスタイル

図形のスタイルとは、図形の塗りつぶしの色や枠線の色、効果、文字色などの組み合わせです。あらかじめ用意されているスタイルを選択するだけで簡単に見栄えを変更できます。

Memo テーマによってスタイルの一覧は異なる

図形のスタイルのカラーパレットはプレゼンテーションに設定されているテーマや配色によって異なります。

Memo スタイル名の確認

手順3で、スタイルの上にマウスポインターを合わせると、ポップヒントでスタイル名が表示されます。

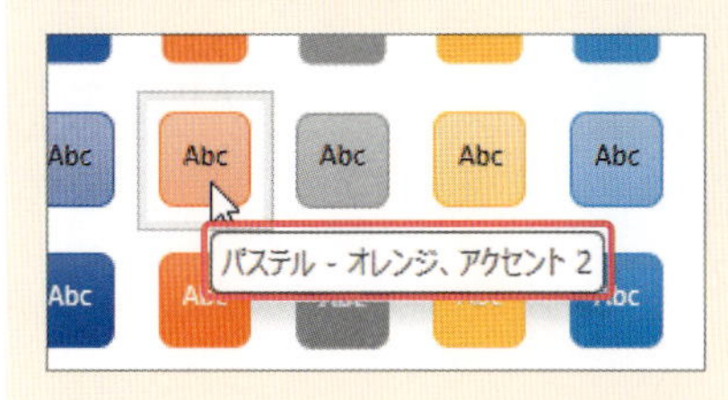

1 図形をクリックして選択して、

2 コンテキストタブの［図形の書式］タブ→［図形のスタイル］グループの▽をクリックします。

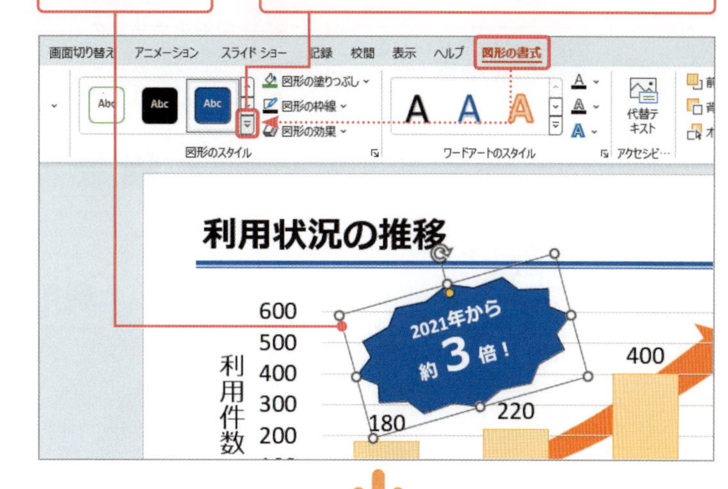

3 一覧からスタイル（ここでは［パステル - オレンジ アクセント 2］）をクリックすると、

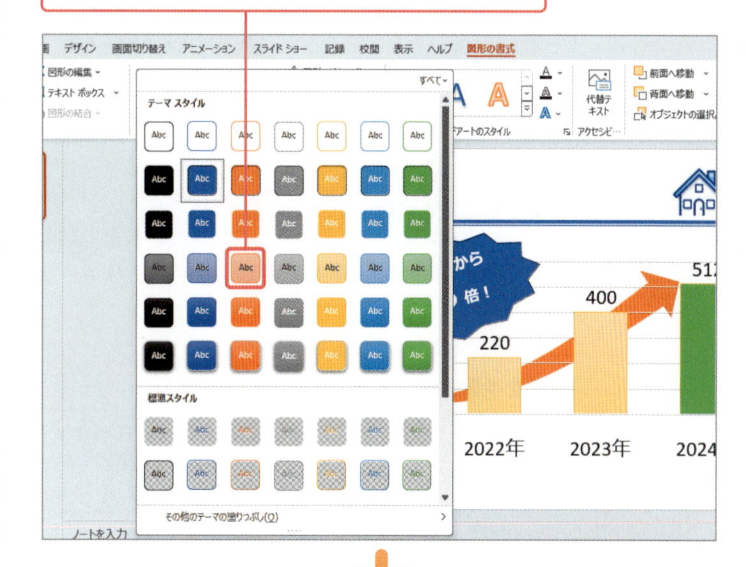

4 スタイルが設定されます。

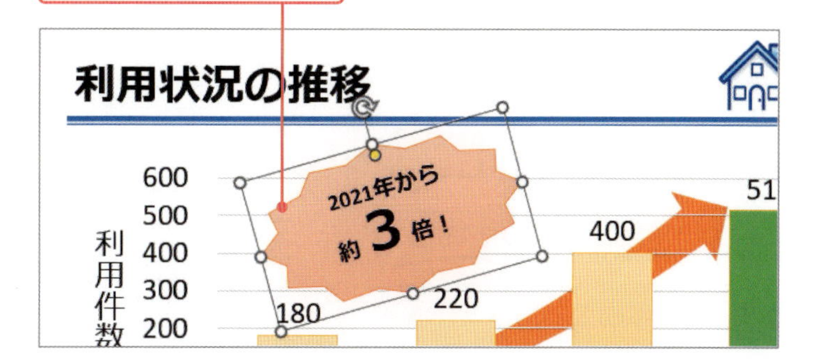

レッスン 55-2 図形を塗りつぶす／枠線の色を変更する

練習用ファイル 55-2-図形.pptx

Point 図形の塗りつぶしの色と枠線の色の変更

図形は内部の塗りつぶしの色、外周の枠線の色を変更できます。それぞれ個別に選択し、自由に設定できます。

Memo 塗りつぶしをなしにするには

手順3で［塗りつぶしなし］をクリックします。

塗りつぶしの色を変更する

1 図形をクリックして選択し、

2 コンテキストタブの［図形の書式］タブ→［図形の塗りつぶし］の⌄をクリックして、

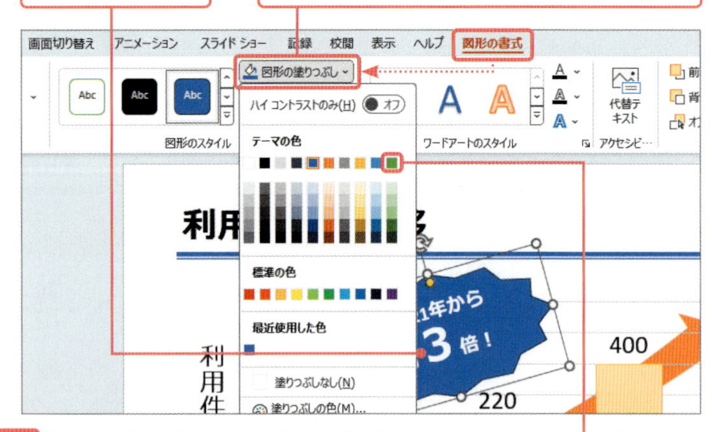

3 カラーパレットから色（ここでは［緑、アクセント6］）をクリックすると、

4 塗りつぶしの色が変更されました。

Memo 枠線をなしにするには

「枠線と色の太さの変更」の手順2で［枠線なし］を選択します。

コラム 枠線を手書き風にする

［図形の書式］タブの［図形の枠線］の⌄をクリックし❶、［スケッチ］をクリックして❷、一覧から線をクリックすると❸、図形の枠線が手書き風に設定されます❹。

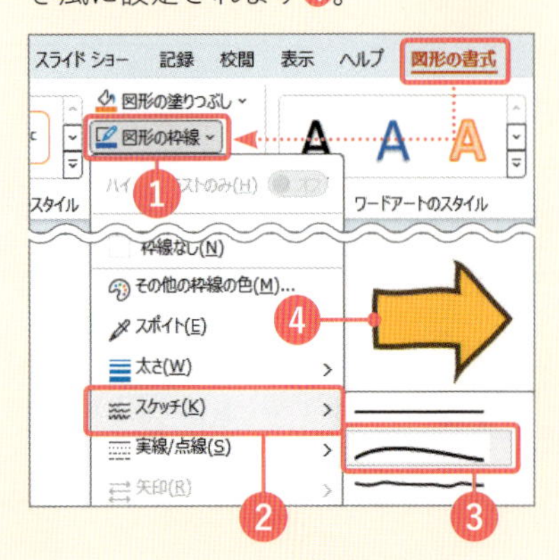

枠線の色と太さを変更する

1 続けて［図形の書式］タブ→［図形の枠線］の⌄をクリックし、

2 カラーパレットから色（ここでは［黒、テキスト1］）をクリックすると、

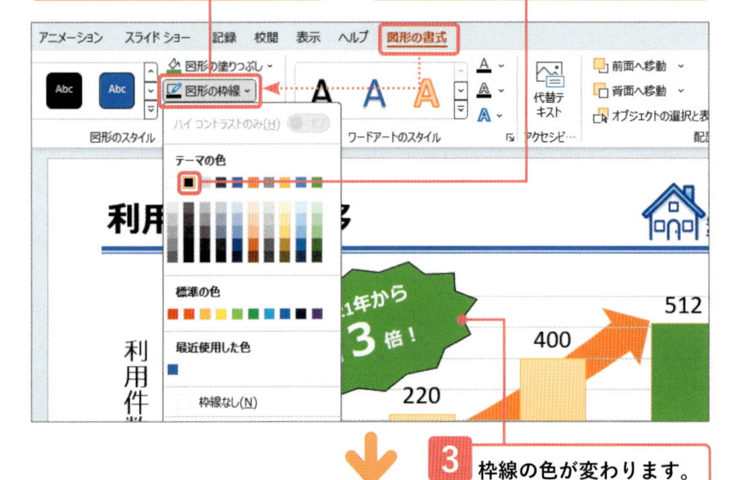

3 枠線の色が変わります。

コラム　線種を変更する

[図形の書式] タブの [図形の枠線] の⌄をクリックし❶、[実線/点線] をクリックして❷、一覧から目的の線をクリックすると❸、図形の枠線の種類が変更されます❹。

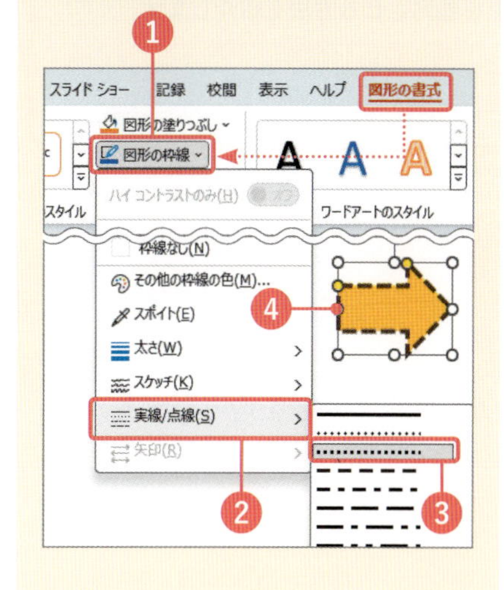

4 同様に [図形の書式] タブ→ [図形の枠線] の⌄→ [太さ] をクリックし、

5 任意の太さ (ここでは [4.5pt]) をクリックすると、

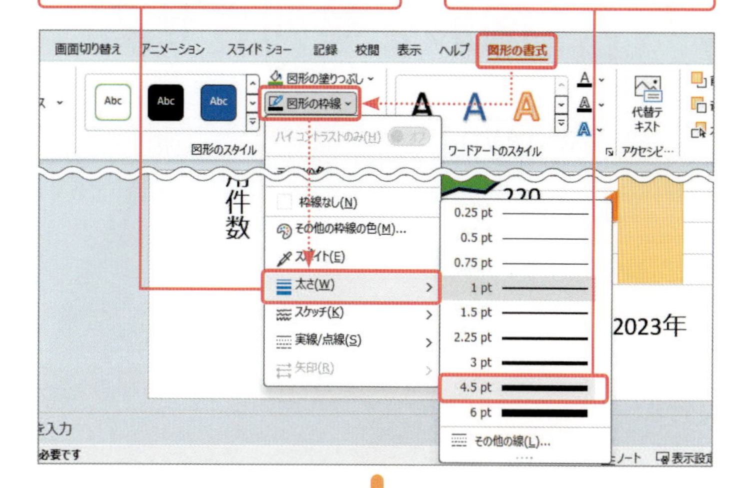

6 枠線の太さが変わります。

コラム　塗りつぶしのカラーパレット以外のメニュー

カラーパレット以外に以下のメニューからいろいろな色、画像、グラデーション、テクスチャを設定できます。また、図形上で右クリックし、ショートカットメニューの [図形の書式設定] をクリックすると表示される [図形の書式設定] 作業ウィンドウの [図形のオプション] の [塗りつぶしと線] でより詳細な設定が行えます。

● [図形の塗りつぶし] のメニュー

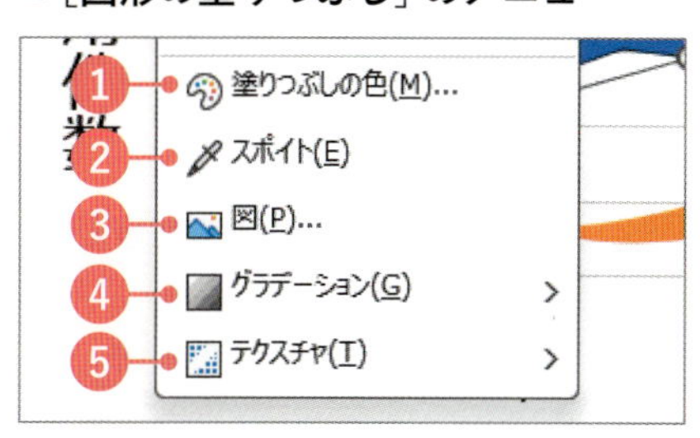

❶	[色の設定] ダイアログを表示 (p.137参照)
❷	スポイトでスライド上の色を設定 (p.136参照)
❸	[図の挿入] 画面を表示 (p.121参照)
❹	淡色または濃(のう)色のグラデーション一覧を表示
❺	紙、布地、石、木材などのテクスチャ一覧を表示

● [図の書式設定] 作業ウィンドウ

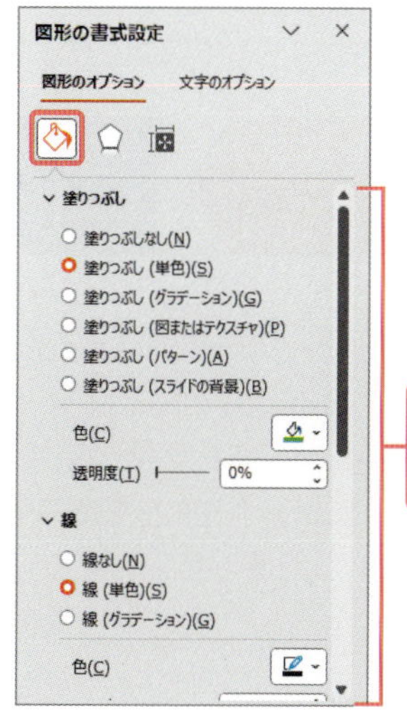

選択している図形の塗りつぶしや線の書式を詳細に変更できる

Section
56 図形を整列させる

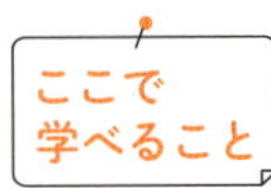

複数の図形を配置したときに、間隔がバラバラだったり、位置が揃ってなかったりした場合、メニューを使って整列させることができます。ここでは図形を整列させる方法を紹介します。

レッスン ▶56-1 図形を整列させる

まずは パッと見るだけ！

複数の図を配置したとき、図形の上、中、下のどこに揃えるか、図形の間隔を均等にするかなどは、［配置］のメニューを使って揃えることができます。

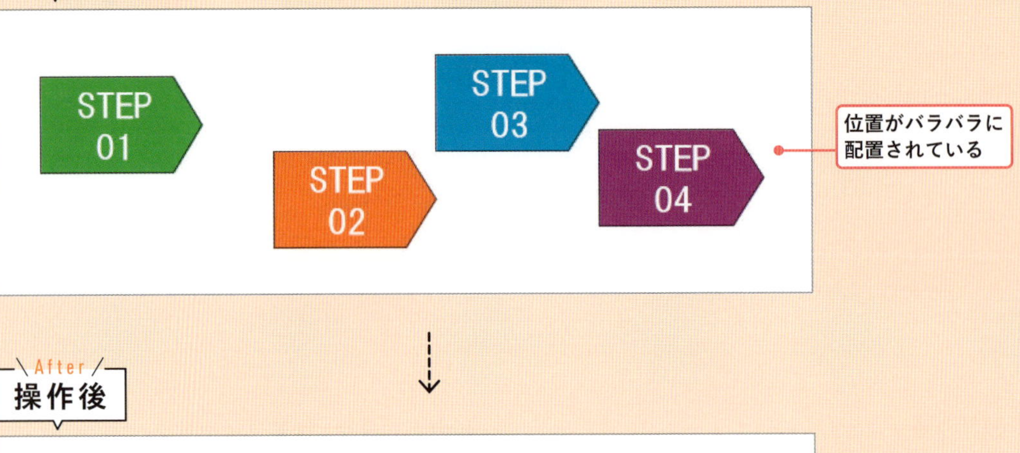

流れ図や
地図を作成
するときに
使えそう！

レッスン 56-1 図形を整列させる

練習用ファイル 56-図形の整列.pptx

操作 図形を整列させる

スライドに配置した複数の図形の間隔を均等にしたり、上下を揃えたりと整頓するには、対象となる図形を選択し、コンテキストタブの[図形の書式]タブにある[配置](オブジェクトの配置)のメニューを使います。

Memo グリッド線を表示する

[表示]タブの[グリッド線]をクリックしてチェックを付けると❶、スライドにグリッド線が表示されます❷。図形などのオブジェクトを配置するときの目安にすることができます。

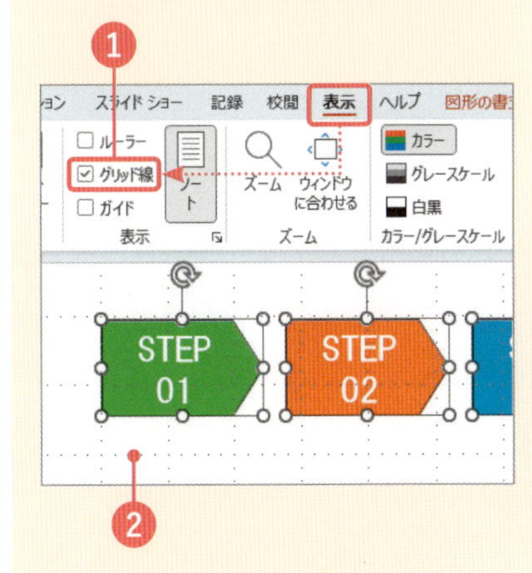

コラム 配置の基準を確認する

既定では、配置の基準が[選択したオブジェクトを揃える]になっています。そのため、選択した図形を基準に配置されますが、[スライドに合わせて配置]にチェックが付いていると、スライド全体に対して配置されます。配置のメニューを選択する前に、チェックを確認し、必要に応じて変更してください。

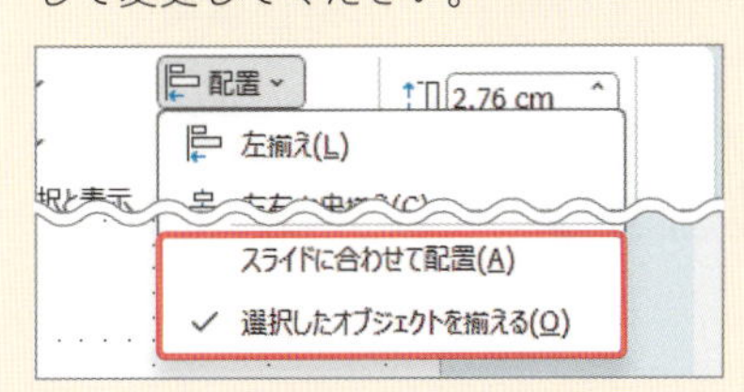

ここでは、図形を上下に中央揃え、左右間隔を均等にして整列させます。

1 図形を囲むようにドラッグすると、

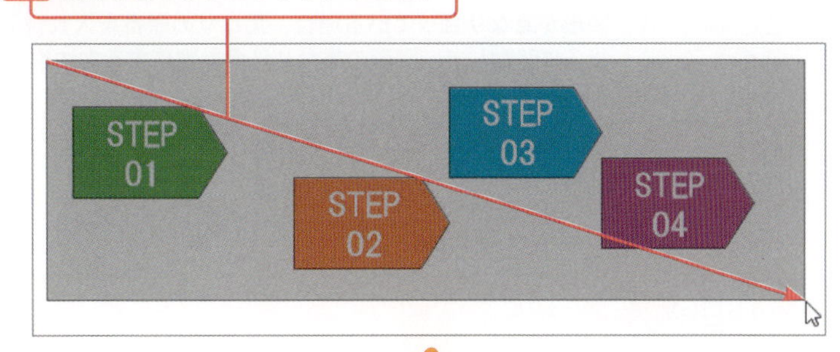

2 図形が選択されます。

3 コンテキストタブの[図形の書式]タブ→[配置](オブジェクトの配置)をクリックし、

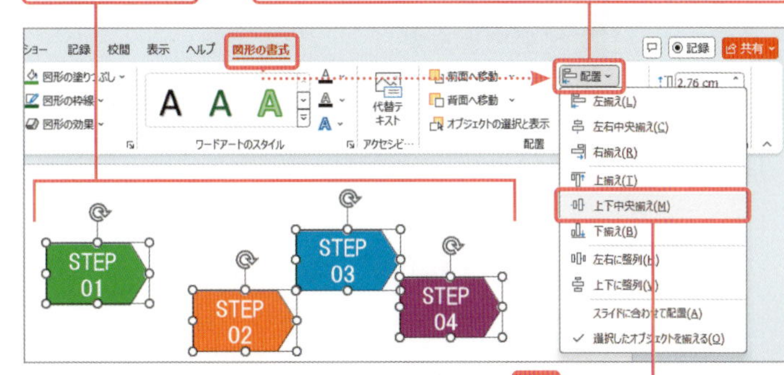

4 [上下中央揃え]をクリックすると、

5 図形が上下に中央揃えで整列されます。

6 同様に、コンテキストタブの[図形の書式]タブ→[配置](オブジェクトの配置)をクリックし、

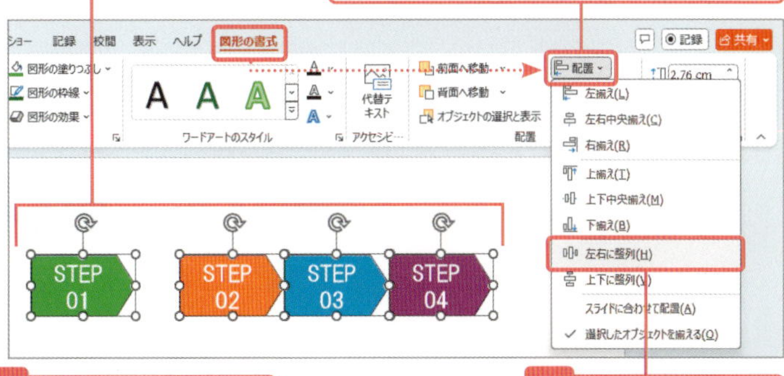

7 [左右に整列]をクリックすると、

8 図形の間隔が左右均等に揃いました。

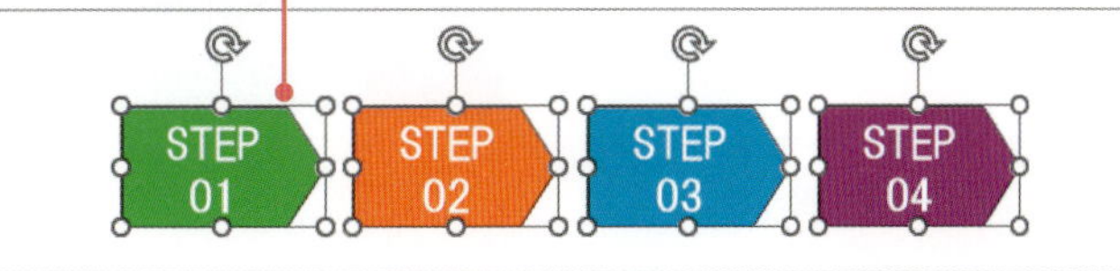

Section

57 図形の重なり順を変更する

ここで学べること

図形が重なり合っている場合、重なりの順番を入れ替えたいことがあります。現在の位置より前や後ろに移動して、図形の重なり具合を調整する方法を紹介します。

レッスン

まずは パッと見るだけ！

図形の重なり順の変更

複数の図形を作成すると、その**重なり順**は、最初に作成した図形が一番下になり、順番に上に配置されます。図形の重なり順は、1つずつ前面や背面に移動したり、一気に最前面や最背面に移動したりして変更できます。

Before
操作前

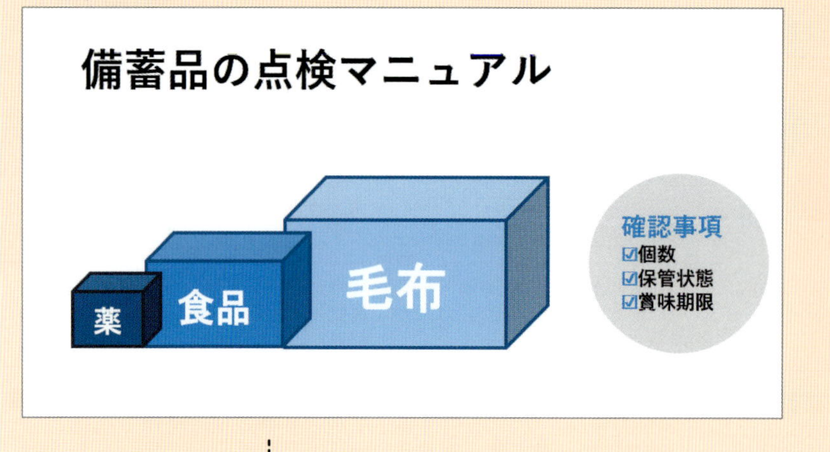

After
操作後

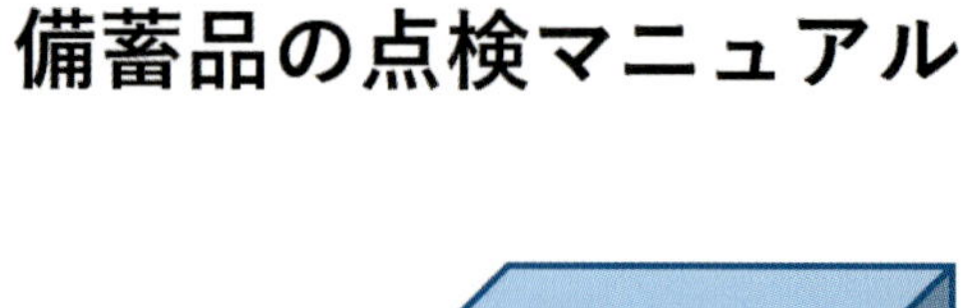

図形の重なり順を変更することで、図形の並びが整った

レッスン 57-1 図形の重なり順を変更する

練習用ファイル 57-重なり順変更.pptx

操作 図形の重なり順を変える

図形の重なり順を変更するには、コンテキストタブの［図形の書式］タブにある［前面へ移動］または［背面へ移動］を使います。それぞれの⌄をクリックするとメニューが表示され、最前面や最背面に移動することもできます。

Memo 1つ上に移動するには

「図形を1つ下に移動する」の手順2で、［前面へ移動］をクリックすると1つ上に移動します。

図形を1つ下に移動する

1 図形をクリックして選択し、

2 コンテキストタブの［図形の書式］タブ→［背面へ移動］をクリックすると、

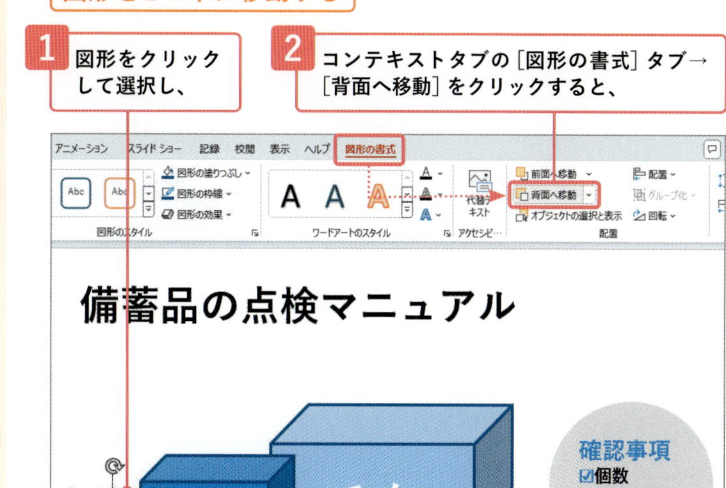

3 選択した図形が1つ下に移動します。

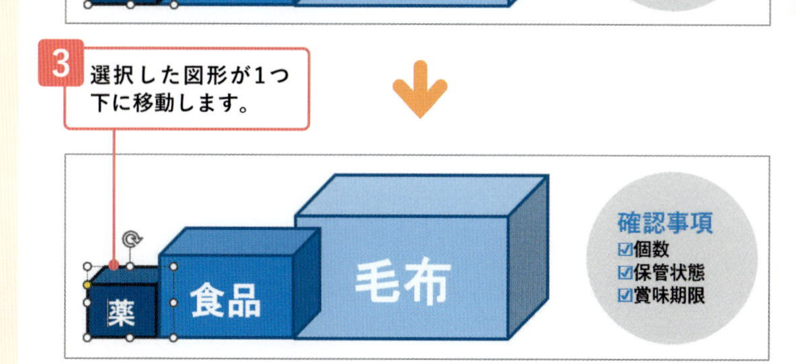

図形を一番上に移動する

1 図形をクリックして選択し、

2 コンテキストタブの［図形の書式］タブ→［前面へ移動］の⌄をクリックして、

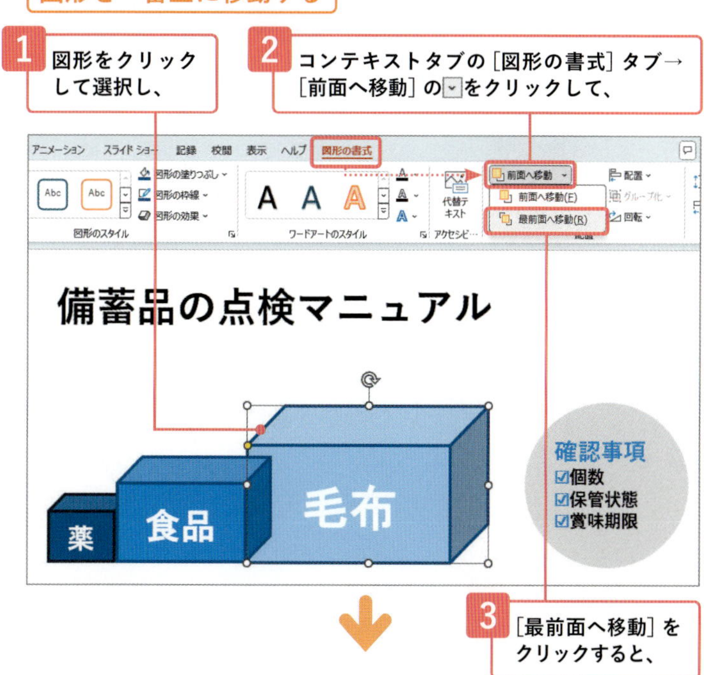

3 ［最前面へ移動］をクリックすると、

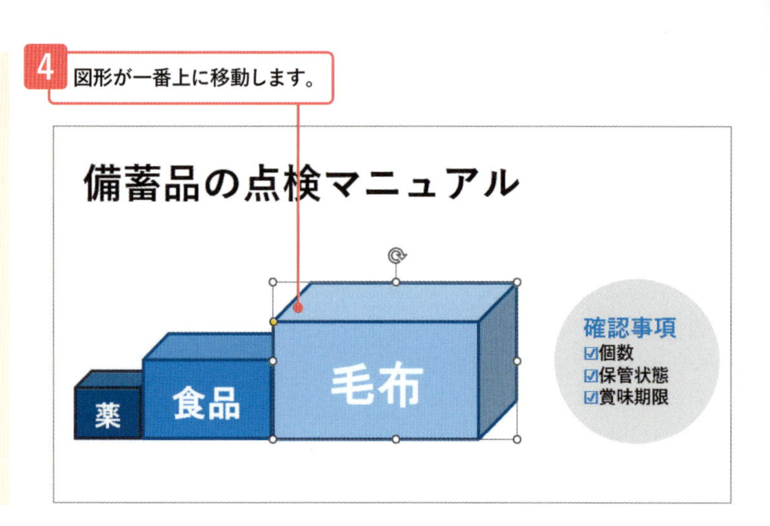

コラム 隠れた図形を選択する

図形の中に隠れて選択できない図形を選択するには、コンテキストタブの［図形の書式］タブ→［オブジェクトの選択と表示］をクリックして❶、［選択］作業ウィンドウを表示します❷。一覧の中で図形を選択すると❸、スライド上の図形が選択されます❹。
［選択］作業ウィンドウでは、最前面にある図形から順番にすべての図形の一覧が表示されています。そのため、隠れている図形も含めてすべての図形を選択することができます。なお、選択した図形を⌃で上、⌄で下に移動することもできます❺。

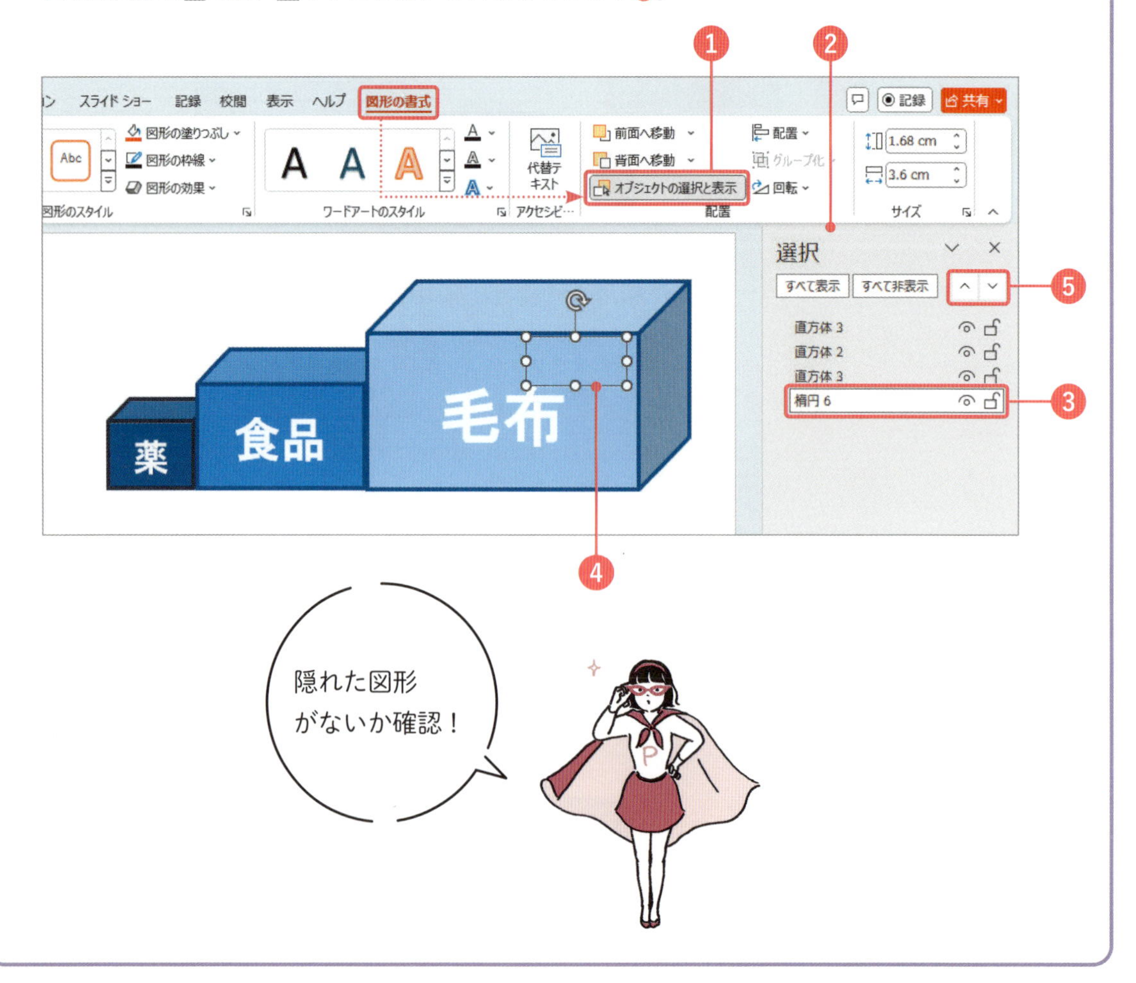

上級テクニック　SmartArtの部品を利用する

Section54のグラフには、あらかじめ矢印の図形が配置されていますが、どのように作るのか気になっている方もいるでしょう。この図形は、9章で紹介するSmartArtの部品を利用しています。SmartArtはフローチャートや階層図などを簡単に作れるもので、いくつかの図表のパターンが用意されています。この中の［上向き矢印］を利用し、図形に変換することで、ばらばらに分解し、不要な部品を削除して、矢印だけ残して使っています。ここでは、手順を簡単に紹介します。SmartArtの詳細は、Section62～64を参照してください。

1 ［挿入］タブ→［SmartArt］をクリックし、

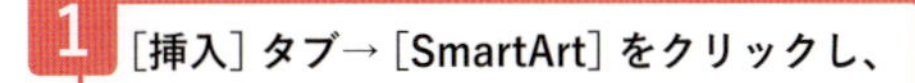

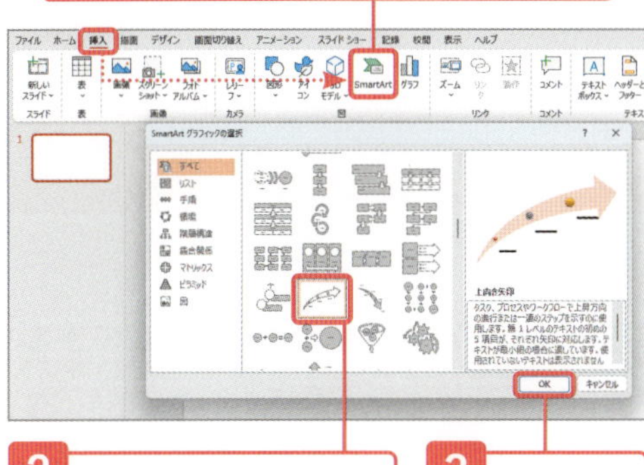

2 表示された［SmartArt］ダイアログで［上向き矢印］を選択して、

3 ［OK］をクリックします。

4 SmartArtが挿入されます。

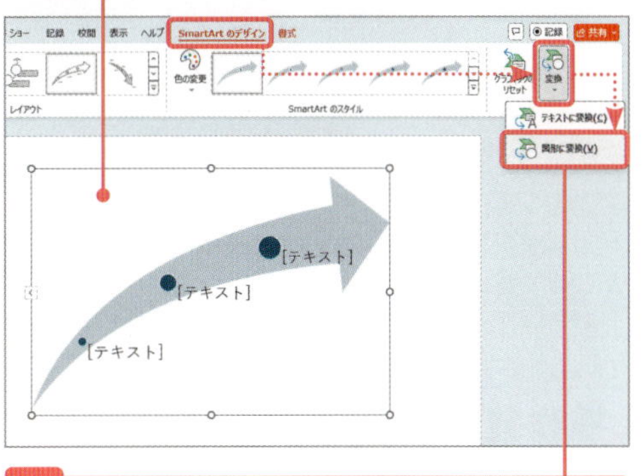

5 コンテキストタブの［SmartArtのデザイン］タブ→［変換］→［図形に変換］をクリックします。

6 図形に変換されます。

7 コンテキストタブの［図の書式］タブ→［オブジェクトの選択と表示］をクリックします。

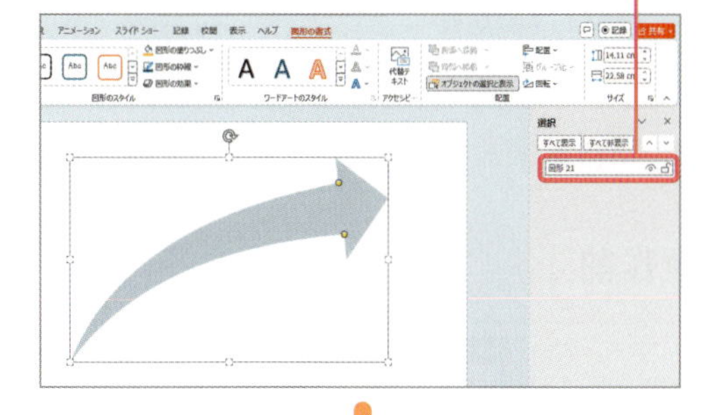

8 表示された［選択］作業ウィンドウで矢印（ここでは［図形21］）以外の部品をクリックして選択し、Delete キーを押して削除します。

9 同様にして矢印だけ残して他の部品を削除します。

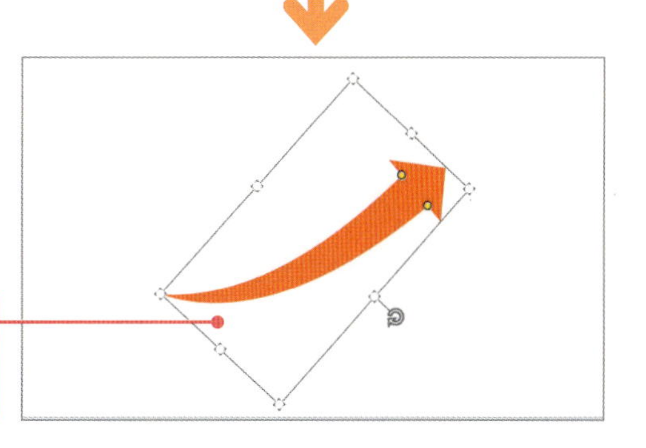

10 矢印の部品の塗りつぶしの色を変更し、回転して、使いたい形に整えます。

Section

58 複数の図形をひとつにまとめる

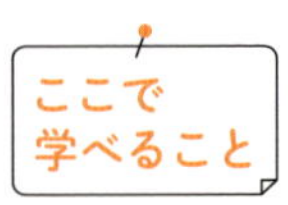

複数の図形をきれいに配置したあとで、その並びを固定する方法には、図形のグループ化と結合の2つがあります。これらの機能により、1つの図形として扱えるようになります。

- 58-1　図形をグループ化する
- 58-2　図形を結合して1つの図形に変換する

まずは パッと見るだけ！

図形のグループ化と結合

グループ化した図形は、移動や回転だけでなく、スタイルなどの書式もまとめて設定できます。また、図形を結合すると、複数の図形の組み合わせを1つの図形に変換できます。

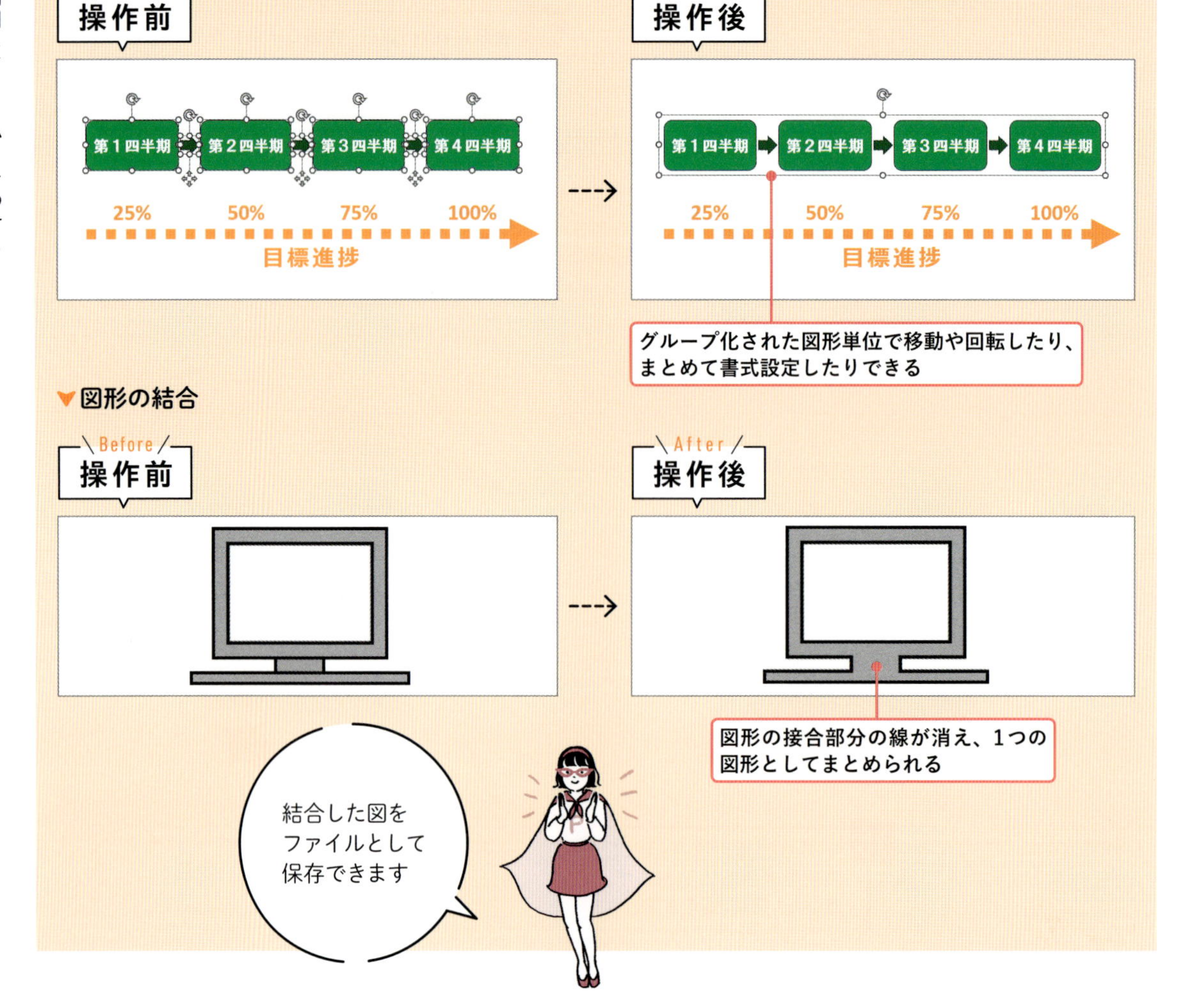

レッスン58-1 図形をグループ化する

練習用ファイル 58-1-図形のグループ化.pptx

操作　図形をグループ化する

複数の図形をグループ化するには、グループ化したい図形を選択し、コンテキストタブの［図形の書式］タブの［グループ化］（オブジェクトのグループ化）の［グループ化］をクリックします。

Memo　複数の図形を選択する

複数の図形を選択するには、図形を囲むようにドラッグします。または、1つ目の図形をクリックして選択したのち、2つ目以降の図形を Shift キーを押しながらクリックします。

Memo　グループ化を解除するには

手順3で［グループ解除］をクリックします。

1 グループ化したい図形を囲むようにドラッグすると、

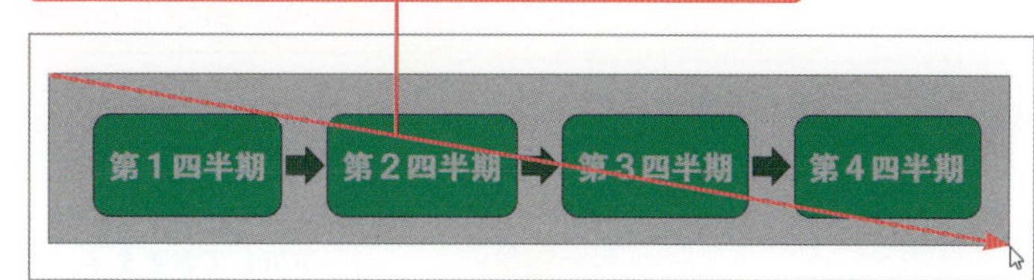

2 囲まれた図形がすべて選択されます。

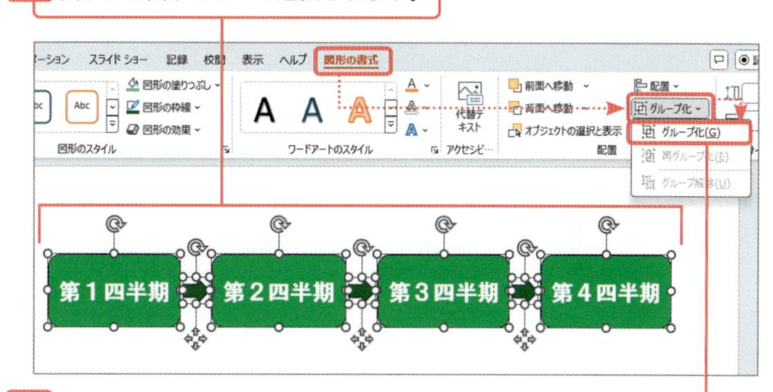

3 コンテキストタブの［図形の書式］タブ→［グループ化］（オブジェクトのグループ化）→［グループ化］をクリックすると、

4 選択された図形がグループ化されます。

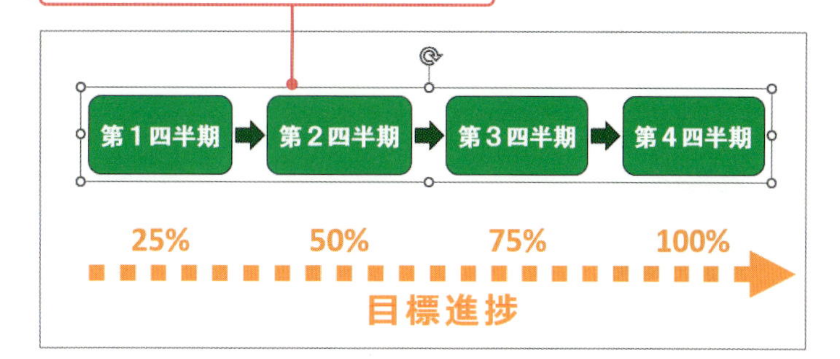

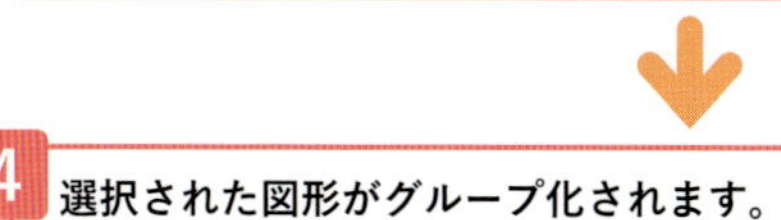

時短ワザ　まとめて書式設定する

グループ化された図形は、まとめて書式設定ができます。例えば、以下のように塗りつぶしと枠線の書式変更もグループ化されている図形に一気に設定できます。

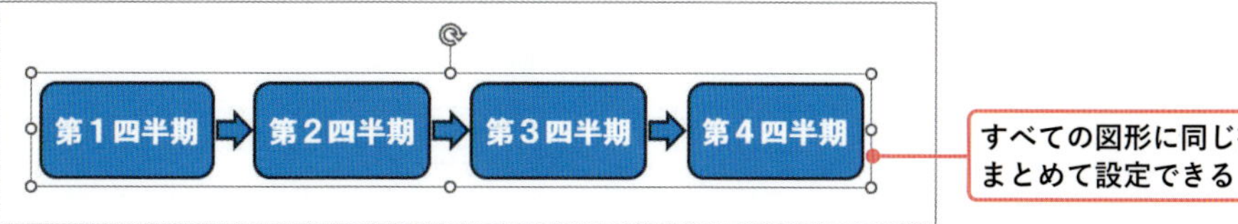

すべての図形に同じ書式がまとめて設定できる

レッスン58-2 図形を結合して1つの図形に変換する

練習用ファイル 58-2-図形の結合.pptx

操作 図形を結合する

図形を組み合わせて何かの形を作成した場合、その図形同士を合体させて1つの図形にすることができます。図形を画像ファイルとして保存すれば、独自のアイコンやロゴとしていろいろなところで利用できます。

コラム 結合の種類

図形を結合すると、[切り出し] 以外は1つの図形にまとめられます。[切り出し] の場合、重なる部分が分割されます。そのため、集合関係を表すベン図を作成するのに利用できます。

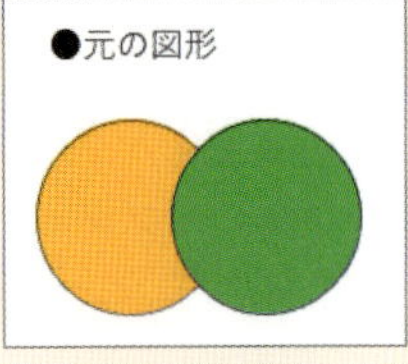
●元の図形

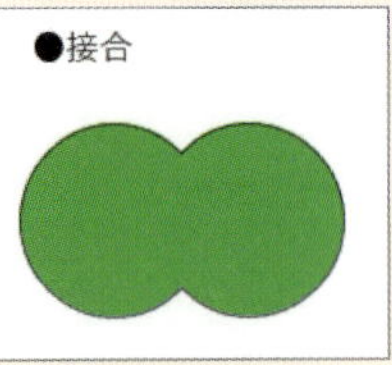
●接合

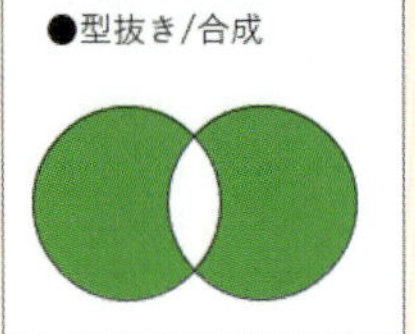
●型抜き/合成

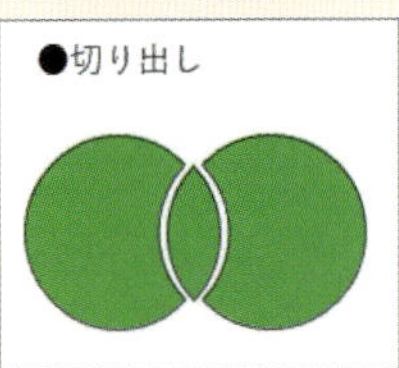
●切り出し

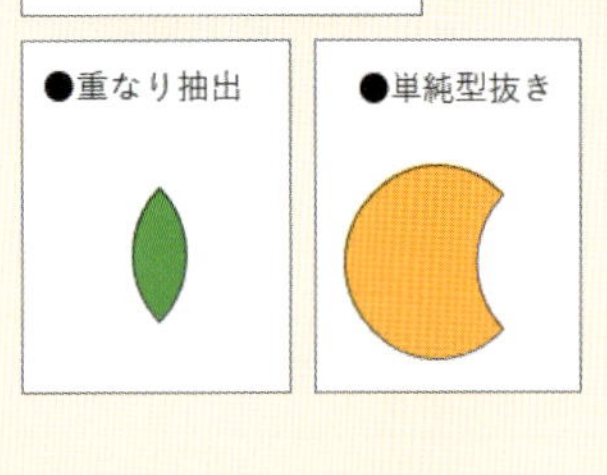
●重なり抽出　●単純型抜き

ここでは、図形を組み合わせてパソコンの形を作ったものを結合して1つの図形に変換し、図形を画像ファイルとして保存してみましょう。

図形を結合する

1 図形を囲むようにドラッグして、1つにまとめたいすべての図形を選択しておきます。

2 コンテキストタブの［図形の書式］タブ→［図形の結合］をクリックし、

3 ［接合］をクリックすると、

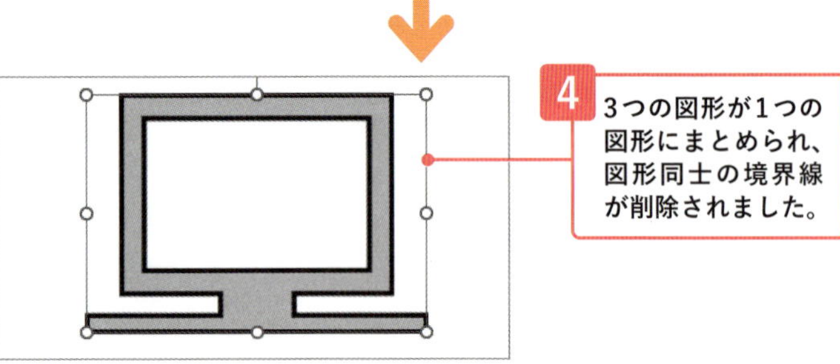

4 3つの図形が1つの図形にまとめられ、図形同士の境界線が削除されました。

図として保存する

1 結合した図形内で右クリックし、［図として保存］をクリックします。

Point 保存した図をスライドに取り込む

図形を画像ファイルとして保存したため、PowerPointに限らずあらゆるところで利用できます。スライドには、画像ファイルを取り込む手順で取り込めます。[挿入] タブの [画像] →[このデバイス] をクリックして、[図の挿入] ダイアログで保存場所とファイルを指定して、[挿入] をクリックします(レッスン23-1のp.87参照)。

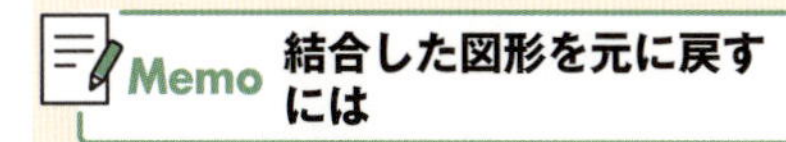
Memo 結合した図形を元に戻すには

結合した図形は元に戻すことできません。結合直後のみ [元に戻す] ボタンで結合前の状態に戻せます。結合する前の状態の図形をコピーして残しておくことで対応してください(p.205のMemo参照)。

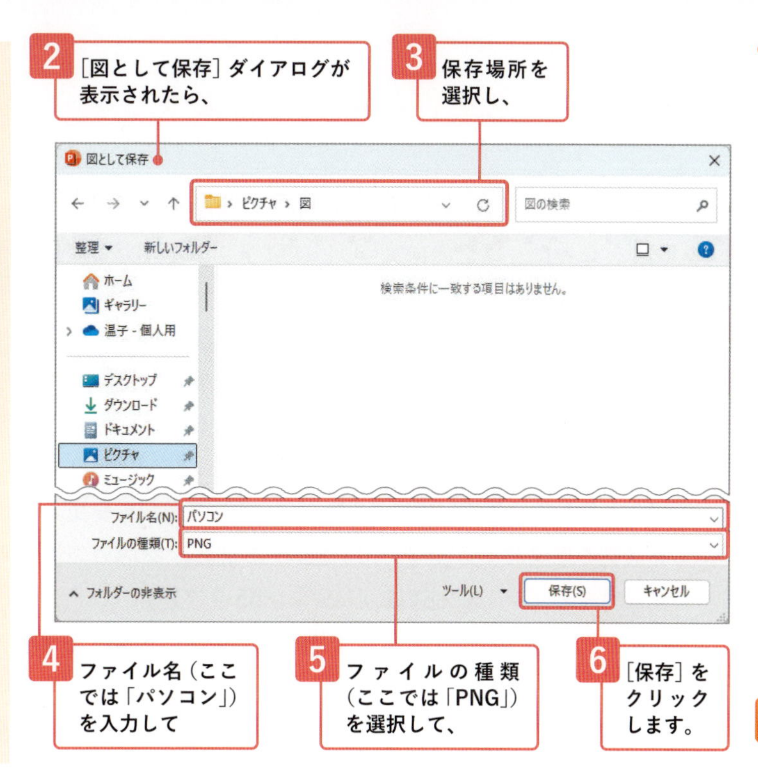

コラム 図のファイル形式

[図として保存] ダイアログの [ファイルの種類] では、保存できるファイル形式を選択できます。よく使う形式について紹介します。

ファイルの種類	拡張子	説明
PNG	.png	Webで使われることを目的とした画像形式。可逆圧縮のため、加工、編集を繰り返しても画質が劣化しない。Webデザイン、イラスト、ロゴ、アイコン制作に適している。ビットマップ形式の画像ファイル
JPEG	.jpeg .jpg	フルカラーの写真に適している。大きな画像ファイルも効率的に圧縮できるが、一度圧縮すると元の状態に戻せない。ビットマップ形式の画像ファイル
SVG	.svg	数値情報の集まりによって作成された画像形式。拡大縮小しても画質は劣化しない。アニメーションやアイコンなど、Webデザインや開発で広く活用されている。写真保存には向いていない。ベクター形式の画像ファイル

練習問題 図形を作る練習をしよう

練習用ファイル 演習8-製品化までの流れ.pptx

完成図を参考に、以下の手順で図形を作成してください。

1. 図1を参考に、図形内に文字列「アイデア」と入力し、縦書き、太字、フォントサイズを40に設定する（レッスン54-3参照）。
2. 図2を参考に、図形の塗りつぶしの色を「濃い青緑、アクセント1、白＋基本色40%」、枠線の色を「濃い青、テキスト2、白＋基本色25%」、太さを「3pt」に設定する（レッスン55-2参照）。
3. 図3を参考に、手順 2 の図形を右方向に5つコピーし、配置を「上下中央揃え」「左右に整列」して整える（レッスン54-2Memo、レッスン56-1参照）。
4. 図3を参考に、手順 3 でコピーした図形の文字を変更する（レッスン54-3参照）。
5. 完成図を参考に、図形［矢印：右］を追加し、図形のスタイル「塗りつぶし - 緑、アクセント6」を設定する（レッスン54-1、レッスン55-1参照）。
6. 手順 5 の矢印の図形を、重なり順で最背面に移動する（レッスン57-1参照）。

▼図1：文字入力後

▼図2：図の色の設定後

▼図3：図のコピー、整列後

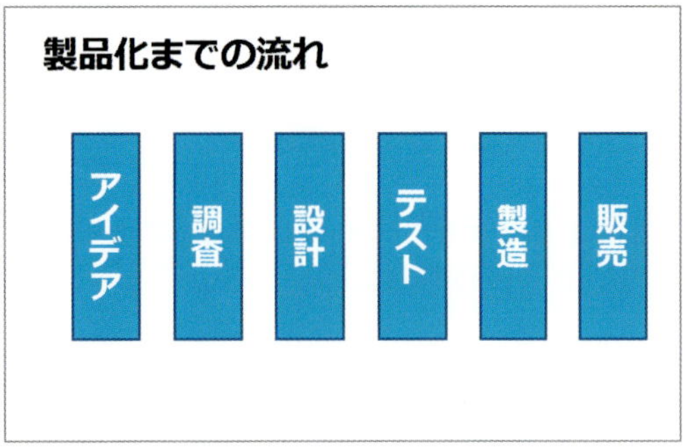

▼完成図：矢印の図形追加、重なり順変更後

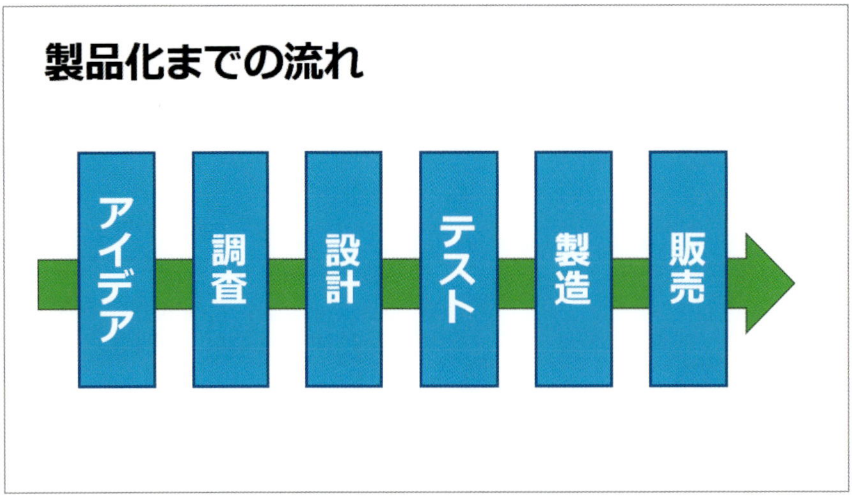

第 9 章

アイコンや図表を利用する

スライドの説明用に入力した箇条書きを図表にすると表現力が上がります。図表にするのに便利なのが、アイコンとSmartArtです。ここでは、これらの機能の使い方を紹介します。

手早く図表を
作りましょう

Section

59 アイコンを挿入する

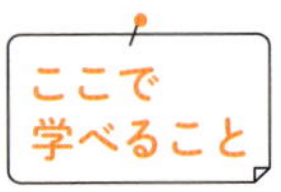

ここで学べること

アイコンとは、事柄や事象を表現する簡易的なイラストです。スライドの内容に合わせたアイコンを配置することで、内容が伝わりやすくなります。アイコンを効果的に使いましょう。

レッスン ▶59-1 アイコンをスライドに挿入する

まずは パッと見るだけ！

アイコンの挿入

アイコンは、[教育][ビジネス]といった分類ごとに多数用意されています。アイコンの一覧の中からスライドの内容に合ったものを選んで使用します。

Before 操作前

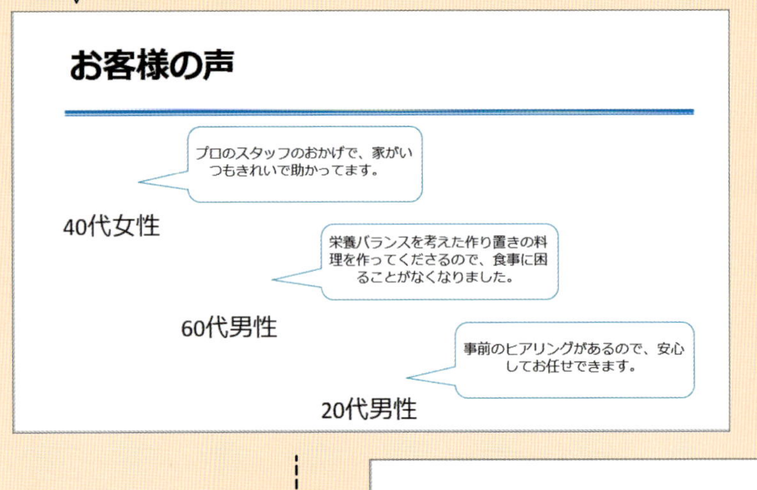

After 操作後

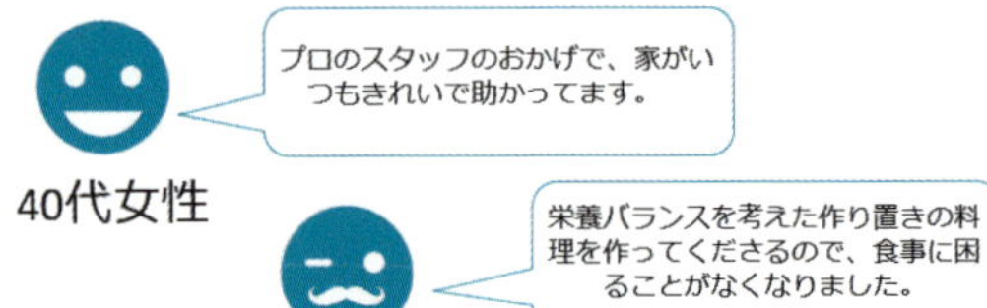

顔のアイコンを挿入することで、お客様が発言している状態を表現できた

レッスン 59-1 アイコンをスライドに挿入する

練習用ファイル 59-アイコンの挿入.pptx

操作 アイコンを挿入する

［挿入］タブの［アイコン］をクリックし、表示されるアイコンの一覧から使用したいアイコンをスライドに挿入します。一度に複数のアイコンを選択し、まとめて挿入することもできます。

時短ワザ アイコンを検索する

アイコンの検索ボックスに、「顔」などのキーワードを入力して、Enter キーを押すと、該当するアイコンを検索することができます。

アイコンを挿入する

1 ［挿入］タブ→［アイコン］をクリックします。

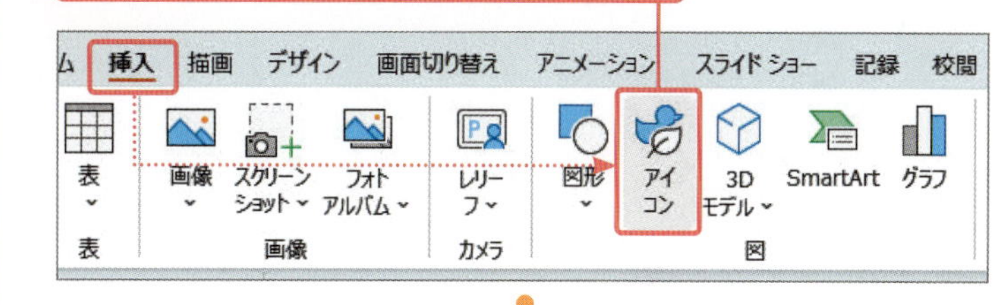

2 アイコンが表示されます。

3 分類（ここでは［顔］）をクリックすると、

4 分類に含まれるアイコンの一覧が表示されます。

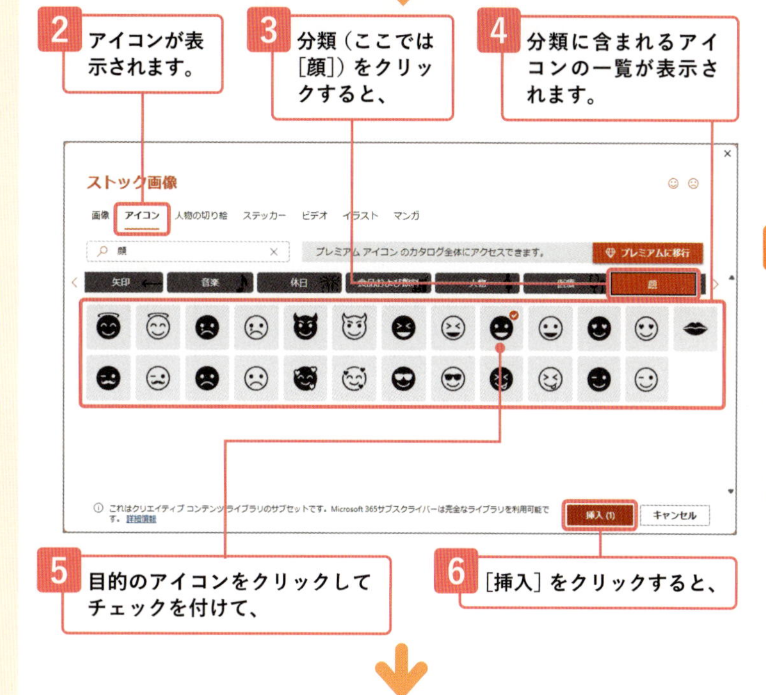

5 目的のアイコンをクリックしてチェックを付けて、

6 ［挿入］をクリックすると、

7 アイコンが挿入されます。

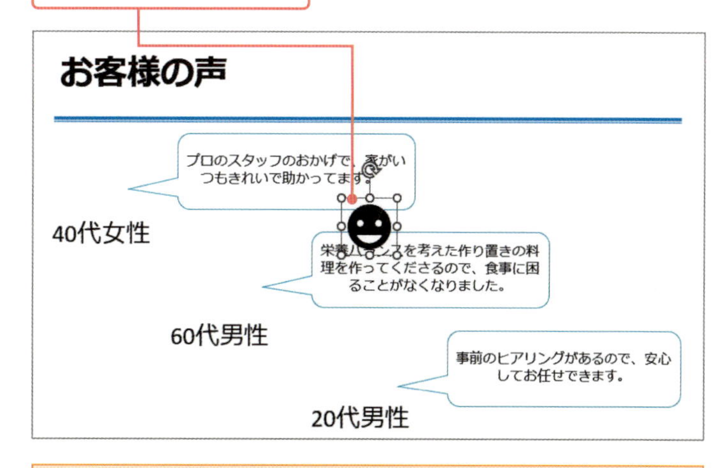

アイコンのデフォルトの色は黒1色です。

アイコンを調整する

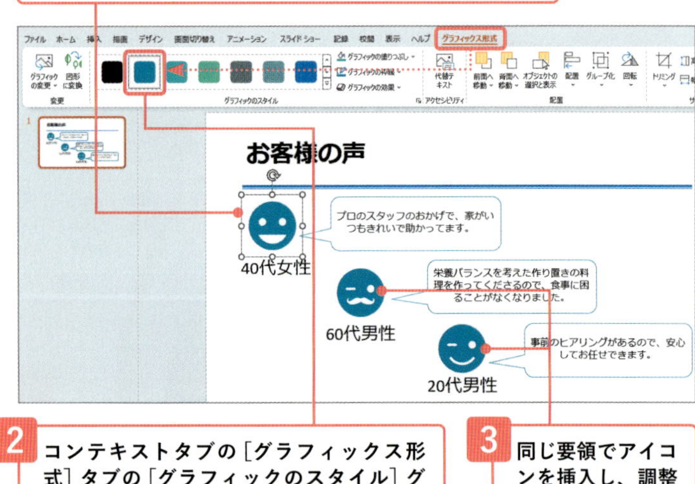

Memo アイコンの内部の色を変更する

アイコンの内部の色を変更する場合は、上の手順のように［グラフィックス形式］タブの［グラフィックのスタイル］グループにあるスタイルを選択するか、［グラフィックの塗りつぶし］の⌄をクリックしてカラーパレットから目的の色をクリックします。

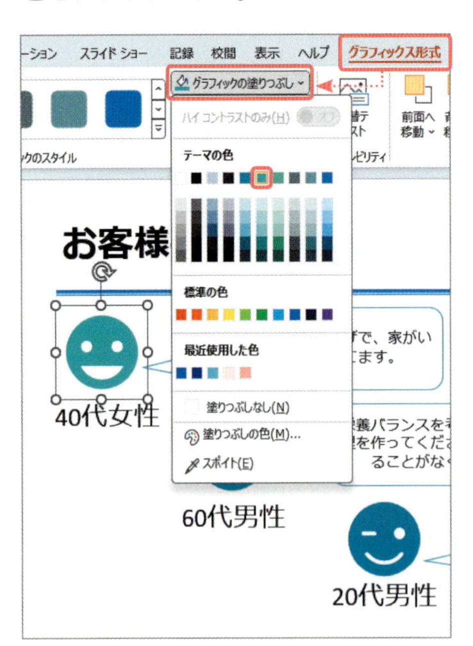

Memo アイコンの外枠の色を変更する

アイコンの外枠の色を変更する場合は、［グラフィックス形式］タブの［グラフィックの枠線］の⌄をクリックしてカラーパレットから目的の色をクリックします。

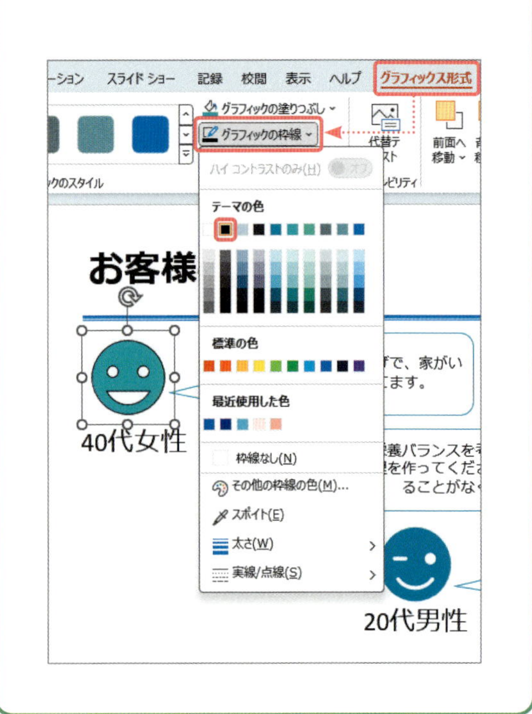

上級テクニック　3Dモデルを挿入する

3Dモデルとは、立体的なイラストです。スライドに挿入した3Dモデルは、角度を変更して見え方を変えることができます。

● 3Dモデルの挿入

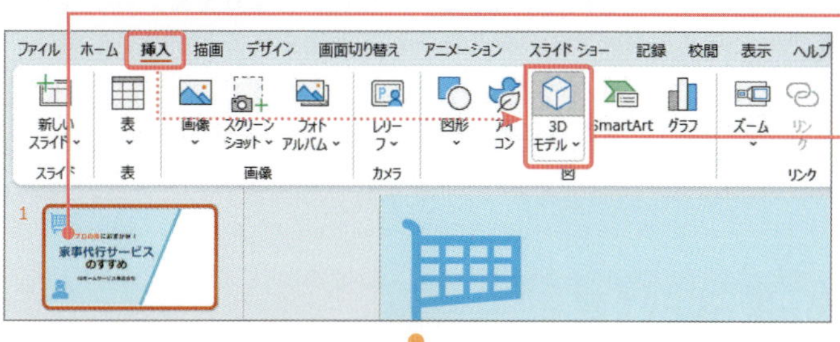

1 3Dモデルを挿入したいスライドをクリックして選択し、

2 ［挿入］タブ→［3Dモデル］をクリックします。

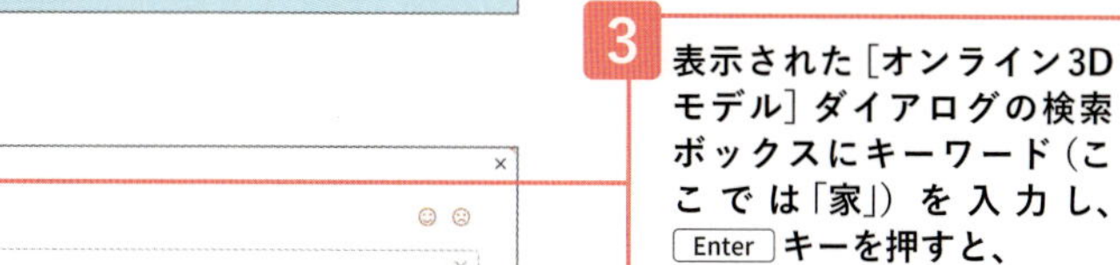

3 表示された［オンライン3Dモデル］ダイアログの検索ボックスにキーワード（ここでは「家」）を入力し、Enter キーを押すと、

4 キーワードに関連する3Dモデルが表示されます。

5 挿入したい3Dモデルをクリックしてチェックを付け、

6 ［挿入］をクリックすると、3Dモデルが挿入されます。

● 3Dモデルの位置／角度の調整

1 3Dモデルの内部にマウスポインターを合わせ、[ポインター]の形になったらドラッグして移動します。

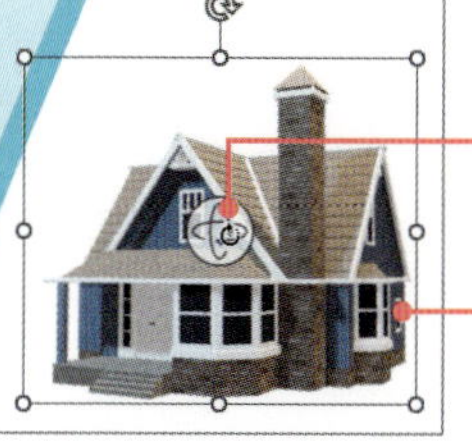

家事代行サービス
のすすめ
SBホームサービス株式会社

2 3Dモデルの中央にマウスポインターを合わせ、[回転ポインター]の形になったらドラッグすると、

3 3Dモデルの角度が変わります。

Section

60 アイコンを分解して加工する

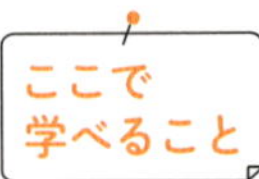

アイコンは、図形に変換すると、アイコンを構成しているパーツに分解されます。パーツを移動したり、削除したり、色を変えたりするなどアイコンを加工して利用することができます。

レッスン ▶ 60-1 アイコンを図形に変換し、パーツごとに色を変更する

まずは パッと見るだけ！

アイコンを図形に変換する

アイコンを取り込むと、黒1色で配置されます。**アイコンを図形に変換**して、パーツごとに色を変えて利用することもできます。

Before 操作前

お問合せ

- 電話番号　03-xxxx-xxxx
- メール　sb_homesupport@xxx.xx
- Webサイト　https://sb_homesupport.xxx.xx
- 住所　東京都渋谷区〇〇

After 操作後

お問合せ

- 電話番号　03-xxxx-xxxx
- メール　sb_homesupport@xxx.xx
- Webサイト　https://sb_homesupport.xxx.xx
- 住所　東京都渋谷区〇〇

アイコンを分解し、パーツ単位で色を変えた

レッスン 60-1 アイコンを図形に変換し、パーツごとに色を変更する

練習用ファイル 60-アイコンの加工.pptx

操作 アイコンを図形に変換してパーツの色を変える

アイコンを図形に変換するには、対象のアイコンを選択してから、コンテキストタブの［グラフィックス形式］タブの［図形に変換］をクリックします。色を変更したら、グループ化して1つの図形にまとめると扱いやすくなります（レッスン58-1参照）。

アイコンを図形に変換する

1 アイコンをクリックして選択します。

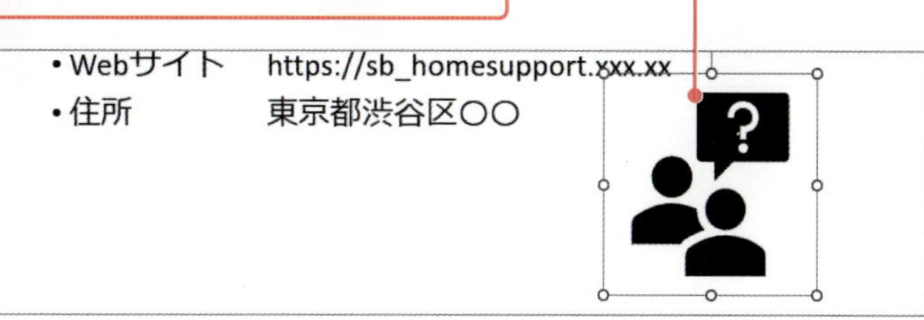

2 コンテキストタブの［グラフィックス形式］タブ→［図形に変換］をクリックすると、

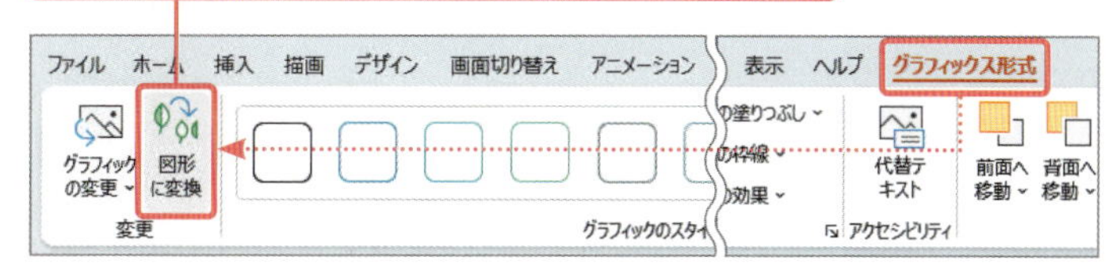

3 アイコンが図形に変換され、パーツに分解されます。

• Webサイト https://sb_homesupport.xxx.xx
• 住所 東京都渋谷区○○

パーツの色を変更する

1 いったん図形の外でクリックして、図形の選択を解除し、

2 色を変更したいパーツをクリックして選択します。

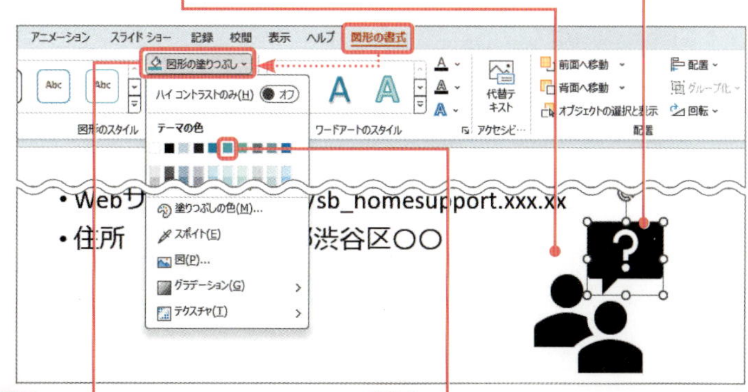

3 コンテキストタブの［図形の書式］タブ→［図形の塗りつぶし］の⌄をクリックして、

4 カラーパレットから目的の色（ここでは［アクア、アクセント1］）をクリックします。

5 パーツの色が変更されました。

6 ほかのパーツの色(ここでは[青緑、アクセント4])も変更しておきます。

グループ化してまとめる

1 グループ化したい図形をすべて選択し、

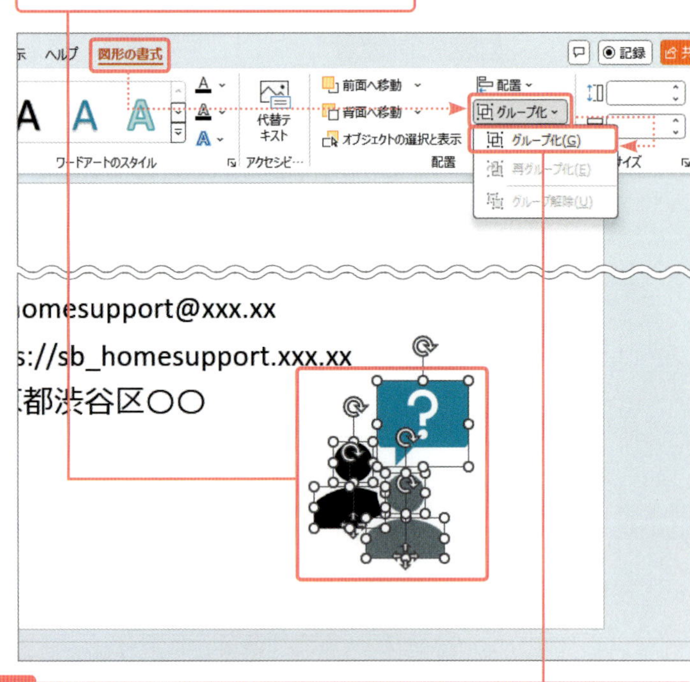

2 コンテキストタブの[図形の書式]タブ→[グループ化]→[グループ化]をクリックすると、

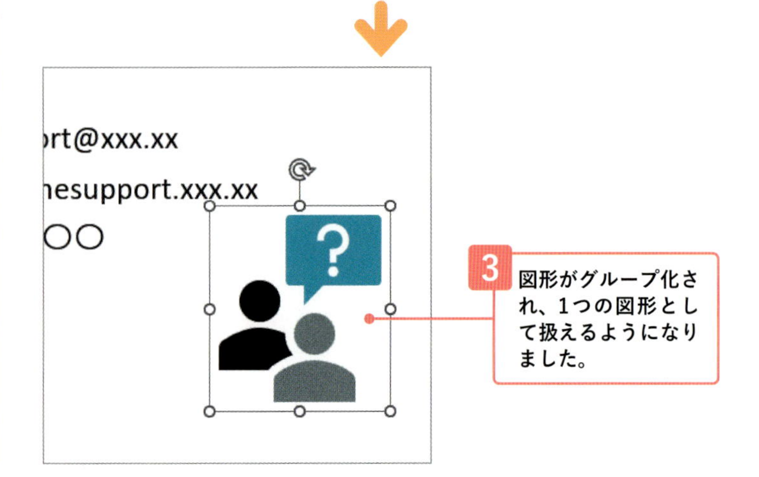

3 図形がグループ化され、1つの図形として扱えるようになりました。

Point プレースホルダー内の複数の図形を選択する

プレースホルダー内にある複数の図形は、ドラッグでまとめて選択することができます。ただし、マウスポインターの形が[I]のときは、ドラッグで選択できません。その場合は、プレースホルダーの外側(スライドの端の方)にマウスポインターを移動し、マウスポインターの形が[↖]のときにドラッグを開始すると、囲まれた図形が選択できます。

1つ目をクリックで選択し、2つ目以降を Shift キーを押しながらクリックして、複数選択することもできます

コラム　線矢印やアイコンを使ってフロー図を素早く、効果的に作成する

スライドでは、受注の流れのようなフロー図をよく作成します。フロー図をきれいに効率よく作成するのに、線矢印とアイコンを使うと便利です。
特に、フロー図を結ぶ線に図形の［線矢印］を使うと、図形と図形を結合点できれいに結合できるので、素早くきれいに仕上がります。
ここでは、簡単に手順を紹介します。詳細は各ページを参照してください。

●線矢印で図形を結ぶ

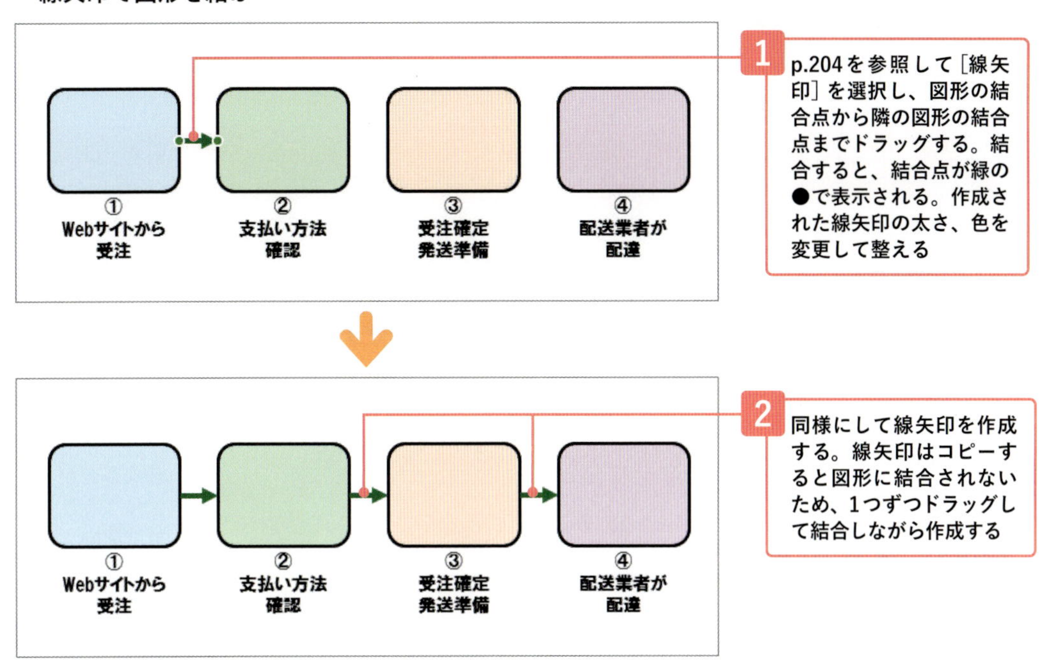

●アイコンの挿入

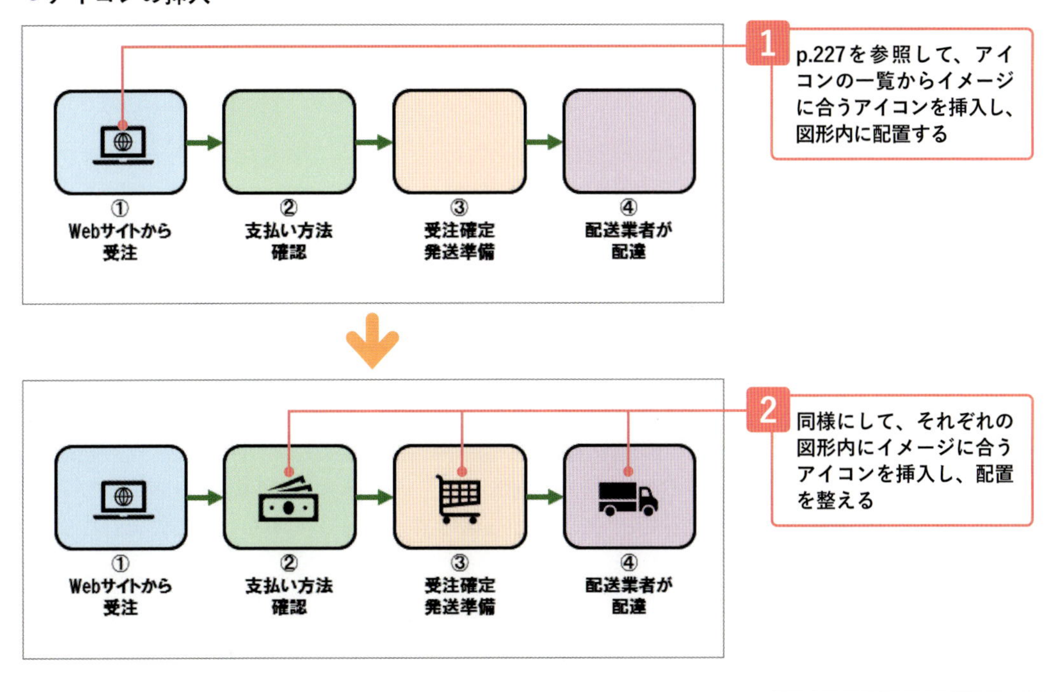

Section

61 箇条書きからSmartArtを作成する

ここで学べること

SmartArtを使うと、分類図や組織図などの図表を作成することができます。図表化することで、文字だけの説明よりも見やすく、内容がより相手に伝わりやすくなります。

レッスン

まずは パッと見るだけ！

箇条書きをSmartArtに変換する

SmartArtとは、図形のレイアウトやデザインがあらかじめセットされた図表です。レベル分けをして入力された箇条書きは、SmartArtに変換することができます。

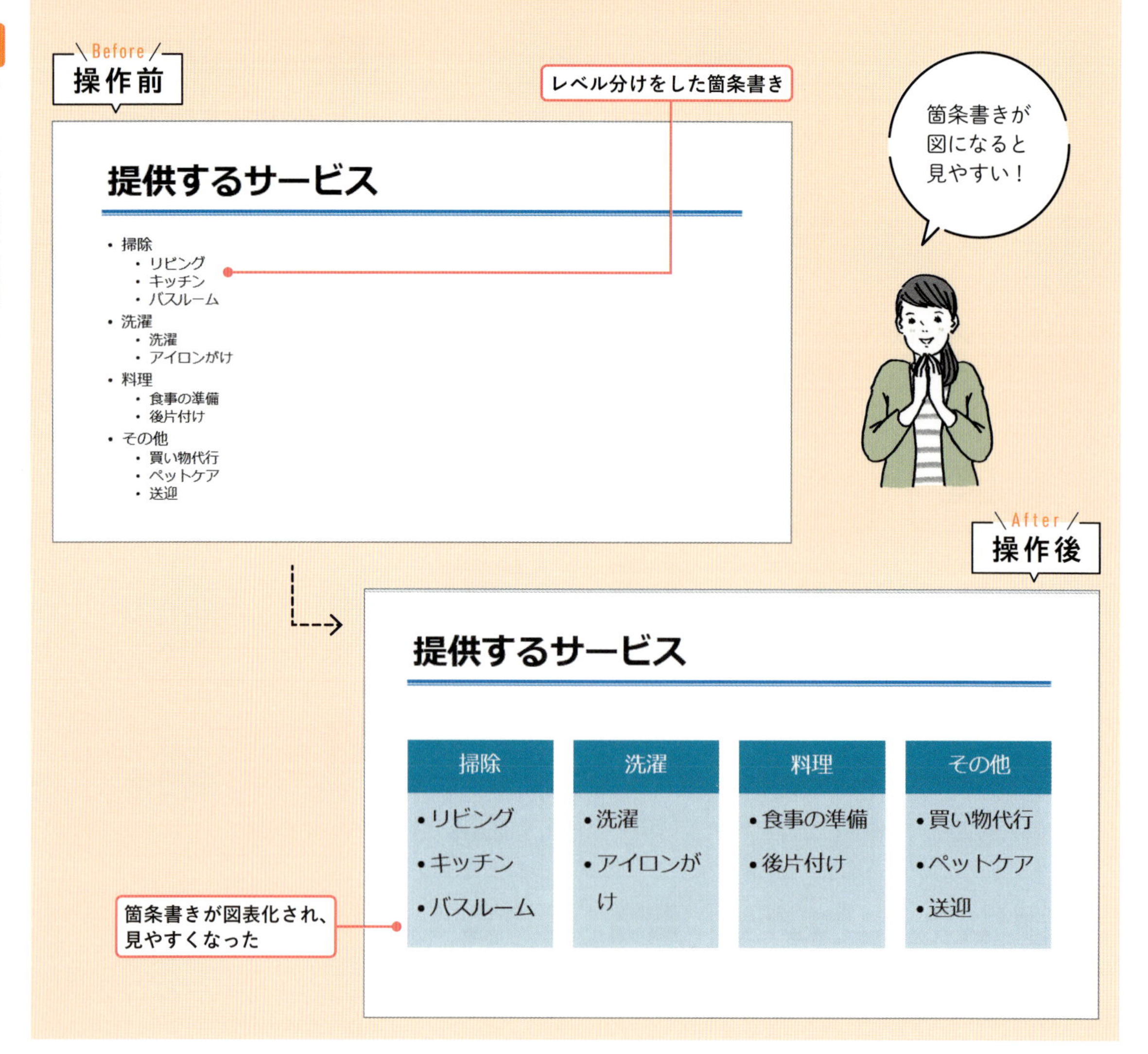

レッスン 61-1 箇条書きをSmartArtに変換する

練習用ファイル 61-SmartArtに変換.pptx

Point 箇条書きをSmartArtにする

SmartArtの階層は、箇条書きのレベルに対応しています。この対応を利用して、レベルを分けて作成されている箇条書きをSmartArtで図表に変換してみましょう。

Memo テキストウィンドウ

挿入したSmartArtの図表の左に表示されているウィンドウをテキストウィンドウといいます。ここで図表に表示する文字を追加／編集できます。図表の左辺中央にある をクリックして非表示にできます。

Memo 箇条書きがなくても SmartArtを挿入できる

箇条書きを用意していない場合は、先にSmartArtを挿入してから文字を入力して図表を作成することもできます（Section62参照）。

1 箇条書きが入力されているプレースホルダーの枠線をクリックして、

2 ［ホーム］タブ→［SmartArtグラフィックに変換］ をクリックします。

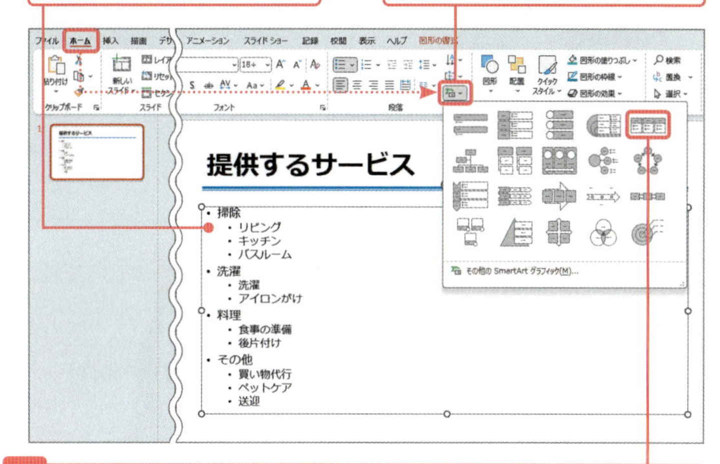

3 表示されたSmartArtの一覧から図表（ここでは［横方向箇条書きリスト］）を選択すると、

4 箇条書きがSmartArtに変換されました。

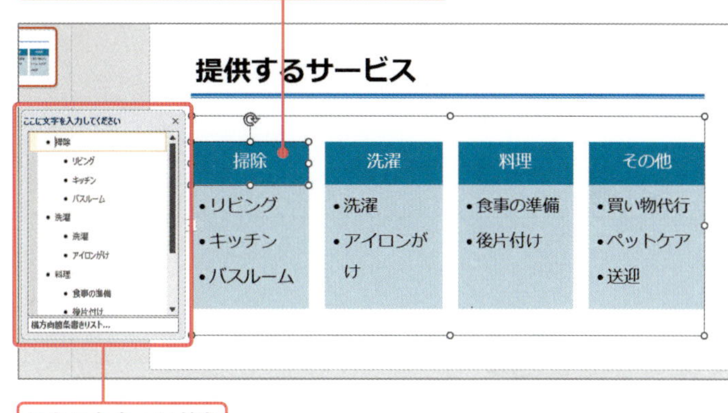

テキストウィンドウ

Memo 一覧に適切な図表がなかった場合

上の手順3で［その他のSmartArtグラフィック］をクリックすると、［SmartArtグラフィックの選択］ダイアログが表示されます。左側で図表の分類を選択し1、右側の一覧で目的の図表を選択します2。

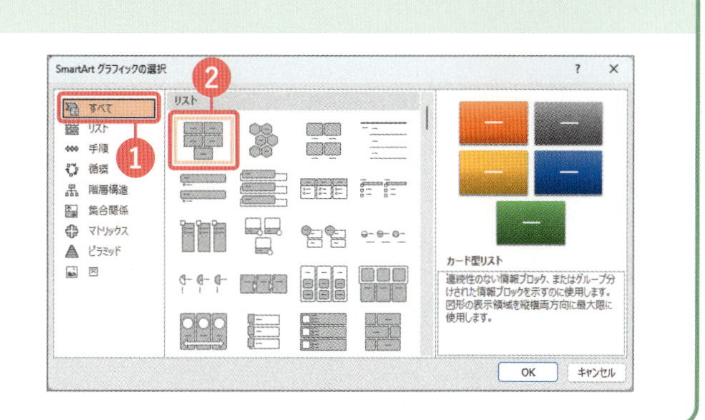

Memo SmartArtをテキストに戻したい場合

作成直後であれば、クイックアクセスツールバーの［元に戻す］で戻せます。または、SmartArtが選択されている状態で、コンテキストタブの［SmartArtのデザイン］タブ→［変換］→［テキストに変換］をクリックしてもテキストに戻せます。

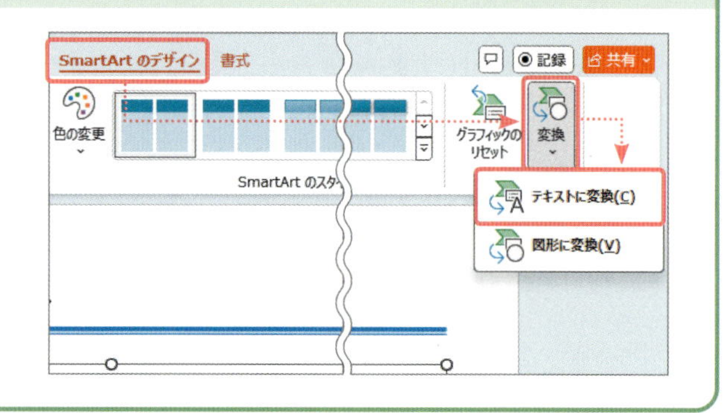

Memo 別のデザインに変更したい場合

図表を別のデザインに変更したい場合は、図表が選択されている状態で、コンテキストタブの［SmartArtのデザイン］タブの［レイアウト］グループにあるをクリックして❶、表示される一覧から別のデザインをクリックします❷。

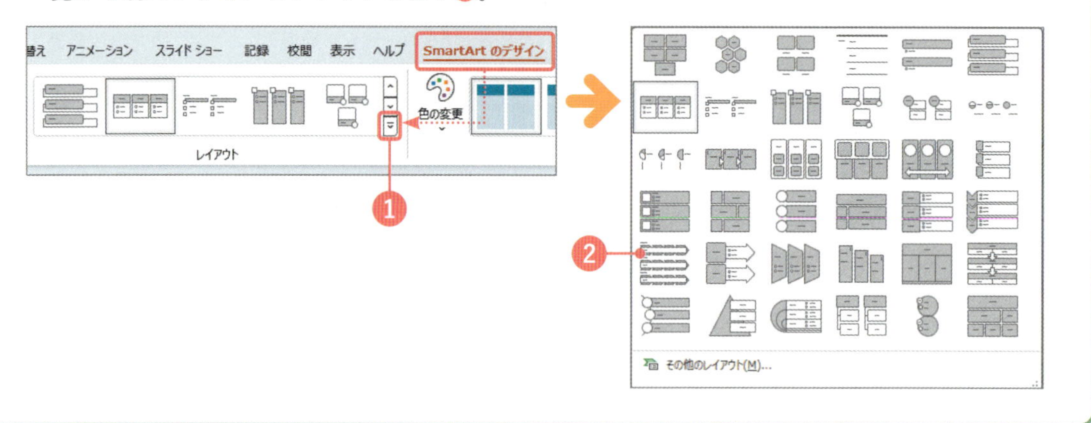

文書をテンプレートとして利用する

例えば、提案書とか、報告書など、同じ形式の文書をよく作成する場合、元となる文書で、書き換える部分だけを空白にしておいて利用すると便利です。このような、元とする文書のひな型のことを「テンプレート」といいます。よく使う資料を作成したら、それを書き換えるだけで文書が作成できるテンプレートとして利用すると、仕事の効率が上がります。業務によっては、もともとある文書をひな型（テンプレート）として用意されることもあります。

Point テンプレートが未来の自分を助ける

コラム　SmartArtを使って組織図を作成する

会社案内のようなプレゼンテーションでは、組織図をスライドに作成することがよくあります。SmartArtを使うと、組織図をきれいに簡単に作成することができます。あらかじめ、組織の構成を箇条書きで作成しておくと簡単に組織図を仕上げることができます。

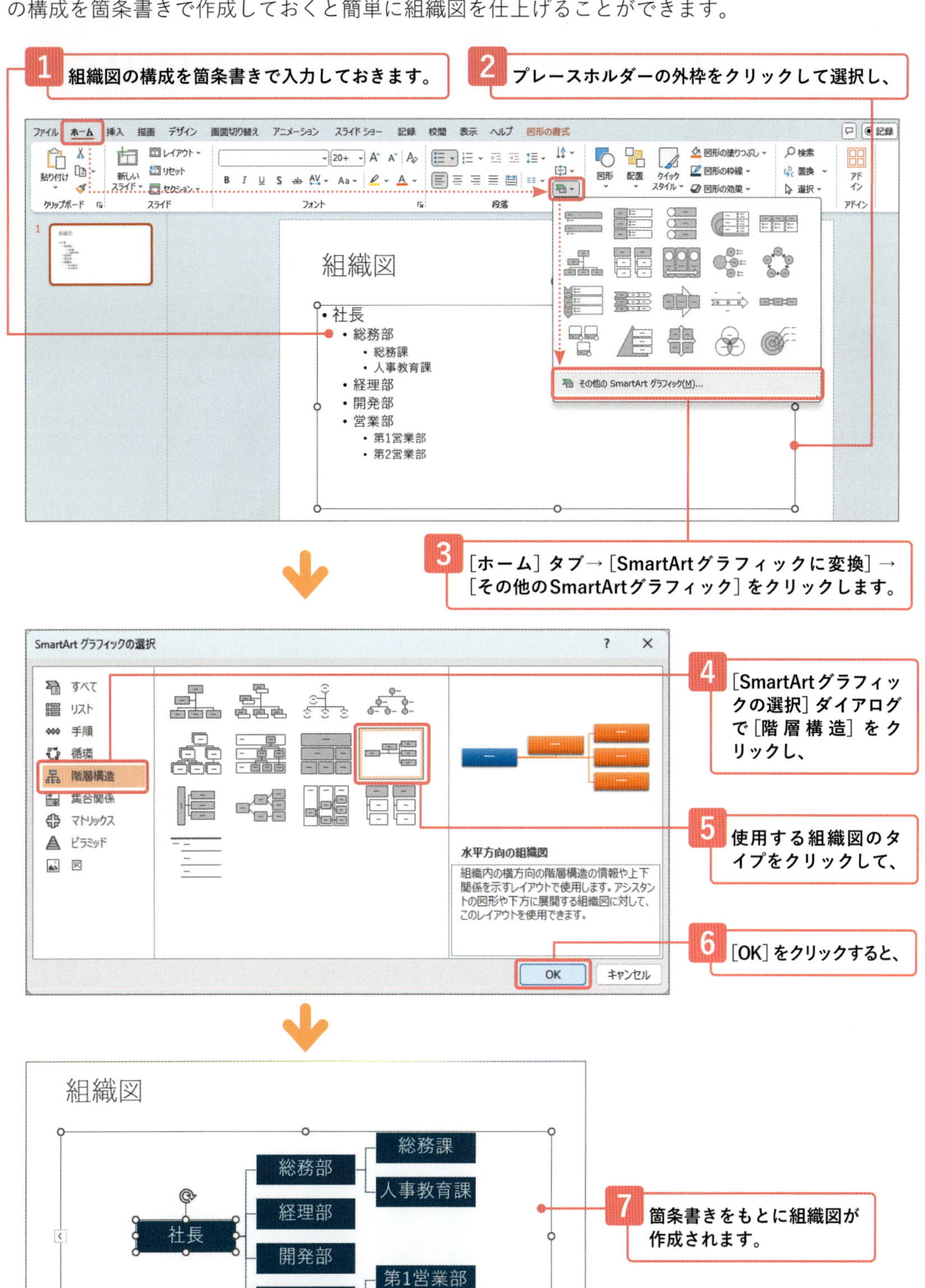

Section

62 SmartArtを挿入する

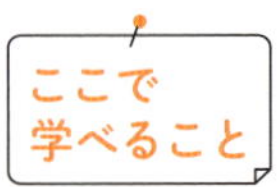

SmartArtをスライドに挿入してから、テキストを入力して図表を作成することもできます。ここでは、SmartArtを挿入し、テキストを入力して図表を完成させながら操作を確認しましょう。

レッスン

- 62-1 SmartArtをスライドに挿入する
- 62-2 SmartArtにテキストを入力する
- 62-3 SmartArtの図形を追加する

まずは パッと見るだけ！

SmartArtの挿入

イチから図表を作る場合は、挿入した空のSmartArtの図表に、テキストを入力するだけで簡単に作成することができます。

Before 操作前

利用のメリット

・テキストを入力

After 操作後

利用のメリット

時間節約	プロの品質	安心・安全	柔軟性
家事の負担軽減	高い技術力	事前ヒアリング	豊富なプラン
自由な時間を増やす	マナー研修終了	信頼できるスタッフ	カスタマイズできる

挿入した図表にテキストを入力するだけで図表が完成する

レッスン 62-1 SmartArtをスライドに挿入する

練習用ファイル 62-1-SmartArtの挿入.pptx

操作 SmartArtを挿入する

プレースホルダーの［SmartArtグラフィックの挿入］をクリックすると［SmartArtグラフィックの選択］ダイアログが表示されます。このダイアログで分類を選択し、表示される図表のデザインを選択すると、仮のテキストが入力された状態で、基本的な大きさの図表が挿入されます。

Memo ［挿入］タブから挿入する

［挿入］タブの［SmartArtグラフィックの挿入］をクリックしてもSmartArtを挿入できます。同じスライドに箇条書きなど、SmartArt以外のコンテンツがある場合に使うとよいでしょう。

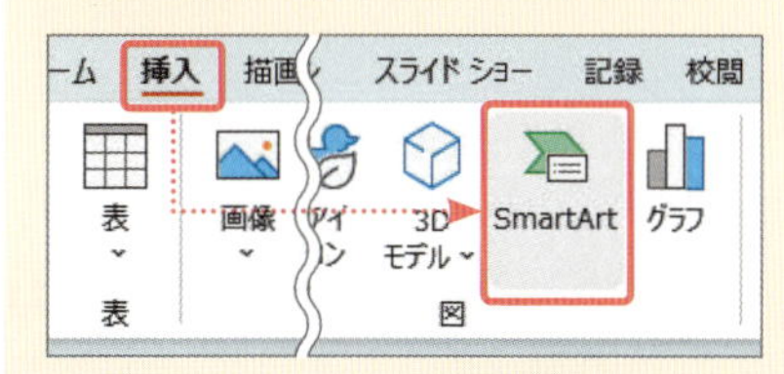

Memo SmartArtを削除する

SmartArtの外枠をクリックして選択し、Deleteキーを押します。

1 プレースホルダー内の［SmartArtグラフィックの挿入］をクリックします。

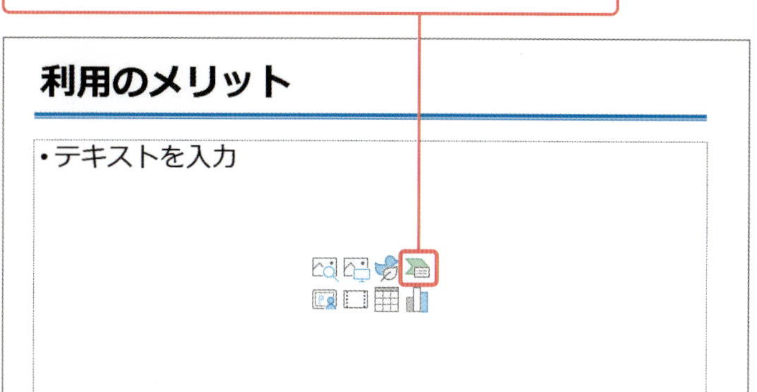

2 ［SmartArtグラフィックの選択］ダイアログが表示されます。

3 分類をクリックし、

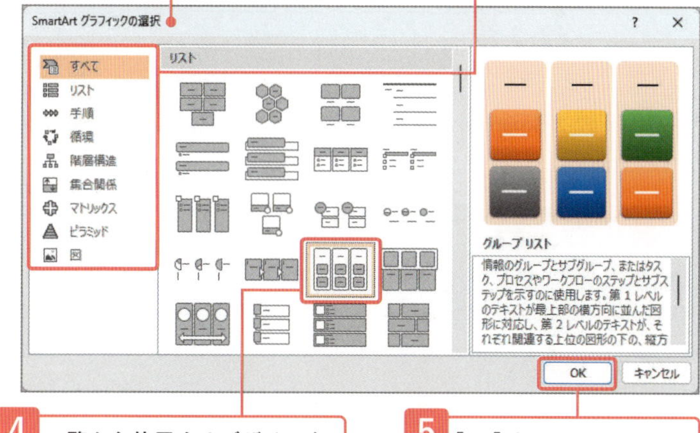

4 一覧から使用するデザインをクリックして、

5 ［OK］をクリックすると、

6 仮文字［テキスト］が表示され、基本的な大きさでSmartArtが挿入されます。

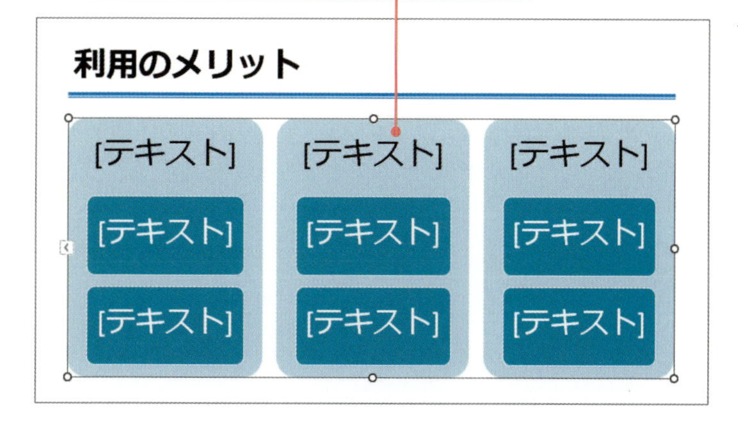

Memo 画像を表示するタイプのSmartArtについて

SmartArtの種類の中には、下図のような画像を表示するための図形が用意されている場合があります。この図形に写真やイラストなどのファイルを選択して表示したり、アイコンを表示したりできます。内容を説明するためのイメージに合った画像を使いたい場合に使用すると便利です。

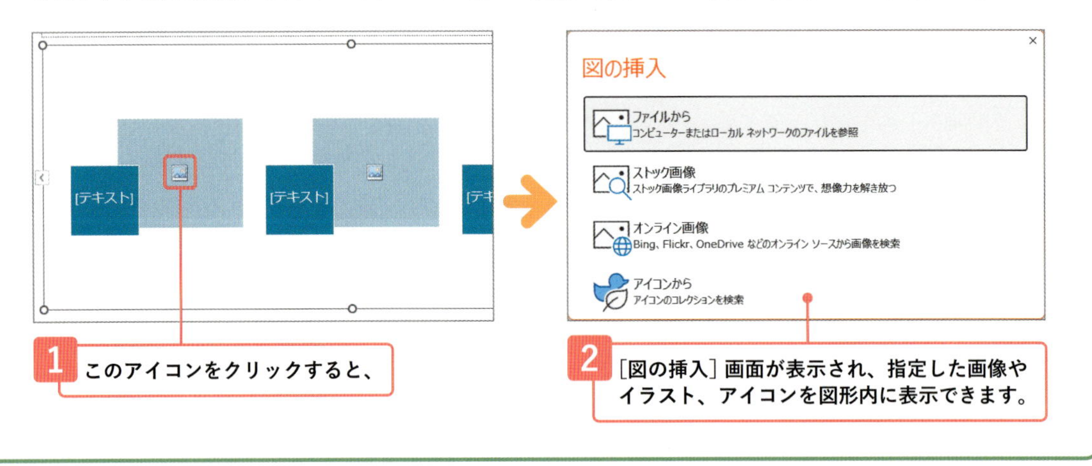

レッスン 62-2 SmartArtにテキストを入力する

練習用ファイル 62-2-SmartArtの挿入.pptx

操作 SmartArtにテキストを入力する

SmartArtにテキストを入力するには、テキストウィンドウを使います。テキストウィンドウは、SmartArtの左側に表示されます。

Memo 図表内に直接入力もできる

SmartArtの図表内にある、仮の文字列［テキスト］をクリックして直接入力することもできます。仮の文字列をクリックすると、カーソルが表示されるので、そのまま入力します。

Memo テキストウィンドウの表示/非表示の切り替え

手順 1 で［テキストウィンドウ］をクリックするごとに表示／非表示が切り替わります。また、SmartArtの左辺にある < をクリックして表示、> をクリックして非表示を切り替えることもできます。

SmartArt内でクリックしておきます。

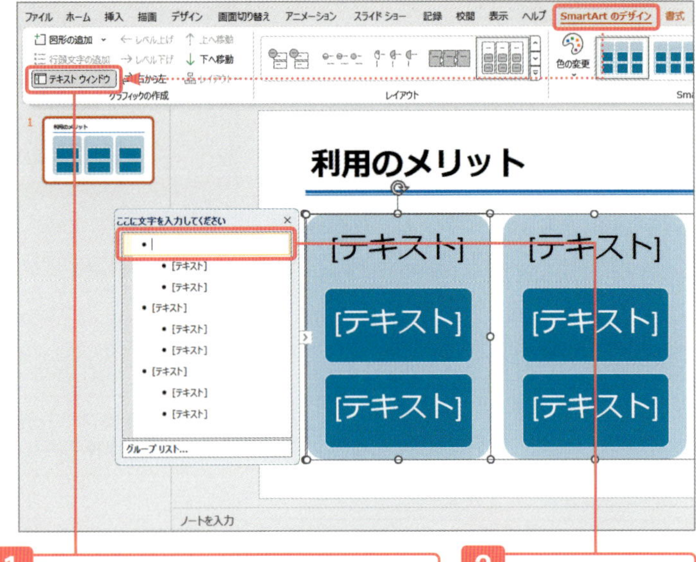

1 コンテキストタブの［SmartArtのデザイン］タブ→［テキストウィンドウ］をクリックしてテキストウィンドウを表示します。

2 一番上の行をクリックしてカーソルを表示します。

Point 文字が図表内にも表示される

テキストウィンドウはSmartArtと連動しているため、入力された文字は、対応する図表内に自動的に表示されます。

Memo 行末で Enter キーを押した場合

テキストウィンドウの箇条書きの行末で Enter キーを押すと、新しい行が挿入され、上の行と同じレベルの箇条書きの位置にカーソルが表示されます。間違えて Enter キーを押した場合は、元の行末にカーソルが表示されるまで Back space キーを押します。

Memo 2行に分けて表示したい場合

入力したテキストの内容によっては、きりがいいところで改行したいことがあります。その場合は、図形内で改行したい位置にカーソルを表示し、Shift + Enter キーを押すと同じ箇条書き内で文字が次の行に移動します (p.249参照)。

3 テキスト(ここでは「時間節約」)を入力します。

4 ↓キーを押して下の行にカーソルを移動します。

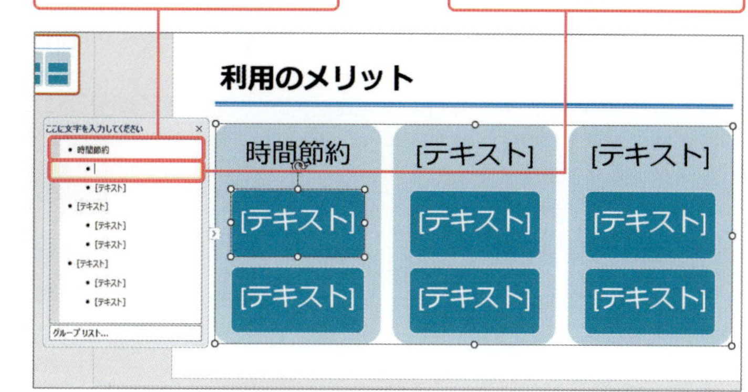

5 画面を参照してテキストを入力します。

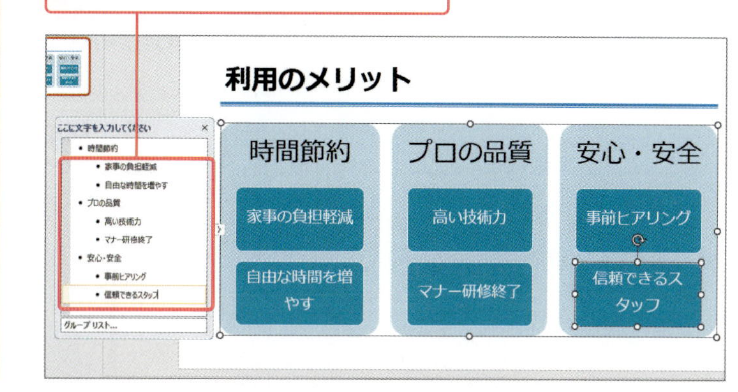

レッスン 62-3 SmartArtの図形を追加する

練習用ファイル 62-3-SmartArtの挿入.pptx

操作 図形を追加する

箇条書きの行を追加すると、SmartArtの図形が自動的に追加されます。テキストウィンドウの箇条書きの行末で Enter キーを押して改行すると、同じレベルの図形が追加されます。箇条書きのレベルを上げると、1つ上のレベルの図形に変更されます。また、箇条書きのレベルを下げると、1つ下のレベルの図形に変更されます。

ここでは、箇条書きを入力しながら4つ目の図形を追加してみましょう。

図形を追加してレベルを上げる

1 テキストウィンドウの一番下の行の行末をクリックしてカーソルを表示します。

2 Enter キーを押します。

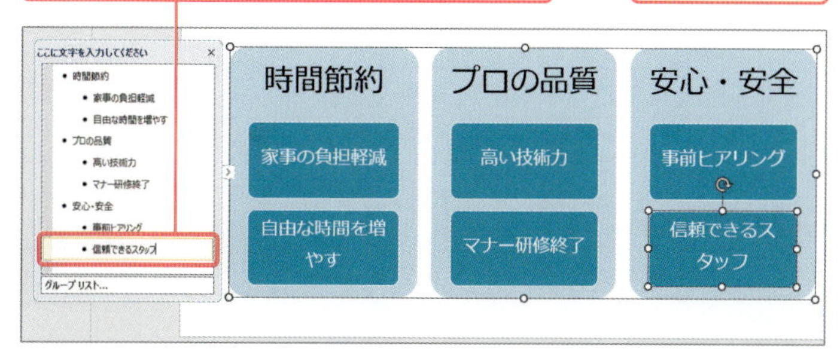

3 上の行と同じレベルの箇条書きの行が追加されます。

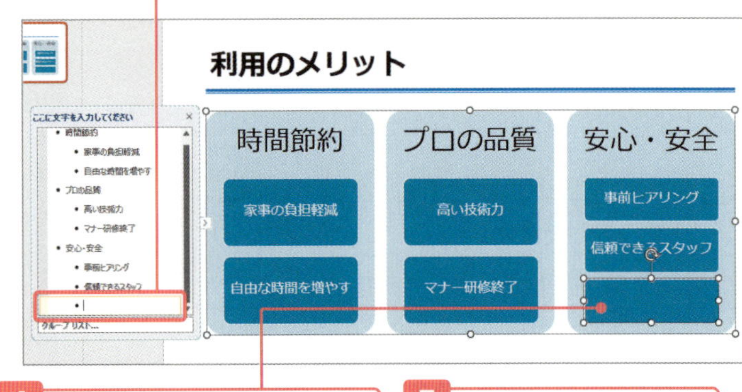

4 同時に同じレベルの図形が追加されたことを確認します。

5 Shift キーを押しながら Tab キーを押すと、

6 箇条書きのレベルが上がります。

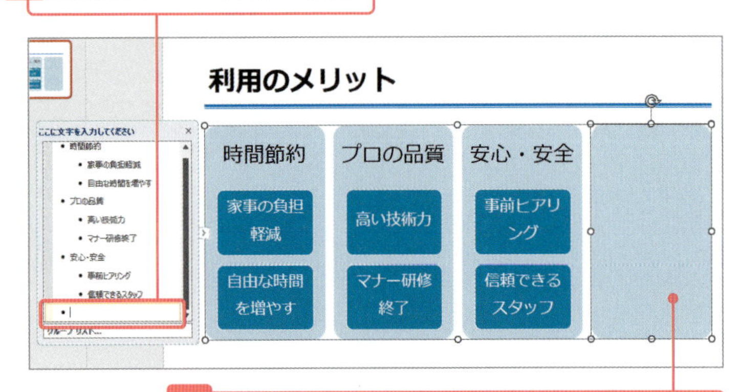

7 同時に、図形のレベルも上がったことを確認します。

図形のレベルを下げる

1 テキスト（ここでは「柔軟性」）を入力し、

2 Enter キーを押して改行し、Tab キーを押して箇条書きのレベルを1つ下げます。

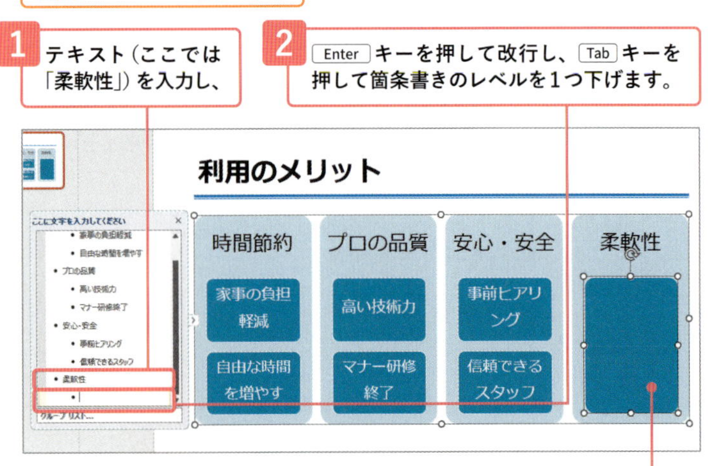

3 1つ下のレベルの図形が追加されたことを確認します。

Memo 箇条書きのレベルを上げる

箇条書きのレベルを上げるには、Shift + Tab キーを押します。または、コンテキストタブの［SmartArtのデザイン］タブの［レベル上げ］をクリックします。

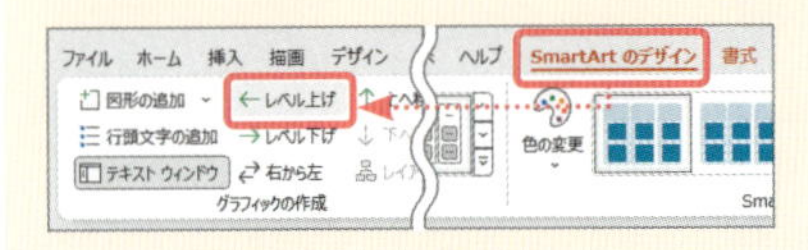

Memo 箇条書きのレベルを下げる

箇条書きのレベルを下げるには、Tab キーを押します。または、［SmartArtのデザイン］タブの［レベル下げ］をクリックします。

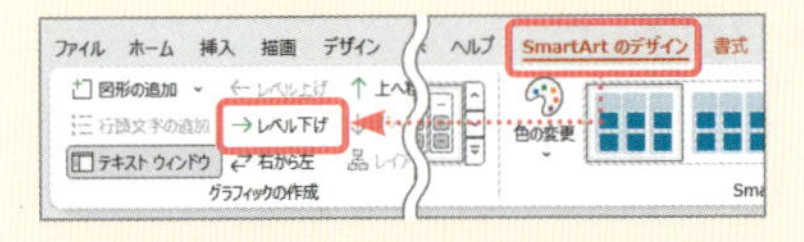

Memo SmartArtの移動とサイズの変更

SmartArtは、図形と同様の操作で移動やサイズの変更ができます。移動は、SmartArtを選択し、外枠にマウスポインターを合わせ、の形になったらドラッグします。またサイズの変更は、SmartArtを選択し、周囲に表示されるハンドル（○）にマウスポインターを合わせ、の形になったらドラッグします。
SmartArtでは、サイズを変更すると、それに合わせて図形や文字の大きさが自動で調整されます。なお、文字や図形を個別に選択してサイズを変更することもできます。

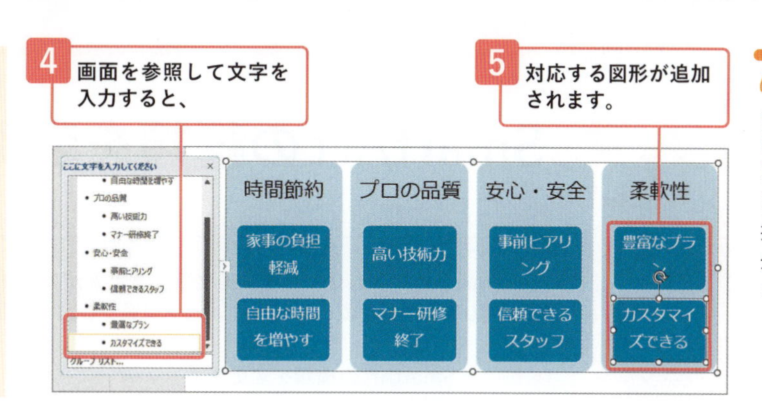

Memo 図形を削除する

SmartArt内の図形を削除するには、削除したい図形内でクリックし、周囲にハンドルが表示されたら、外枠をクリックして選択して Delete キーを押します。または、テキストウィンドウで削除したい図形内に入力されている文字の行を削除します。

コラム メニューを使って図形を追加する

メニューを使って図形を追加するには、SmartArt内の基準となる図形をクリックして選択し❶、コンテキストタブの［SmartArtのデザイン］タブの［図形の追加］の⌄をクリックします❷。表示されるメニューで［後に図形を追加］または［前に図形を追加］をクリックすると❸、選択している図形と同じレベルの図形が、後ろまたは前に追加されます（ここでは後ろ）❹。同様に［上に図形を追加］または［下に図形を追加］をクリックすると❺、選択している図形の上のレベルまたは下のレベルの図形が追加されます（ここでは下）❻。

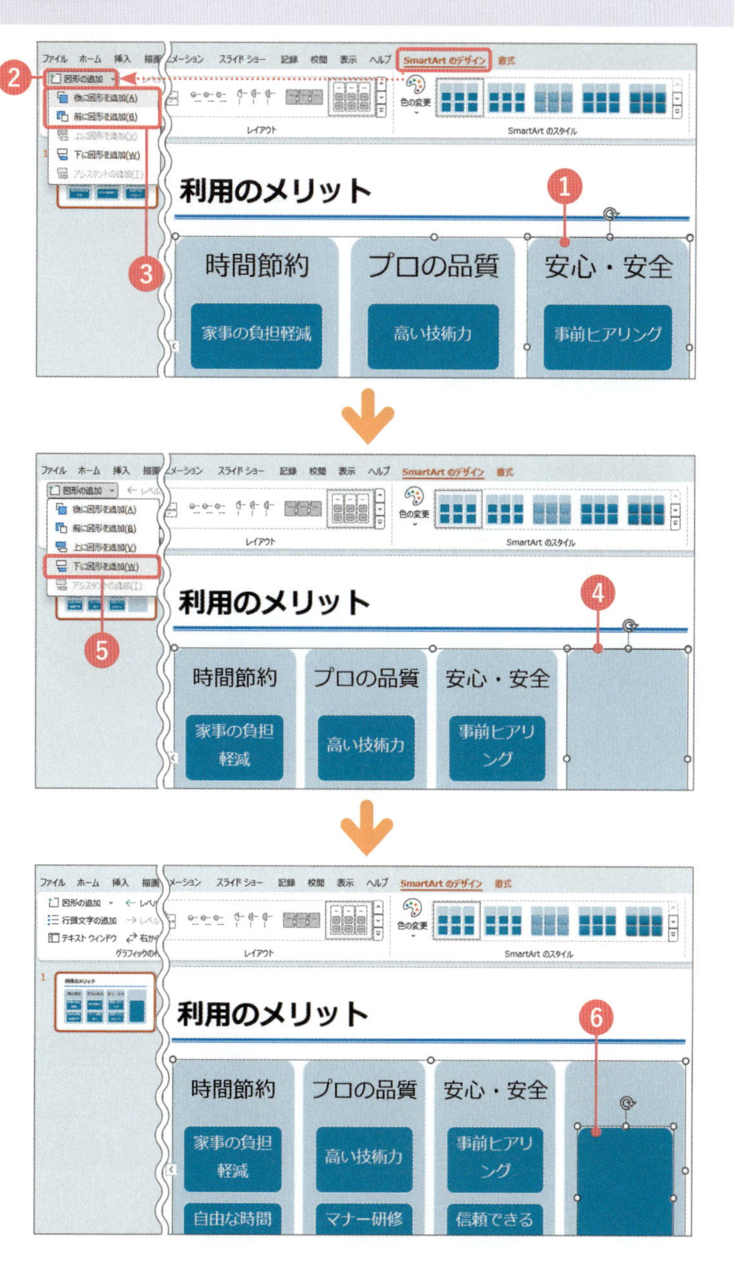

Section

63 SmartArtの種類を変更する

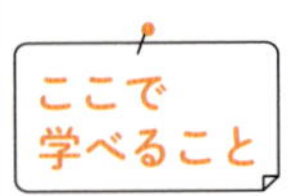

SmartArtを作成した後でも種類を変更することができます。一度作成したけど、もう少し違う形を試してみたいとか、どこかイメージが違うという場合でも簡単に変更することができます。

レッスン ▶63-1 SmartArtの種類を変更する

まずは パッと見るだけ！

SmartArtの種類の変更

SmartArtには多くの種類が用意されているので、**同じ分類のデザイン**の中でいろいろ試してみて、より見やすいとか、より内容にマッチしているものに変更することができます。

Before 操作前

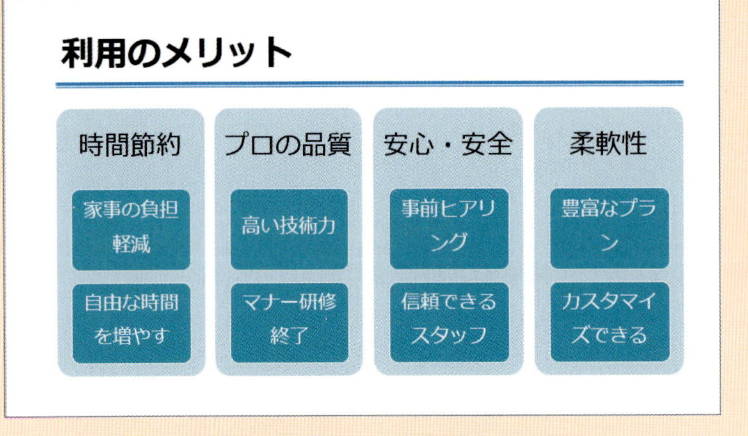

After 操作後

利用のメリット

時間節約
家事の負担軽減
自由な時間を増やす
プロの品質
高い技術力
マナー研修終了
安心・安全
事前ヒアリング
信頼できるスタッフ
柔軟性
豊富なプラン
カスタマイズできる

種類を変更してイメージを変更することができた

レッスン 63-1 SmartArtの種類を変更する

練習用ファイル 63-SmartArtの種類変更.pptx

操作 SmartArtの種類を変更する

SmartArtの種類は、コンテキストタブの［SmartArtのデザイン］タブの［レイアウト］グループから変更します。

Memo ［SmartArt］ダイアログを表示する

手順4で［その他のレイアウト］をクリックすると、［SmartArtグラフィックの選択］ダイアログが表示されます。ダイアログで分類ごとにレイアウトを選択できます（**レッスン62-1**参照）。

1 SmartArt内でクリックして、

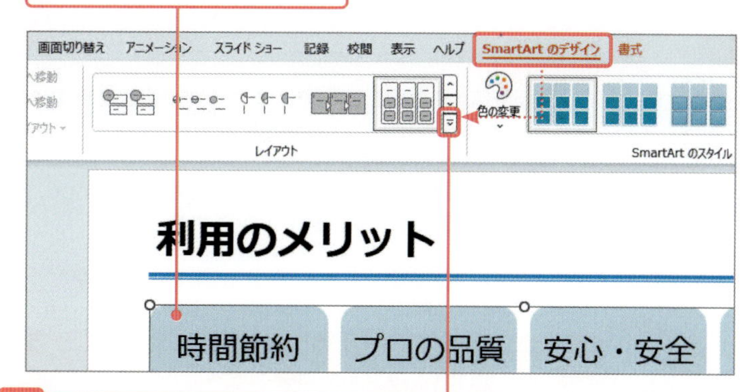

2 コンテキストタブの［SmartArtのデザイン］タブ→［レイアウト］グループのをクリックします。

3 レイアウト一覧が表示されます。

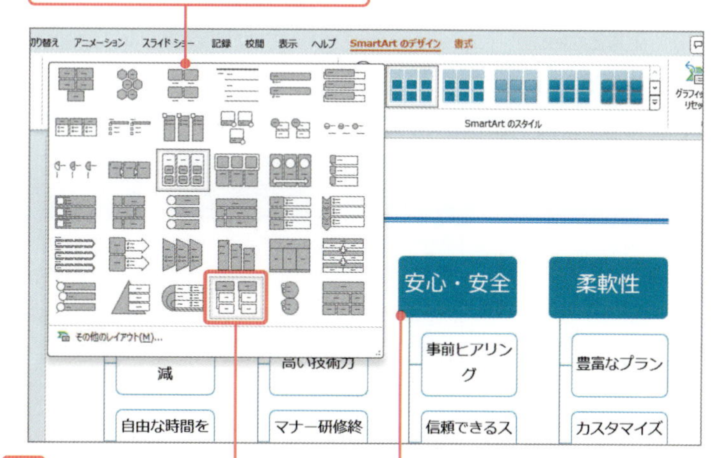

4 レイアウトにマウスポインターを合わせ、プレビューで結果を確認し、クリックします。

5 種類が変更されました。

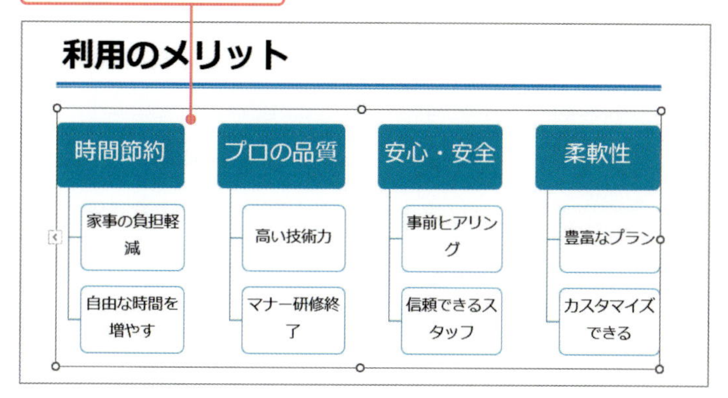

Section

64 SmartArtのデザインを変更する

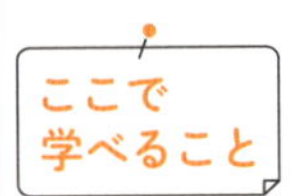

SmartArtを配置した後で、スタイルや配色を自由に変更できます。プレゼンテーションに適用されているデザインに合わせた配色もあるので、バランスの整った状態を保つことができます。

まずは パッと見るだけ！

SmartArtのスタイルや配色の変更

SmartArtには、同じ形でさまざまな**スタイル**や**配色**が用意されています。

Before 操作前

After 操作後

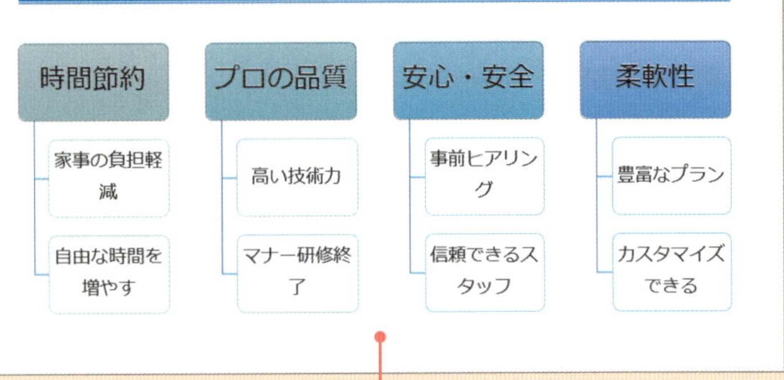

スタイルと配色を変更することで、単調な図表に華やかさが加わった

レッスン 64-1 SmartArtのスタイルを変更する

練習用ファイル 64-1-SmartArtのスタイル変更.pptx

操作 SmartArtのスタイルを変更する

SmartArtのスタイルを変更するには、コンテキストタブの［SmartArtのデザイン］タブにある［SmartArtのスタイル］グループで行います。

1 SmartArt内でクリックして、

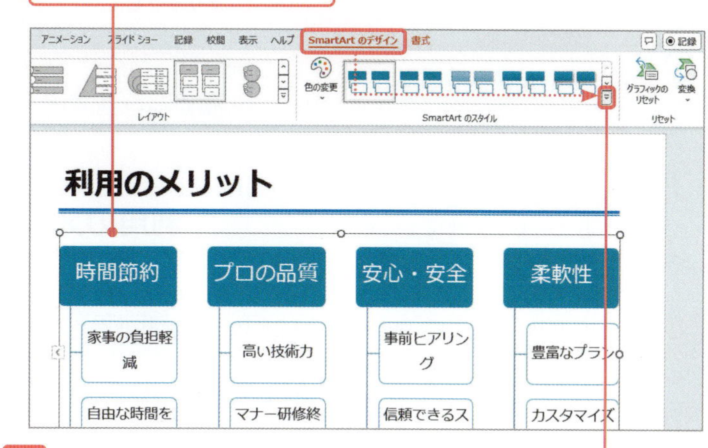

2 コンテキストタブの［SmartArtのデザイン］タブ→［SmartArtのスタイル］グループの▽をクリックします。

3 スタイル一覧が表示されます。

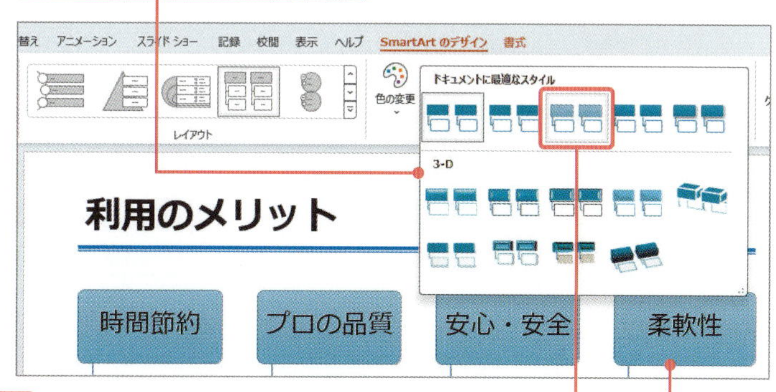

4 任意のスタイル（ここでは「パステル」）にマウスポインターを合わせ、プレビューで結果を確認し、クリックします。

5 スタイルが変更されました。

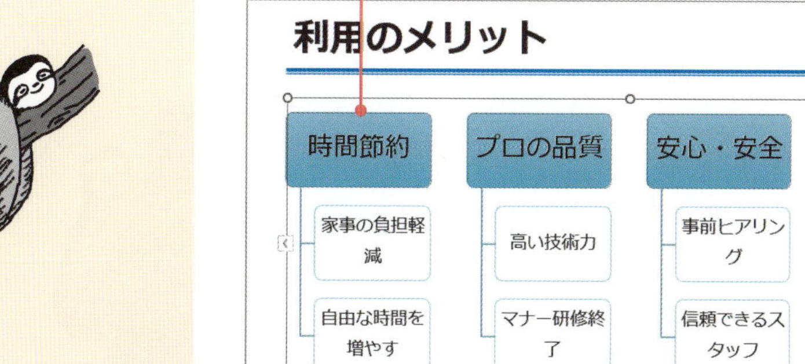

スタイルや
配色の変更は
一覧の中から
選択するだけ～

レッスン 64-2 SmartArtの配色を変更する

練習用ファイル 64-2-SmartArtのスタイル変更.pptx

Point SmartArtの配色

作成したSmartArtの図表は、色合いを変更することができます。なお、設定できる配色は、プレゼンテーションに適用されているテーマによって異なります。

1 SmartArt内でクリックして、

2 コンテキストタブの［SmartArtのデザイン］タブ→［色の変更］をクリックします。

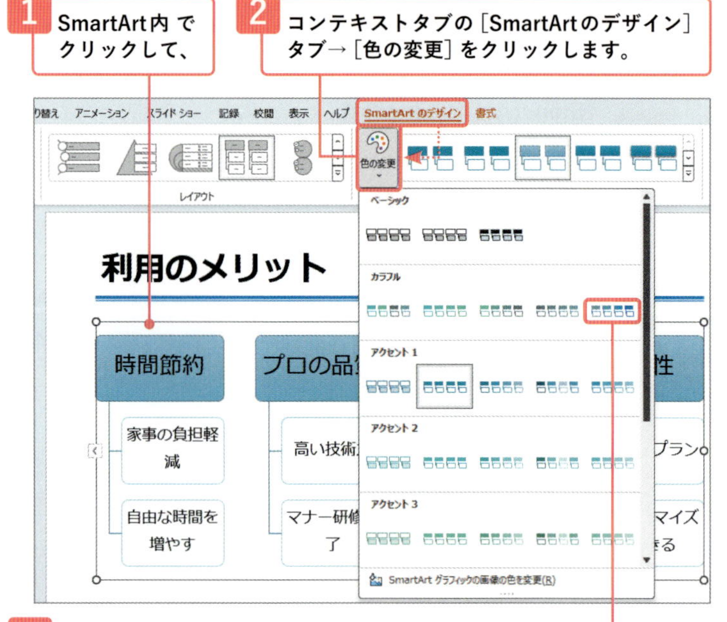

3 一覧の中から変更したい色合い（ここでは［カラフル アクセント5から6］）をクリックします。

4 色合いが変更されました。

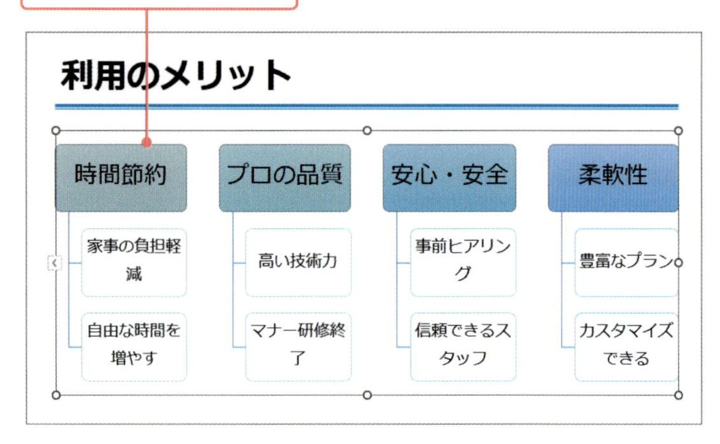

コラム　個別に書式を変更するには

SmartArtを作成し、スタイル、配色などを編集して、ある程度完成したとき、1文字だけ次の行に表示されるなど中途半端な位置で改行され、文字のおさまりが悪いことがあります。SmartArtでは、図形のサイズや文字数などで全体のサイズが自動で調整されますが、微調整が必要なときは、個別に変更します。また、枠線を太くするとか、色を変更するといった図形の色や効果などの書式も個別に変更できます。

●図形内の文字サイズを調整

テキストを1行で収めたい場合、対象の図形をクリックして選択し❶、［ホーム］タブ→［フォントサイズの縮小］Aを数回クリックして❷、文字サイズを小さくすることで収めることができます❸。

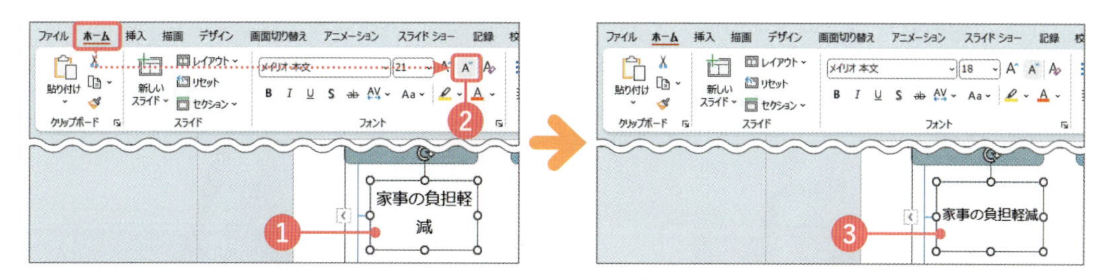

●図形内で改行

テキストを切りのいい位置で改行するには、改行したい位置にカーソルを移動し❶、Shiftキーを押しながらEnterキーを押して改行します❷。

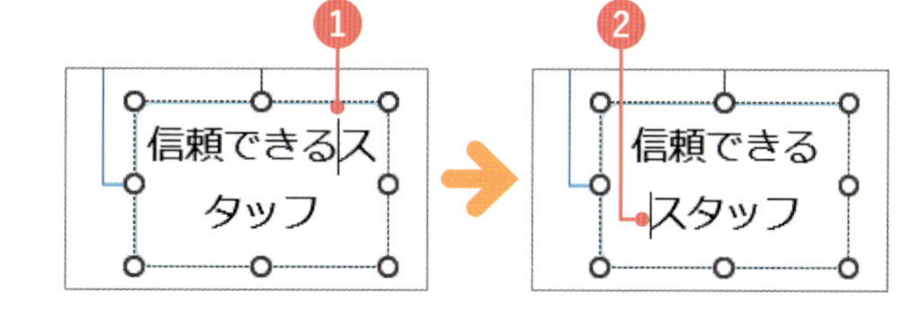

●図形の枠線の色／太さを個別に変更

図形の枠線の色を変更するには、図形の枠をクリックして選択し❶、コンテキストタブの［書式］タブ→［図形の枠線］の⌄をクリックして❷、色を選択します❸。同様にして太さを変更すると❹、選択した図形の枠線が変更されます❺。

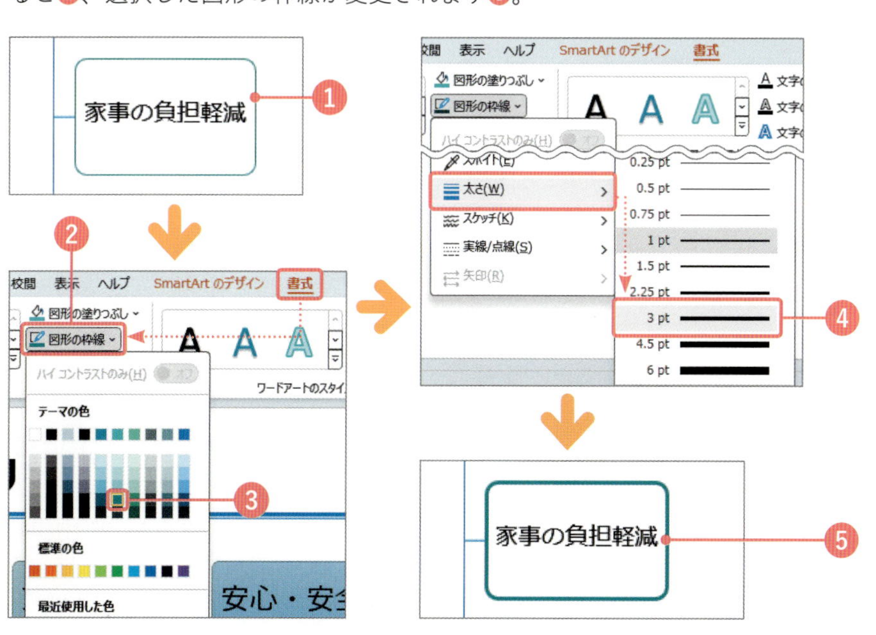

練習問題 SmartArtとアイコンの挿入を練習しよう

演習9-旅行案内.pptx
paris1.jpg paris2.jpg
paris3.jpg

完成図を参考に、以下の手順でSmartArtとアイコンを挿入してください。

●スライド番号3のスライドにSmartArtを追加

1 図1を参考に、SmartArt［縦方向円形画像リスト］を追加し、文字を入力して、画像は上から順番に［paris1.jpg］、［paris2.jpg］、［paris3.jpg］を表示する（**レッスン62-1**、**62-2**参照）。

2 1 で挿入したSmartArtの種類を［縦方向画像リスト］に変更し、色合いを［カラフル-アクセント4から5］に変更する（図2）（**レッスン63-1**、**レッスン64-2**参照）。

3 画像が表示されている図形の横幅を［3.5cm］に変更する。

ヒント：横幅は、コンテキストタブの［図の形式］タブの［図形の幅］で指定できます。

▼図1：SmartArt［縦方向円形画像リスト］

▼図2：SmartArt［縦方向画像リスト］

●スライド番号2のスライドにアイコンを追加

1 スライド番号2のスライドに、分類が［コミュニケーション］のアイコンを追加し、スライドの右下に移動して、サイズを高さ「6cm」、幅「6cm」に変更する（図3）（**レッスン59-1**参照）。

ヒント：サイズ変更は、［グラフィックス形式］タブ→［高さ］（図形の高さ）、［幅］（図形の幅）で設定します。

2 1 で挿入したアイコンを図に変換し、外周の図形の色を［黒、テキスト1、白＋基本色50%］、内部の2つの四角形の色を［水色、アクセント6、白＋基本色60%］に変更する（図4）（**レッスン60-1**参照）。

3 2 の図形をすべて選択し、グループ化する（図4）（**レッスン60-1**のp.232参照）。

▼図3：アイコンの挿入

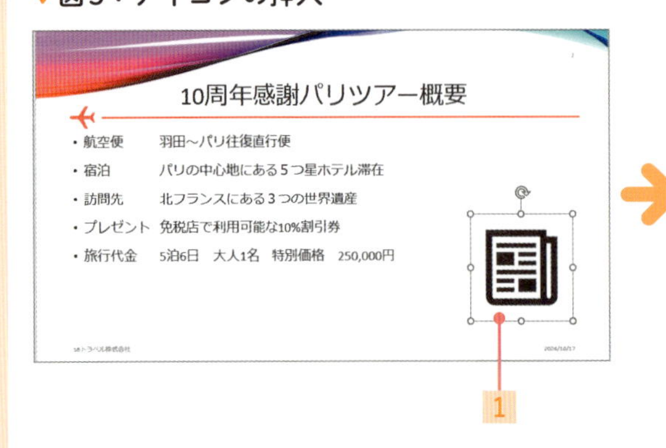

▼図4：アイコンの加工

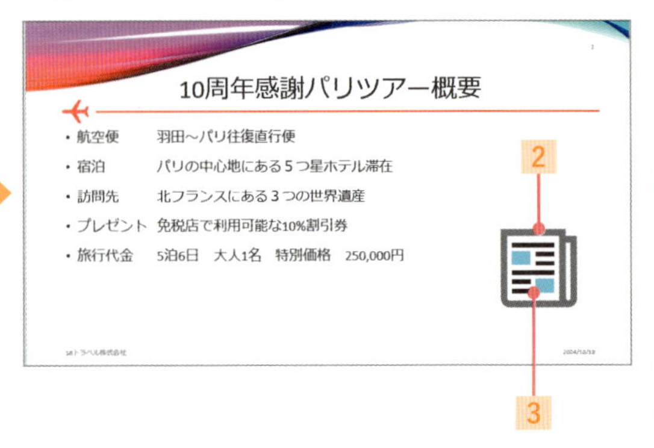

第10章

画像や動画を利用する

スライドには、写真などの画像や動画を追加することができます。写真を図形に合わせて切り取ったり、動画をスライドに挿入したりと、ここでは画像や動画の挿入方法と、基本的な編集方法を紹介します。

Section

65 画像を部分的に切り取る

ここで学べること

Section23では、画像をスライドに取り込む方法を紹介しました。画像を切り抜いて使いたい場合は、トリミング機能で画像の上下左右を取り除いたり、図形に合わせて切り取ったりできます。

レッスン

- 65-1 画像をトリミングする
- 65-2 画像を図形の形にトリミングする

まずは パッと見るだけ！

画像のトリミング

スライドに挿入した画像をトリミングして余分な部分を切り取ります。図形の形に合わせてトリミングすれば、画像の形に変化を付けることができます。

レッスン 65-1 画像をトリミングする

練習用ファイル 65-1-トリミング.pptx

操作 画像をトリミングする

トリミングの機能を使うと、画像の周囲の不要な部分を取り除くことができます。トリミングの状態で画像の周囲に表示される黒いハンドルをドラッグするだけで、不要な部分を非表示にできます。

Point トリミング

トリミングとは、画像の上下左右にある不要な部分を取り除いて見えなくする機能です。取り除いた部分は削除したのではなく、表示していないだけなので、表示する部分をあとから修正することができます。

Memo トリミング前に戻すには

画像をトリミング前の状態に戻したい場合、手順3で黒いハンドルをドラッグして元に戻します。または、いったん画像を削除して挿入しなおします。

1 画像をクリックします。

2 コンテキストタブの［図の形式］タブ→［トリミング］をクリックすると、

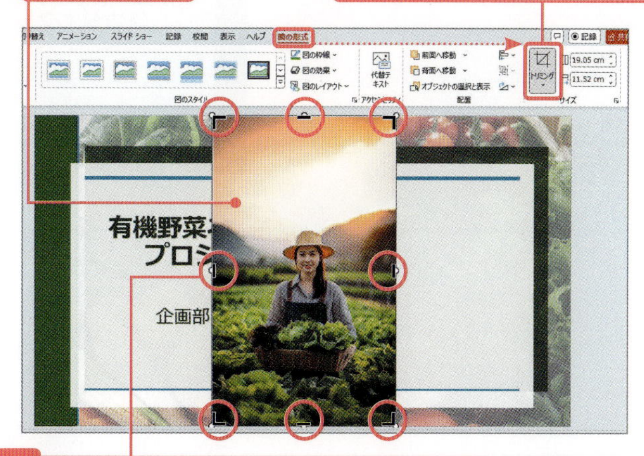

3 画像の周囲にトリミング用の黒いハンドルが表示されます。

4 ハンドルにマウスポインターを合わせ、⊥の形になったら下にドラッグすると、

5 画像が切り取られます。

6 他の部分も同様にハンドルをドラッグして調整しておきます。

7 スライド内の画像以外をクリックしてトリミングモードを解除します。

8 画像のサイズを調整し、移動します。

時短ワザ　トリミングの範囲内で見せる位置を変更する

トリミングのハンドルが表示されている状態で、画像内にマウスポインターを合わせ、✥の形のときにドラッグすると❶、トリミング範囲内で表示する部分を動かすことができます❷。

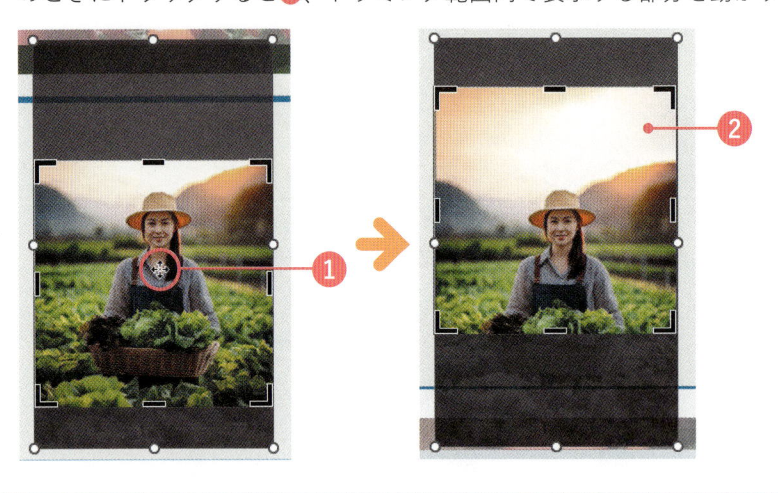

Memo　図形や画像をスライドの外にはみ出して配置する

図形や画像を下図のように、スライドの外にはみ出して配置することができます。はみ出した部分は、印刷時やスライドショー実行時に自動的に除かれるので、わざわざトリミングする必要はありません。

● スライド編集画面

● 印刷プレビュー／スライドショー

スライドからはみ出した部分は、印刷時やスライドショー実行時に自動的に除かれる

レッスン 65-2 画像を図形の形にトリミングする

練習用ファイル 65-2-トリミング.pptx

操作 図形の形にトリミングする

トリミングのメニューで［図形に合わせてトリミング］を選択すると、図形の一覧が表示されます。任意の図形を選択すると、その図形に合わせて画像がトリミングされます。

Memo 図形の形に合わせてトリミングし直す

図形の形にトリミングしたときに、表示する部分を変更したり、図形の形を調整したい場合は、コンテキストタブの［図の形式］タブで［トリミング］をクリックしてトリミングのハンドルを表示し、ハンドルをドラッグしてトリミングし直してください。画像内でドラッグすると、画像全体が移動するので表示位置を修整することもできます。

ハンドルをドラッグしてトリミングし直せる

画像の中をドラッグして画像の表示位置を調整できる

1 画像を選択しておきます。

2 コンテキストタブの［図の形式］タブ→［トリミング］の⌄→［図形に合わせてトリミング］をクリックします。

3 一覧から使用する図形（ここでは［楕円］）をクリックします。

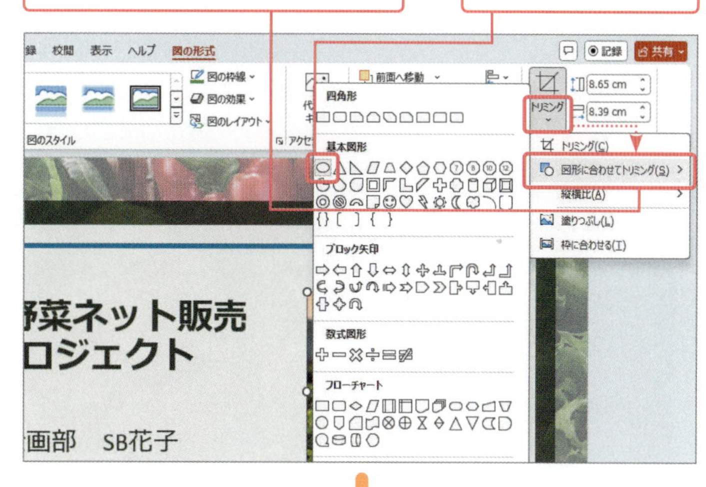

4 画像が図形の形にトリミングされました。

Section
66 画像の見え方を調整する

ここで学べること

スライドに挿入した画像が、暗かったり、くすんで見えたりした場合、図の調整機能を使うことで、明るさや鮮やかさを調整することができます。ここでは画像の調整方法を確認しましょう。

レッスン

- 66-1 画像の明るさや鮮やかさを調整する
- 66-2 画像に図のスタイルを設定する

まずは パッと見るだけ！

画像を調整して見え方を変更する

配置した画像の明るさ、トーン、透明度などを調整したり、画像の周囲にぼかしや影、ふちどりを付けてスタイルを調整したりと、**画像の見え方**を調整するためのさまざまな機能があります。

Before 操作前

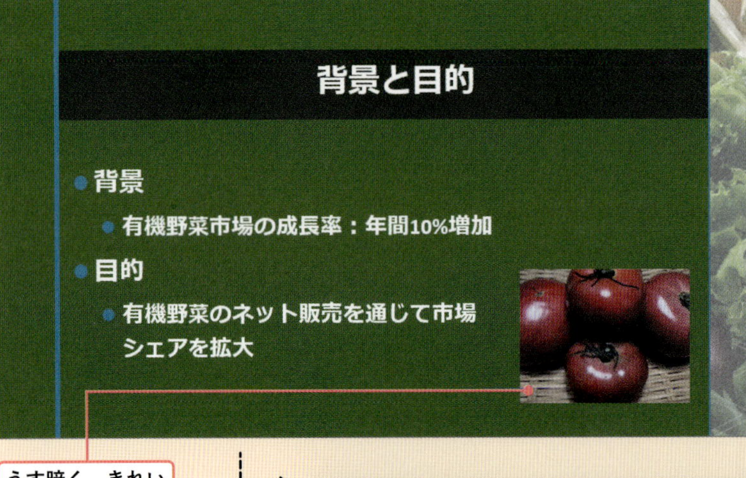

うす暗く、きれいに見えない

After 操作後

背景と目的

- 背景
  - 有機野菜市場の成長率：年間10%増加
- 目的
  - 有機野菜のネット販売を通じて市場シェアを拡大

画像を明るく鮮やかにして、縁取りを付けて見栄えを整えた

レッスン 66-1 画像の明るさや鮮やかさを調整する

練習用ファイル 66-1-画像の調整.pptx

操作 画像を調整する

画像の明るさ／コントラスト、鮮明度は、コンテキストタブの［図の形式］タブにある［修整］で調整します。

Point 明るさ／コントラストの調整

明るさの調整は、一覧の横方向で変更します。左が暗く、右が明るくなります。また、コントラストは、明暗を強調してくっきり見せるか、逆に柔らかく見せるかを調整します。一覧の縦方向で変更し、下に進むほどよりくっきり見せます。

Memo 元の明るさ／コントラストに戻すには

一覧の中央（3列3行目）にある［明るさ：0%（標準）、コントラスト：0%（標準）］をクリックします。

上級テクニック 明るさやコントラストを微調整する

手順3で［図の修整オプション］をクリックし、［図の書式設定］作業ウィンドウの［図］の［図の修整］で1パーセント単位で調整できます。

ここでは、野菜の画像をよりきれいに見せるための調整をしてみましょう。

1 画像をクリックし、

2 コンテキストタブの［図の形式］タブ→［修整］をクリックします。

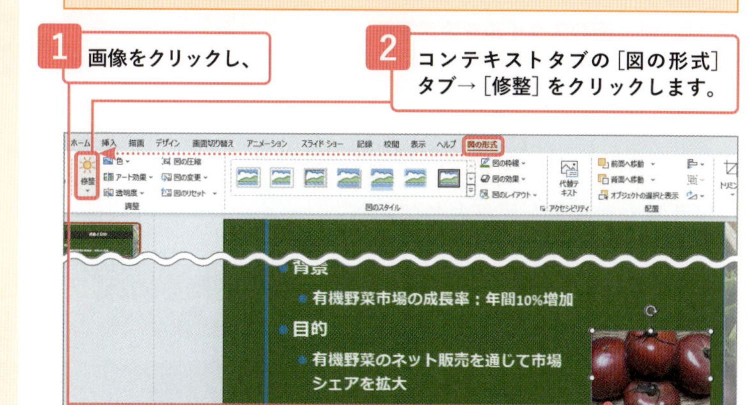

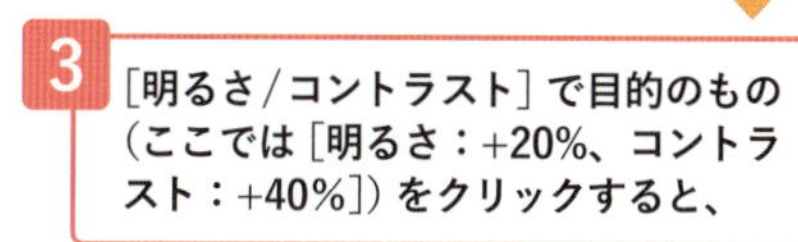

3 ［明るさ／コントラスト］で目的のもの（ここでは［明るさ：+20%、コントラスト：+40%］）をクリックすると、

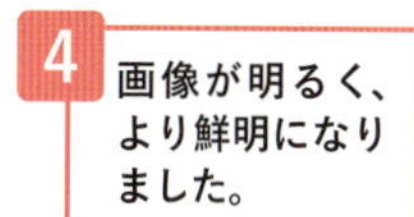

4 画像が明るく、より鮮明になりました。

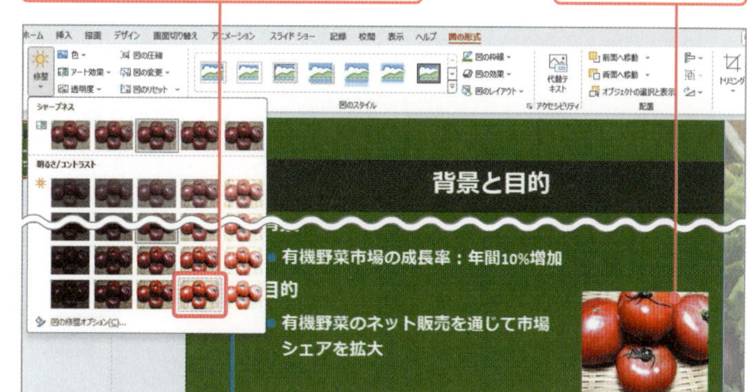

コラム 画像の加工機能

コンテキストタブの［図の形式］タブにある［調整］グループで、画像を加工をする効果がまとめられています。［修整］には、明るさ／コントラスト以外に［シャープネス］でぼかしを調整することができます。また、［色］、［アート効果］、［透明度］を使って画像にさまざまな効果を付けることができます。

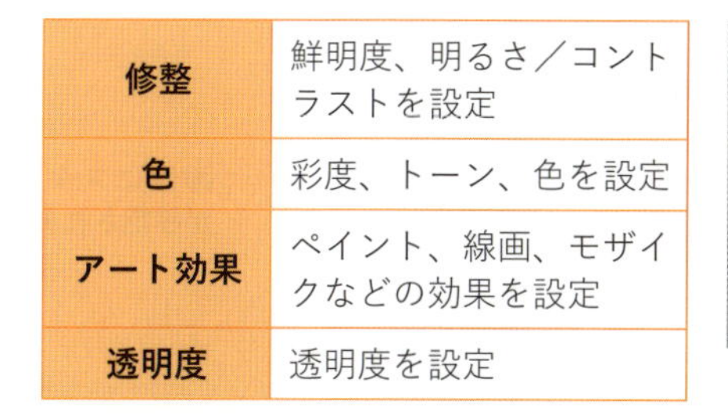

修整	鮮明度、明るさ／コントラストを設定
色	彩度、トーン、色を設定
アート効果	ペイント、線画、モザイクなどの効果を設定
透明度	透明度を設定

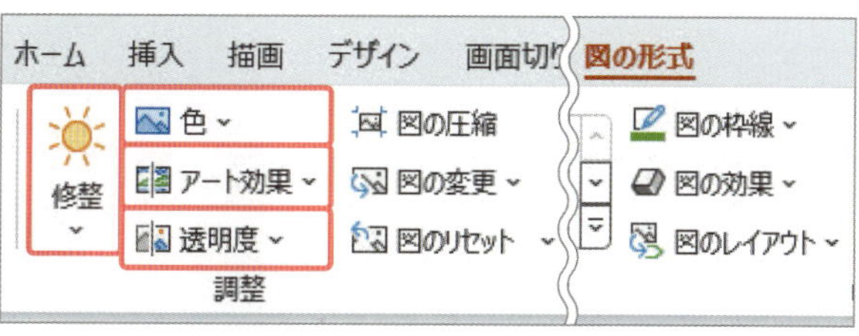

レッスン 66-2 画像に図のスタイルを設定する

練習用ファイル 66-2-図のスタイル.pptx

ここでは、画像にふちを付けて装飾してみましょう。

操作 図のスタイルを設定する

画像に図のスタイルを設定すると、画像の周囲をぼかしたり、影を付けたり、ふちを付けたりと、装飾することができます。図のスタイルには、いろいろな装飾を組み合わせたパターンが用意されています。

Point 図のスタイル

図のスタイルとは、あらかじめ用意されているぼかしや、型抜き、外枠などの効果の組み合わせです。スタイルを選択するだけで簡単に画像の体裁を整えることができます。

1 画像をクリックし、

2 コンテキストタブの［図の形式］タブの［図のスタイル］グループにある▿をクリックします。

3 スタイル一覧の中から、使用したいスタイル（ここでは［回転、白］）をクリックすると、

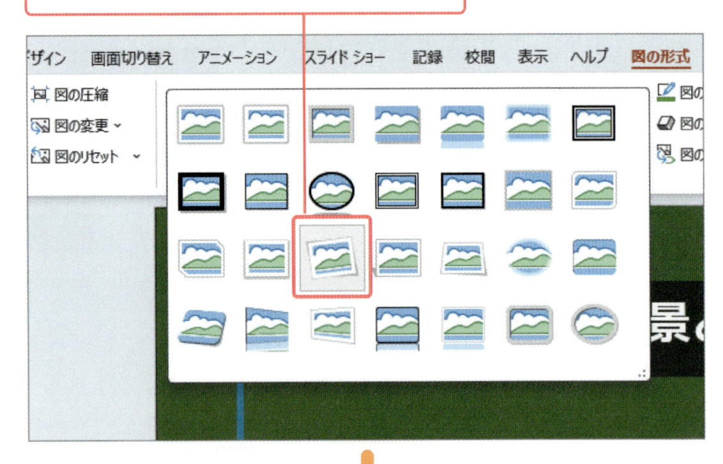

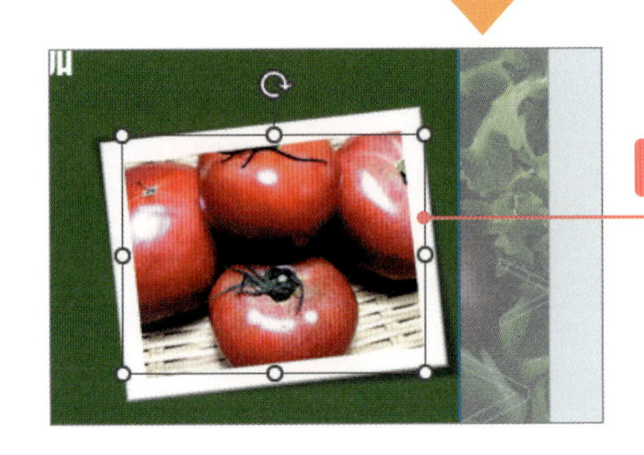

4 画像にスタイルが設定されます。

Memo 図に個別に効果を設定する

コンテキストタブの［図の形式］タブの［図の効果］では、［影］、［ぼかし］、［光彩］など、効果のメニューが表示されます。図に効果を個別に設定することができます。

Memo 図のスタイルや調整を解除する

スタイルが設定されている画像を選択し、コンテキストタブの［図の形式］タブ→［図のリセット］をクリックします。

Section 67 パソコンの画面を貼り付ける

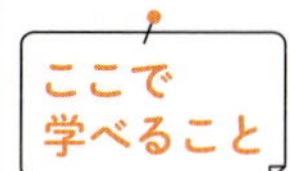

ここで学べること

パソコンで起動中のアプリのウィンドウやデスクトップの画面をスクリーンショットとしてスライドに貼り付けられます。貼り付けたスクリーンショットは、図として扱うことができます。

レッスン

- ▶ 67-1 Excelの画面をスライドに取り込む
- ▶ 67-2 Webの画面を部分的にスライドに取り込む

まずは パッと見るだけ！

スクリーンショットの挿入

［スクリーンショット］の機能を使うと、PowerPoint以外で開いているウィンドウをスライドに取り込んだり、パソコンの画面を部分的に取り込んだりできます。

▼ウィンドウのスクリーンショット

Before 操作前

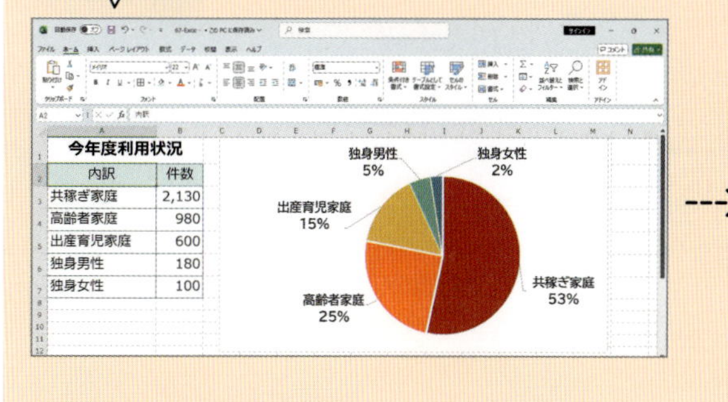

After 操作後

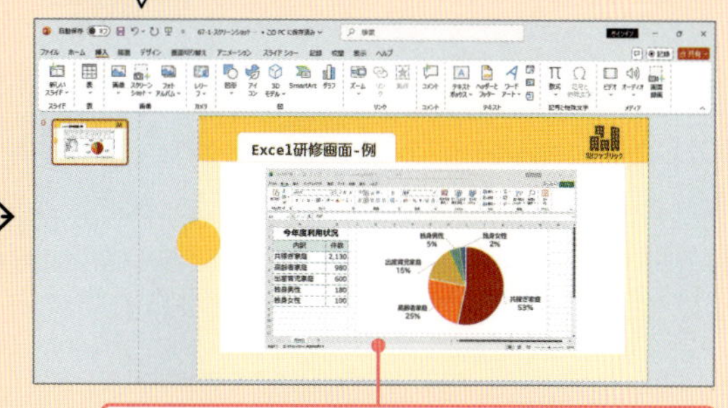

Excelのウィンドウ全体をスライドに取り込める

▼部分的な画面のスクリーンショット

Before 操作前

After 操作後

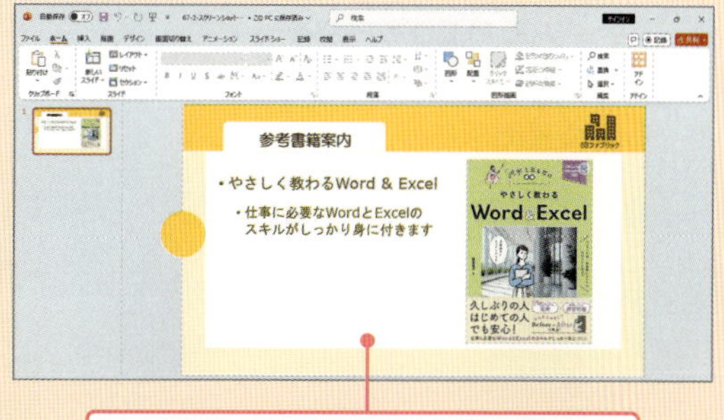

表示画面を部分的にスライドに取り込める

レッスン 67-1 Excelの画面をスライドに取り込む

練習用ファイル 67-1-スクリーンショット.pptx
67-Excel研修.xlsx

Point ウィンドウ画面の取り込み

PowerPoint以外のウィンドウ画面をスライドに取り込んで資料を作成することができます。取り込んだ画面は図形と同様に扱えるので、サイズ変更や移動を行い、調整できます。

Memo [使用できるウィンドウ]で取り込めるウィンドウ

[使用できるウィンドウ]で選択できるのは、現在開いているPowerPoint以外の画面です。なお、ウィンドウが最小化されている場合は、選択肢として表示されません。

ここでは、開いているExcelの画面をスライドに取り込みます。

1 Excelを起動し、ブックを開いておきます。

2 [挿入]タブ→[スクリーンショット](スクリーンショットをとる)をクリックし、

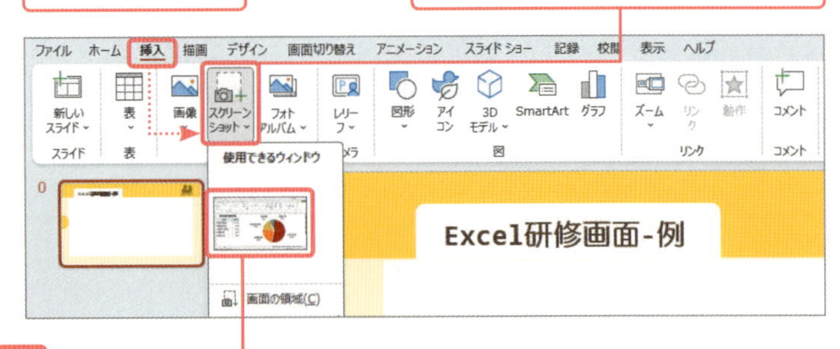

3 [使用できるウィンドウ]で取り込みたいウィンドウのサムネイルをクリックすると、

4 選択した画面が取り込まれます。サイズを調整し、配置を整えておきます。

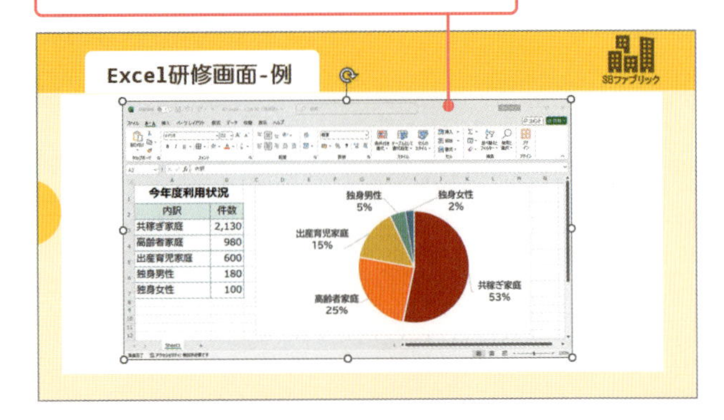

レッスン 67-2 Webの画面を部分的にスライドに取り込む

練習用ファイル 67-2-スクリーンショット.pptx

操作 Webの画面の一部を取り込む

パソコンの画面を部分的に取り込むには、[画面の領域]で取り込む範囲をドラッグして指定します。例えば、パソコンで開いたWebページ上の地図などを部分的に取り込みたいときに使えます。

ここでは、Webページの「やさしく教わるWord & Excel」の書籍の表紙の画面だけを取り込んでみましょう。

1 ブラウザーを起動し、Webページ「https://isbn2.sbcr.jp/23906/」を表示して書籍の画面を表示しておきます。

2 PowerPointに切り替えます。

3 ［挿入］タブ→［スクリーンショット］→［画面の領域］をクリックします。

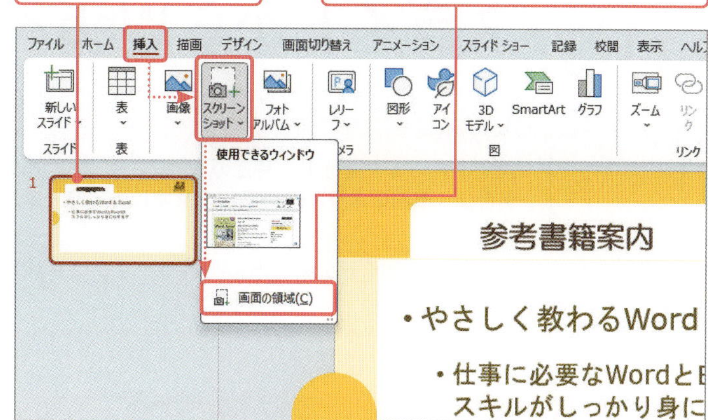

4 画面全体が淡色表示に切り替わります。

5 マウスポインターの形が＋になったのを確認し、切り取る部分をドラッグします。

6 ドラッグした部分がスライドに取り込まれます。サイズと位置を調整しておきます。

Point スクリーンショット

スクリーンショットとは、パソコンのディスプレイに表示されている内容を、そのまま撮影した画像のことです。

Section

68 スライドからWebページを表示する

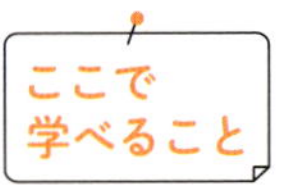

スライドショー実行中に特定のWebページなど別画面を開きたいこともあります。このような場合は、事前にスライドの図形や文字にハイパーリンクの設定をしておくと便利です。

レッスン ▶68-1 スライド上の図形にハイパーリンクを設定する

まずは パッと見るだけ！

ハイパーリンクの設定

図形や文字をクリックして、Webページを開いたり、指定したファイルを開いたりするには、図形や文字にハイパーリンクを設定します。

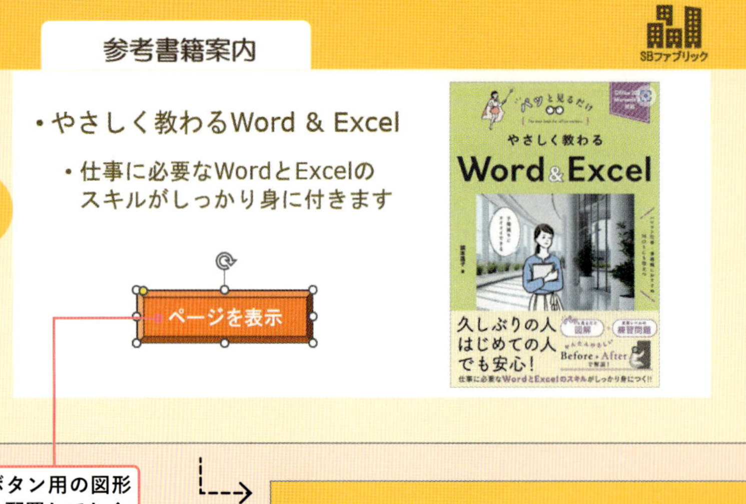

ボタン用の図形を配置しておく

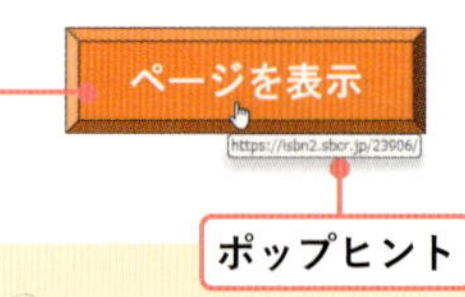

参考書籍案内

SBファブリック

・やさしく教わるWord & Excel

・仕事に必要なWordとExcelの
スキルがしっかり身に付きます

Webページへのリンクを設定すると、クリックでWebページが開く

ポップヒント

レッスン 68-1 スライド上の図形にハイパーリンクを設定する

練習用ファイル 68-ハイパーリンク.pptx

Point ハイパーリンク

スライド内の文字や図形にハイパーリンクを設定すると、クリックするだけで、Webページを開いたり、別のファイルを開いたりできます。ハイパーリンクに、マウスポインターを合わせると、リンク先がポップヒントで表示されます。

ここでは、スライドに配置した図形にWebページを開くハイパーリンクを設定してみましょう。

ハイパーリンクを設定する

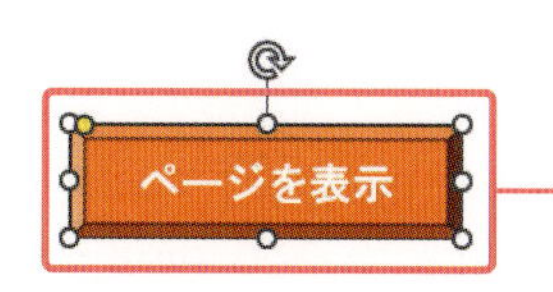

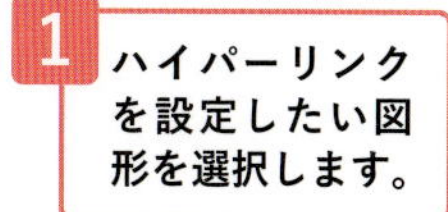

1 ハイパーリンクを設定したい図形を選択します。

2 ［挿入］タブ→［リンク］（ハイパーリンクの追加）をクリックすると、

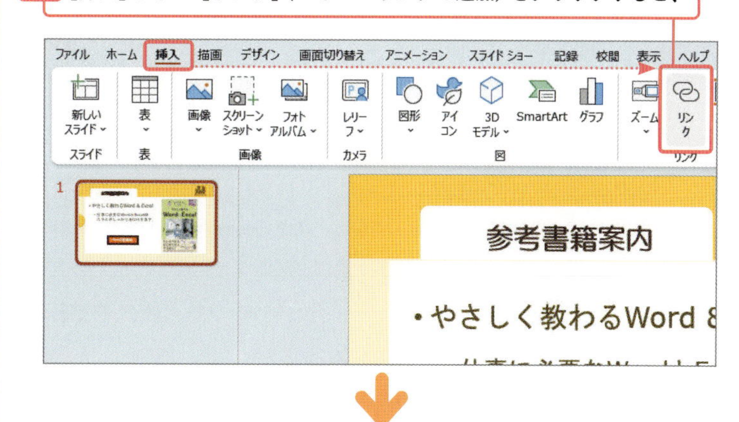

3 ［ハイパーリンクの挿入］ダイアログが表示されます。

4 ［アドレス］をクリックして、URL（ここでは「https://isbn2.sbcr.jp/23906/」）を入力し、

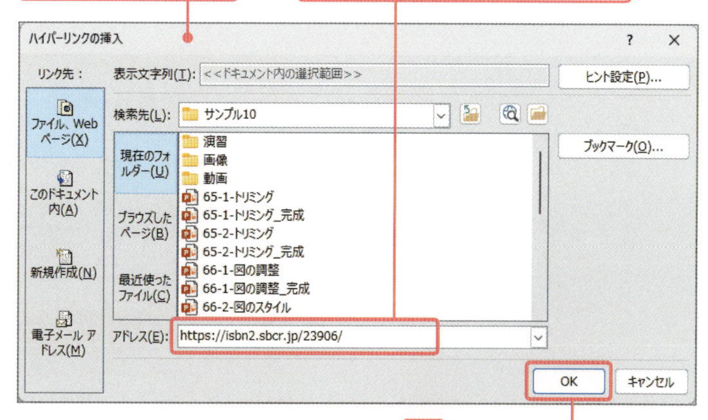

5 ［OK］をクリックします。

ショートカットキー

- スライドショーを実行する
  F5 キー

リンク先を確認する

1 図形の外でクリックして選択を解除し、

2 図形上にマウスポインターを合わせると、リンクが設定されていることがポップヒントで確認できます。

3 Ctrl キーを押しながら図形をクリックすると、リンク先のWebページが開きます。

時短ワザ　URLをコピーして貼り付ける

［アドレス］ボックスにリンク先のURLを入力するには、URLをコピーすると便利です。開きたいWebページを表示しておき❶、アドレスバーをクリックして選択したら Ctrl ＋ C キーを押してURLをコピーし❷、［ハイパーリンクの挿入］ダイアログの［アドレス］のテキストボックスをクリックして Ctrl ＋ V キーを押して貼り付けます❸。

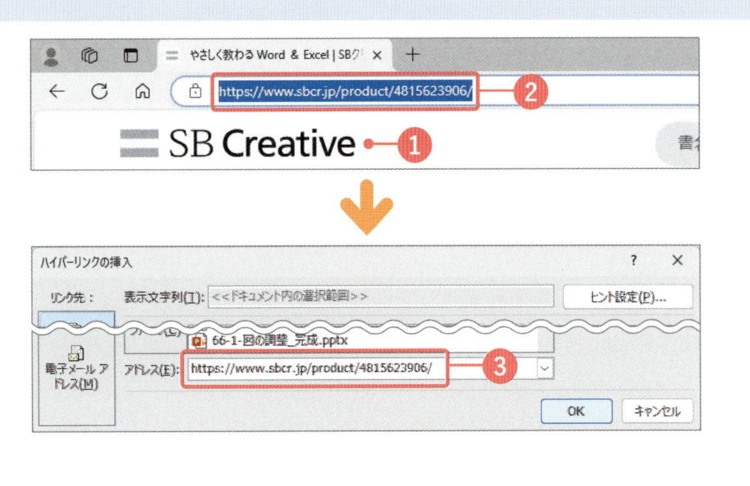

Memo　スライドショーでリンク先を確認する

F5 キーを押してスライドショーを実行し、リンクが設定されている図形にマウスポインターを合わせると、ポップヒントでリンク先が表示されます。クリックすると、リンク先のWebページが開きます。

Point リンク先を修正／解除する

ハイパーリンクが設定されている図形を右クリックし、ショートカットメニューで［リンクの編集］をクリックして❶、表示される［ハイパーリンクの編集］ダイアログの［アドレス］でリンク先を修正し❷、［OK］をクリックします❸。また、［リンクの解除］をクリックすると解除できます❹。

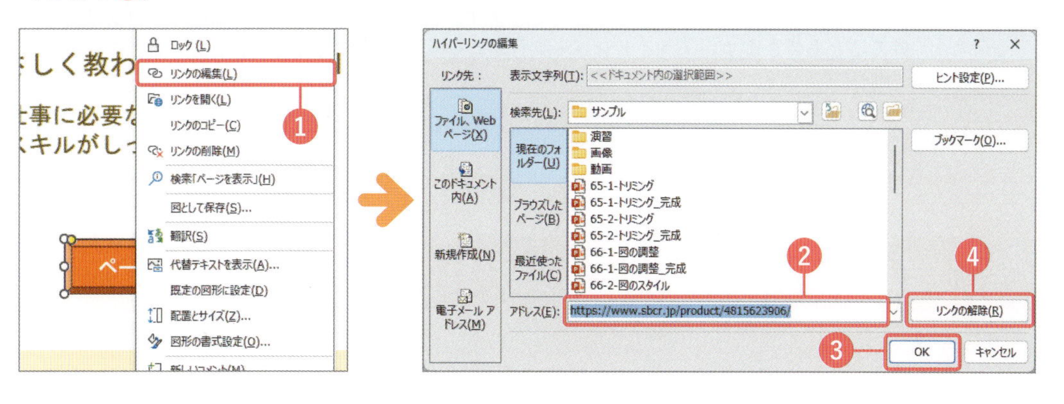

コラム 目次にリンクを設定してスライドにジャンプする

目次用のスライドが用意されている場合、目次にハイパーリンクを設定すると、目次をクリックするだけで、スライドにジャンプすることができます。
目次スライドの文字列を選択し❶、［挿入］タブ→［リンク］をクリックして［ハイパーリンクの挿入］ダイアログを表示します❷。［このドキュメント内］をクリックし❸、［ドキュメント内の場所］でジャンプ先のスライドタイトルをクリックして❹、［ＯＫ］をクリックすると❺、文字列にスライドにジャンプするリンクが設定されます❻。

Section
69 動画を挿入する

スライドには、動画を挿入することができます。また、トリミングして動画の余分な部分を取り除くこともできます。スライドショー実行時に動画で具体的な内容を伝えたい場合に便利です。

レッスン
- 69-1　スライドに動画を挿入する
- 69-2　動画をトリミングする

まずは パッと見るだけ！

動画の挿入

スマホやデジカメで撮影した**動画ファイル**をパソコンに保存しておくと、その動画をスライド上に配置し、スライドショー実行時に動画を再生することができます。

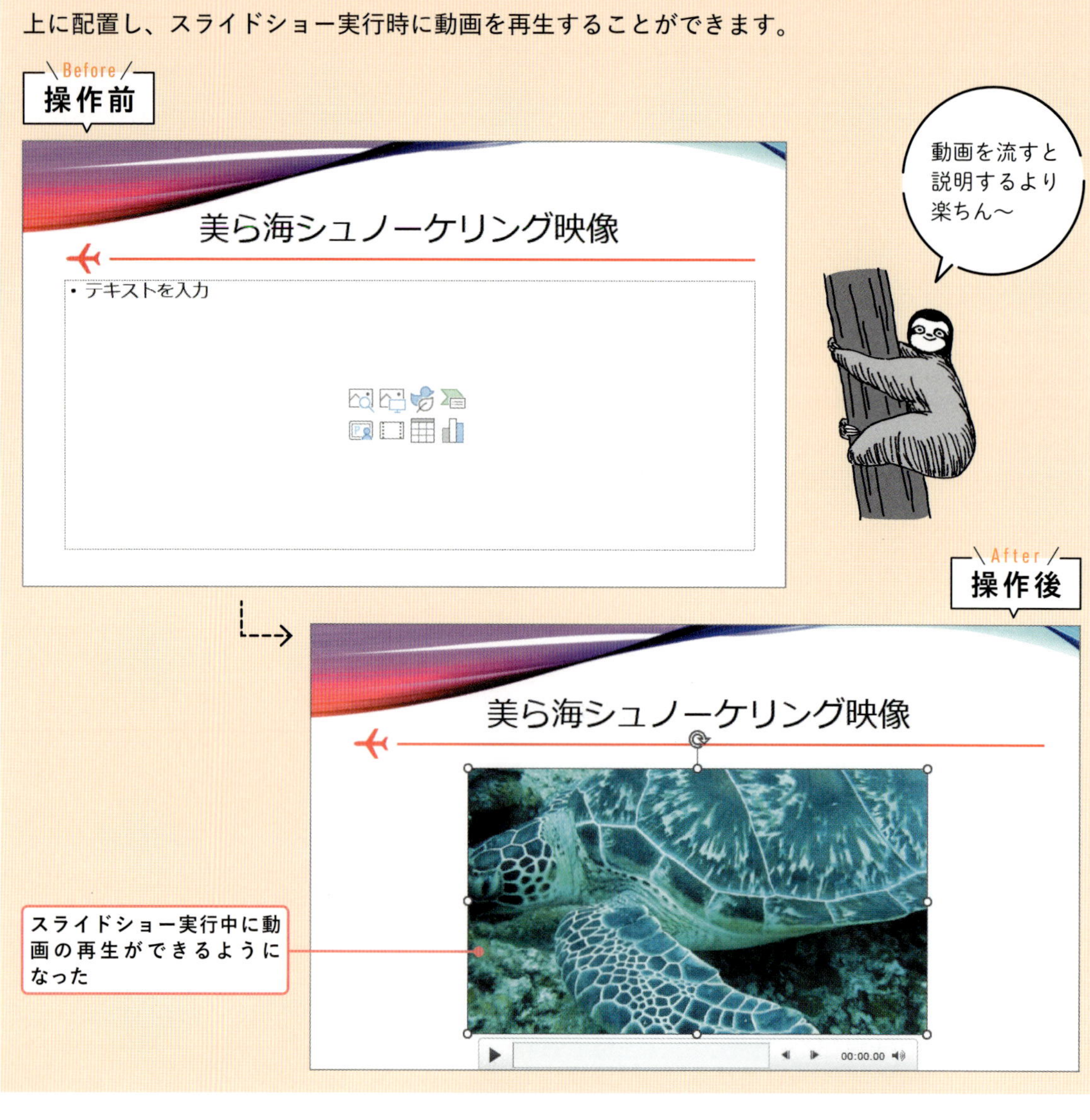

レッスン 69-1 スライドに動画を挿入する

練習用ファイル 69-1-動画.pptx okinawa01.mp4

操作 動画を挿入する

パソコンに保存した動画をスライドに挿入してみましょう。[タイトルとコンテンツ] レイアウトのプレースホルダー内のアイコン [ビデオの挿入] をクリックして動画を挿入します。

Memo 動画のサイズ変更と移動

挿入した動画の画面は、図と同様の操作でサイズ変更や移動ができます(p.204のMemo「図形の移動とサイズ変更」参照)。
必要に応じて調整して配置してください。

コラム [挿入] メニューから動画を挿入する

[挿入] タブの [ビデオ] (ビデオの挿入) をクリックし、[このデバイス] をクリックしても同様に動画ファイルを挿入することができます。なお、[ストックビデオ] ではロイヤリティフリーの動画 (Officeアプリ内で利用する場合は無料)、[オンラインビデオ] ではYouTubeのようなインターネット上にある動画を挿入できます。インターネット上の動画は、ほとんどの場合著作権が存在するため、使用したい場合は、使用可否の確認を必ず行ってください。

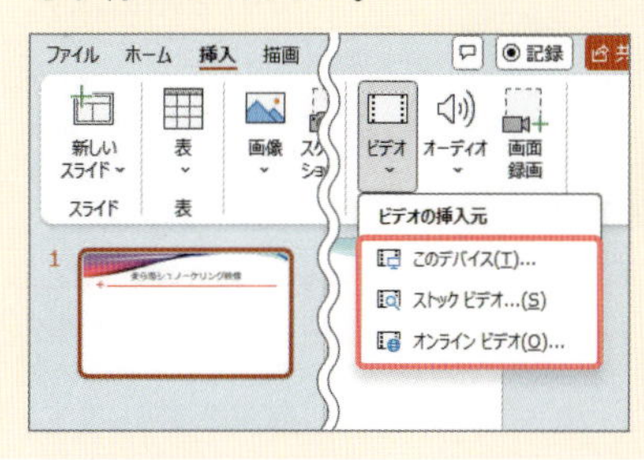

ここでは、サンプルファイルと同じ場所にある [動画] フォルダ内の動画ファイル [okinawa01.mp4] をスライドに挿入します。

1 プレースホルダー内の [ビデオの挿入] をクリックします。

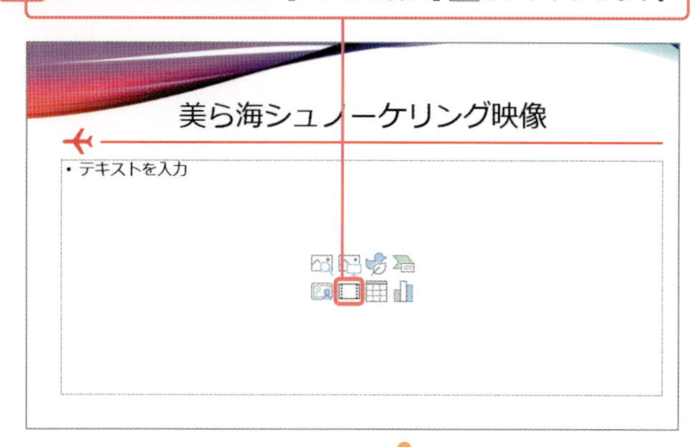

2 [ビデオの挿入] ダイアログが表示されます。

3 動画ファイルが保存されている場所を選択し、

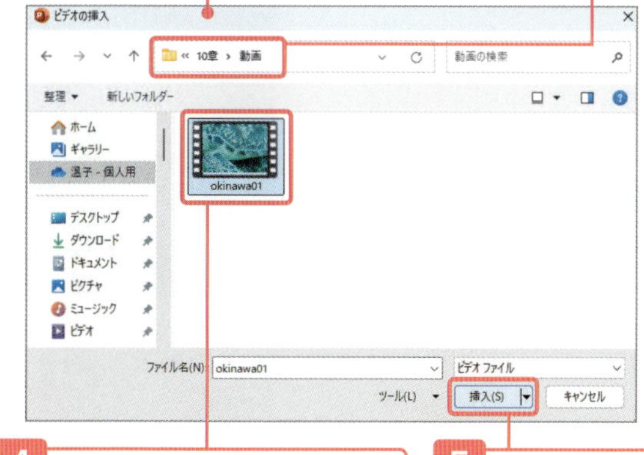

4 動画ファイルをクリックして、

5 [挿入] をクリックすると、

6 動画が挿入されます。

7 [再生／一時停止] をクリックして動画が再生されることを確認します。

レッスン 69-2 動画をトリミングする

練習用ファイル 69-2-動画.pptx

操作 動画をトリミングする

動画の開始／終了位置を指定して余分な部分を取り除くには、コンテキストタブの［再生］タブの［ビデオのトリミング］をクリックして表示される［ビデオのトリミング］ダイアログを表示します。緑のつまみと赤のつまみをドラッグして開始位置と終了位置を調整します。

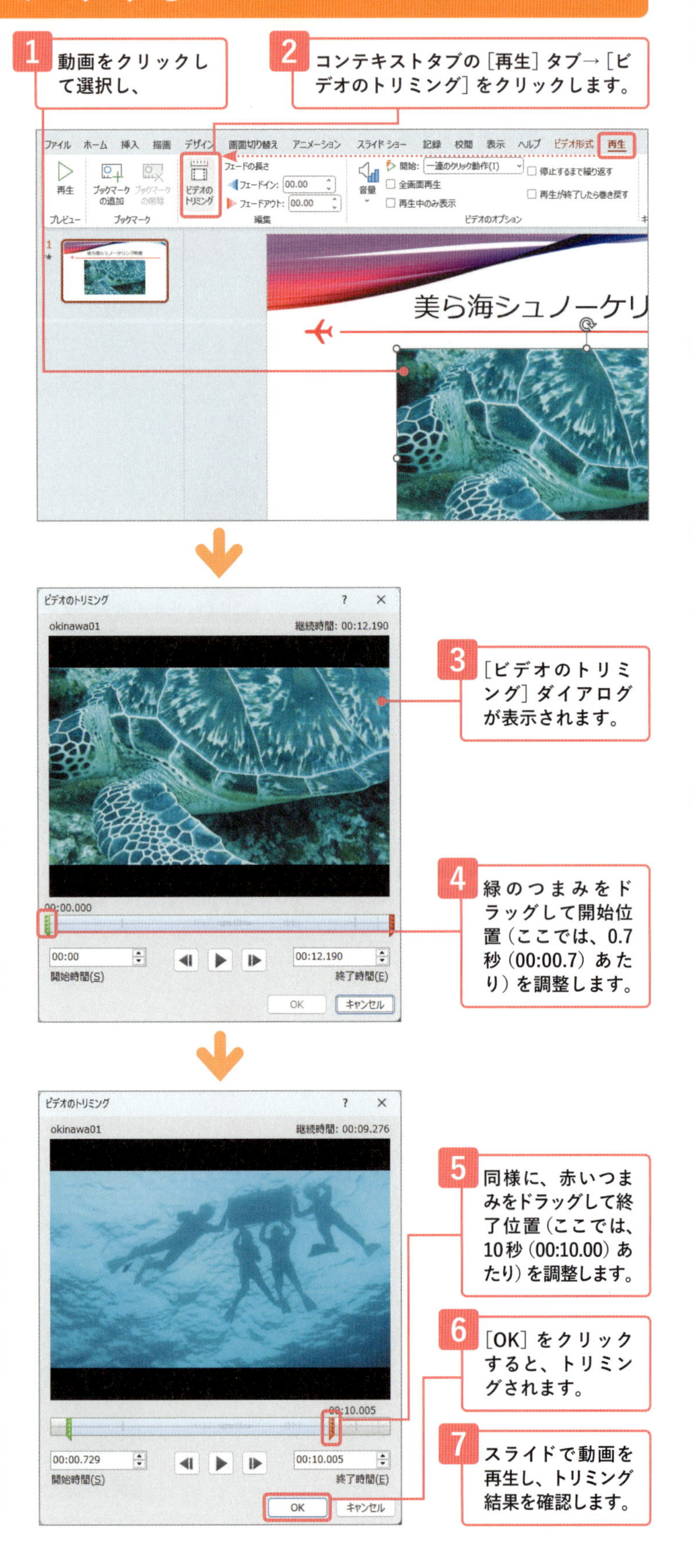

上級テクニック **動画の表紙を設定する**

動画の表紙画面を設定するには、動画の中のある時点の画像を指定する方法と、別の画像ファイルを指定する方法があります。動画の中のある時点の画像を指定する場合は、動画のスライダー上をドラッグして❶、表紙にしたい画像を表示します❷。コンテキストタブの［ビデオ形式］タブの［表紙画像］をクリックし、［現在の画像］をクリックすると❸、表紙に設定されます❹。なお、画像ファイルを指定したい場合は、［ファイルから画像を挿入］を選択してください。

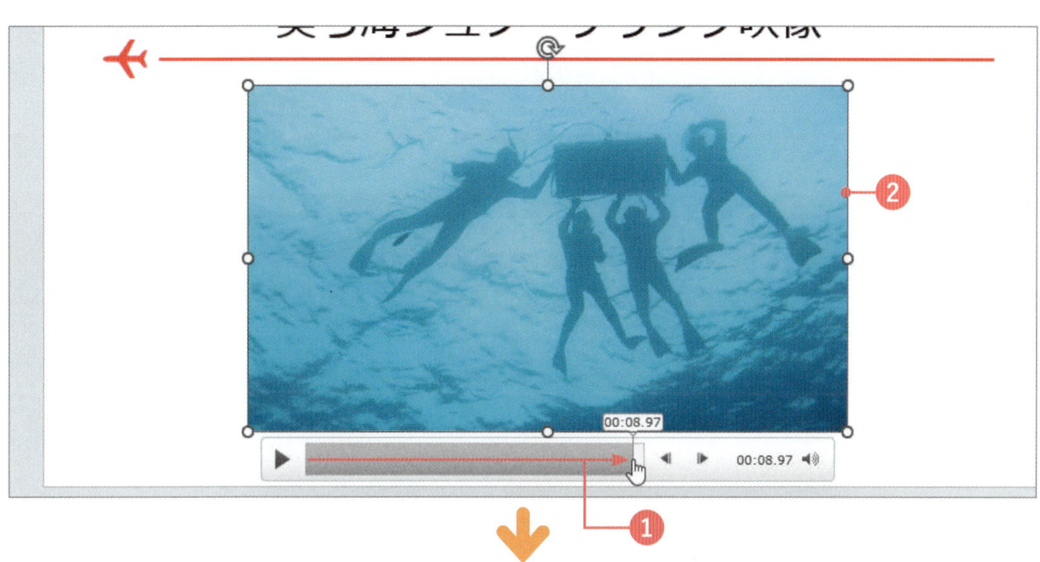

Section

70 画面操作の録画を挿入する

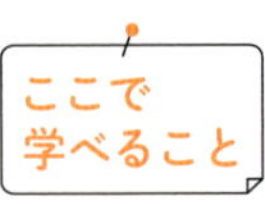

パソコンで画面操作を録画したものをスライドに挿入したい場合、PowerPointの［画面録画］機能が使えます。ここでは手元の操作を録画する方法を紹介します。

▶ 70-1　画面録画をスライドに貼り付ける

まずはパッと見るだけ！

使用方法や設定方法など、パソコン上で実際に操作している画面を動画で見せたい場合、PowerPointの［画面録画］機能を使って簡単に挿入することができます。

Before 操作前

録画する領域を指定しておき、録画を開始する

After 操作後

録画を終了すると、スライドに録画の結果が貼り付けられる

レッスン70-1 画面録画をスライドに貼り付ける

練習用ファイル 70-画面録画.pptx

Point 画面録画を挿入する

アプリの操作方法を説明するには、スライドに操作動画を挿入すると便利です。ここでは、Microsoft社の生成AIであるCopilotにPowerPointの構成を質問する操作を動画にしてみましょう。

録画する画面を表示する

Copilotを起動し、画面録画の準備をします。

1 タスクバーのCopilotのアイコンをクリックして、

2 Copilotを起動します。

画面録画をはじめる

1 PowerPointに切り替えて、[挿入] タブ→ [画面録画] をクリックします。

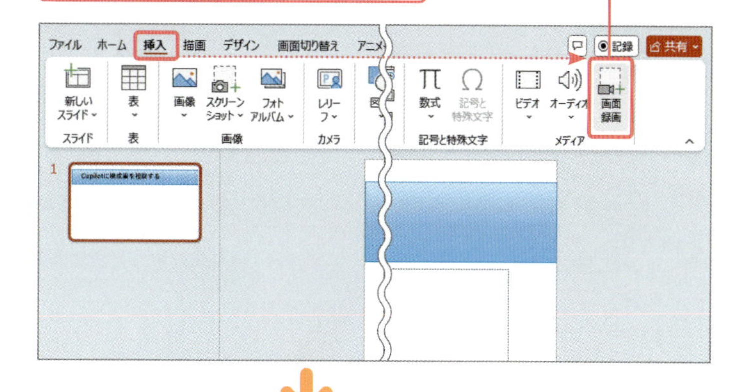

2 画面録画のメニューが表示されたら、[領域の選択] をクリックします。

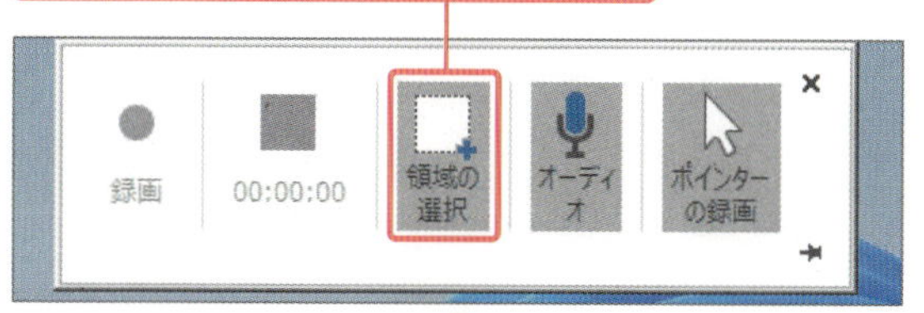

Memo 録画する領域を修正するには

手順3で指定した領域を修正したい場合は、再度［領域の選択］をクリックすると、領域がリセットされるので、ドラッグしなおします。

Point 操作中の音声も録音される

録画用のバーの［オーディオ］ボタンがオンになっている場合、キーボードのタッチ音や室内の音も録音されます。録音されないようにしたい場合は、［録画］ボタンを押す前に［オーディオ］ボタンをオフにしておきます。

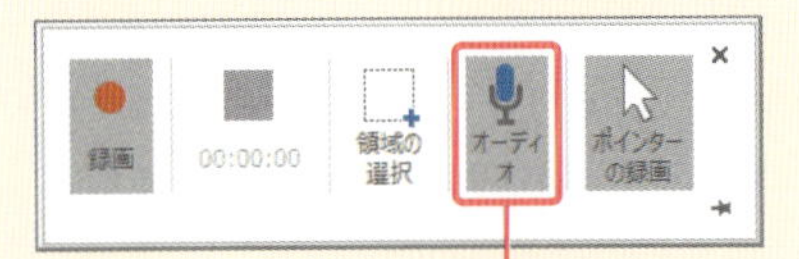

音声の録音のオン／オフ

3 録画する領域をドラッグします。

4 ［録画］をクリックします。

5 録画のカウントダウンがはじまり、カウントダウンが終了すると、画面の録画がはじまります。

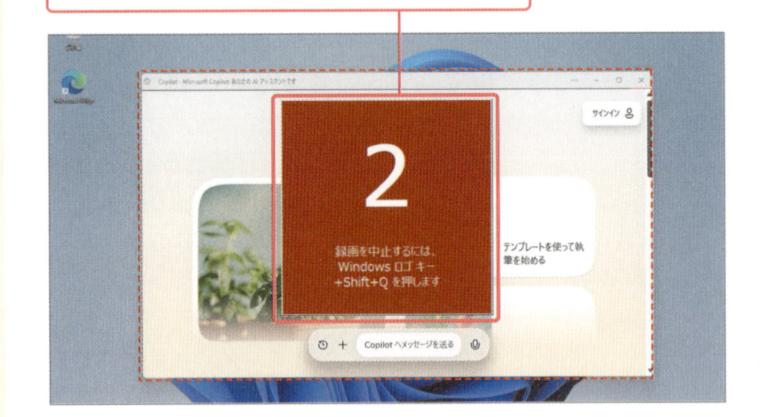

録画内容の操作／録画の確認

1 Copilotの入力欄に質問（ここでは「PowerPointで、新商品キャンペーン企画のプレゼンテーションを作成します。構成案を考えてください。」）を入力し、

2 Enter キーを押します。

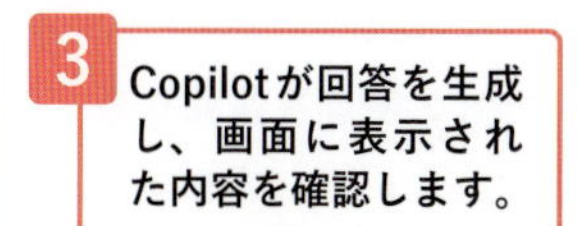

4 マウスポインターを画面の上に移動し、表示されたメニューで［停止］をクリックして録画を終了すると、

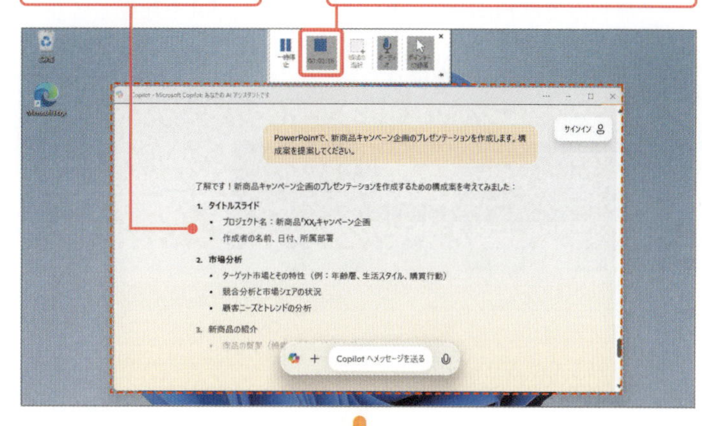

5 スライドに録画された動画が挿入されます。

6 ［再生/一時停止］をクリックして録画した操作を確認します。

Memo　生成AIのCopilotの基礎知識

Copilotとは、Microsoft社が開発した生成AIです。無料で使えるものと有料で使えるものがあります。有料のものには、個人用のCopilot Proとビジネス用のMicrosoft 365 Copilot があります。有料のものは、Microsoft 365を導入している必要があります。詳細は、Microsoft社のホームページを参照してください。**レッスン70-1**で操作したCopilotはWindows11に付属する無料で使えるCopilotです。レッスンで操作したように、話し言葉で問い合わせることができます。何を質問してもいいのですが、PowerPointについて質問することもできます。例えば、PowerPointの操作方法を質問するといったヘルプ機能として使えます。また、**レッスン70-1**のように、プレゼンテーションの構成案を提案してもらうこともできます。
有料版のCopilotは、PowerPointでサンプルのプレゼンテーションを実際に作成してもらうことができます。

● Copilotを上手に使うには

無料版／有料版どちらのCopilotを使う場合においても、より目的に合う回答を得るためには、主題は何で、スライド何枚で、こんな内容を盛り込んでと、具体的な内容を含めて質問するとよいでしょう。Copilotからの回答が思ったものと異なる場合、続けて質問を追加することで、求める回答に近づけることができます。また、生成AIの性質上、同じ質問をしても毎回同じ結果が得られるわけではないことを覚えておいてください。なお、会社の内部情報や個人情報は質問内容に含めないようにしましょう。

コラム 無料のCopilotでPowerPointの機能を質問する

無料版ではPowerPointとは別に、Copilotを起動して質問します。

●無料のCopilotを使う

❶タスクバーのアイコン［Copilot］をクリックします。

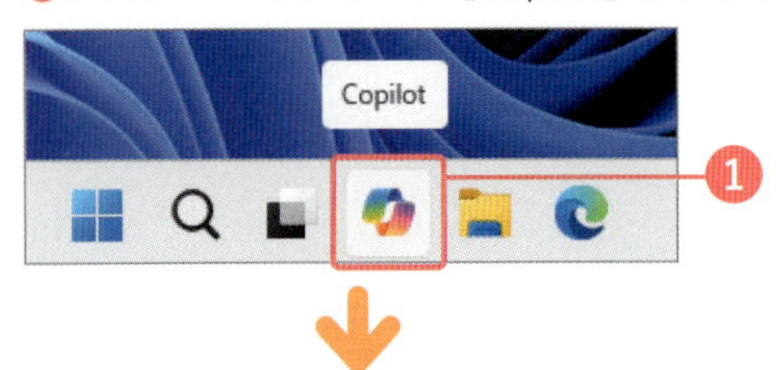

❷Copilotが起動します。
❸［Copilotへメッセージを送る］ボックスをクリックして、Copilotに質問や要望を入力します。

●PowerPointの機能を質問する

PowerPointでスライドのヘッダーに日付を表示する方法を聞いてみると、以下のようになります。

❶［Copilotへメッセージを送る］ボックスに画面のように質問（プロンプト）を入力し、Enterキーを押します。

❷しばらくすると、Copilotから回答が返ります。内容を確認し、PowerPointを操作します。
❸さらに追加の質問がある場合は、続けて［Copilotへメッセージを送る］ボックスに質問を入力してください。

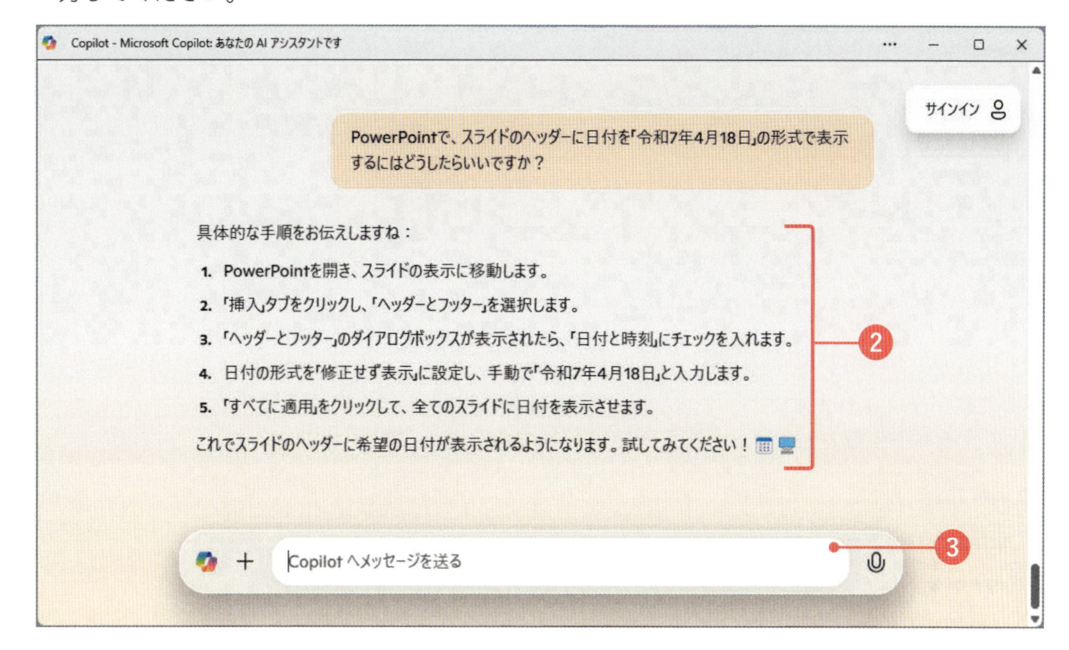

コラム　有料のCopilotでプレゼンテーションを作成する

有料のCopilotはPowerPointの画面から利用することができます。ここでは、白紙の新規プレゼンテーションから、スライドのコンテンツを含めたプレゼンテーションを作成してみます。

●海外出張の注意事項のプレゼンテーションを作成させる

❶新規プレゼンテーションを開き、スライドの上に表示されるCopilotのアイコンをクリックします。
❷［以下についてのプレゼンテーションを作成する］をクリックします。

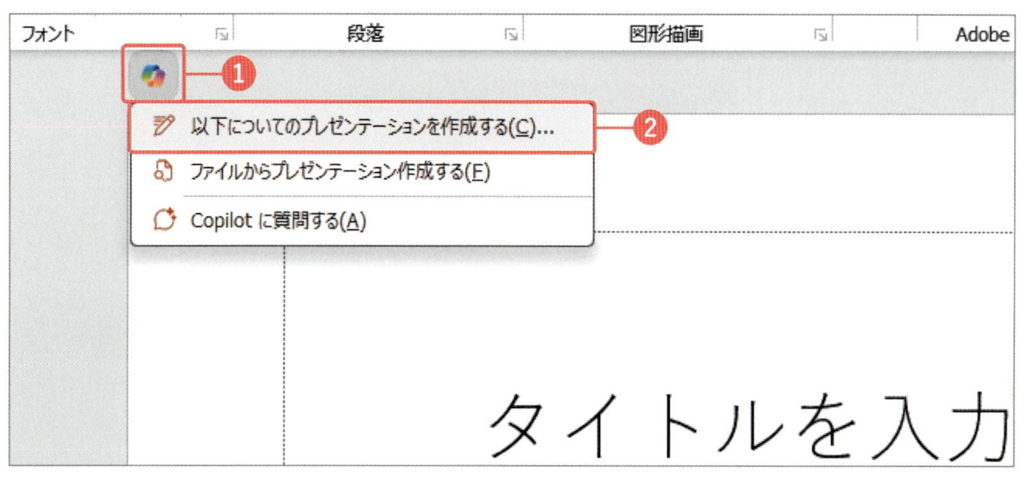

❸プロンプト入力欄に作成したいプレゼンテーションの内容（ここでは「海外出張の注意事項のプレゼンテーションを作成して」）を入力し、
❹［送信］をクリックすると、生成が開始されます。

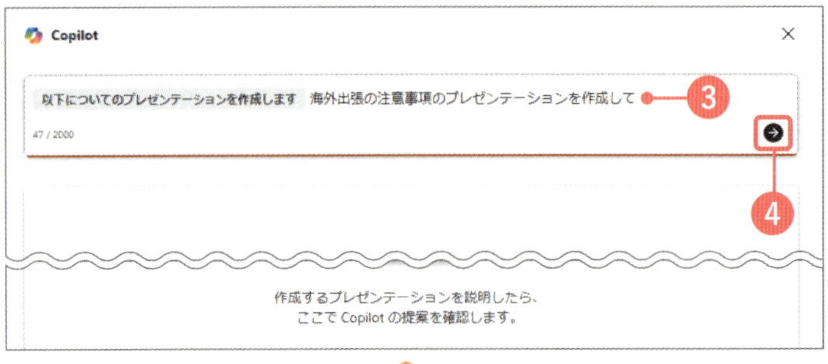

❺構成案が作成されます。
❻［スライドの生成］をクリックすると、スライドの生成が開始されます。

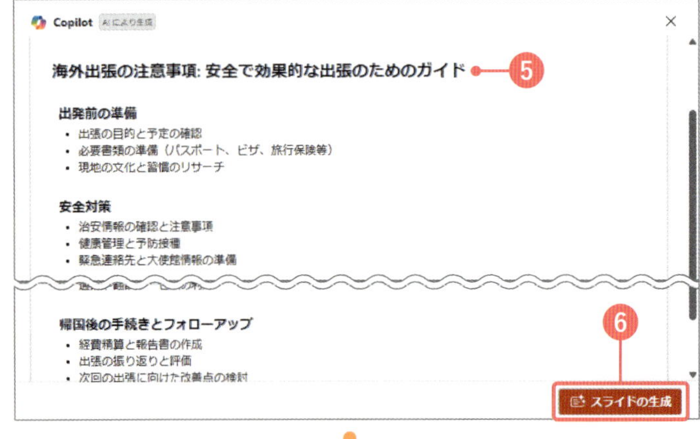

❼プレゼンテーションのサンプルが作成されました。
❽［保持する］をクリックすると、サンプルが確定します。
不要な場合は、［削除］をクリックして削除します。

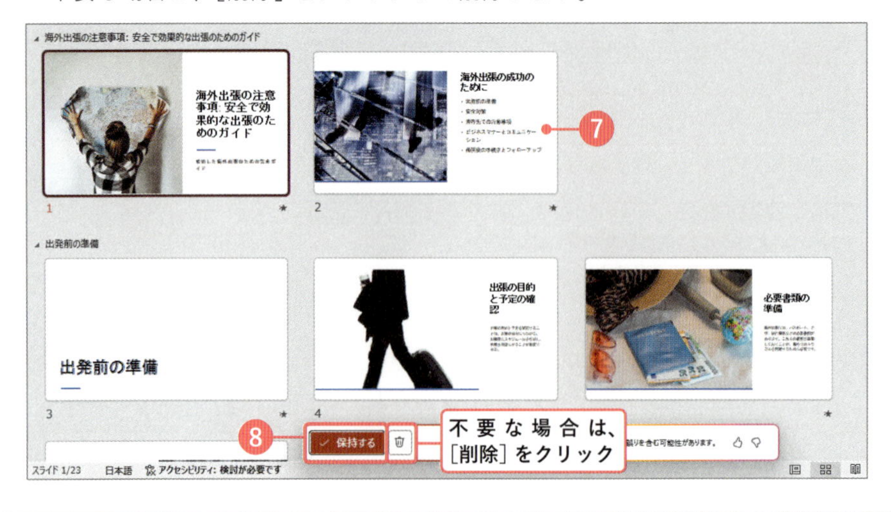

上級テクニック　サウンドを挿入してスライドにBGMを設定する

●BGMの挿入

［挿入］タブの［オーディオ］（オーディオの挿入）をクリックし、［このコンピューター上のオーディオ］をクリックすると❶、［オーディオの挿入］ダイアログが表示され、パソコンに保存されているオーディオファイルを選択し、［挿入］をクリックしてスライドに挿入することができます❷。画面中央に配置されるため、スライドの隅に移動するとよいでしょう❸。スライドに挿入されたオーディオは、スライドショー実行中に［再生/一時停止］ボタンをクリックして再生/一時停止します❹。

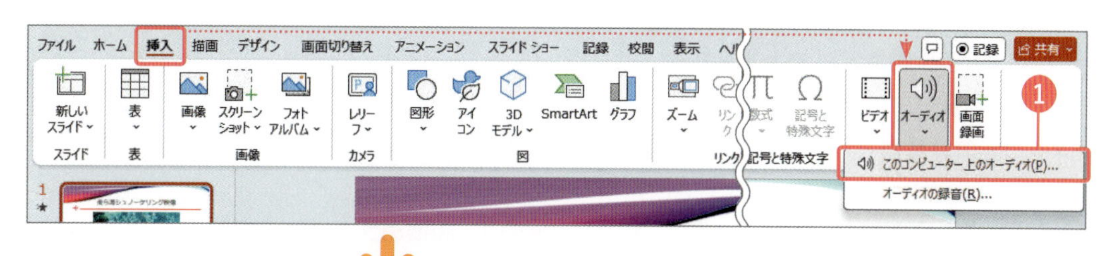

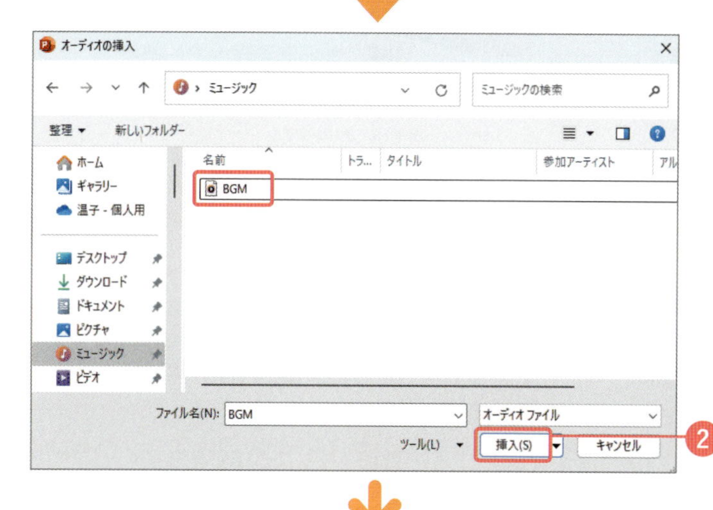

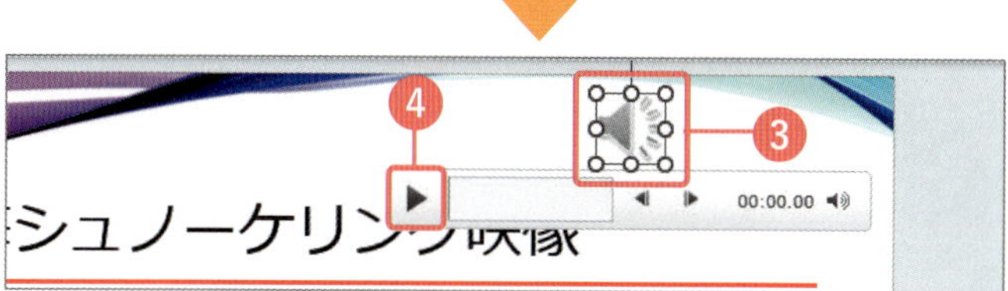

●BGMの再生タイミング

コンテキストタブの［再生］タブの［開始］で［自動］を選択すると、スライドショーがはじまると同時に自動で再生されるようになります❶。また、［停止するまで繰り返す］にチェックを付ければ、［再生/一時停止］ボタンをクリックするまで繰り返します❷。［スライド切り替え後も再生］にチェックを付けるとスライドを切り替えても再生されるため、BGMとして流し続けることができます❸。

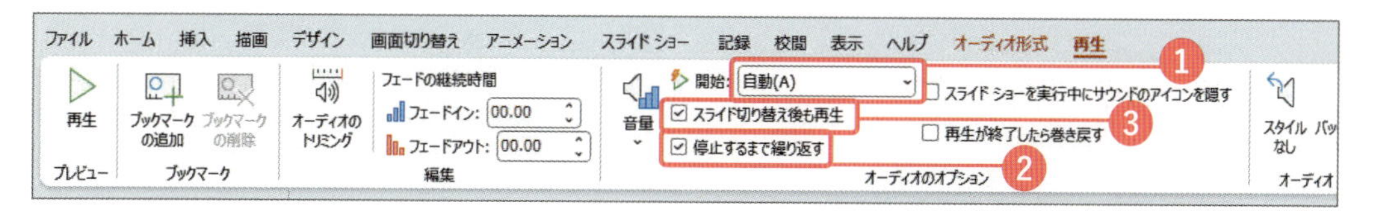

練習問題 画像と動画をスライドに挿入してみよう

演習10-沖縄ツアー.pptx
okinawa02.mp4

完成図を参考に、以下の手順で画像、動画を挿入し、調整してください。

● **スライド番号2のスライドにある画像を調整**

1 画像の上下部分をトリミングする（図1）（**レッスン65-1**参照）。

2 画像の明るさ/コントラストを［明るさ：0%、コントラスト：+20%］に設定する（図1）（**レッスン66-1**参照）。

3 図のスタイル［楕円、ぼかし］を設定する（図2）（**レッスン66-2**参照）。

4 スライドの右下に配置し、文字にかからないようにサイズを調整しておく（図2）（**レッスン54-1**のp.204参照）。

▼**図1：画像のトリミングと修整**

▼**図2：画像のスタイルと配置**

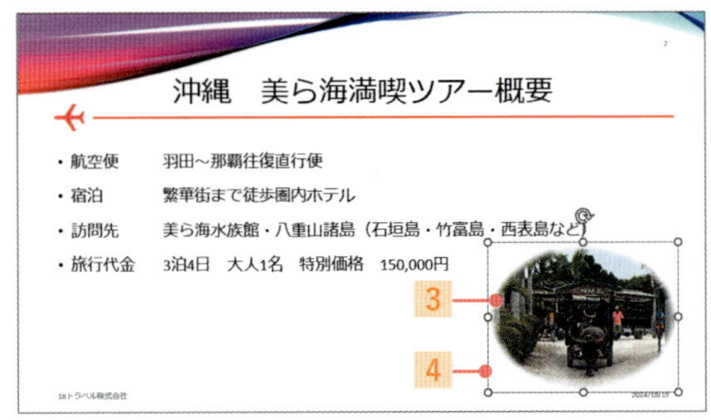

● **スライド番号4のスライドに動画を追加**

1 動画［okinawa02.mp4］を挿入する（図3）（**レッスン69-1**参照）。

2 動画の終了時間をトリミングして約9秒ほどに調整する（図4）（**レッスン69-2**参照）。

▼**図3：動画の挿入**

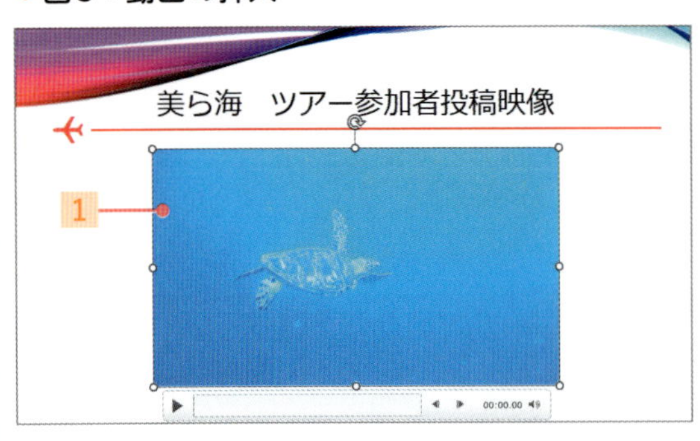

▼**図4：動画のトリミング**

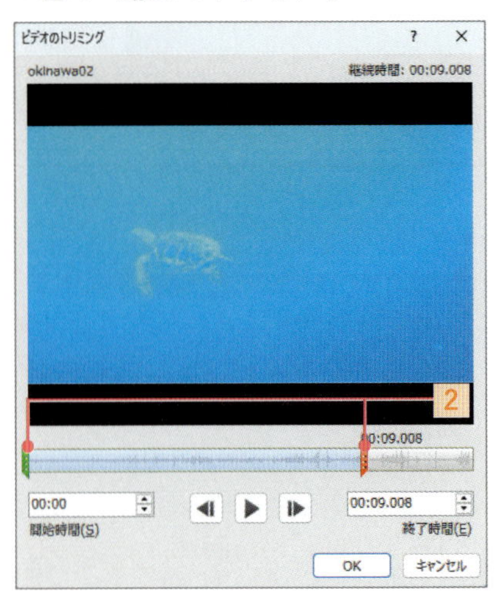

第11章

スライドや図形に動きをつける

スライドショーでスライドを切り替えるときに、動きの効果をつけることができます。また、スライドに配置した箇条書きやグラフ、図形などにも動きの効果を追加してアニメーションを設定できます。ここでは、画面の切り替えとアニメーション効果について紹介します。

Section
71 スライドの切り替え方法を設定する

ここで学べること

スライドに画面切り替えを設定すると、スライドショーでスライドを切り替えるときの動きに効果をつけることができます。また、切り替えの継続時間やタイミングも調整できます。

レッスン
- 71-1 スライドの切り替えに動きをつける
- 71-2 切り替えの継続時間とタイミングを設定する

まずは パッと見るだけ！

スライドの画面切り替え

画面切り替えとは、スライドショー実行中にスライドを切り替える際に設定する動きの効果のことです。

Before 操作前

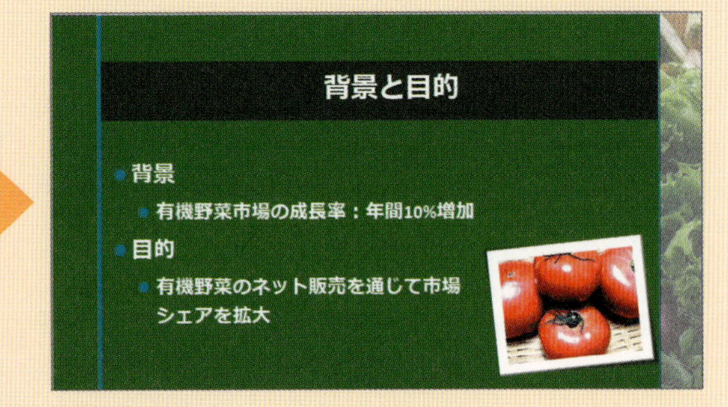

既定では、スライドは単純に切り替わる

After 操作後

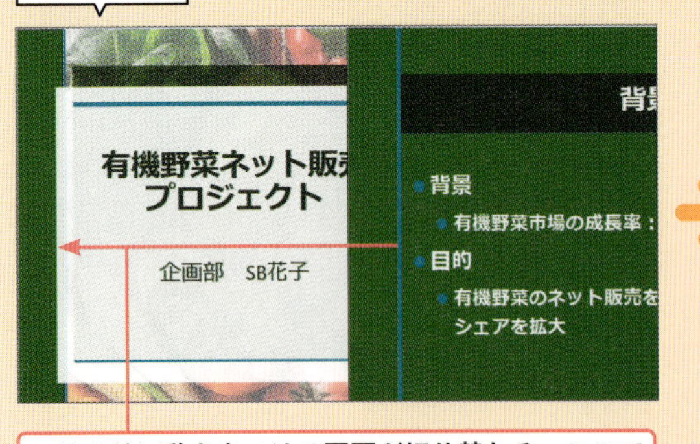

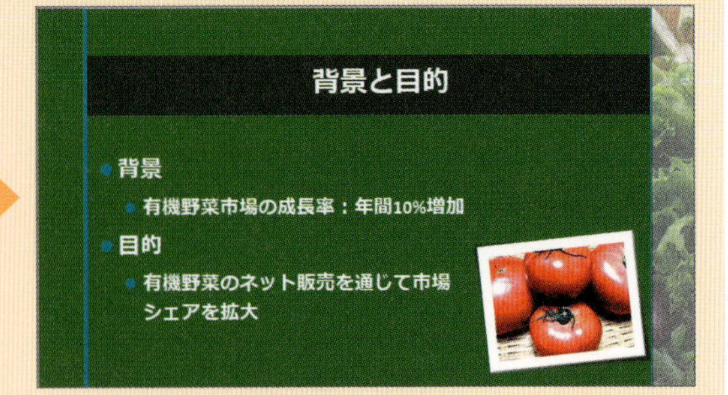

スライドに動きをつけて画面が切り替わる。ここでは横からスライドインして切り替わっている

レッスン 71-1 スライドの切り替えに動きをつける

練習用ファイル 71-1-画面切り替え.pptx

操作 画面を切り替える

スライドの切り替えに動きをつけるには、[画面切り替え] タブの [画面切り替え] グループで種類を選択します。
スライドに画面切り替えの効果が設定されると、サムネイルウィンドウのスライドに星のマーク★が表示されます。

Memo 設定した効果をプレビューで確認する

手順4で画面切り替え効果をクリックすると、設定直後にプレビューで切り替え画面が表示されます。また、[画面切り替え] タブの [プレビュー] をクリックすると、設定されている切り替え効果が表示されます。

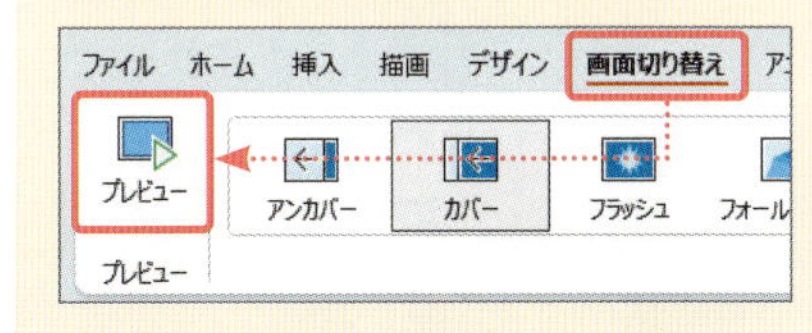

Memo 画面切り替えの効果を解除するには

手順4で左上の [なし] を選択すると切り替え効果が解除されます。続けて [画面切り替え] タブの [すべてに適用] をクリックするとすべてのスライドの効果が解除されます。

ここでは、プレゼンテーション全体に同じ動きの画面切り替えを設定してみましょう。

1 スライド番号1のスライドをクリックして選択し、

2 [画面切り替え] タブ→ [画面切り替え] グループのをクリックします。

3 画面切り替えの効果一覧が表示されます。

4 効果（ここでは [カバー]）をクリックすると、

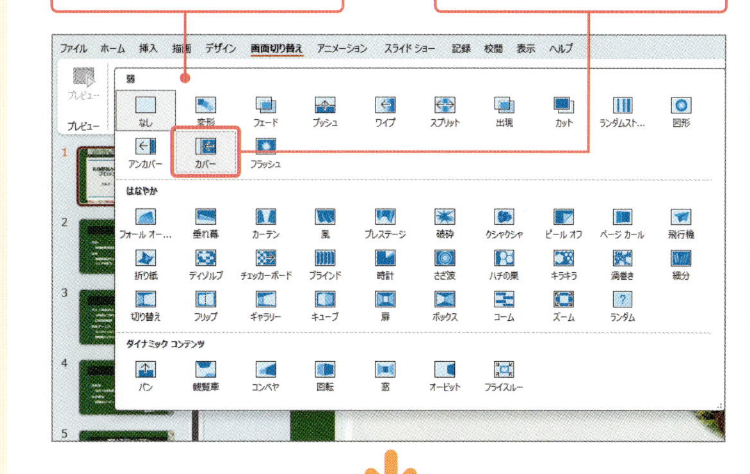

5 画面の切り替え効果が設定され、星のマーク★が表示されます。

6 [画面切り替え] タブ→ [すべてに適用] をクリックすると、

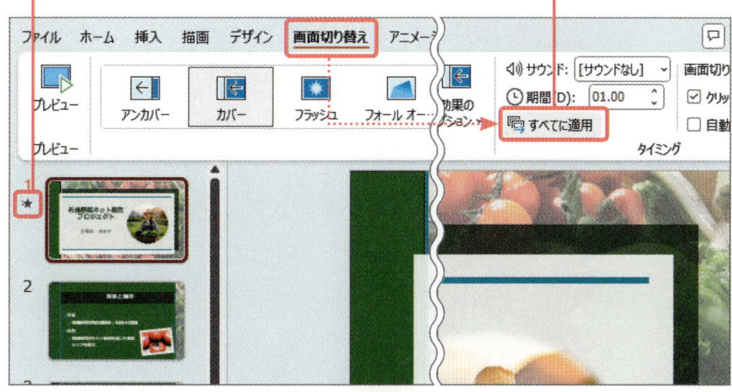

Memo スライドショーを途中で終了する

スライドショーを途中で終了するには、Esc キーを押します。

7 すべてのスライドに同じ効果が設定されます。

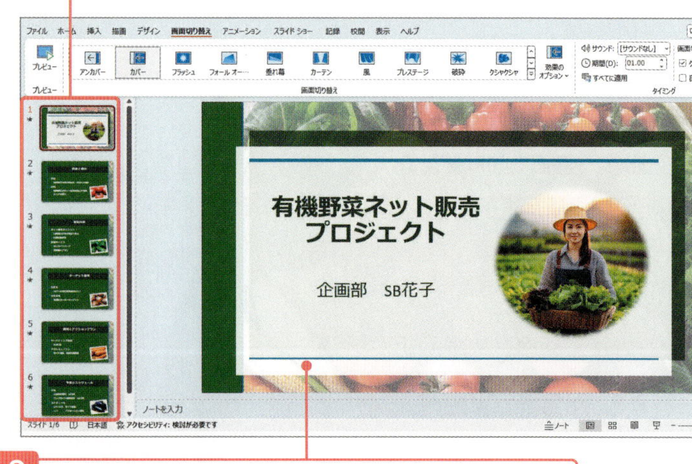

8 F5 キーを押してスライドショーを実行し、画面切り替え効果を確認してみましょう。

コラム 効果のオプションで切り替え方向を変更する

ここで設定した効果［カバー］は、右から左にスライドが移動します。［画面切り替え］タブの［効果のオプション］をクリックすると、右図のようにスライドの動きの種類が表示され、スライドインする方向を変更することができます。なお、画面切り替え効果を再適用すると、効果のオプションが設定されていた場合はリセットされます。

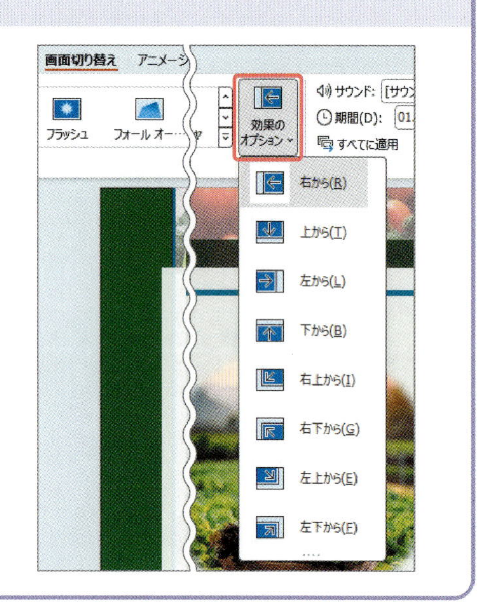

レッスン 71-2 切り替えの継続時間とタイミングを設定する

練習用ファイル 71-2-画面切り替え.pptx

操作 継続時間とタイミングを変更する

画面切り替えの継続時間は、[画面切り替え] タブの [期間] で設定できます。秒単位で変更することができ、ゆっくり切り替えたい場合は、秒数を大きくします。また、画面切り替えは、既定ではクリックで切り替わりますが、[自動] で時間を指定して自動的に切り替わるように設定することもできます。

Point [期間] / [自動] の秒数の指定方法

[期間] では、秒単位になります。そのため、2秒にする場合は「2」と入力するだけで「02.00」と入力できます。[自動] の秒数を指定する際、6秒であれば、直接「6」と入力しても自動的に「00:06.00」と設定できます。

Memo [クリック時] のチェックを外した場合

[クリック時] のチェックを外すと、クリックではスライドが切り替わらなくなります。なお、Enter キー、↑、↓キーなどのキー操作で切り替えることはできます。

時短ワザ スライド一覧で表示秒数を確認する

[表示] タブの [スライドの一覧] をクリックしてスライド一覧表示にすると、各スライドの表示秒数が確認できます。

切り替えの継続時間を設定する

1 スライド番号1のスライドをクリックして選択し、

2 [画面切り替え] タブ→ [期間] をクリックし、秒数 (ここでは、「02.00」) を入力します。

3 [すべてに適用] をクリックして、すべてのスライドに変更した期間を設定します。

4 F5 キーを押してスライドショーを実行し、画面の切り替え継続時間が変更されたことを確認します。

画面切り替えのタイミングを変更する

1 スライド番号1のスライドをクリックして選択し、

2 [画面切り替え] タブ→ [自動] にチェックを付け、[▲] を数回クリックして秒数を指定します (ここでは、「00:06.00」(6秒))。

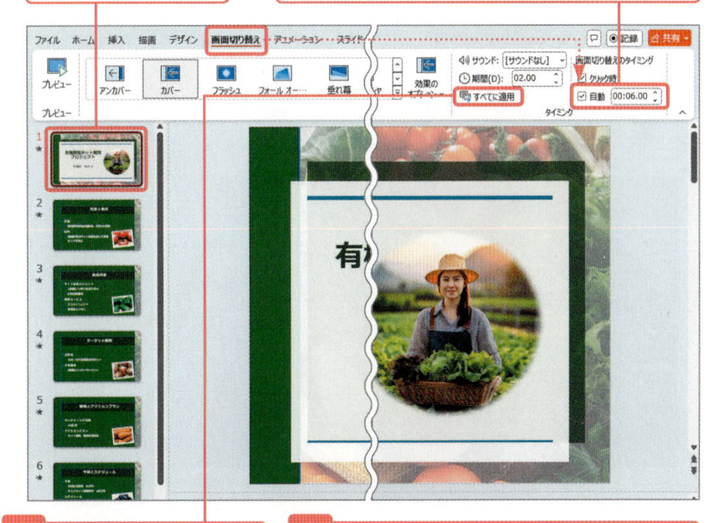

3 [すべてに適用] をクリックして、すべてのスライドに変更した時間を設定します。

4 F5 キーを押してスライドショーを実行し、画面をクリックしなくても、6秒経過すると自動的に画面が切り替わることを確認します。

Section
72 スライドのサムネイルをクリックして画面を切り替える

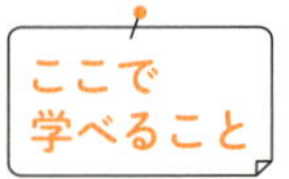

ズーム機能を使うと、スライド上に各スライドに移動するリンクが設定されたサムネイル画像を配置できます。サムネイルでスライドの内容を見て、目的のスライドに移動できるので便利です。

レッスン ▶72-1 目次にスライドのサムネイルを設定する

まずは パッと見るだけ！

スライドのサムネイルの利用

ズーム機能のスライドズームを使うと、特定のスライドに移動する目次を作成できます。目次で移動したい**スライドのサムネイル**をクリックして、そのスライドにジャンプします。

Before 操作前

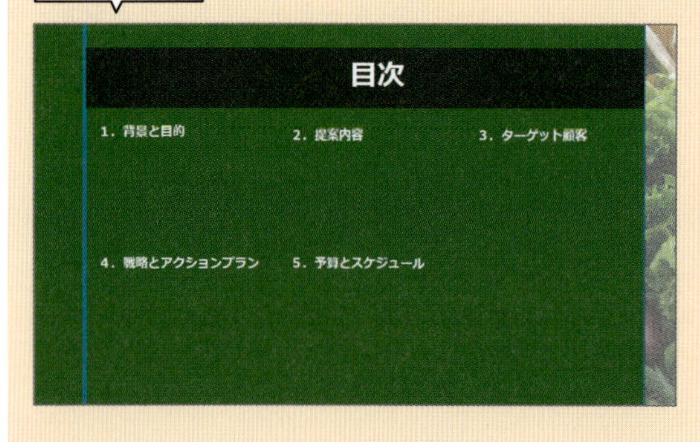

After 操作後

スライドショー実行時にサムネイルをクリックすると

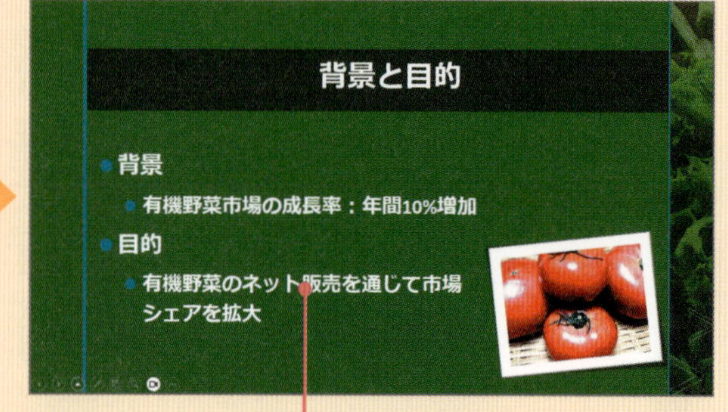

スライドにジャンプします

レッスン 72-1 目次にスライドのサムネイルを設定する

練習用ファイル 72-ズーム.pptx

操作 ズームを使う

既存のスライドにジャンプするズームを設定するには、目次となるスライドを選択し、[挿入] タブの [ズーム] で [スライドズーム] をクリックします。表示される [スライドズームの挿入] ダイアログで配置したいスライドを選択します。

Point サムネイル

スライドや画像などの小さなプレビュー画像のことです。実際の画面の縮小版なので、スライドや画像などの内容が一目で把握できるというメリットがあります。

コラム サムネイルに枠線を引く

スライドのデザインによっては、サムネイルの境界がわかりづらいことがあります。
その場合は、サムネイルをクリックして、コンテキストタブの [ズーム] タブの [ズームのスタイル] グループにある [ズームの枠線] で枠線の色や太さを変更し、境界を強調させることができます。また、スタイルを設定することもできます。

ここでは、スライド番号2の目次スライドにスライドズームを設定します。

スライドズームを設定する

1 スライド番号2のスライドをクリックして選択し、

2 [挿入] タブ→ [ズーム] → [スライドズーム] をクリックします。

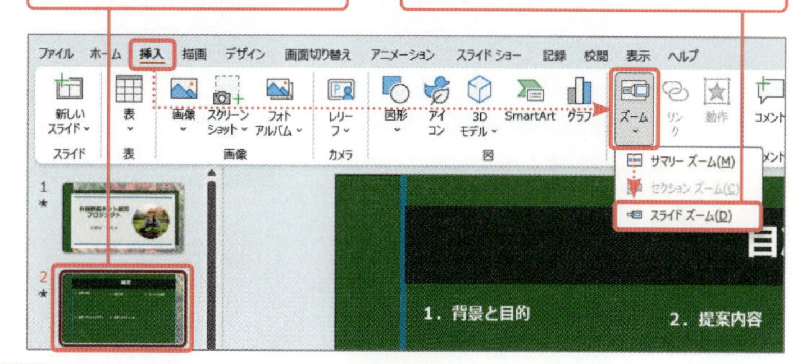

3 [スライドズームの挿入] ダイアログが表示されます。

4 挿入するスライド (ここでは「3. 背景と目的」から「7. 予算とスケジュール」) にチェックを付けて、

5 [挿入] をクリックすると、

6 選択したスライドのサムネイルが挿入されます。

7 サムネイル以外の位置でクリックしてサムネイルの選択を解除します。

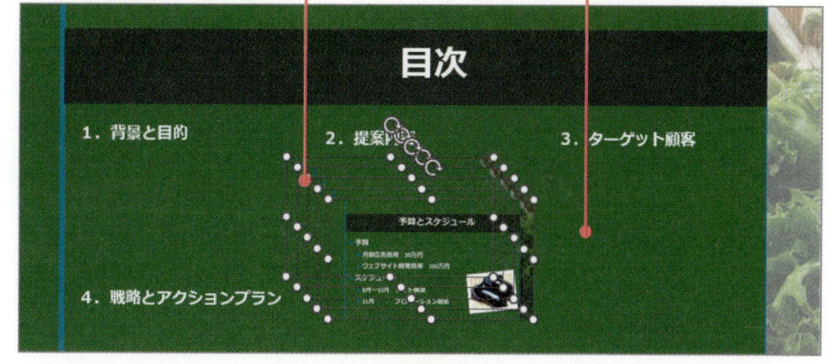

Memo サムネイルをドラッグで追加する

サムネイルウィンドウから、サムネイルを目次のスライドにドラッグしても❶、追加することができます❷。スライドを1つずつ確認しながら追加できます。

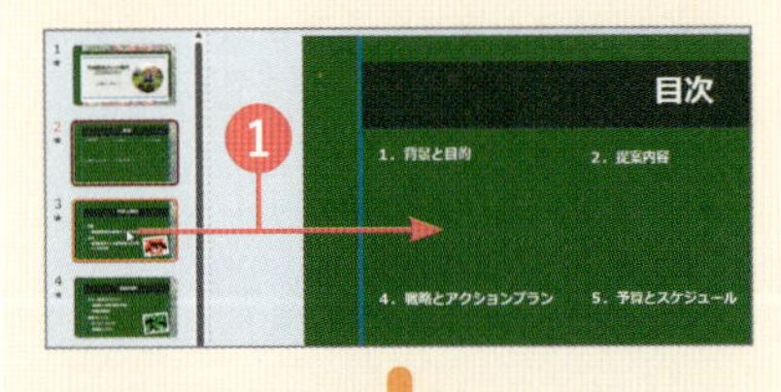

8 サムネイルをドラッグしてそれぞれの位置に移動し、配置を整えます。

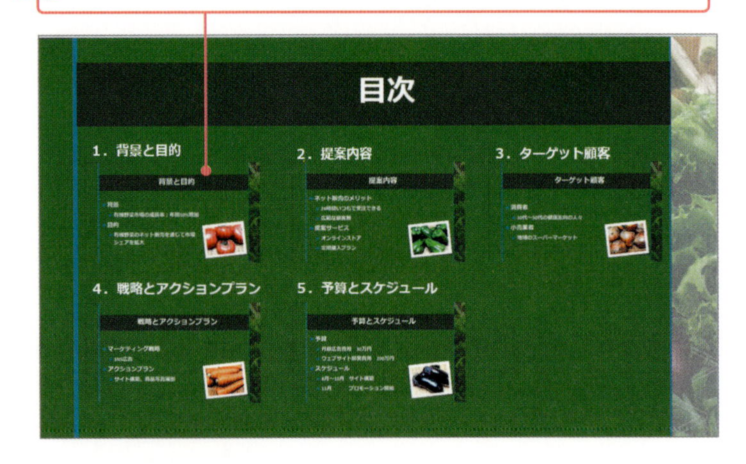

設定結果を確認する

1 F5 キーを押してスライドショーを実行します。

2 目次スライドを表示し、サムネイルをクリックすると、

3 スライドに移動します。

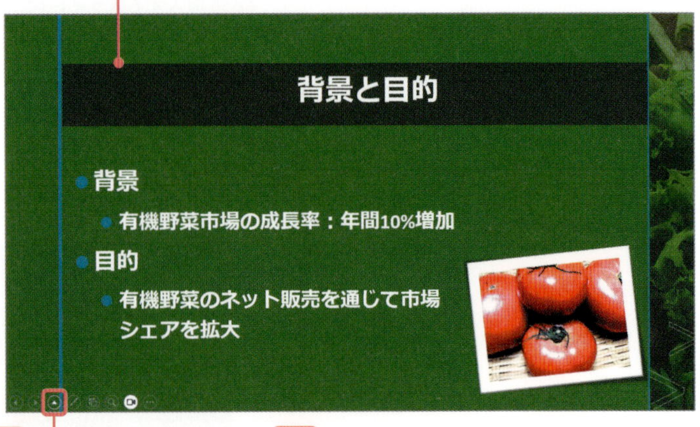

4 画面左下にある を クリックすると、

5 元の目次スライドに戻ります。

上級テクニック　変形の画面切り替え

画面切り替えで［変形］を選択すると、スライドショーでスライドを切り替えるときに、前後のスライドの違いを認識し、スライド上の文字、図形、画像などがアニメーションのように動きます。それには、アニメーションを設定したいスライドを複製し、上のスライドに動かしたいオブジェクトを移動したり、回転させたりして配置を変更します。その後で、下のスライドに切り替えの効果［変形］を設定します。ここでは、表紙に配置した画像が動くように設定する例を紹介します。

1 表紙のスライドを右クリックし、［スライドの複製］をクリックします。

2 スライドが複製されたら、上のスライドをクリックして選択し、

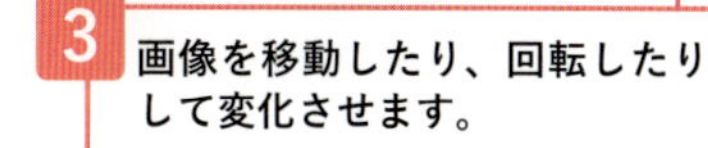

3 画像を移動したり、回転したりして変化させます。

4 下のスライドをクリックして選択し

5 ［画面切り替え］タブ→［画面切り替え］グループの［変形］をクリックして、

6 ［画面切り替え］タブ→［プレビュー］をクリックしてプレビューを実行し、上のスライドから下のスライドに画像が動きながら切り替わることが確認できます。

Section

73 箇条書きにアニメーションを設定する

ここで学べること

スライド上の箇条書きや図形などのオブジェクトに動きをつける機能をアニメーションといいます。動きをつけることで、相手の注意をひきつけ、内容の理解を深めてもらうのに役立ちます。

レッスン

▶ 73-1　箇条書きにアニメーションを設定する

まずは パッと見るだけ！

箇条書きを1段落ずつ表示する

スライドショーで箇条書きのスライドを説明するとき、アニメーションを設定して箇条書きを1段落ずつ**順番に表示する**ことができます。

\ Before /
操作前

家事代行サービスの概要

- **サービス内容**
  - 家事全般を**時間制・オーダーメイド**で承るサービス
- **ご利用者**
  - 単身者、共働き家庭、シニア層など、**サポートを必要とする方**
- **特徴**
  - 経験豊富なスタッフが**安心・安全なサービス**を提供

既定では、すべての箇条書きが最初から表示されている

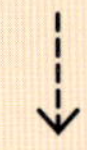

\ After /
操作後

家事代行サービスの概要

- **サービス内容**
  - 家事全般を**時間制・オーダーメイド**で承るサービス
- **ご利用者**
  - 単身者、共働き家庭、シニア層など、**サポートを必要とする方**

→

家事代行サービスの概要

- **サービス内容**
  - 家事全般を**時間制・オーダーメイド**で承るサービス
- **ご利用者**
  - 単身者、共働き家庭、シニア層など、**サポートを必要とする方**
- **特徴**
  - 経験豊富なスタッフが**安心・安全なサービス**を提供

アニメーションを設定すると、箇条書きを段落単位で順番に表示することができる

一度に全部表示されるよりわかりやすい！

レッスン 73-1 箇条書きにアニメーションを設定する

練習用ファイル 73-アニメーションの設定.pptx

ここでは、スライドに配置した箇条書きを1段落ずつ順番に見せるようにアニメーションを設定します。

操作 アニメーションを設定する

箇条書きをスライドに表示する際に動きをつけるには、[開始] のアニメーションを設定します。また、効果のオプションを使って文字が表示される方向や単位を指定することができます。

Point アニメーションを解除する

アニメーションをまとめて解除するには、手順4で [なし] を選択します。

上級テクニック 効果のオプションを設定する

[アニメーション] タブの [効果のオプション] をクリックすると、文字が表示される方向や、表示単位を設定することができます。アニメーションの種類によって方向の選択肢は変わります。[フロートイン] の場合は、下から上に表示する [フロートアップ] と上から下に表示する [フロートダウン] の2種類があります。なお、アニメーションの種類によっては効果のオプションが使えないものもあります。

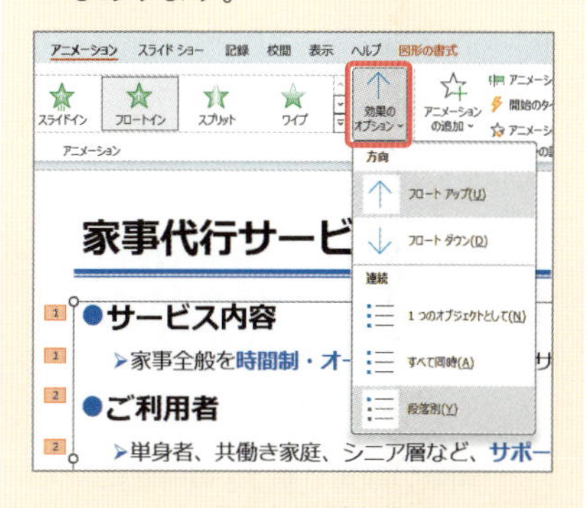

1 箇条書きのプレースホルダーの枠をクリックして、

2 [アニメーション] タブ→ [アニメーション] グループの▽をクリックします。

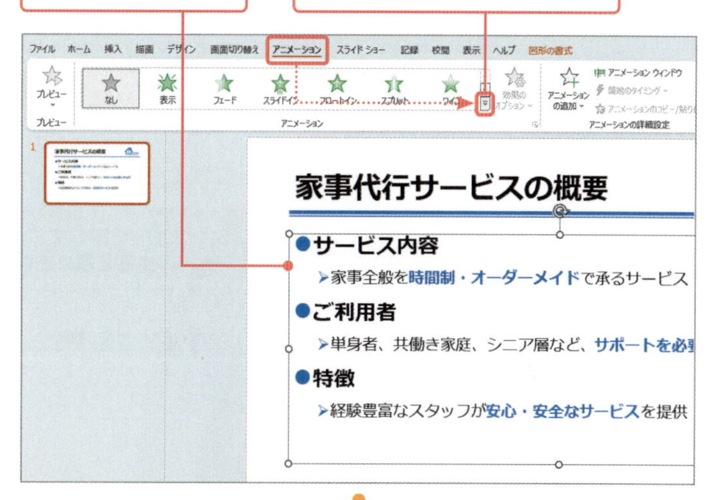

3 アニメーションの一覧が表示されます。

4 [開始] の中から任意のアニメーション (ここでは [フロートイン]) を選択すると、

5 アニメーションが設定され、プレビューが表示されます。

家事代行サービスの概要

●サービス内容

➤家事全般を時間制・オーダーメイドで承るサービス

●ご利用者

➤単身者、共働き家庭、シニア層など、サポートを必要とする方

Point アニメーションの再生番号

アニメーションが設定されると表示される再生番号は、[アニメーション]タブが選択されているときだけ表示されます。他のタブが選択されている場合は表示されません。

6 アニメーションが設定されると、箇条書きの左側に再生番号が表示されます。この数字は、アニメーションを実行する順番を表しています。

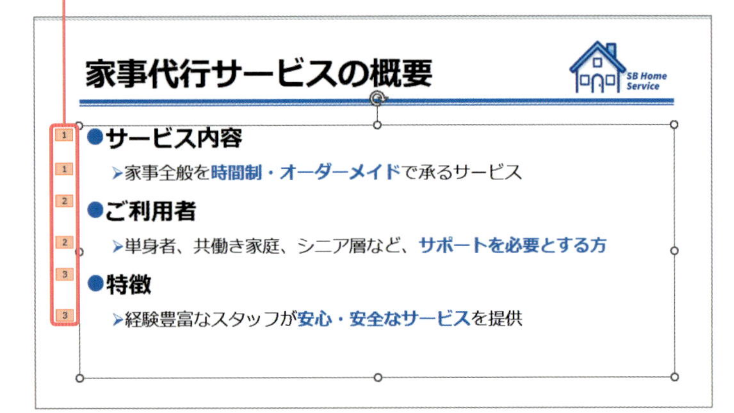

7 F5 キーを押して、スライドショーを実行し、画面をクリックすると、再生番号順に箇条書きが表示されることを確認します。

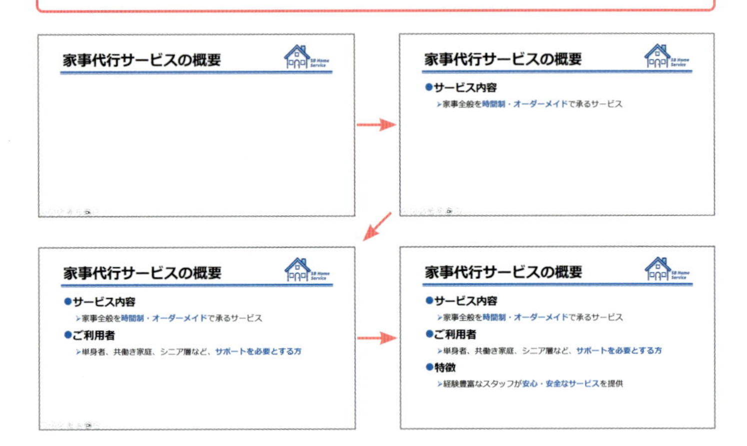

コラム 設定できるアニメーションの種類

[アニメーションタブ]タブの[アニメーション]グループで▼をクリックしたときに表示されるアニメーションの種類は、[開始][強調][終了]の3種類があります。それぞれを選択して組み合わせることもできます。また、一覧にないアニメーションを設定したい場合は、[その他の開始効果][その他の強調効果][その他の終了効果]を選択します。

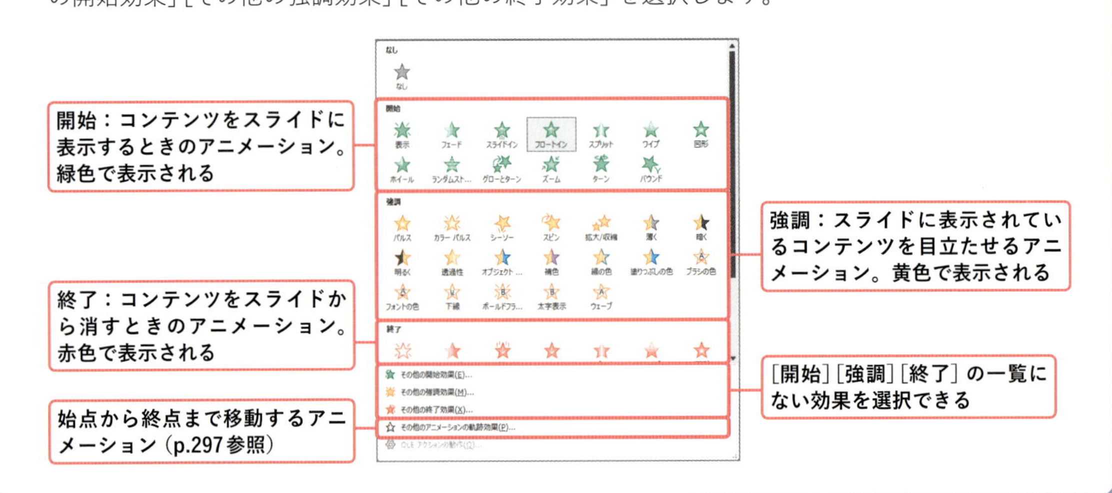

パソコン仕事では、1時間に10分は休憩をとりましょう

パソコン仕事は、集中するとあっという間に1～2時間経過してしまいます。パソコンの画面を見つめ、同じ姿勢を続けると目が疲れたり、肩が凝ったりします。人によっては、頭痛や腰痛になることも。こういった疲労は、蓄積するとなかなか回復しづらいので、目を休め、凝り固まった身体をほぐすためにも、1時間に10分くらいは休憩をとりましょう。あえて書類整理などパソコン以外の仕事をするのもおすすめです。

● おすすめの10分休憩

・窓の外の緑を眺めながら、休みの日にやりたいことを考える
・座ったまま首や肩を回し、軽くストレッチする
・コーヒーやお茶をいれて、ちょこっと甘いものを食べる

▼ストレッチのイメージ

Point 自分にやさしくこまめに休憩！

Section

74 オブジェクトにアニメーションを設定する

ここで学べること

図形、画像、SmartArt、グラフなどのオブジェクトにもアニメーションを設定することができます。オブジェクトに動きを持たせることで、インパクトを与える効果が期待できます。

レッスン

- ▶74-1 グラフにアニメーションを設定する
- ▶74-2 同じスライドにある図形にアニメーションを設定する

まずは パッと見るだけ！

オブジェクトに動きを持たせる

スライド上の図形、グラフ、画像、アイコンなどの**オブジェクト**にアニメーションを設定して動きを持たせると、文字だけの単調な説明に変化を持たせることができます。

Before **操作前**

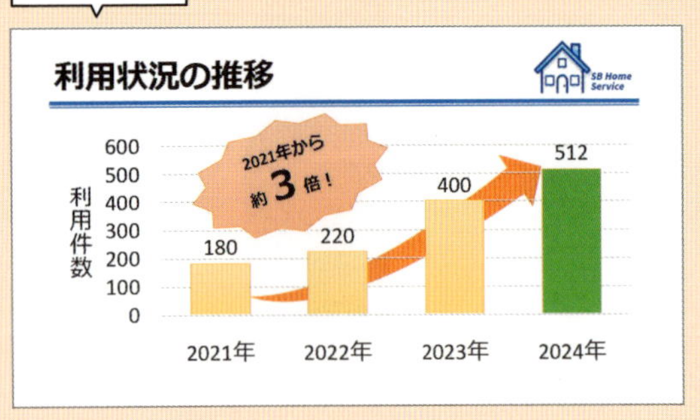

既定では、グラフや図形がはじめからスライドに表示されている

After **操作後**

下から順に表示

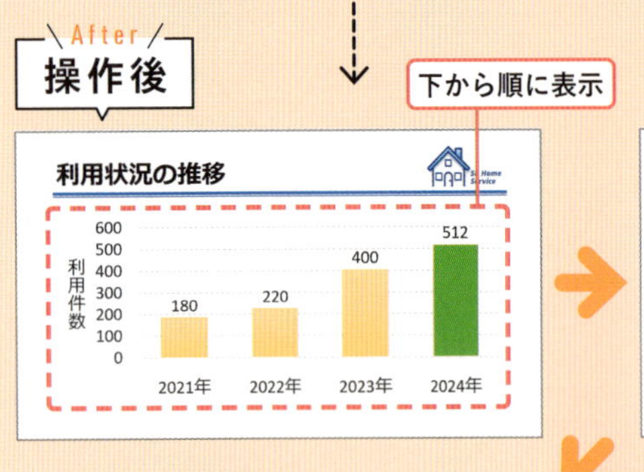

矢印の表示

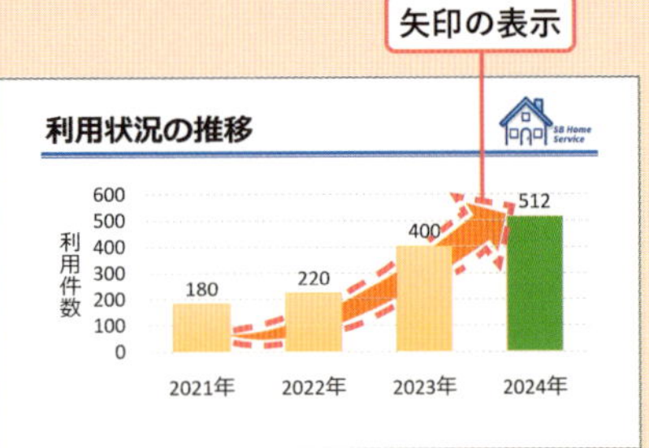

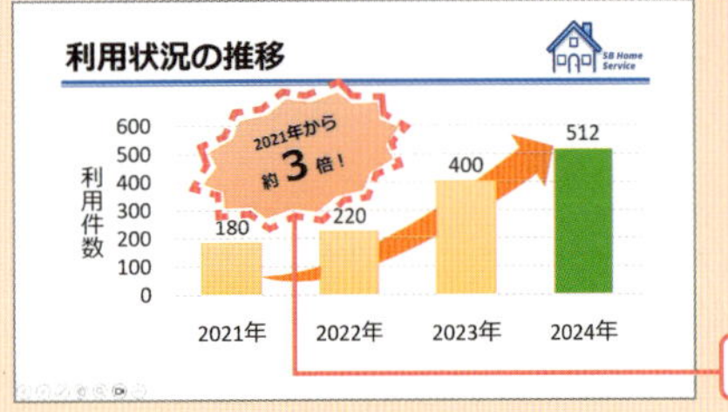

星の表示

グラフや図形にアニメーションを設定して、順番に表示することができる

レッスン 74-1 グラフにアニメーションを設定する

練習用ファイル 74-1-アニメーションの設定.pptx

操作 アニメーションを設定する

スライドに配置した棒グラフの各年のグラフが1本ずつ順番に表示されるようにアニメーションを設定してみましょう。
表示する方法を設定するには、[開始] のアニメーションから選択します。グラフの各年の表示方法は、[効果のオプション] で設定します。

Memo アニメーションが設定されたスライド

スライド上の文字やオブジェクトにアニメーションが設定されると、画面切り替えの場合と同様に、サムネイルウィンドウのスライドに星のマーク★が表示されます。

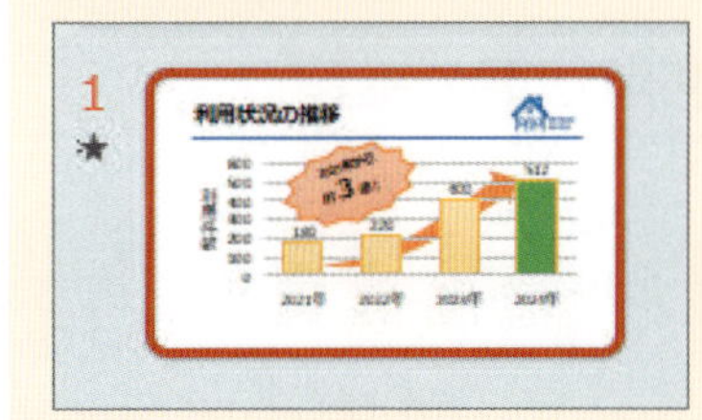

開始のアニメーションを設定する

まずは、グラフをアニメーションで表示します。

1 グラフの外枠をクリックして選択し、

2 [アニメーション] タブ→ [アニメーション] グループの▽をクリックします。

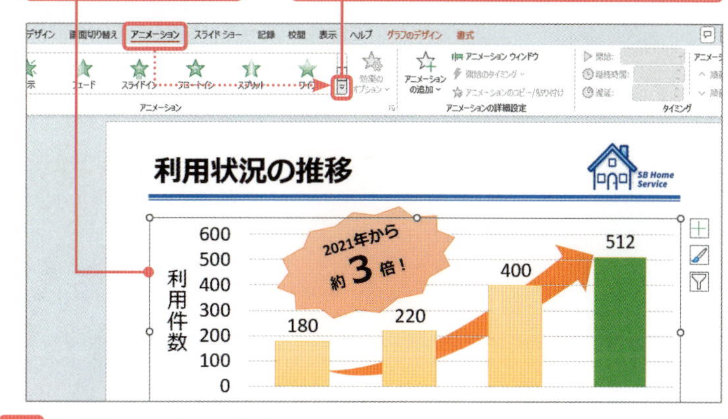

3 [開始] の中からアニメーション (ここでは [スライドイン]) をクリックします。

4 アニメーションがプレビューで表示されることを確認します (グラフ全体が下から上にスライドインで表示)。

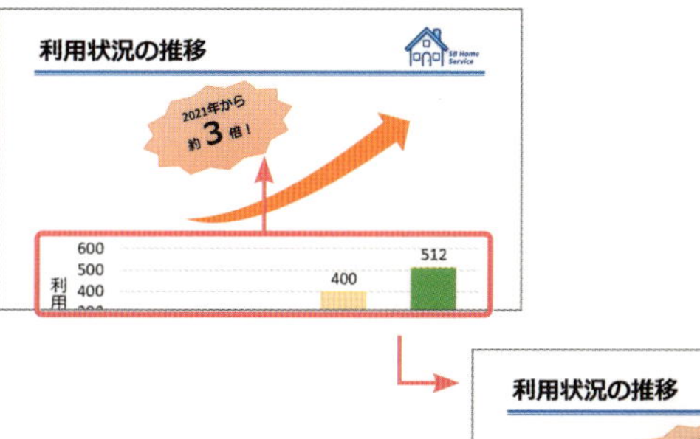

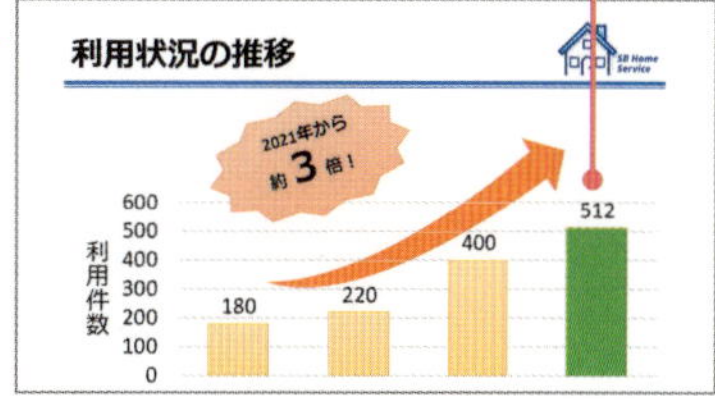

5 アニメーションが設定され、再生番号「1」が表示されます。

効果のオプションを設定する

続けて、各年のグラフが1つずつ表示されるように設定を変更します。

1 ［アニメーション］タブ→［効果のオプション］をクリックし、

2 ［項目別］をクリックします。

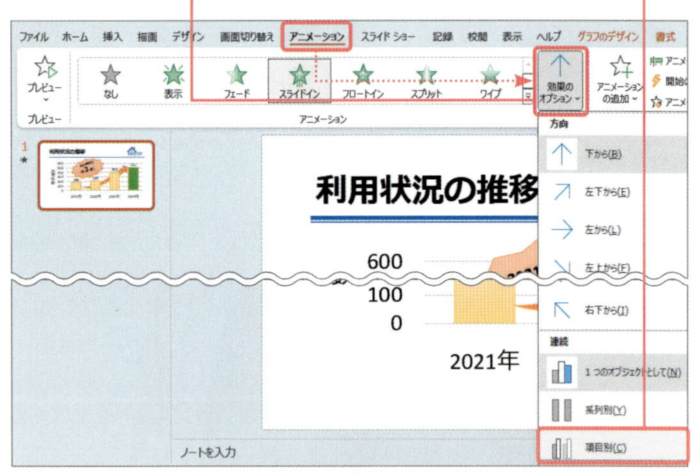

3 プレビューで、グラフが項目別に1つずつ下から上に順番にスライドインすることを確認します。

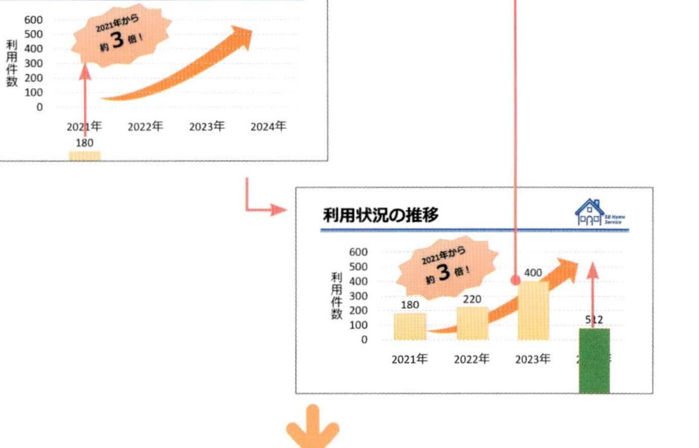

Point アニメーションを効果的に使う

アニメーションは、箇条書きやオブジェクトに動きを持たせたり、表示する順番を指定したりできます。グラフのように、グラフを1本ずつ表示したり、グラフの後に図形を表示したりして、数値の変化を見せたり、結果を強調してよりインパクトを持たせるのに効果的です。

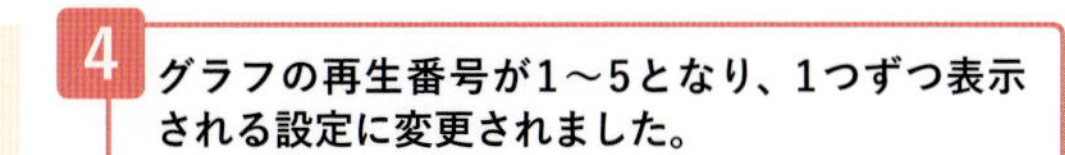
4 グラフの再生番号が1～5となり、1つずつ表示される設定に変更されました。

レッスン 74-2 同じスライドにある図形にアニメーションを設定する

練習用ファイル 74-2-アニメーションの設定.pptx

Point 図形のアニメーション

レッスン74-1では、グラフにのみアニメーションを設定し、グラフ内の2つの図形ははじめから表示されています。これらの図形に対してもアニメーションを設定することができます。

Memo [選択] 作業ウィンドウでオブジェクトを選択する

矢印の図形のように、グラフの下に配置されているオブジェクトは、クリックでうまく選択できません。
このような場合、[選択] 作業ウィンドウを表示します。[選択] 作業ウィンドウには、スライド上にあるすべてのオブジェクトが表示されるため、クリックで選択しづらいオブジェクトを選択したいときに便利です。

ここでは、星と矢印の図形がグラフの表示後に表示されるようにアニメーションを設定してみましょう。

1 スライド内の任意の図形（ここでは、星：12pt）をクリックし、

2 コンテキストタブの［図形の書式］タブ→［オブジェクトの選択と表示］をクリックします。

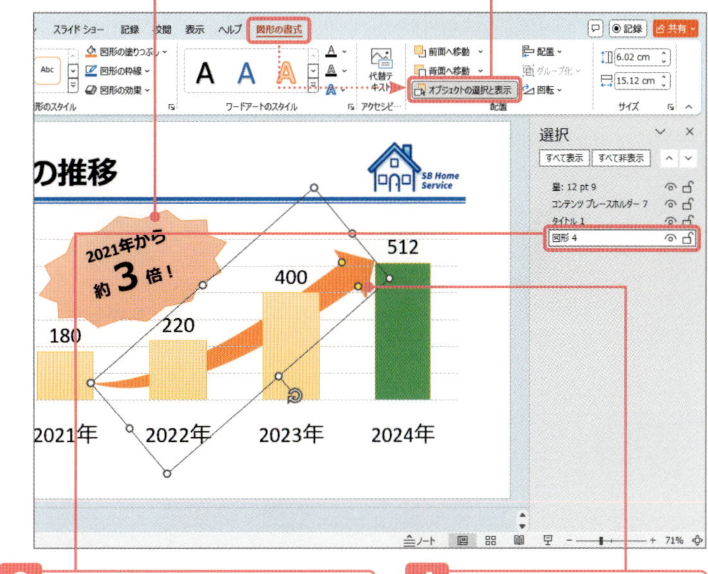

3 ［選択］作業ウィンドウが表示されたら、［図形4］をクリックすると、

4 グラフ内の矢印が選択されます。

Point 再生番号

アニメーションを追加したときに表示される再生番号は、アニメーションの再生順を表しています。番号をクリックして選択するとオレンジ色になり、その番号に対応するアニメーションの編集ができます。
例えば、再生番号7をクリックすると、[星：12pt] に設定されたアニメーションの設定変更ができます。

Memo アニメーションを削除する

再生番号を選択して Delete キーを押すと、そのアニメーションだけを削除することができます。

5 [アニメーション] タブ→ [アニメーション] グループで [開始] のアニメーション (ここでは [ワイプ]) を選択します。

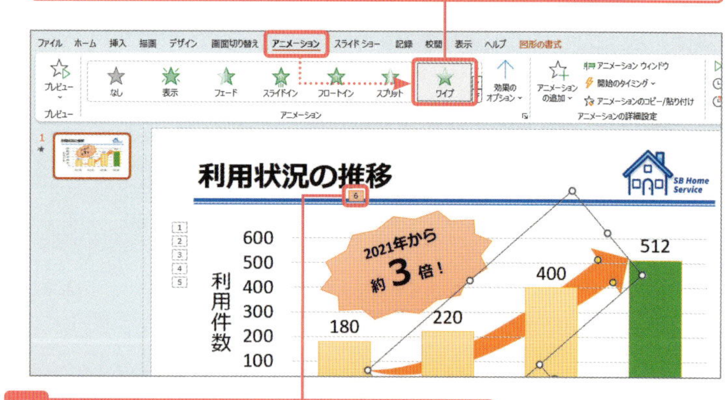

6 再生番号 [6] が表示されたことを確認します。

7 同様にして、もう一つの図形 (星：12pt) に、[開始] のアニメーション (ここでは [グローとターン]) を設定します。

8 再生番号 [7] が表示されたことを確認します。

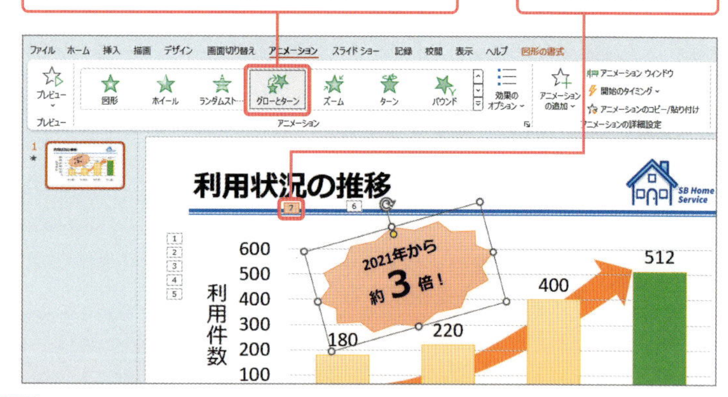

9 F5 キーを押してスライドショーを実行し、画面をクリックすると再生番号順にアニメーションが表示されることを確認してください。

上級テクニック 3Dモデルにアニメーションを設定する

スライドに3Dモデルが配置されている場合、3Dモデルに対するアニメーションを設定することができます。

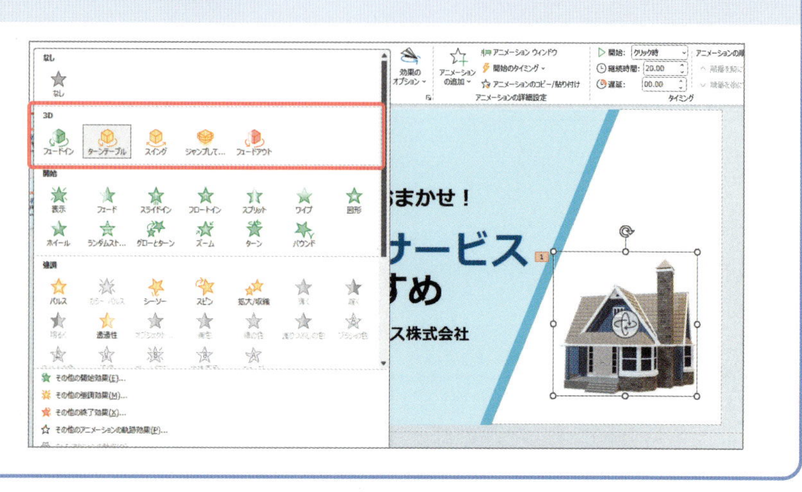

コラム 図形を軌跡を使って動かす

アニメーションには、[開始][強調][終了] に加えて [軌跡] が用意されています。[軌跡] では、文字や図形などのオブジェクトをスライド内で移動するアニメーションを設定できます。直線、アーチ、図形の形など、さまざまな動きを設定できます。ここでは、飛行機のアイコンを右から左に移動する軌跡を例に手順を紹介します。

● [直線] の軌跡を設定する

1 アニメーションを設定するアイコンをクリックして選択し、

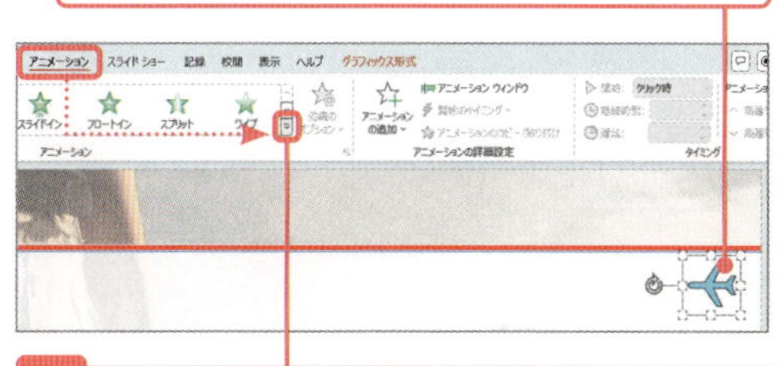

2 [アニメーション] タブ→[アニメーション] グループのをクリックします。

3 [アニメーションの軌跡] でアニメーション (ここでは [直線]) をクリックします。

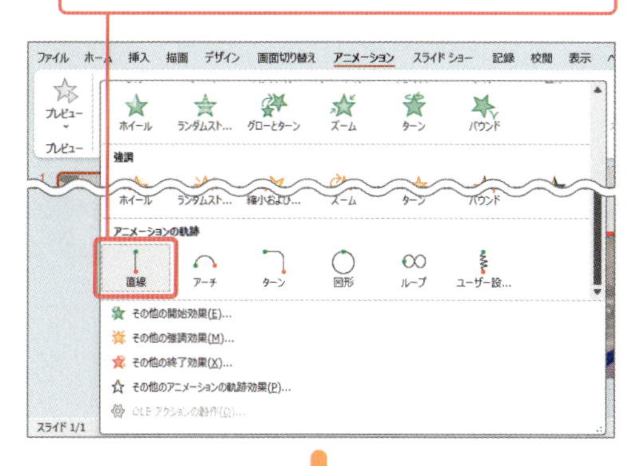

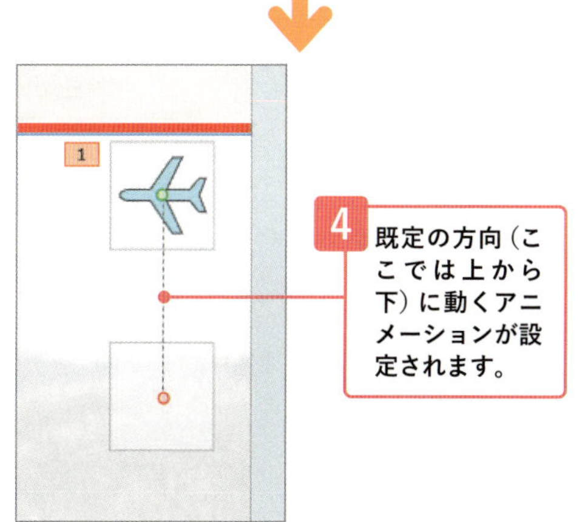

4 既定の方向 (ここでは上から下) に動くアニメーションが設定されます。

● 方向を変更する

1 アイコンを選択し、

2 [アニメーション] タブ→[効果のオプション] で方向 (ここでは [直線 (左へ)]) をクリックすると、

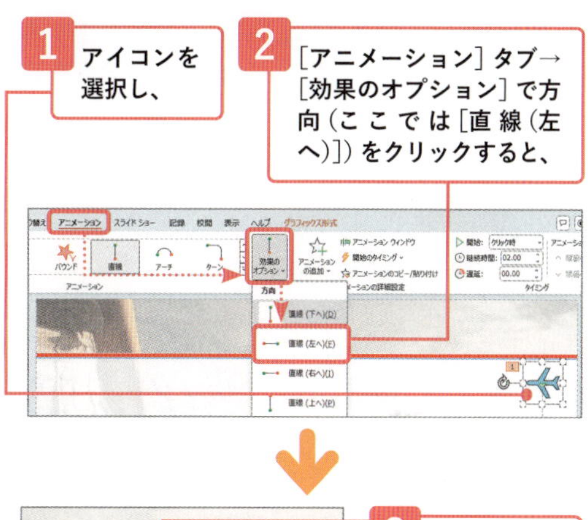

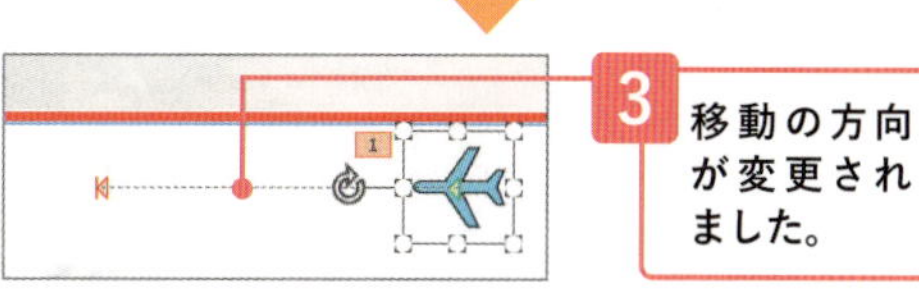

3 移動の方向が変更されました。

● 移動の距離を調整する

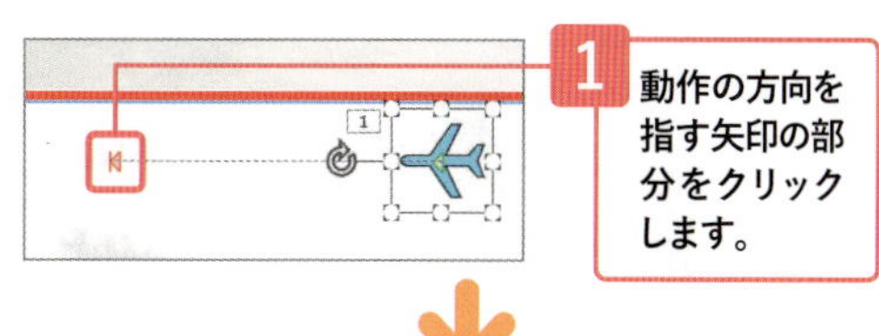

1 動作の方向を指す矢印の部分をクリックします。

2 矢印の部分が赤い○に変更されたら、ここにマウスポインターを合わせ、⤢の形で伸ばしたい方向 (ここでは左) に Shift キーを押しながらドラッグします。

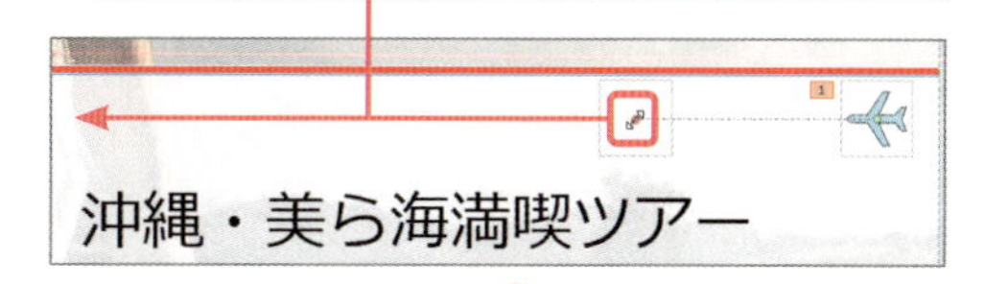

3 [アニメーション] タブ→[プレビュー] をクリックして、アイコンが移動するのを確認します。

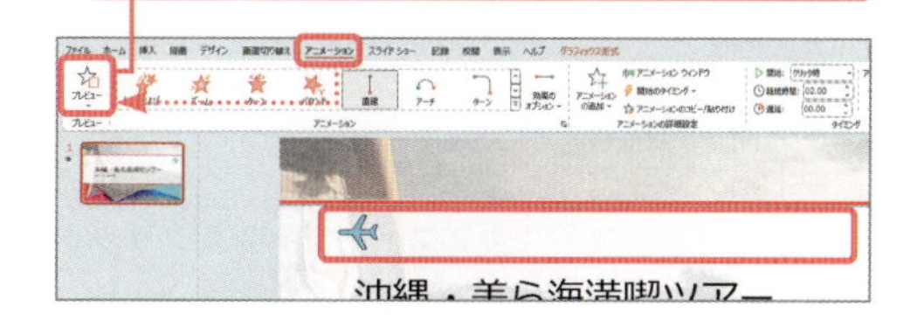

Section

75 アニメーションの再生タイミングと速度を変更する

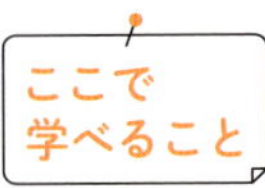

箇条書きや画像などに設定されたアニメーションは、通常クリックすると実行されますが、実行タイミングの変更も可能です。アニメーションの速度も速めたり、遅くしたり調整することができます。

レッスン

- 75-1　アニメーションを再生するタイミングを変更する
- 75-2　アニメーションの速度を変更する

まずは パッと見るだけ！

アニメーションの再生タイミングと速度

スライドショー実行中にクリックなしでアニメーションを自動で連続再生させるには、［アニメーションのタイミング］を変更します。また、再生速度を変更するには、［継続時間］で変更します。

Before
操作前

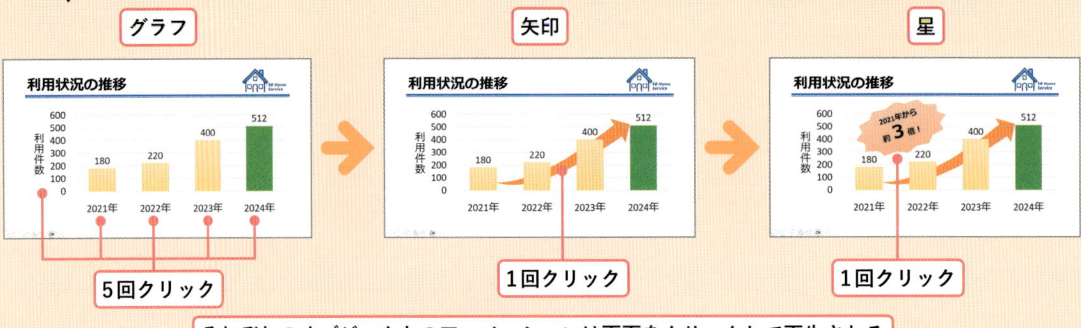

それぞれのオブジェクトのアニメーションは画面をクリックして再生される

After
操作後

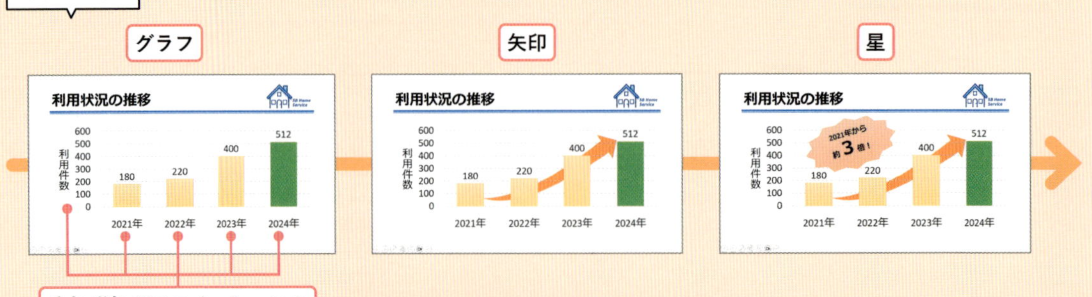

すべてのアニメーションがクリックしなくても自動で再生されるようになった

レッスン 75-1 アニメーションを再生するタイミングを変更する

練習用ファイル 75-1-アニメーションの設定.pptx

操作 再生のタイミング変更する

再生のタイミングを変更すると、スライドが切り替わったときにアニメーションが自動で再生されるように設定することができます。それには、[アニメーション] タブの [開始]（アニメーションのタイミング）で [直前の動作の後] を選択します。

Memo スライド上のアニメーションの選択

スライド上のアニメーションを一覧表示し、選択するには、[アニメーションウィンドウ] 作業ウィンドウを表示すると便利です。

Memo グループ化されているアニメーション

グラフに設定されているアニメーションは、1つのグループとしてまとめられています。[アニメーションウィンドウ] 作業ウィンドウではグループのアニメーションは折りたたまれている場合があります。グループ下の をクリックすると❶、展開されてグラフ内の各アニメーションが表示されます❷。

ここでは、[アニメーションウィンドウ] 作業ウィンドウを表示し、グラフと図形に設定されているアニメーションが自動で再生されるように設定変更してみましょう。

アニメーションウィンドウを表示する

1 [アニメーション] タブ→ [アニメーションウィンドウ] をクリックします。

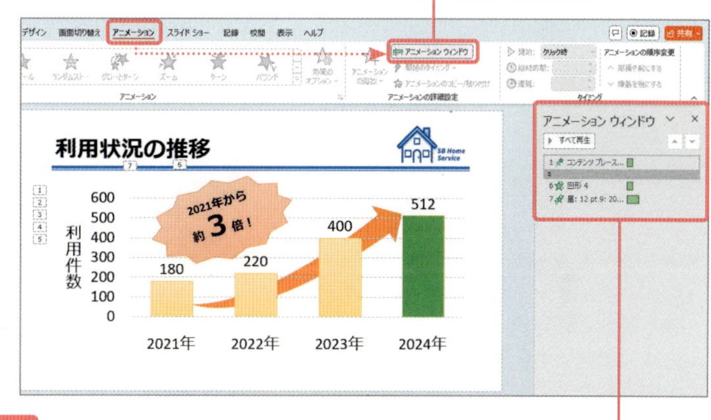

2 [アニメーションウィンドウ] 作業ウィンドウが表示され、スライド上にあるオブジェクトに設定されているアニメーションの一覧が表示されることを確認します。

再生タイミングを変更する

1 グラフの外枠をクリックし、

2 グラフに設定されているアニメーションの再生番号 [1] から [5] が選択されたことを確認します。

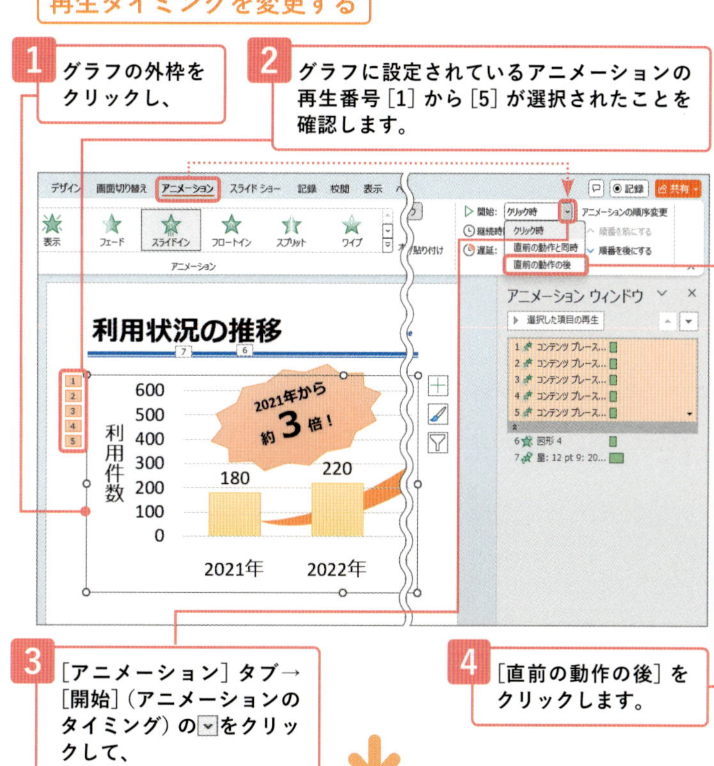

3 [アニメーション] タブ→ [開始]（アニメーションのタイミング）の をクリックして、

4 [直前の動作の後] をクリックします。

Point 再生番号0

スライドが切り替わったとか、1つ前のアニメーションが実行されたなど、直前の動作が行われた後に、クリックしなくてもアニメーションが再生される場合は、再生番号が「0」になります。

コラム アニメーションの再生順や継続時間の確認

[アニメーションウィンドウ] 作業ウィンドウを表示すると、アニメーションの再生順や継続時間などの設定が確認できます。スライド上にあるオブジェクトに設定されているアニメーションが再生順で一覧表示されています。
ここでは、グラフと2つの図形のアニメーションが連続して再生されるため、再生番号が「0」でまとめられ❶、再生のタイミングと継続時間が帯の位置と長さで確認できます❷。アニメーションをクリックして選択し、右端に表示される▼をクリックして表示されるメニューで選択したアニメーションの設定変更をすることができます❸。また、▲、▼をクリックしてアニメーションの順番を入れ替えることもできます❹。

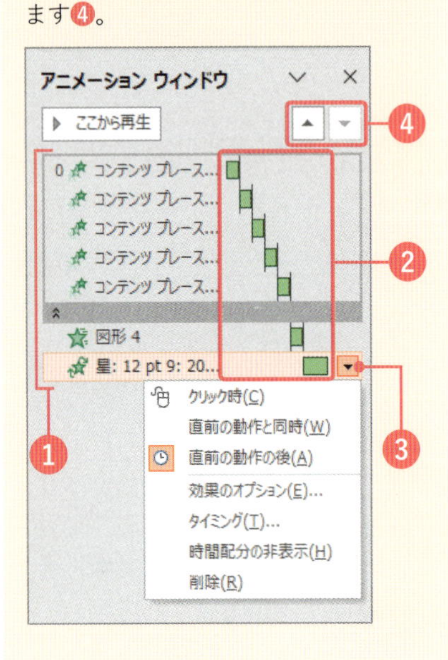

5 グラフのアニメーションの再生番号が [0] に変更されます。

6 図形のアニメーションの再生番号も繰り上がって、[1]、[2] と変更されていることを確認します。

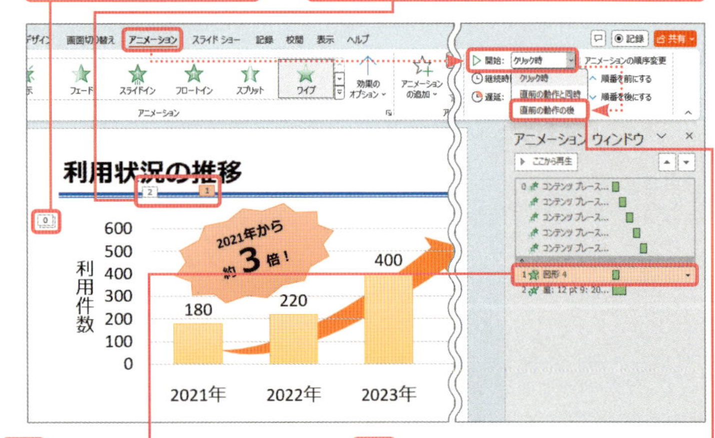

7 [アニメーションウィンドウ] 作業ウィンドウで再生番号 [1] の [図形4] (矢印の図形) をクリックし、

8 [アニメーション] タブ→ [開始] (アニメーションのタイミング) の▼→ [直前の動作の後] をクリックします。

9 同様にして、[星：12pt 9] のアニメーションのタイミングを [直前の動作の後] に変更しておきます。

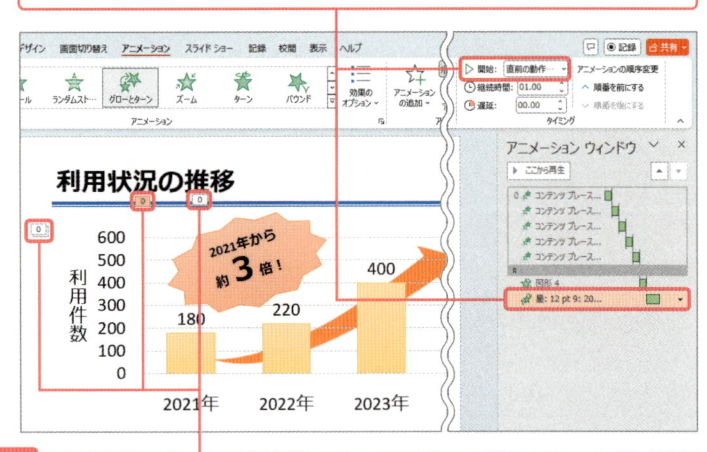

10 すべてのアニメーションの再生番号が [0] となり、直前の動作の後に自動で再生されるように設定変更できました。

11 F5 キーを押してスライドショーを実行し、スライドが表示されたら、グラフ、図形のアニメーションが自動で連続して再生されることを確認します。

上級テクニック ［開始のタイミング］で再生のタイミングを指定する

［アニメーション］タブの［開始のタイミング］では、スライド上にあるオブジェクトをクリックしたときに、別のオブジェクトのアニメーションを再生できるように設定できます。例えば、右の矢印の図形［出荷日］をクリックすると、車のアイコンのアニメーション（ここでは、［終了］の［スライドアウト］）が再生されるようにするには、車のアイコンをクリックして選択し❶、［アニメーション］タブの［開始のタイミング］をクリックして❷、［クリック時］で矢印の図形（矢印：右4）をクリックします❸。

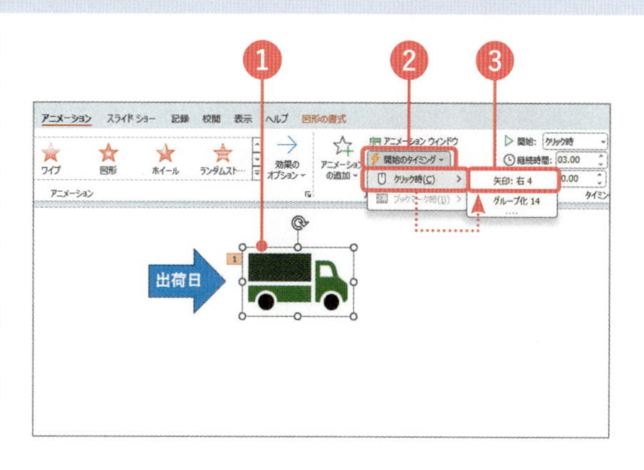

レッスン 75-2 アニメーションの速度を変更する

練習用ファイル 75-2-アニメーションの設定.pptx

操作 アニメーションの速度を変更する

アニメーションの実行速度を変更するには、［アニメーション］タブの［継続時間］で変更できます。継続時間を長くすれば遅くなり、短くすれば速くなります。

Memo 継続時間の設定

継続時間は秒単位で指定します。［▲］や［▼］で変更する以外に、ボックスの中に直接「1.25」のように数値を入力して指定することもできます。

Memo 複数のアニメーションをまとめて選択する

グラフのように複数のアニメーションをまとめて選択したい場合は、1つ目をクリックして選択したら、最後のアニメーションを Shift キーを押しながらクリックします。

ここでは、グラフのアニメーションの実行速度を遅くしてみましょう。

1 ［アニメーション］作業ウィンドウで、グラフのアニメーション（5つの［コンテンツプレース］）を選択します。

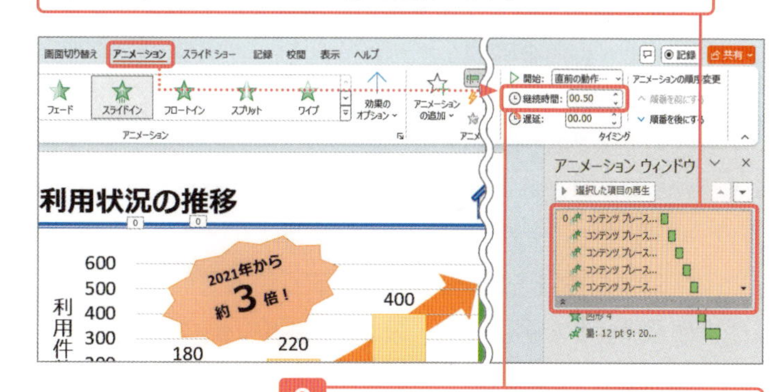

2 ［アニメーション］タブの［継続時間］で、アニメーションの継続時間が「00.50」となっていることを確認します。

3 ［アニメーション］タブ→［継続時間］の［▲］を数回クリックして「1.25」に変更します。

4 F5 キーを押してスライドショーを実行し、グラフのアニメーションが少しゆっくり動作することを確認します。

練習問題 画面切り替えとアニメーションを練習をしよう

演習11-社員研修.pptx

完成画面を参考に、以下の手順でスライドの画面切り替えを設定し、スライド上の箇条書きとグラフにアニメーションを設定してください（設定後の動作は完成ファイルを参照）。

●画面の切り替えを設定

1 スライド番号0のスライドに画面の切り替え［図形］を設定する（レッスン71-1参照）。

2 効果のオプションを［ひし形］に設定する（p.282のコラム参照）。

3 1 、2 の設定をすべてのスライドに適用する（レッスン71-1参照）。

●スライド番号1のスライド上の箇条書きにアニメーションを設定

1 箇条書きに［開始］のアニメーション［スライドイン］を設定する（レッスン73-1参照）。

2 箇条書きが右から左に表示されるように効果のオプションを設定する（レッスン73-1上級テクニック参照）。

3 継続時間を「1.25」に設定する（レッスン75-2参照）。

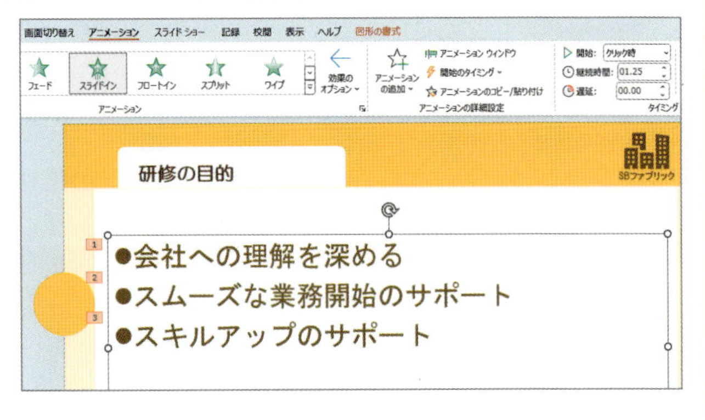

●スライド番号4のスライド上の2つのグラフにアニメーションを設定

1 ［開始］のアニメーション［ホイール］を設定する（レッスン74-1参照）。

2 継続時間を「3秒」に設定する（レッスン75-2参照）。

3 スライドが表示されたらグラフのアニメーションが［社員数］、［年齢構成］の順番に自動的に再生されるようにアニメーションの再生タイミングを変更する（レッスン75-1参照）。

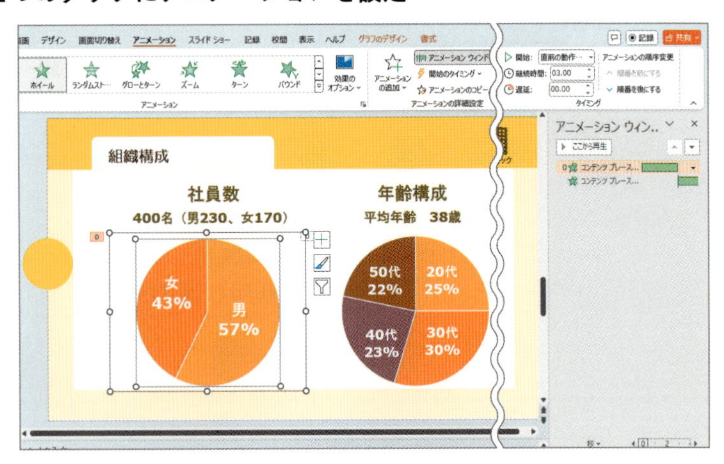

第12章

プレゼンテーションに便利な機能

スライドショーを使ってプレゼンテーションを発表する場合、スライドに合わせたセリフをメモしておいたり、所要時間を計って準備をしたり、発表者用の画面を使って操作したりと、便利な機能が用意されています。ここでは、プレゼンテーションを実行するのに便利な機能を紹介します。

Section 76

プレゼンテーション用のメモをスライドに用意する

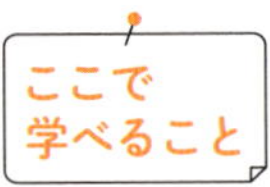

［ノート］機能を使うと、メモ書きをスライドに用意しておくことができます。スライドごとにメモを残せるので、発表者が使うプレゼンテーション用の台本として活用できます。

レッスン

- ▶76-1　ノートペインにメモを入力する
- ▶76-2　［ノート］表示に切り替えて入力領域を拡大する

まずは パッと見るだけ！

ノートペインにメモを残す

スライドの下に「ノートペイン」という入力欄を表示してメモを入力します。また、表示モードを［ノート］に変更すると、より多くの文字を入力できます。

Before 操作前

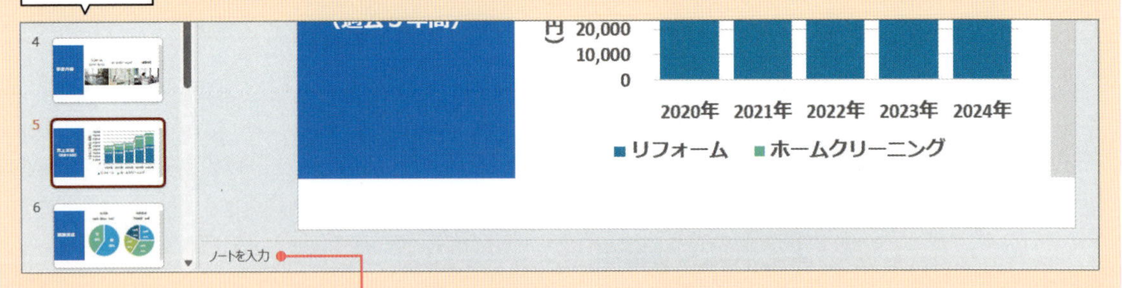

既定では、1行の高さでノートペインが表示されている

After 操作後

▼ノートペインに入力

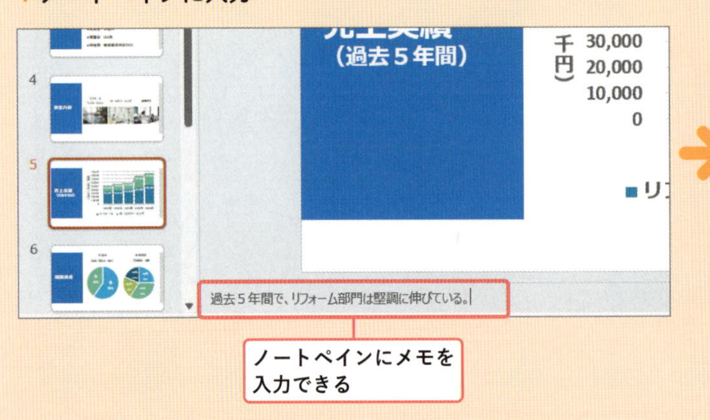

▼［ノート］表示で入力

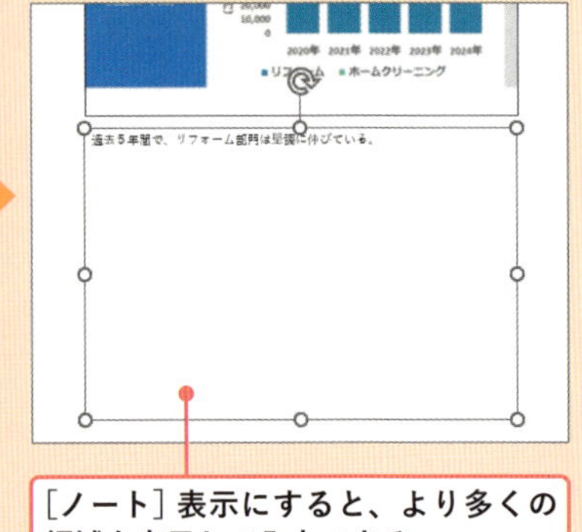

レッスン 76-1 ノートペインにメモを入力する

練習用ファイル 76-1-ノート.pptx

操作 ノートペインへ入力する

スライドの下部に［ノートペイン］という領域があり、ここには仮の文字「ノートを入力」と表示されています。ここにメモを入力できます。

Memo ノートペインの表示

［ノートペイン］が表示されていない場合は、タスクバーの［ノート］をクリックして表示してください。クリックするごとに表示/非表示を切り替えることができます。

Memo ノートペインの領域を広げる

ノートペインは、初期設定では1行分の高さしかありません。ノートペインの上境界線上にマウスポインターを合わせ、の形になったら上方向にドラッグすると❶、領域を広げることができます❷。

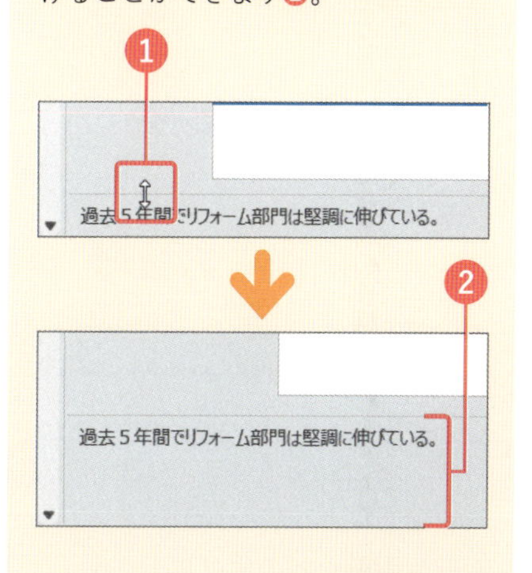

ここでは、スライド番号5のスライドにメモを入力してみましょう。

1 スライド番号5のスライドをクリックして選択し、

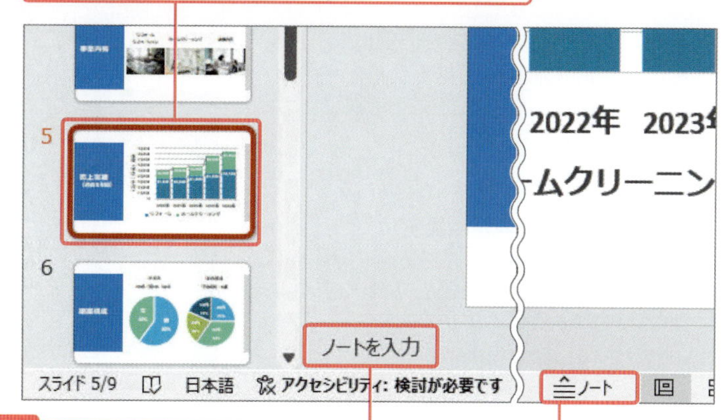

2 ノートペインを確認します。表示されていない場合は、ステータスバーの［ノート］をクリックします。

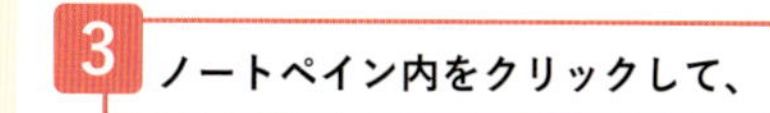

3 ノートペイン内をクリックして、

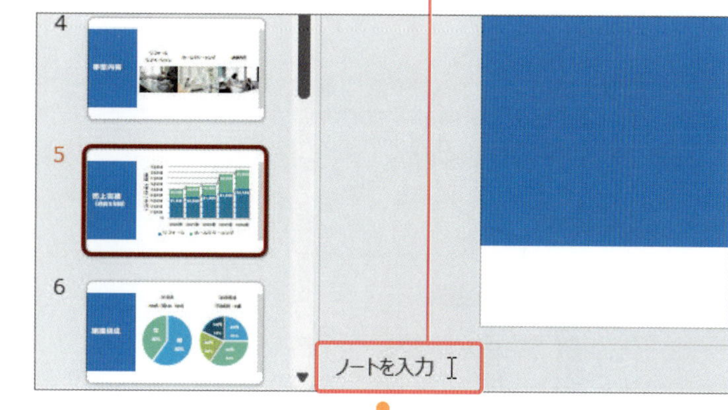

4 カーソルが表示されたら、メモを入力します。

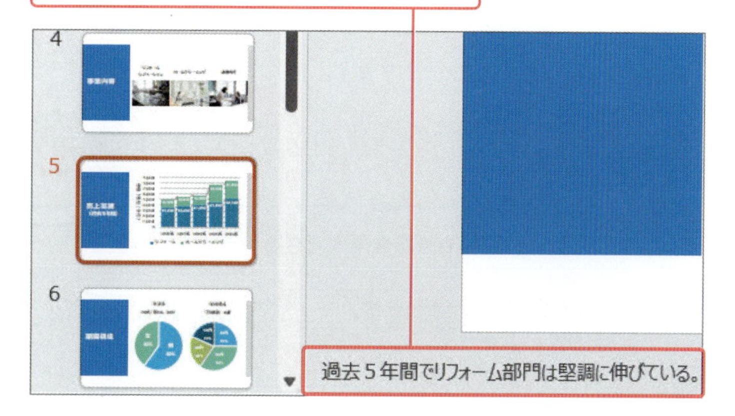

レッスン 76-2 ［ノート］表示に切り替えて入力領域を拡大する

練習用ファイル 76-2-ノート.pptx

Point ［ノート］に切り替える

表示モードを［ノート］に切り替えると、ノートの領域が広がるため、補足説明やセリフなどの長文を追加するのに便利です。

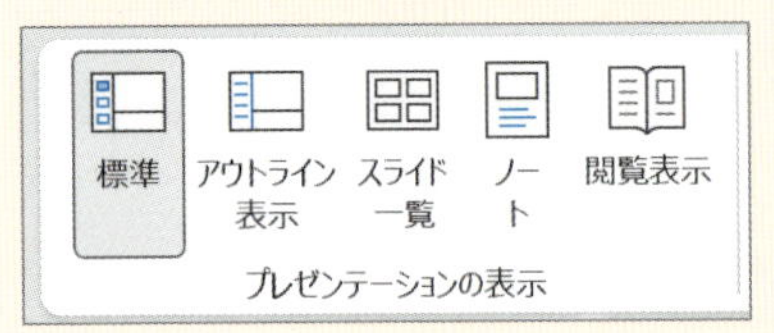

Memo ［標準］表示に戻す

［表示］タブ→［標準］をクリックすると、［標準］表示に戻ります。

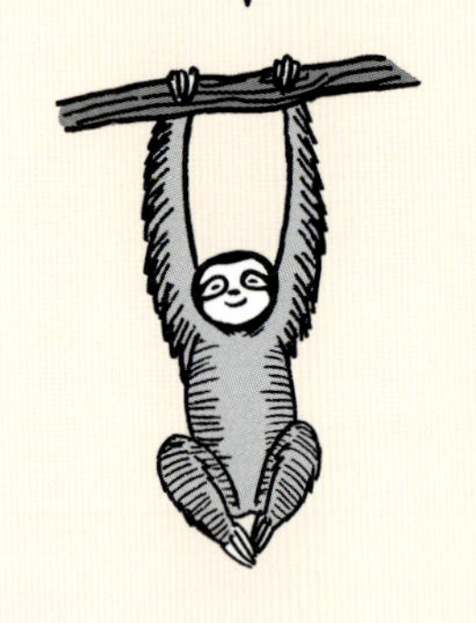

1 スライド番号5のスライドをクリックして選択し、

2 ［表示］タブ→［ノート］をクリックすると、

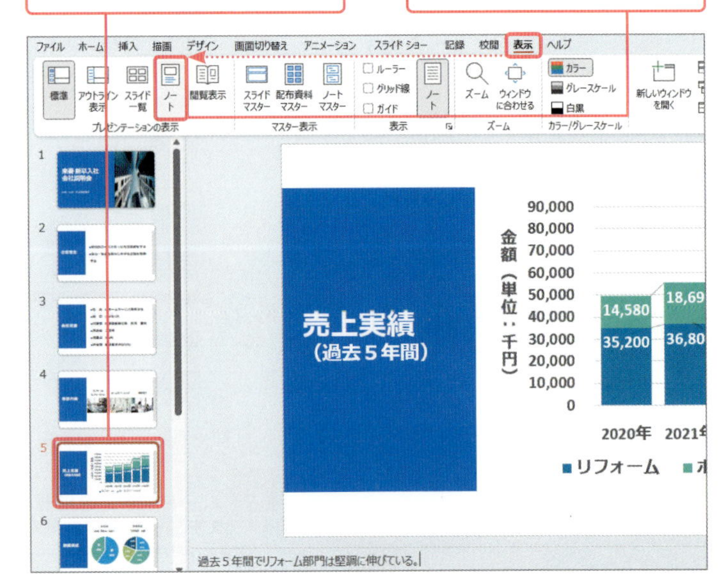

3 ［ノート］表示に切り替わり、ノート欄が拡大されます。

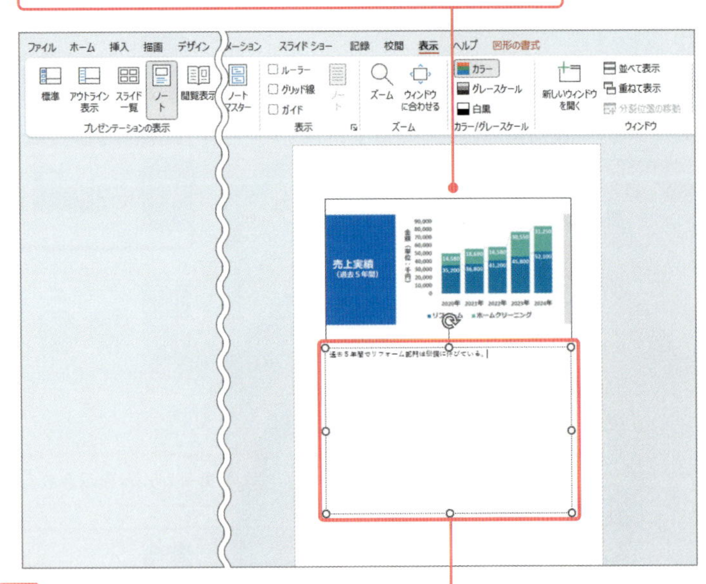

4 文字上をクリックするとカーソルが表示され、文字入力が可能になります。

上級テクニック 図形や画像も挿入できる

ノート欄には、文字だけでなく、［挿入］タブから操作を行い、図形や画像などのオブジェクトも挿入できます

コラム ［録画］画面の主な機能

［録画］機能を使うとスライドショーの様子を録画することができます。［録画］画面は［スライドショー］タブ→［録画］→［先頭から］をクリックすると、［録画］画面が表示されます（録画の手順は、p.310のコラム参照）。

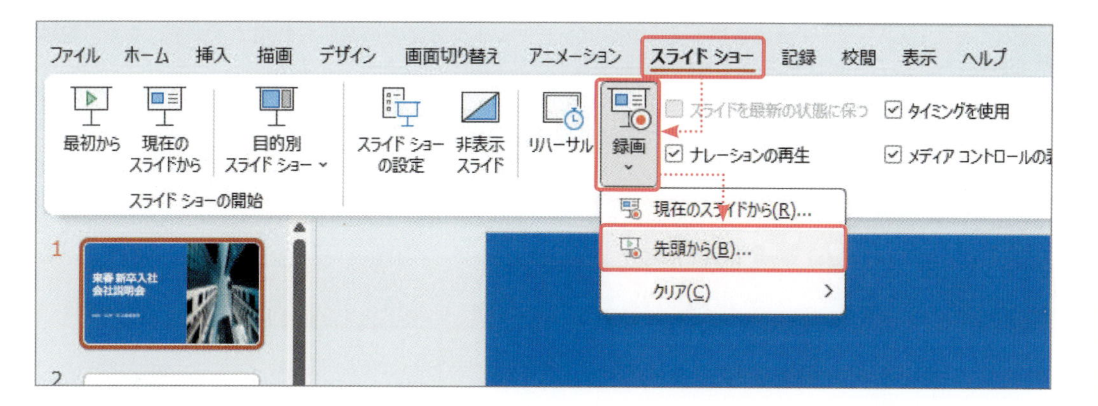

● ［録画］画面

❶	記録を終了して編集画面に戻る
❷	スライド表示時間と全経過時間
❸	ビデオの撮り直し
❹	記録を開始。記録中は、記録終了になる
❺	記録を一時停止する
❻	ビデオのオン／オフ切り替え
❼	マイクのオン／オフ切り替え
❽	ノートの自動スクロールのオン／オフ切り替え
❾	記録のクリアなどその他のメニュー表示

❿	記録した内容をビデオファイルに保存
⓫	ノート
⓬	ノートの文字サイズを拡大／縮小する
⓭	現在表示されているスライド
⓮	前のスライドに戻る
⓯	次のスライドに進む
⓰	スライドにポインター、ペン書きする機能
⓱	カメラで背景をぼかす／ぼかさないの切り替え
⓲	テレプロンプター、発表者ビュー、スライド表示で表示ビューの切り替え

Section 77

プレゼンテーション発表の予行演習をする

ここで学べること

［リハーサル］機能を使うと、プレゼンテーションの発表の時間を計測できます。また、記録された計測時間をスライドショーの自動再生に利用することもできます。

レッスン

▶ 77-1 リハーサルを実行して所要時間を記録する

まずは パッと見るだけ！

リハーサル機能で所要時間を確認する

リハーサル機能では、スライドごとの所要時間を計り、全体の所要時間を確認できるので、本番前に時間配分を考えたり、内容を修正したりできます。

Before 操作前

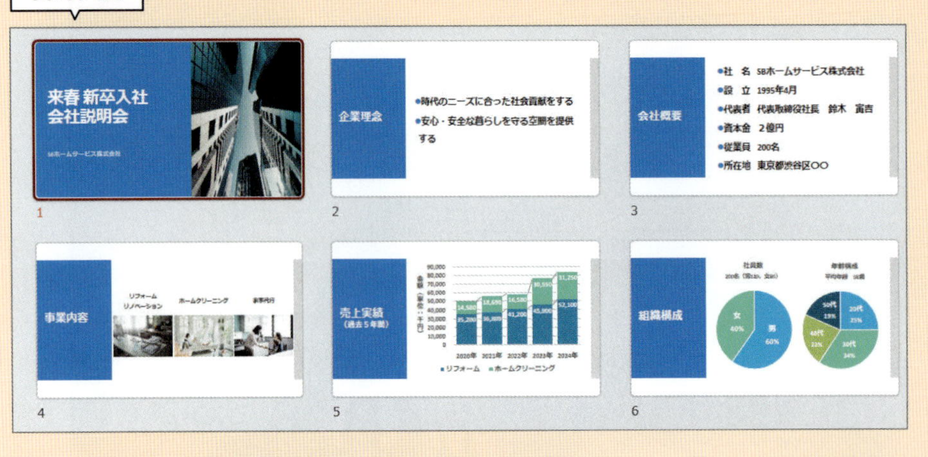

After 操作後

必要な時間をチェック！

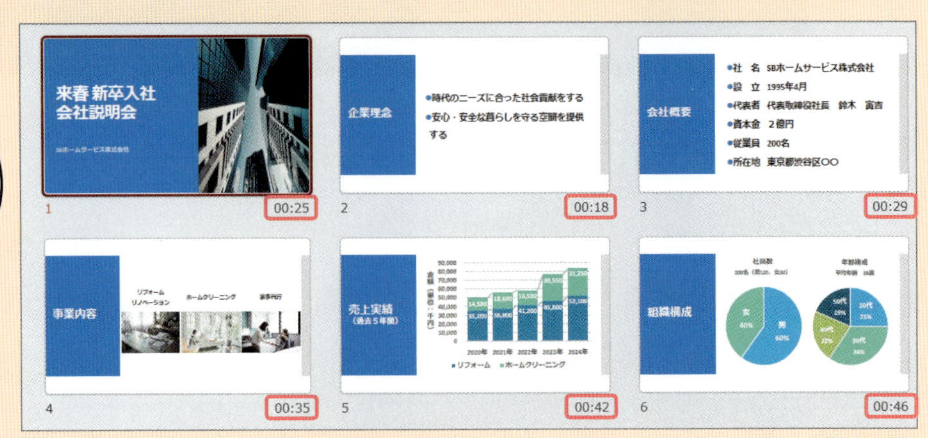

スライドショー実行中の各スライドの表示時間が記録される

レッスン77-1 リハーサルを実行して所要時間を記録する

練習用ファイル 77-リハーサル.pptx

操作 リハーサルを実行する

リハーサルを実行するには、[スライドショー] タブの [リハーサル] をクリックすると、スライドショーがはじまり、計測が開始されます。本番のように実際に説明し、スライドショーを実行するだけで所要時間が記録されます。

Memo [記録中] ツールバー

リハーサル中に、スライドの左上に表示される [記録中] ツールバーは次の機能があります。

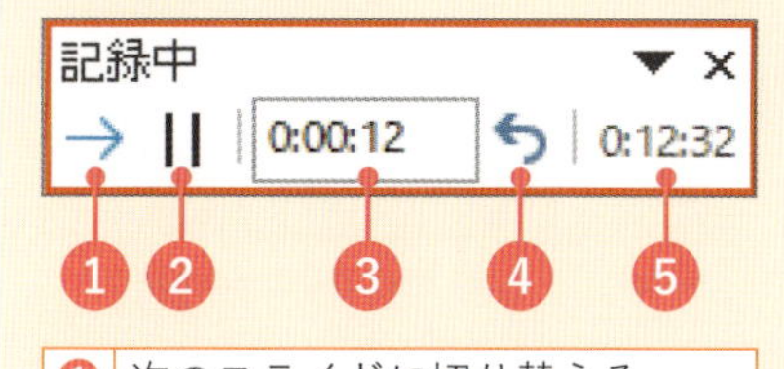

❶	次のスライドに切り替える
❷	現在のスライドを一時停止する。表示されるダイアログボックスで [記録の再開] をクリックすると再開する
❸	現在のスライドの表示時間が表示される
❹	現在のスライドの表示時間をリセットする
❺	スライドショーの開始から現在のスライドまでの経過時間が表示される

リハーサルをする

1 [スライドショー] タブ→ [リハーサル] をクリックします。

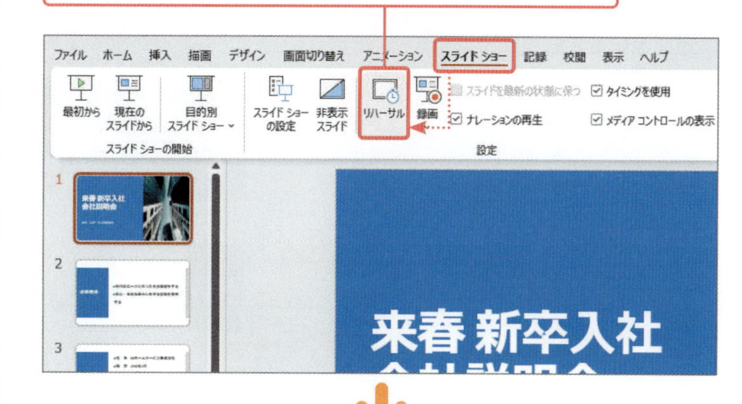

2 スライドショーが開始されます。

3 [記録中] ツールバーが表示され、スライドの表示時間が計測されます。

4 本番と同様に説明、操作しながら実演してスライドショーを進めます。

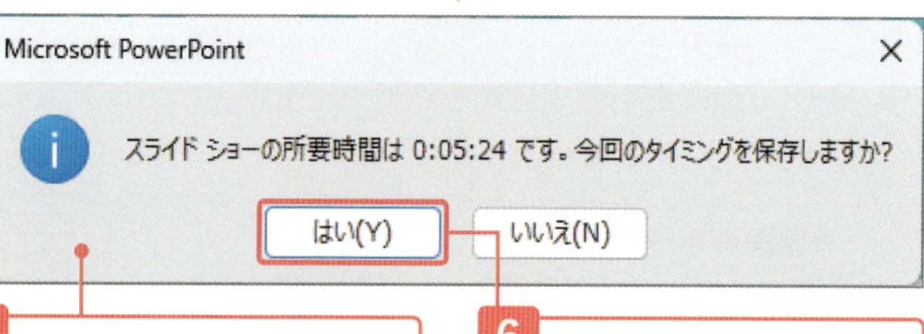

5 最後のスライドで説明を終了しクリックすると、スライドショーの所要時間と計測時間を保存するかどうか確認メッセージが表示されます。

6 [はい] をクリックすると、各スライドの表示時間とプレゼンテーション全体の所要時間が保存されます。

Memo 記録した所要時間を削除する

[スライドショー] タブの [録画] の ⌄ をクリックし❶、[クリア] の [すべてのスライドのタイミングをクリア] をクリックすると、保存された各スライドの表示時間と全体の所要時間を削除することができます❷。

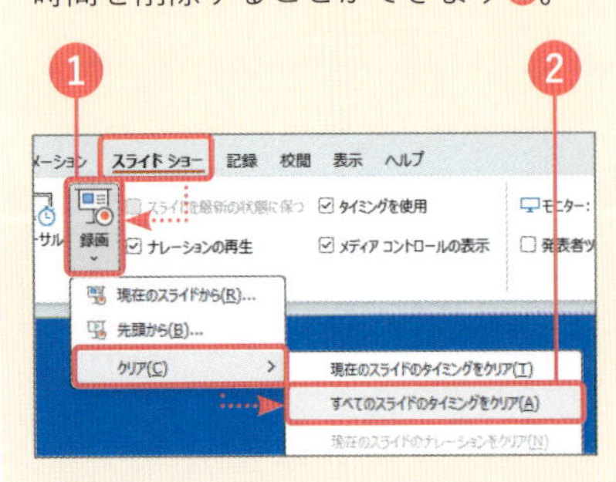

所要時間を確認する

1 [表示] タブ→ [スライド一覧] をクリックして [スライド一覧] 表示に切り替えると、

2 各スライドの表示時間が確認できます。

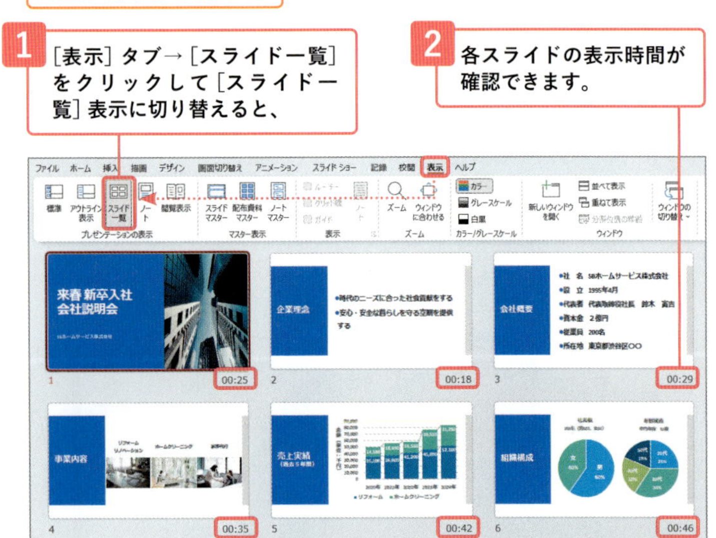

Memo 計測した時間を自動実行に使用する

リハーサルで計測した時間を保存すると、[画面切り替え] タブの [自動] にチェックが付き、選択されているスライドのスライド表示時間が表示されます❶。[スライドショー] タブの [タイミングを使用] にチェックがついていることを確認し❷、F5 キーを押してスライドショーを実行すると、画面をクリックしなくても保存された時間で自動で画面が切り替わります。なお、スライドの表示時間は、手動で変更することもできます。

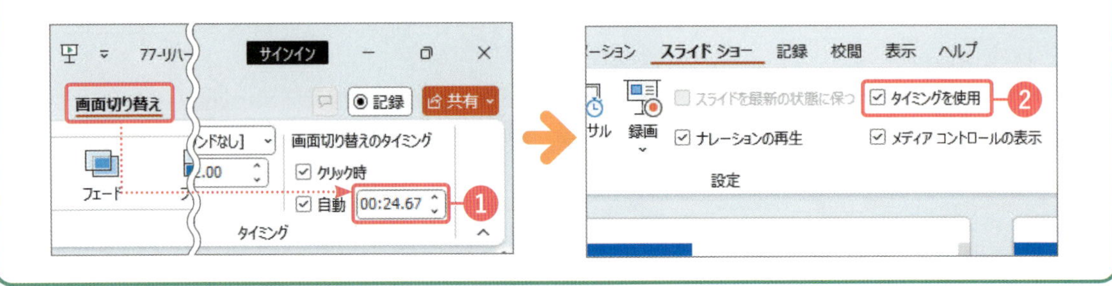

コラム [録画] 機能を使ってナレーションを録画する

[録画] 機能では、スライドの表示時間だけでなくスライドの切り替えやアニメーションのタイミングも保存されます。また、パソコンに内蔵または外付けでカメラやマイクが接続されていれば発表者の顔や音声も録画できます。この音声はナレーションとして使用することができます。

● **録画の手順**

[スライドショー] タブ→ [録画] の ⌄ → [先頭から] をクリックすると❶、[録画] 画面が表示されます。[記録を開始] をクリックすると❷、カウントダウンが表示され録画がスタートします。録画が開始されたら、リハーサルのときと同様に、発表を進めてください。スライドショーが終了すると自動的に録画内容は保存されます。再度❶の手順で [録画] 画面を表示すると、録画内容を確認できます。

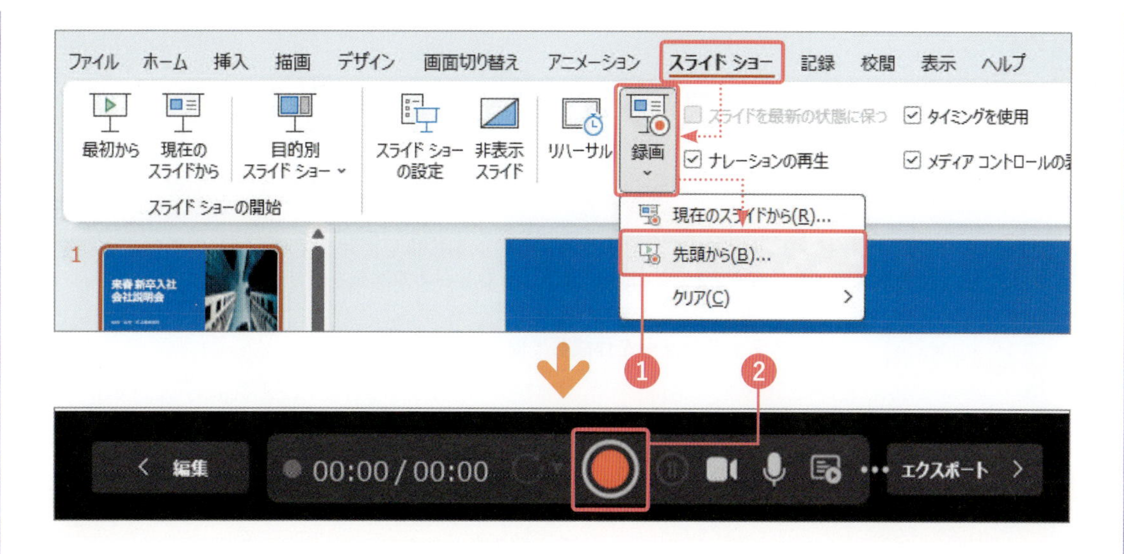

また、スライド下部に表示される［ビデオプレビューを開始する］をクリックして録画内容を再生して確認したり、画面上部にある［ビデオの撮り直し］をクリックして録画し直すこともできます。

なお、録画した内容を削除したい場合は、［スライドショー］タブ→［録画］の▼→［クリア］→［すべてのスライドのナレーションをクリア］をクリックします。

Section

78 目的別にスライドショーを用意する

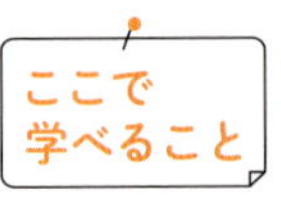

既存のプレゼンテーションから、数枚のスライドを抜粋してスライドショーを実行する機能を「目的別スライドショー」といいます。スライドショーの短縮版を作りたい場合に便利です。

レッスン ▶ 78-1 目的別スライドショーを作成して簡略版を用意する

まずは パッと見るだけ！

目的別スライドショーの作成

目的別スライドショーは、元のプレゼンテーションのスライドをいくつか抜粋したものを登録します。スライドを選択し、必要に応じて順番を入れ替えることもできます。

Before 操作前

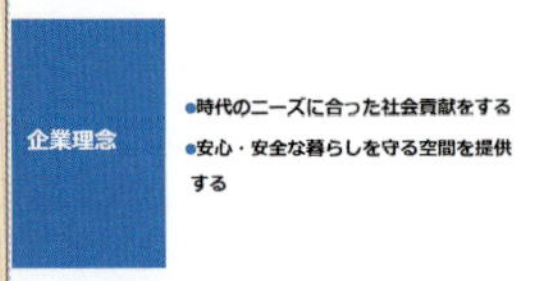

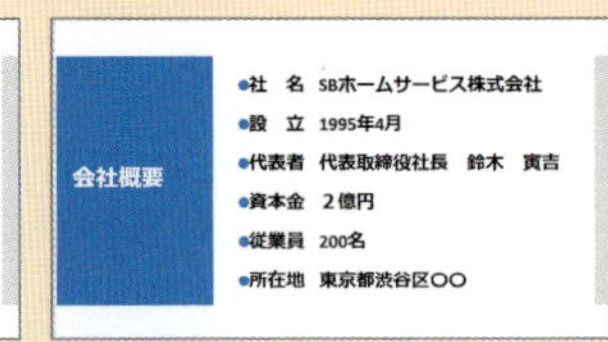

4つのスライドを抜粋してスライドショーを実行したい

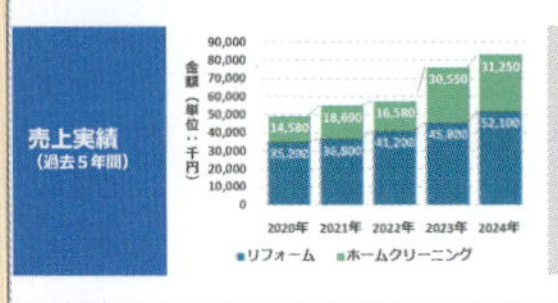

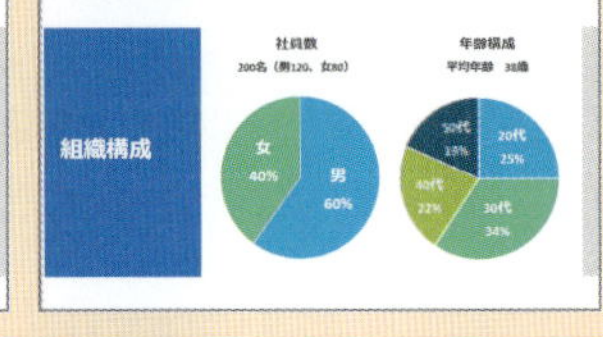

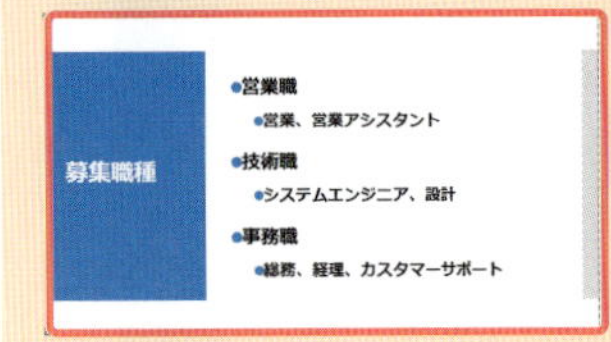

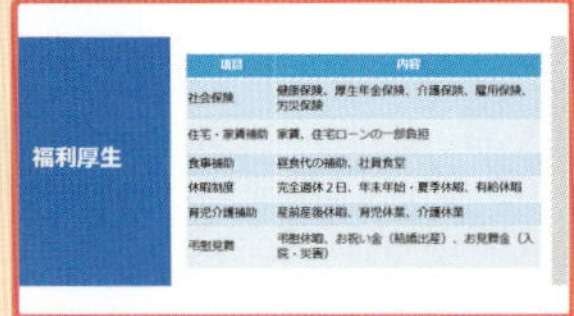

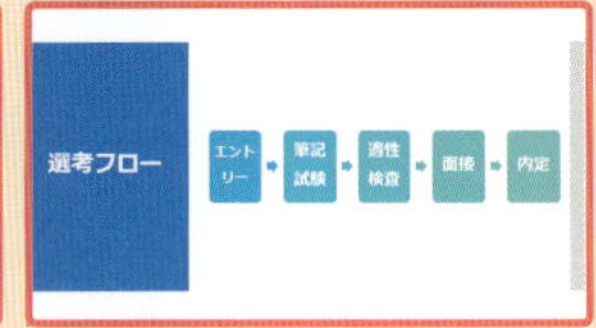

After 操作後

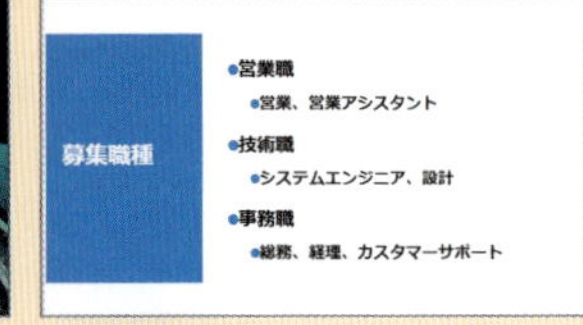

4つのスライドの組み合わせに名前を付けてスライドショーを実行できる

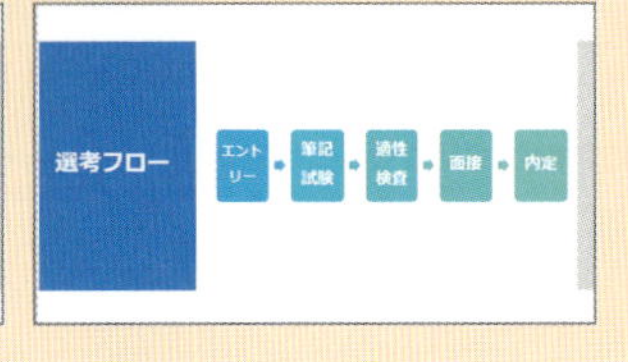

レッスン 78-1 目的別スライドショーを作成して簡略版を用意する

練習用ファイル 78-目的別スライドショー.pptx

操作 目的別スライドショーを作る

目的別スライドショーは、既存のプレゼンテーションの中に作成します。[スライドショー] タブ→[目的別スライドショー] をクリックし、登録名を付け、スライドを選択して作成します。

Point 目的別スライドショーの特徴

目的別スライドショーは、元となるプレゼンテーション内に登録するため、独立したファイルとしては存在しません。

目的別スライドショーを作成する

ここでは、スライド番号1, 7, 8, 9を組み合わせた目的別スライドショーを作成します。

1 [スライドショー] タブ→ [目的別スライドショー] → [目的別スライドショー] をクリックします。

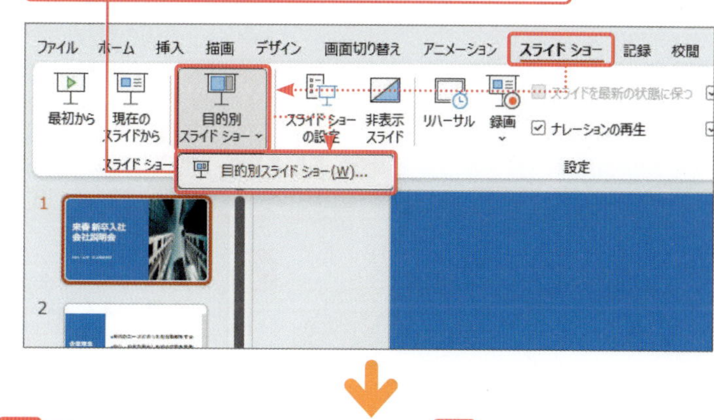

2 [目的別スライドショー] ダイアログが表示されます。

3 [新規作成] をクリックします。

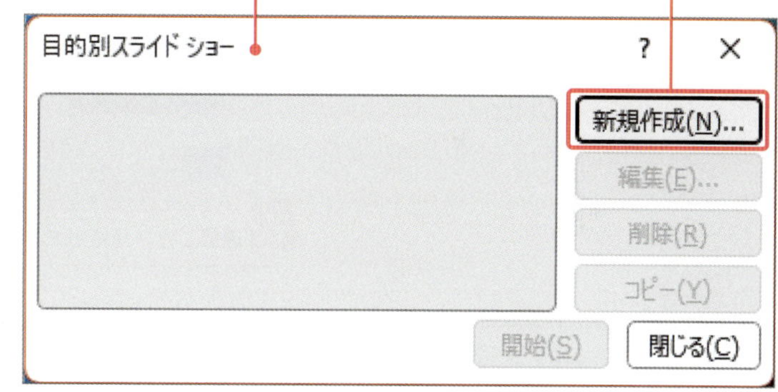

4 登録する名前（ここでは、「簡略版」）を入力します。

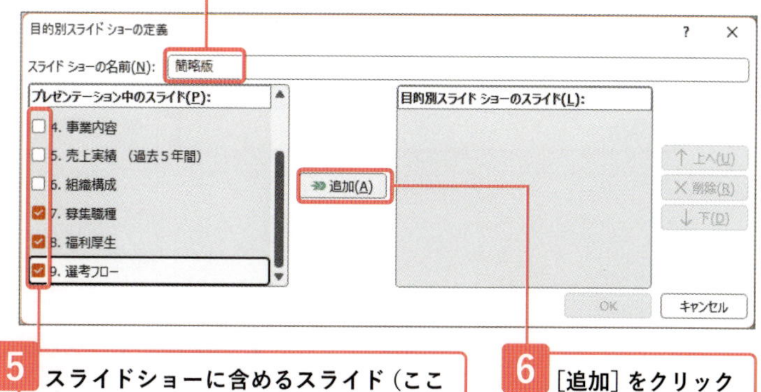

5 スライドショーに含めるスライド（ここでは、1,7,8,9）にチェックを付けます。

6 [追加] をクリックすると、

Memo スライドを非表示にして対応する

目的別スライドショーを作らずに、スライドショーで使用しないスライドを一時的に非表示にして対応したい場合は、レッスン29-1のp.103の手順でスライドを非表示にします。この場合、再表示する手間がかかります。目的別スライドショーを作成しておけば、スライドの表示／非表示を切り替える手間がないので便利です。

7 チェックを付けたスライドが追加されます。

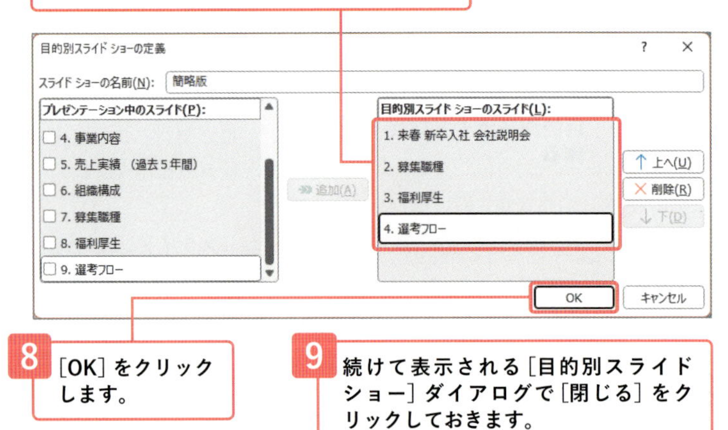

8 [OK] をクリックします。

9 続けて表示される [目的別スライドショー] ダイアログで [閉じる] をクリックしておきます。

目的別スライドショーを実行する

1 [スライドショー] タブ→ [目的別スライドショー] をクリックし、再生したい目的別スライドショー（ここでは「簡略版」）をクリックします。

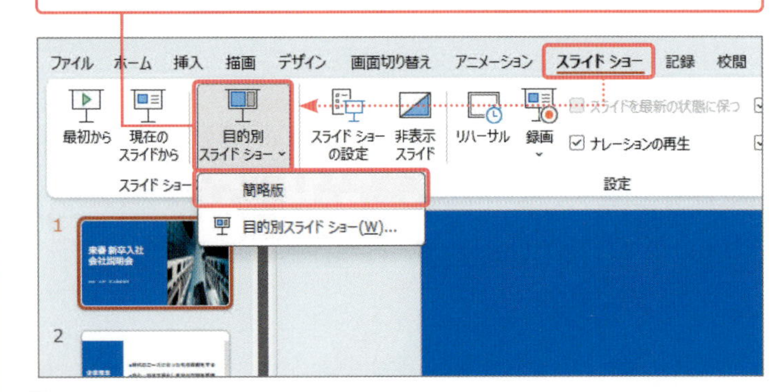

2 選択したスライドでスライドショーが実行されることを確認します。

Memo 作成した目的別スライドショーを削除する

[スライドショー] タブ→ [目的別スライドショー] → [目的別スライドショー] をクリックして [目的別スライドショー] ダイアログを表示し❶、削除したい目的別スライドショーをクリックして❷、[削除] をクリックします❸。

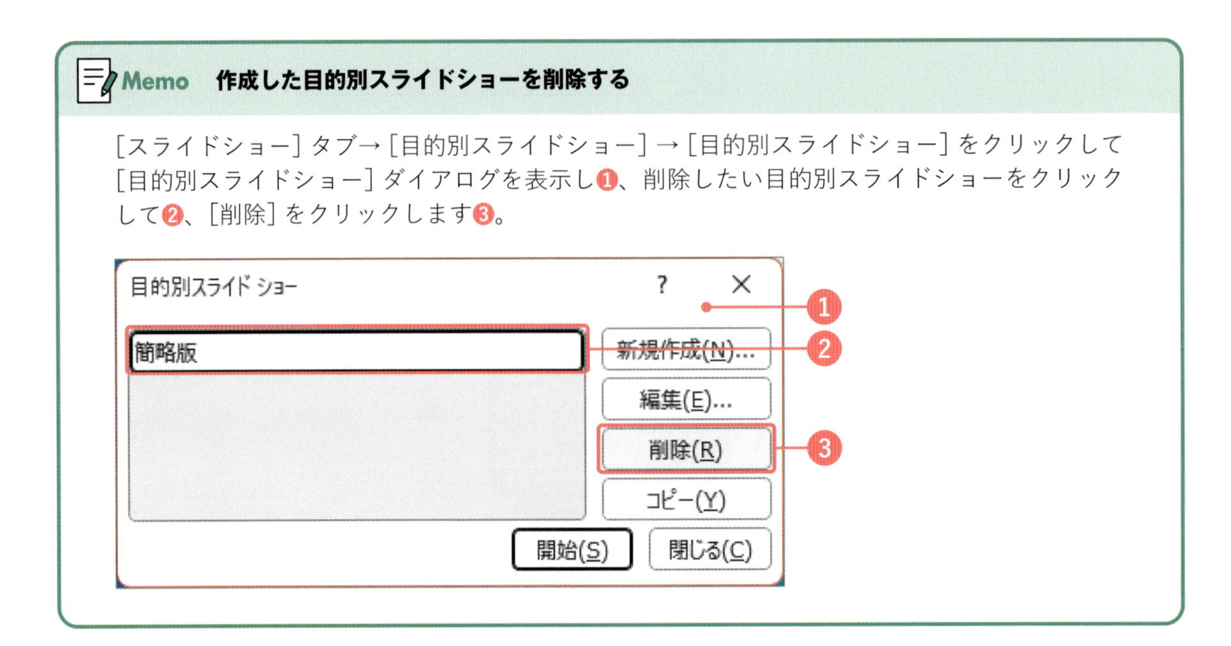

ひとやすみ　発表やプレゼンテーションが苦手な方へ

チームのためにプレゼンテーション資料を作るだけでなく、自分が報告や発表をする機会もあるでしょう。他部署の人や取引先など大勢の人の前でプレゼンテーションをするのは緊張したり、気が重い方に向けて、応援も兼ねて何点かコツをご紹介します。

● 事前準備のコツ

- ☑ プレゼンテーションの目的をはっきりさせる
- ☑ スライド1枚に1つのメッセージを心掛ける
- ☑ スライドの文字のサイズは大きめにする
- ☑ リハーサルで口を動かしておく

● 当日のコツ

- ☑ プレゼンテーションの場には時間に余裕を持って行く
- ☑ 緊張を受け入れて、なるべくリラックスする
- ☑ 思っているよりもゆっくり話すようにする

プレゼンテーションの内容を聴く人は、スライドを見ながらその場で理解しなくてはいけません。聴く人が見ただけでも理解できるように、スライドの情報量が多くなりすぎないようにします。また、遠くの人や年配の人も見やすいように、文字のサイズはなるべく大きくしましょう。当日は時間に余裕を持って会場に行き、その場の雰囲気を確認しておくと安心です。

Point　当日はリラックスして話すだけ！

人前だと
なんで上手く
話せないの？

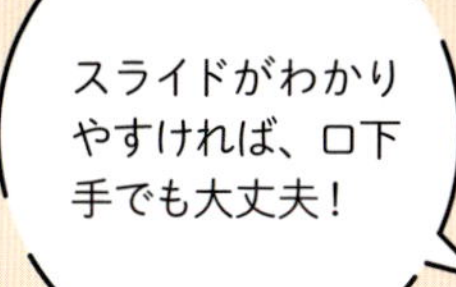

Section
79 発表者ツールを使って スライドショーを実行する

ここで学べること

プレゼン発表をする場合、プロジェクターで投影してスライドショーを実行します。発表者ツールを使うと、スライドショーを実行しながら発表に便利な機能を利用することができます。

レッスン

まずは パッと見るだけ！

発表者ツールの利用

発表者ツールを使うと、外部モニターでは通常のスライドショーを表示し、発表者のパソコンには、発表者用の画面を表示することができます。

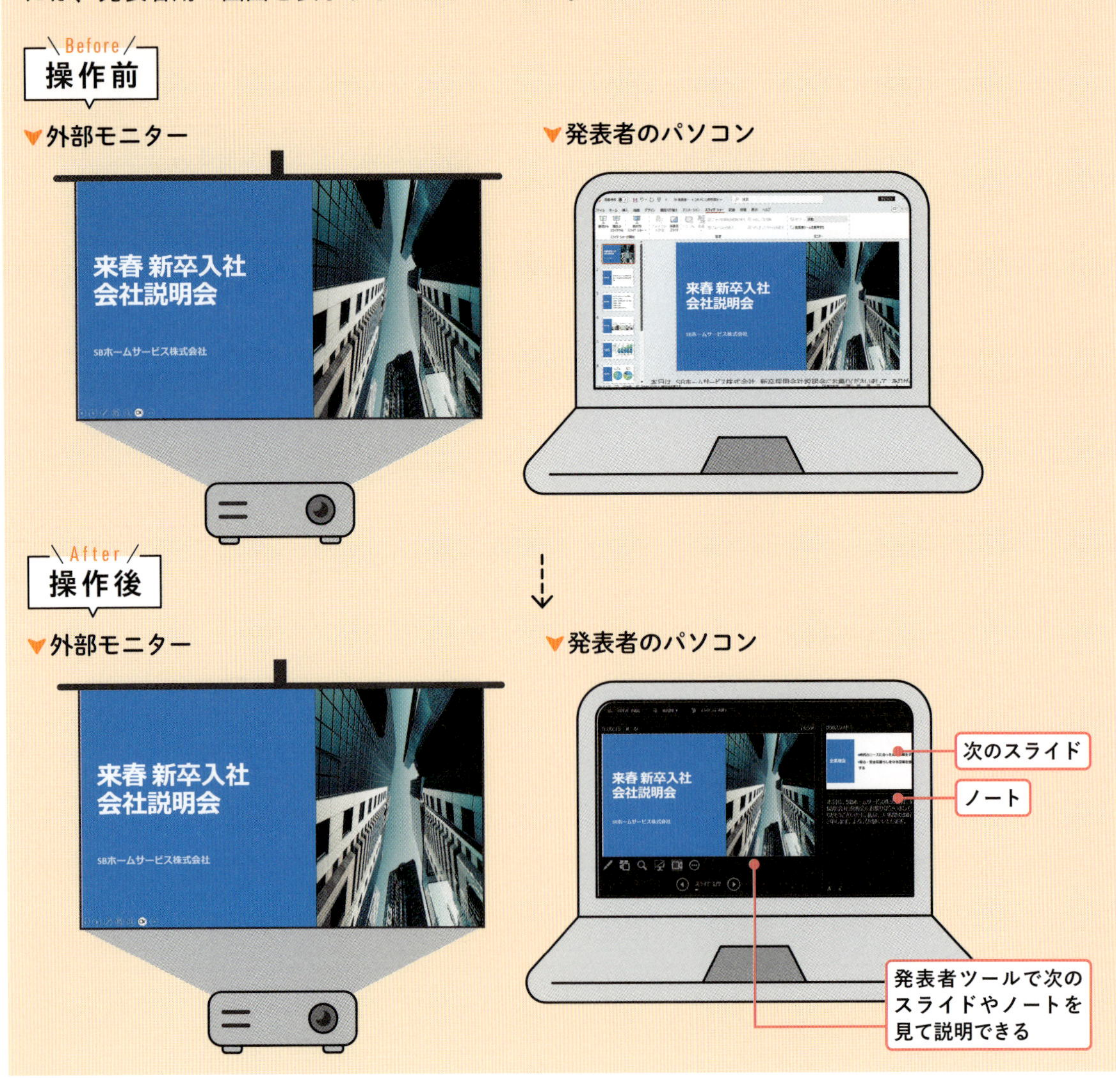

レッスン 79-1 発表者ツールを使う

練習用ファイル 79-発表者ツール.pptx

操作 発表者ツールを使う

発表者ツールを使用するには、[スライドショー] タブの [発表者ツールを使用する] にチェックを付けます。

Memo 外部モニターを使用しない場合

外部モニターを使用せず、パソコン1台のみで、そのパソコン画面を使用する場合は、スライドショーの画面のみが表示され、発表者ツールは使えません。その場合は、発表者はスライドショーの画面で操作します。

1 [スライドショー] タブ→ [発表者ツールを使用する] にチェックを付けます。

2 F5 キーを押してスライドショーを開始すると、

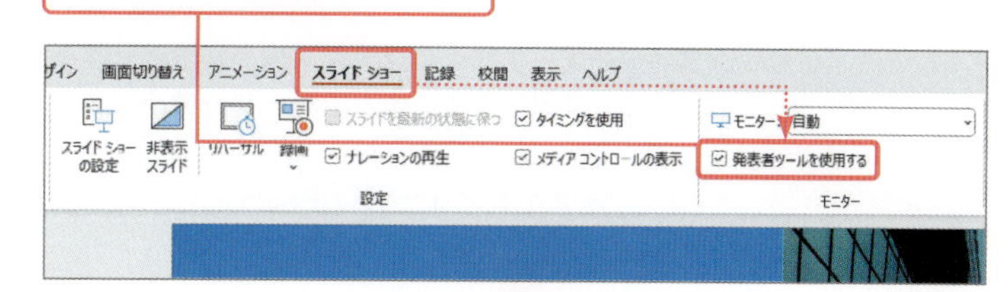

3 発表者のパソコンに発表者ツールの画面が表示されます。

4 現在スクリーンに表示されているスライドを見て、

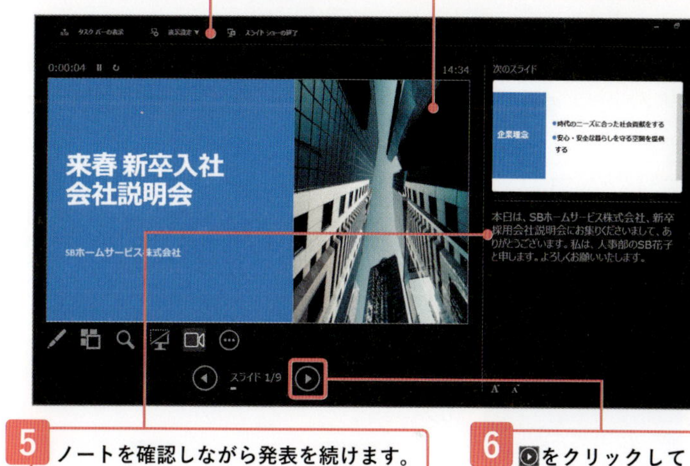

5 ノートを確認しながら発表を続けます。

6 ◎をクリックして次に進みます。

7 同様の操作をしてスライドショーを最後まで進めます。

コラム 発表者ツールの主な操作ボタン

発表者ツールでは、現在のスライドの下にあるボタンを使ってスライドショーを進めます。主な操作ボタンは以下の通りです。

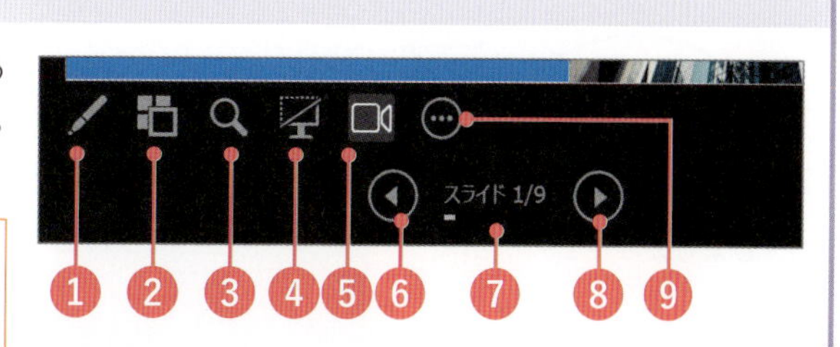

❶	手書き用のペンや蛍光ペンを使ってスライドに書き込みをしたり、レーザーポインターを使用したりできる。Esc キーで解除
❷	すべてのスライドを一覧表示する。Esc キーで一覧から元の画面に戻す
❸	スクリーンにスライドの一部を拡大表示する。Esc キーで解除
❹	画面を黒くしてスライドを一時的に非表示にする。Esc キーで解除
❺	カメラのオン／オフを切りかえる

❻	前のアニメーションやスライドを表示する
❼	現在のスライドと全スライド数が表示される
❽	次のアニメーションやスライドを表示する
❾	発表者ツールを非表示にしたり、スライドショーを終了するなどのメニューが用意されている

Section
80 スライドショーの実行中にペンで書き込む

ここで学べること

スライドショー実行中にスライド内の特定の文字やグラフなどに注目させたい場合、ペンで書き込みすると効果的です。また、レーザーポインターで指し示すこともできます。

レッスン

▶80-1 スライドショー実行中にペンで書き込む

まずは パッと見るだけ！

ペンやレーザーポインターの利用

スライドショー実行中に、表示されているスライドの特定の内容をペンで囲んだり、レーザーポインターを使って指し示したりして、視聴者を注目させることができます。

レッスン 80-1 スライドショー実行中にペンで書き込む

練習用ファイル 80-ペン.pptx

Point ペン機能を使う

スライドショー実行中にマウスポインターを手書き用のペンにして、ドラッグでスライドに書き込むことができます。ここでは、発表者ツール内のペン機能を使う方法を説明します。

Point レーザーポインターを使う

手順2で［レーザーポインター］を選択するとマウスポインターをレーザーポインターのように光らせて、マウスを移動することでスライド上の特定の位置を指し示すことができます。

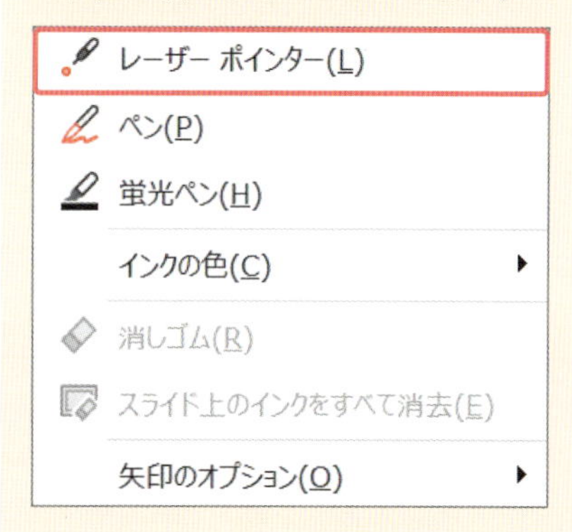

Memo 保持したペン書きは図形として扱える

手順7で、ペン書きを保持した場合、スライド上に図形として残ります。そのため、クリックして選択し、Delete キーで削除できます。また、コンテキストタブの［図形の書式］タブで線の色や太さなどを変更することもできます。

ここでは、スライド番号4のスライドの「家事代行」を赤ペンで囲みます。

1 レッスン79-1を参照し、発表者ツールを使ってスライドショーを開始し、スライド番号4のスライドまで進めます。

2 →［ペン］をクリックします。

3 ペンモードに変更され、マウスポインターの形が変わり、ペンの色が表示されます。

4 「家事代行」をドラッグして囲みます。

5 Esc キーを押してペンモードを終了します。

6 そのまま最後までスライドショーを実行するか Esc キーを押してスライドショーを終了します。

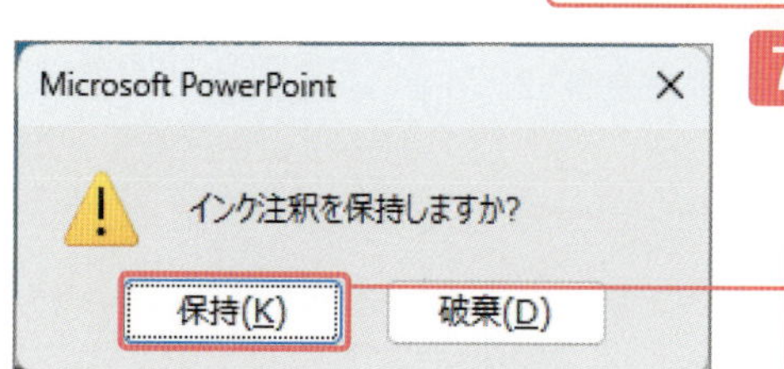

7 スライドに書き込んだペン書きを残すかどうかを確認するメッセージが表示されたら、ここでは、［保持］をクリックして残します。

Memo 発表者ツールを使わない場合

発表者ツールを使わない場合は、スライドショー実行中のスライドの左下にある🖉をクリックし❶、[ペン]をクリックしてペンモードにし❷、スライド上でドラッグします。なお、画面左下のアイコンは次のようになります。

● ペンモード

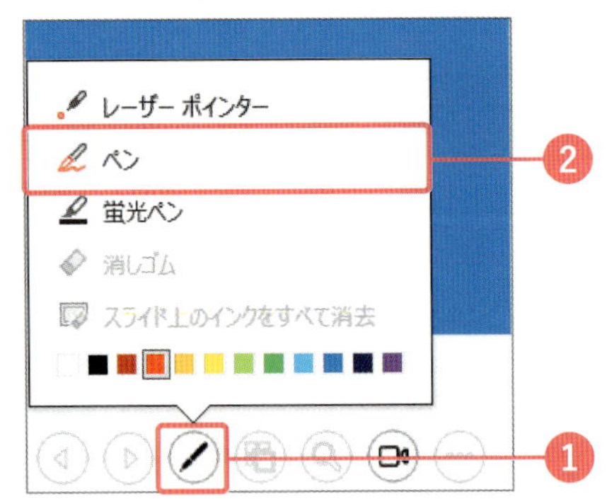

番号	機能
❶	前スライド表示
❷	次スライド表示
❸	レーザーポインター、ペン表示
❹	スライド一覧表示
❺	拡大表示
❻	カメラのオン／オフ切り替え
❼	スライドショーのメニュー表示

上級テクニック スライドショーを自動で繰り返し再生するには

スライドショーを自動で繰り返し再生したい場合は、以下の手順で設定します。設定後、スライドショーを実行すると、Esc キーを押すまで自動で繰り返し再生されるようになります。なお、箇条書きやコンテンツに設定したアニメーションについては、画面の切り替えを自動にすると、開始のタイミングが［クリック時］であっても、クリックすることなく自動でアニメーションが開始されます。

1. 画面の切り替えのタイミングを設定する

［画面切り替え］タブで［クリック時］をオフ❶、［自動］をオンにして秒数を指定し❷、［すべてに適用］をクリックしてすべてのスライドに適用します❸

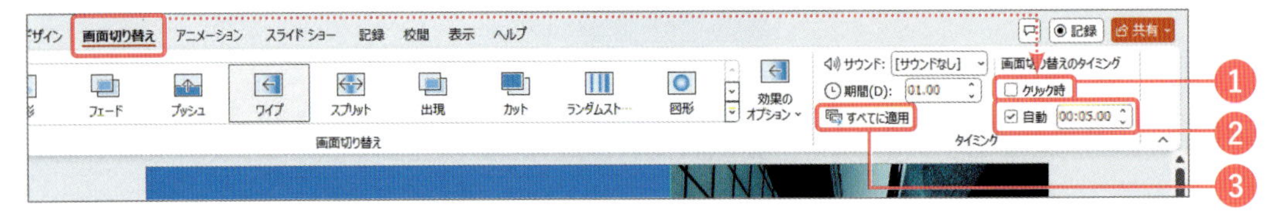

2. ［スライドショーの設定］ダイアログで終了のタイミングを設定する

［スライドショー］タブの［スライドショーの設定］をクリックして❶、表示される［スライドショーの設定］ダイアログで［Escキーが押されるまで繰り返す］にチェックを付けて❷、［OK］をクリックします❸。

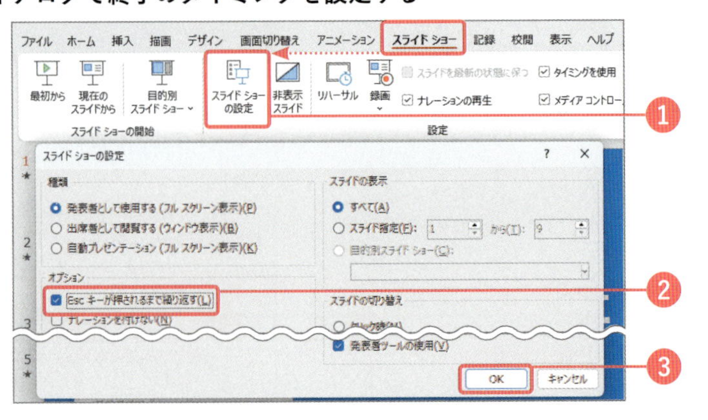

コラム　スライドショーを保存する

完成したプレゼンテーションのスライドショーをファイルとして保存することができます。保存する方法には、スライドショー形式で保存する方法とビデオファイルとして保存する方法があり、それぞれプレゼンを実行する場合に素早くはじめられるというメリット、ビデオファイルとして保存した場合は、PowerPointがなくてもスライドショーが実行できるといったメリットがあります。ここではスライドショー形式で保存する方法について紹介します。ビデオファイルとして保存する方法は13章の**Section86** を参照してください。

●スライドショー形式で保存

プレゼンテーションを「スライドショー形式」（拡張子：ppsx）で保存すると、ファイルをダブルクリックするだけでスライドショーが開始します。これにより、PowePointを起動し、ファイルを開き、F5 キーを押してスライドショーを開始するまでの手順を省き、スムーズにスライドショーを開始できます。ただし、PowerPointが自動で起動しスライドショーを実行するのでパソコンにPowerPointがインストールされている必要があります。なお、スライドショー形式で保存したファイルは、PowerPointの［ファイルを開く］ダイアログから開けば編集することができます。

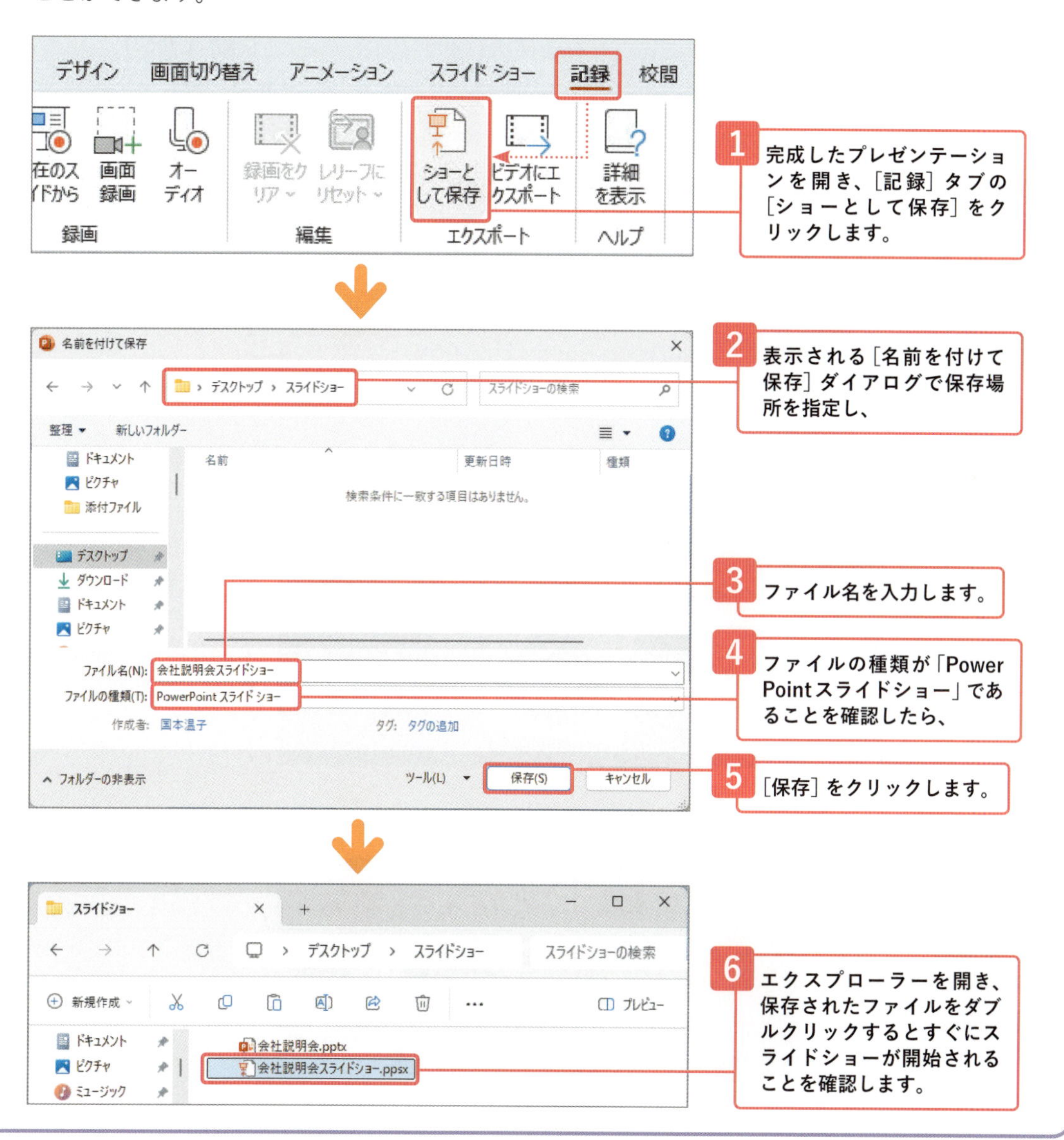

練習問題 いろいろな方法のプレゼンテーションを練習しよう

練習用ファイル 演習12-有機野菜ネット販売.pptx

以下の手順でノートを追加し、目的別プレゼンテーションを作成して、発表者ツールでスライドショーを開始し、［予算とスケジュール］スライドで「11月」を赤ペンで囲んでください。赤ペンで囲んだ線は保持して終了します。

1 スライド番号1でノートに以下の文を追加します（図1）（**レッスン76-1**参照）。
「これから、有機野菜ネット販売プロジェクト企画のプレゼンを始めます。発表を担当いたしますSB花子と申します。どうぞよろしくお願いいたします。」

2 スライド1，4，6，7で目的別プレゼンテーション「短縮版」を作成します（図1）（**レッスン78-1**参照）。

3 発表者ツールを使って 2 の目的別スライドショーを開始し、スライドショー実行中に［予算とスケジュール］スライドで「11月」を赤ペンで囲みます（図2）（**レッスン80-1**参照）。
ヒント：発表者ツールが使えない場合は、スライドショーを実行し、スライドショーの中で直接赤ペンで囲んでください。

4 スライドショー終了時に赤ペンで描いた線を保持します（図3）（**レッスン80-1**参照）。

● 図1

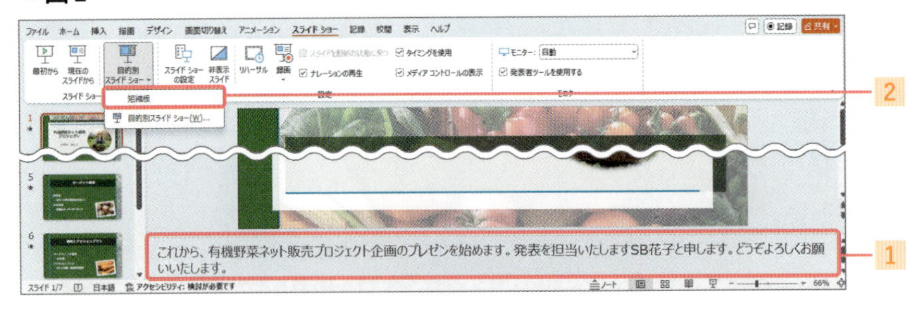

● 図2

● 図3

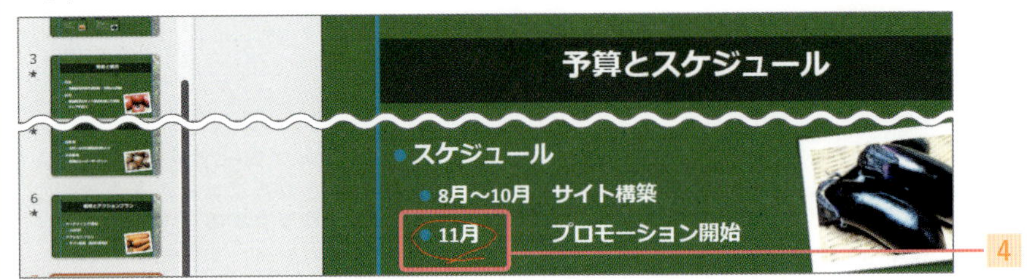

第13章

スライドを印刷／出力する

スライドは、用途によってさまざまな形で出力できます。紙に印刷するだけでなく、スライドをPDFファイルとして出力したり、スライドショーを動画ファイルとして出力したりできます。ここでは、いろいろな出力方法を紹介します。

印刷や出力が
必要なときに
読んでね

Section

81 スライドを印刷する

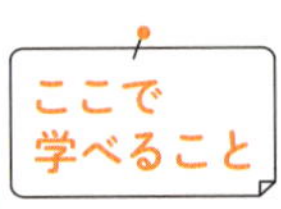

スライドを印刷するには、［印刷］画面で印刷対象や枚数などの印刷設定をして印刷します。ここでは、基本的な印刷の操作について確認しましょう。

レッスン　▶ 81-1　印刷イメージを確認し、印刷を実行する

まずは パッと見るだけ！

スライドの印刷

スライドを印刷するには、［印刷］画面を表示し、必要な設定を行い、印刷イメージを確認してから、印刷を実行します。

1	印刷	印刷部数の指定と印刷を実行する
2	プリンター	印刷するプリンターの選択と詳細設定の確認／変更をする
3	設定	印刷範囲や用紙のサイズ、用紙の向きなどを設定する
4	印刷プレビュー	印刷イメージを表示する

レッスン 81-1 印刷イメージを確認し、印刷を実行する

練習用ファイル 81-スライド印刷.pptx

操作 印刷イメージの確認と印刷の実行

スライドを印刷するには、[印刷] 画面で印刷プレビューを確認し、部数を指定して、[印刷] をクリックします。印刷する前に、プリンターを接続し用紙をセットしておきましょう。何も設定しないで印刷を実行すると、1ページに1スライド印刷される設定ですべてのスライドがカラーで印刷されます。

ショートカットキー

- [印刷] 画面を表示する
  Ctrl + P キー

Memo 印刷設定の内容

[印刷] 画面の [設定] では、以下のような設定項目が用意されています。❻の [ヘッダーとフッターの編集] 以外は、設定変更した内容は保存されません。そのため、印刷するたびに印刷ページや印刷レイアウトなど、必要な設定を行います。

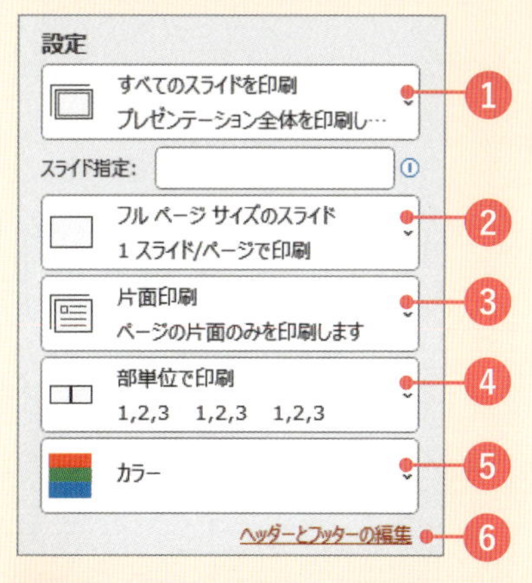

❶	印刷対象を設定（p.327 Memo）
❷	印刷レイアウトを設定（p.327、p.329）
❸	片面印刷／両面印刷を設定
❹	部単位印刷／ページ単位印刷の設定
❺	カラー／白黒印刷の設定
❻	ヘッダー／フッターの設定

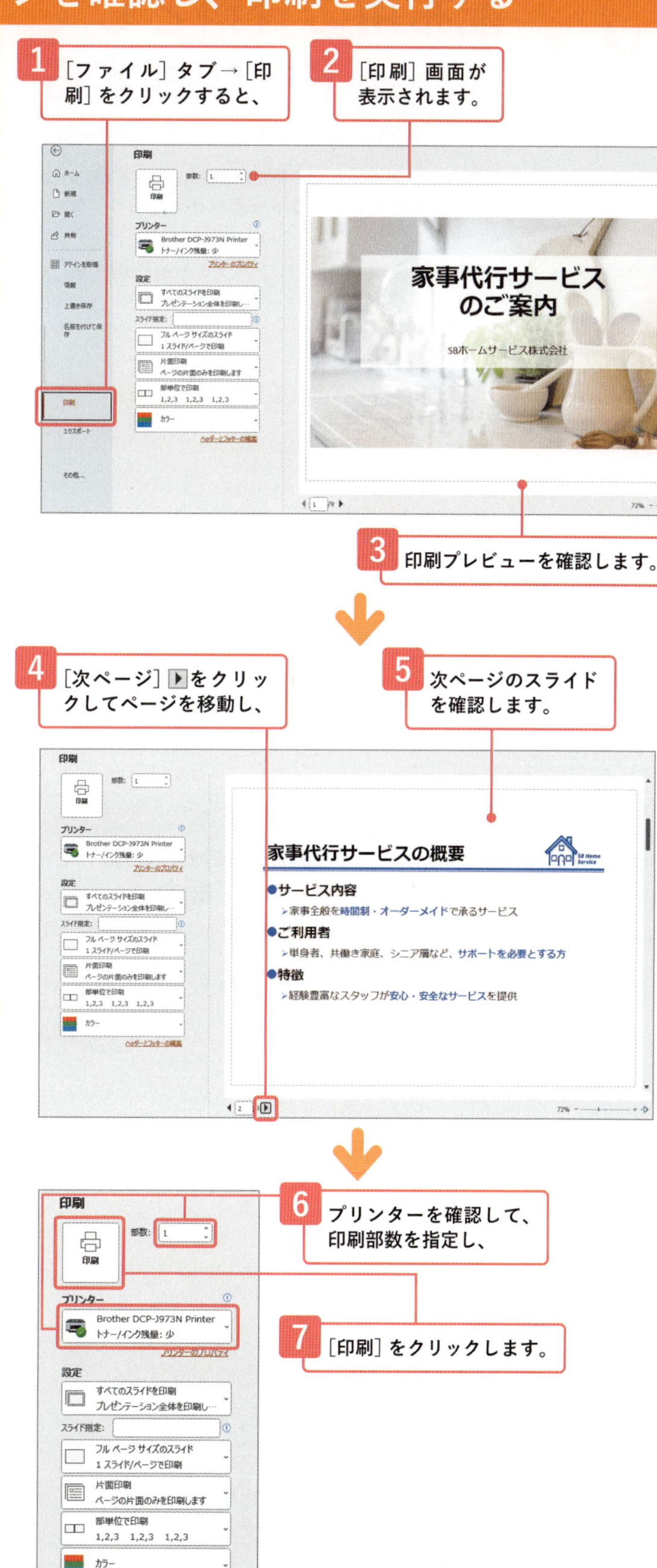

Section 82

配布用の資料として スライドを印刷する

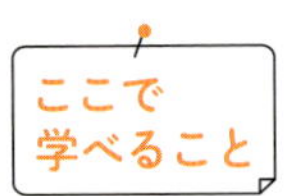

ここで学べること

印刷のレイアウトには、[配布資料] モードがあります。[配布資料] では、用紙1枚にスライドを複数配置したレイアウトが用意されており、配布資料として印刷するのに適しています。

レッスン

▶ 82-1 配布用資料としてスライドを印刷する

まずは パッと見るだけ！

配布資料の印刷

1枚に印刷したいスライドの数として [3スライド] を選択した場合は、スライドの右にメモ用の罫線が自動で印刷されるためスライドを配布資料として参加者に配るのに便利です。

Before 操作前

After 操作後

印刷レイアウトを [配布資料] にすると、1枚に複数のスライドを配置できる

メモの罫線

レッスン 82-1 配布用資料としてスライドを印刷する

練習用ファイル 82-配布用資料.pptx

操作 配布用資料として印刷する

印刷のレイアウトは、[印刷] 画面の [フルページサイズのスライド] から変更します。ここをクリックして、1枚に印刷したいスライドの数を選択します。

Point 配布資料

[配布資料] では、用紙1枚にスライドを1枚、2枚、3枚、4枚、6枚、9枚配置されているレイアウトが用意されています。

プレゼンテーション参加者に配布する資料として、1枚に3スライド配置した、メモ欄付きの配布資料を印刷してみましょう。

1 [ファイル] タブ→[印刷] をクリックして [印刷] 画面を表示しておきます。

2 [フルページサイズのスライド] → [配布資料] の中で種類（ここでは [3スライド]）をクリックすると、

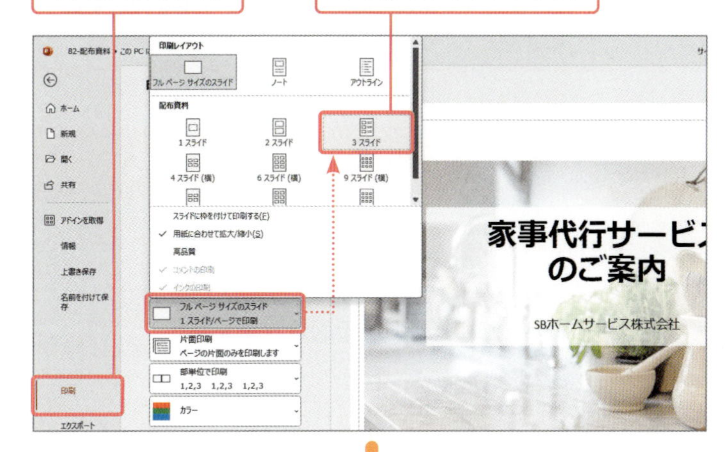

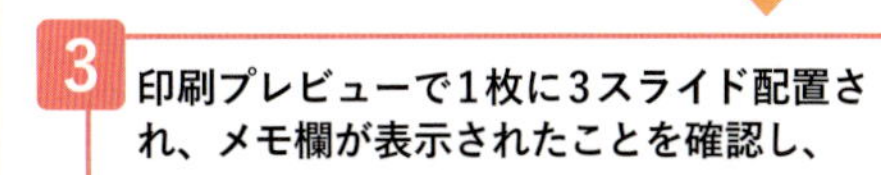

3 印刷プレビューで1枚に3スライド配置され、メモ欄が表示されたことを確認し、

4 [印刷] をクリックします。

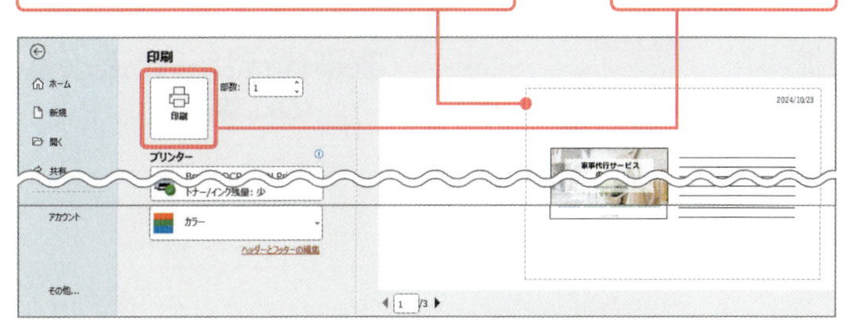

Memo 印刷するスライドを選択するには

初期設定では、プレゼンテーション内のすべてのスライドを印刷します。印刷するスライドを選択したい場合は、[設定] の [ユーザー設定の範囲] をクリックして印刷対象を指定します。

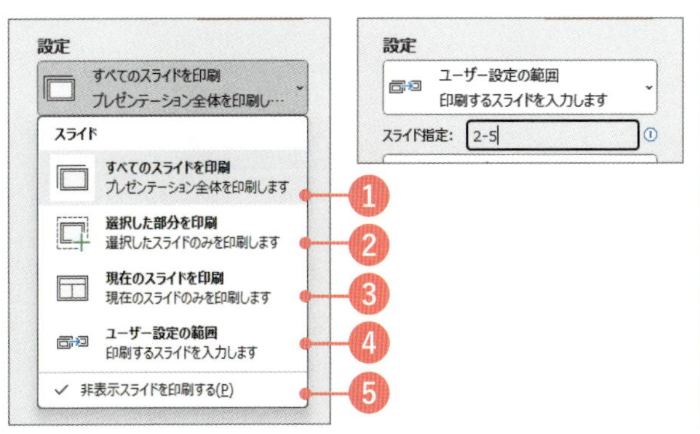

❶	初期値。すべてのスライドを印刷
❷	サムネイルウィンドウで選択しているスライドのみ印刷
❸	現在のスライドのみ印刷
❹	[スライド指定] ボックスで指定した特定のスライドのみ印刷。「2-5」はスライド番号2～5まで印刷。「2,5」はスライド番号2と5を印刷
❺	非表示のスライドの印刷を指定

Section

83 発表者の資料としてスライドを印刷する

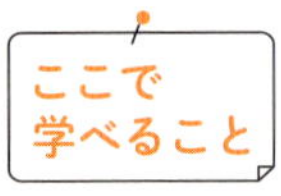

Section76で説明したように、ノートにはメモや台本を入力しておくことができます。各スライドで、どう説明するかの参考に印刷しておくと安心です。ノートの印刷方法を確認しましょう。

まずは パッと見るだけ！

ノートの印刷

ノートをスライドと一緒に印刷するには、印刷のレイアウトを［ノート］にします。表示形式が［ノート］の場合と同じ画面が印刷されます。

レッスン83-1 発表者の資料としてノートを印刷する

練習用ファイル 83-ノート印刷.pptx

Point ノートの印刷

印刷のレイアウトを［ノート］に設定し、スライドと一緒にノートを印刷してみましょう。なお、ノートの入力方法はレッスン76-1のp.305を参照してください。

Memo カラー印刷と白黒印刷

使用しているプリンターによっては、プリンター側でカラー印刷と白黒印刷を選択できるものがありますが、PowerPoint側でも選択できます。白黒印刷の場合は、［グレースケール］と［単純白黒］があります。［グレースケール］は、画像や写真を白から黒までを灰色の濃淡で印刷します。［単純白黒］は、白と黒の2色で印刷します。［設定］で［カラー］を選択すると❶、メニューが表示されるので一覧から選択します❷。

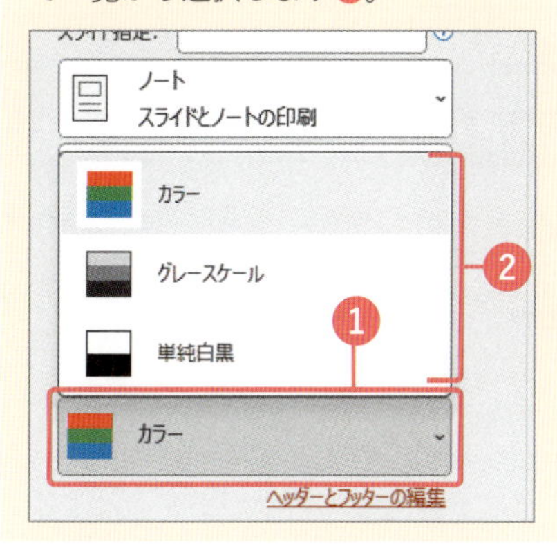

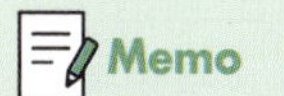

1 ［ファイル］タブ→［印刷］をクリックして［印刷］画面を表示しておきます。

2 ［フルページサイズのスライド］→［印刷レイアウト］の中で［ノート］をクリックすると、

3 印刷プレビューで上部にスライド、下部にノートが表示されることを確認します。

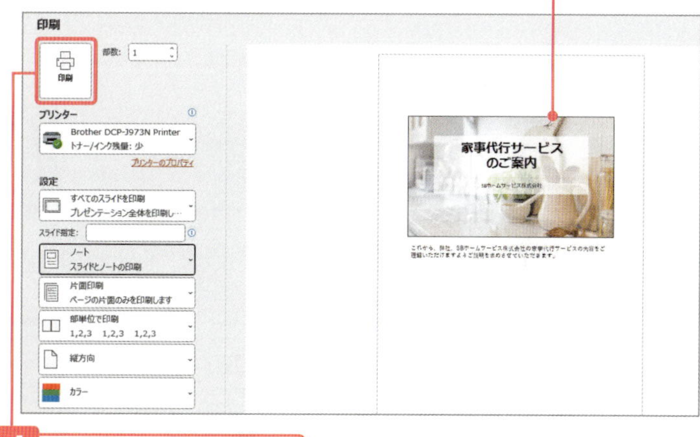

4 ［印刷］をクリックします。

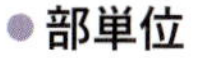

Memo 部単位とページ単位

複数のスライドを複数枚印刷する場合、［設定］で［部単位で印刷］を選択すると❶、メニューが表示されます。［部単位で印刷］を選択すると1部ずつ印刷され、［ページ単位で印刷］にするとページごとに印刷されます❷。

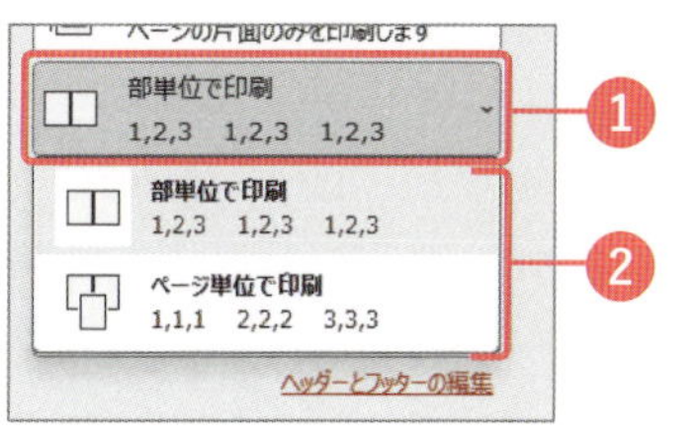

● 部単位

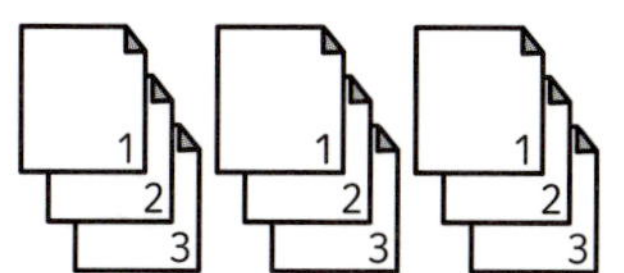

● ページ単位

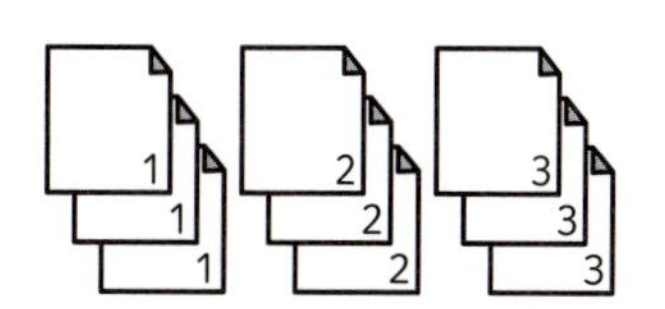

Section
84 ヘッダーやフッターに会社名やページ番号を表示して印刷する

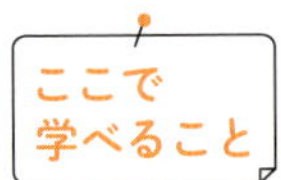

印刷レイアウトの上下にはヘッダー、フッターというスペースがあり、任意のテキストを印刷できます。ここでは、ヘッダーとフッターの設定方法について確認しましょう。

- 84-1 ［ヘッダーとフッター］ダイアログで設定する
- 84-2 配布資料マスターで設定する

まずは パッと見るだけ！

配布資料のヘッダー／フッターの設定

配布資料に会社名やページ番号を表示したい場合、ヘッダーやフッターを使います。初期設定では、自動で日付などが表示されますが、自分で設定を変更することができます。

Before
操作前

After
操作後

●［ヘッダーとフッター］ダイアログの［ノートと配布資料］タブ

［ノートと配布資料］タブでは、配布資料のヘッダーやフッターに文字や日付、ページ番号などを印刷する設定が簡単に行えます。

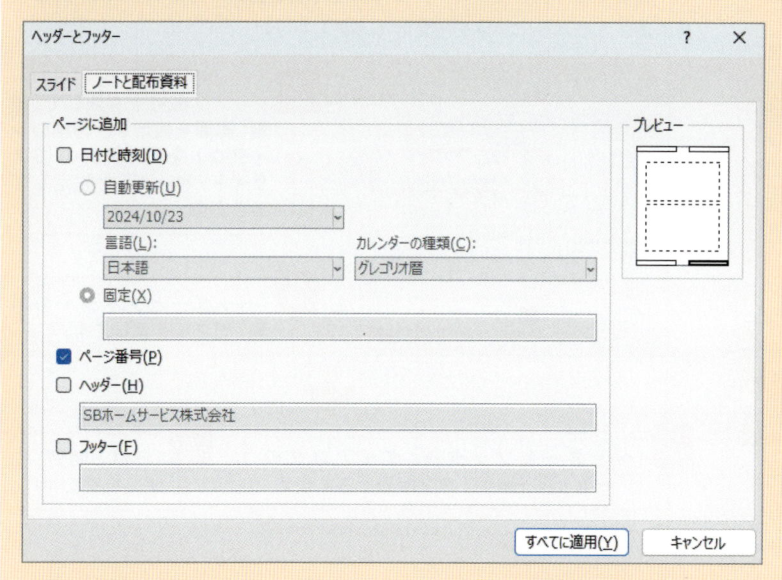

●［配布資料マスター］

ヘッダーやフッターの位置を調整したり、書式を変更したりしたい場合は、［配布資料マスター］を表示して編集します。

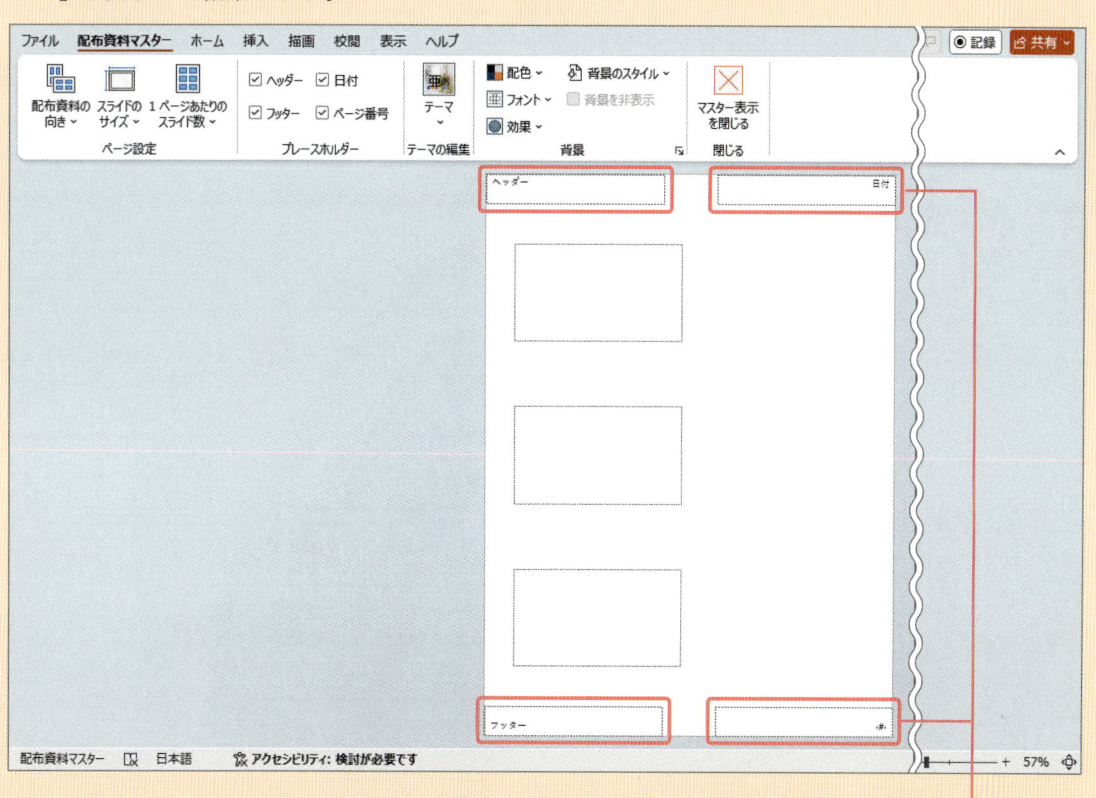

レッスン 84-1 ［ヘッダーとフッター］ダイアログで設定する

練習用ファイル 84-1-ヘッダーフッター.pptx

操作 ［ヘッダーとフッター］ダイアログで設定する

［印刷］画面から［ヘッダーとフッター］ダイアログを表示するには、［ヘッダーとフッターの編集］をクリックします。

Memo ［挿入］タブから表示する

［挿入］タブの［ヘッダーとフッター］をクリックしても［ヘッダーとフッター］ダイアログを表示することができます。

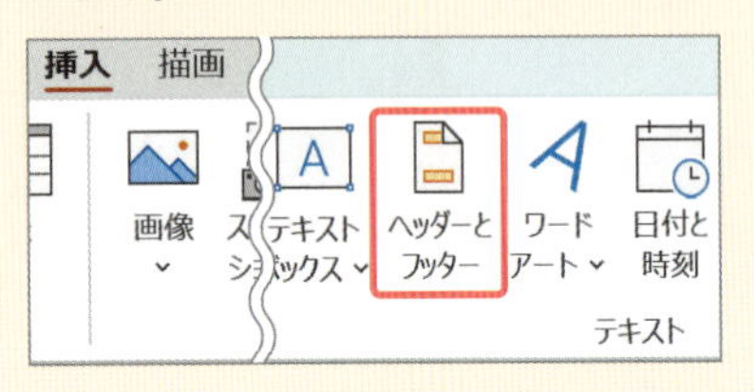

ここでは、配布資料のヘッダーに会社名と固定の日付「2030/3/1」が表示されるように設定を変更してみましょう。

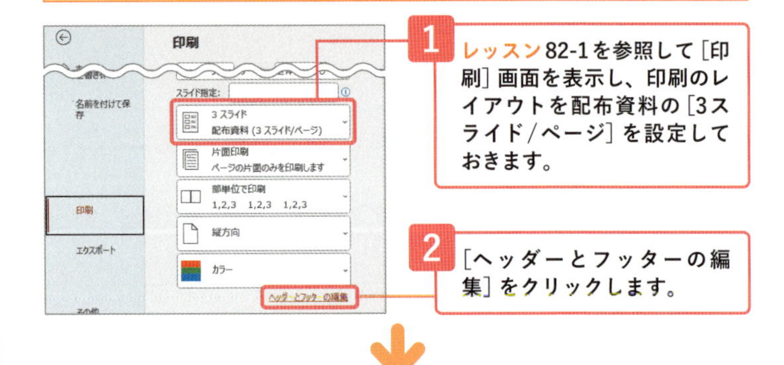

1 レッスン82-1を参照して［印刷］画面を表示し、印刷のレイアウトを配布資料の［3スライド/ページ］を設定しておきます。

2 ［ヘッダーとフッターの編集］をクリックします。

3 ［ヘッダーとフッター］ダイアログの［ノートと配布資料］タブが表示されます。

4 ［日付と時刻］にチェックを付け、

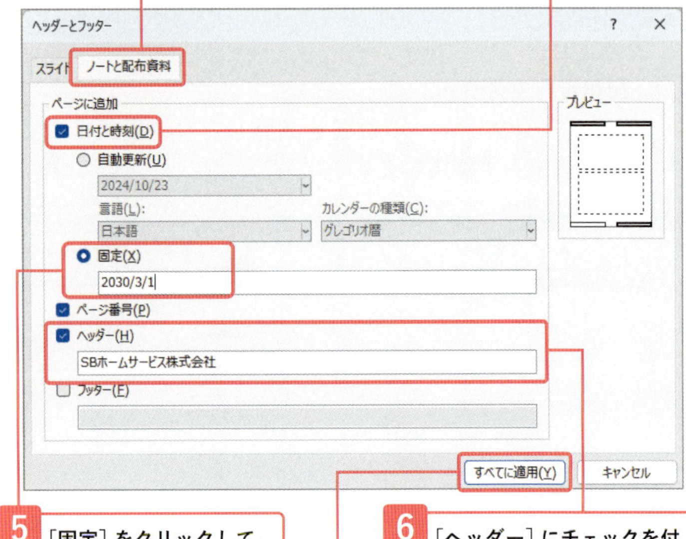

5 ［固定］をクリックして、ボックスに「2030/3/1」と入力します。

6 ［ヘッダー］にチェックを付け、「SBホームサービス株式会社」と入力したら、

7 ［すべてに適用］をクリックすると、

8 印刷プレビューでヘッダーの左に会社名、右に指定した日付が表示されたことを確認します。

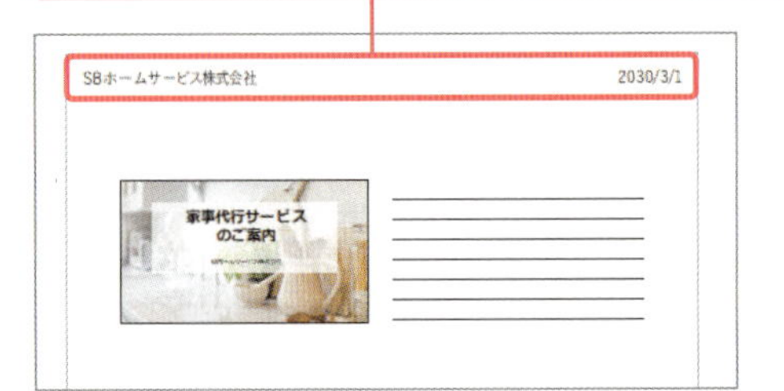

レッスン 84-2 配布資料マスターで設定する

練習用ファイル 84-2-ヘッダーフッター.pptx

Point 配布資料マスター

配布資料マスターは、配布資料を印刷する場合のデザイン画面です。ヘッダーやフッターの設定だけでなく、ページの向きやスライドの配置などさまざまな編集ができます。
ここでは配布資料マスターで、フッターのページ番号を「1ページ」の形式にして表示します。

Memo 「<#>」の意味

「<#>」はページ番号を表示するコードです。印刷時に自動的にページ番号が振られます。もし、このコードを削除してしまった場合は、[配布マスター]タブの[ページ番号]のチェックをいったん外してページ番号のプレースホルダーをいったん削除したのち、再度チェックを付けて、再表示してください。

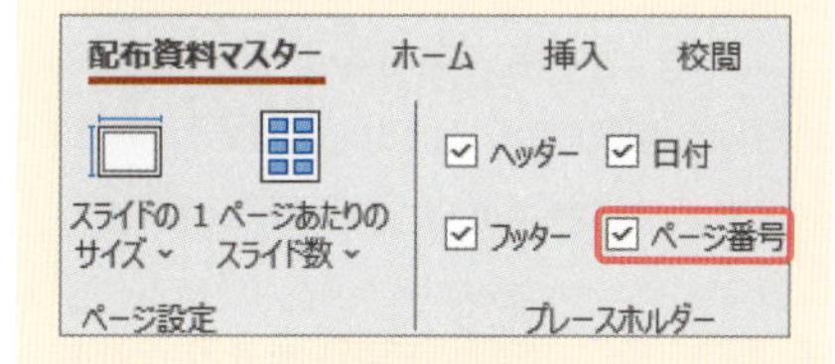

コラム ヘッダーやフッターの書式を変更する

ヘッダーやフッターに表示する文字サイズを変更したり、フォントを変更したりするには、変更したいヘッダーまたはフッターのプレースホルダーの外枠をクリックして選択し、[ホーム]タブの[フォント]グループにあるボタンを使って書式を変更してください。

ここでは、配布資料(3スライド/ページ)の印刷のレイアウトで設定します。レッスン82-1を参照し、印刷のレイアウトを配布資料の[3スライド/ページ]に変更しておいてください。

1 [表示]タブ→[配布資料マスター]をクリックします。

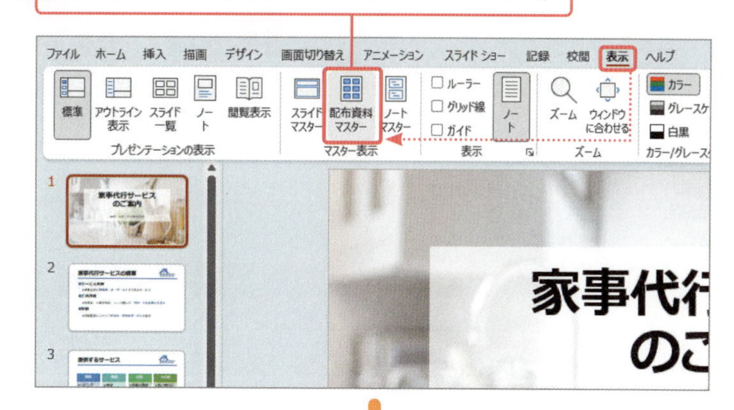

2 配布資料マスターが表示されたら、現在の設定内容を確認します。

3 画面右下のページ番号のプレースホルダーを確認します。

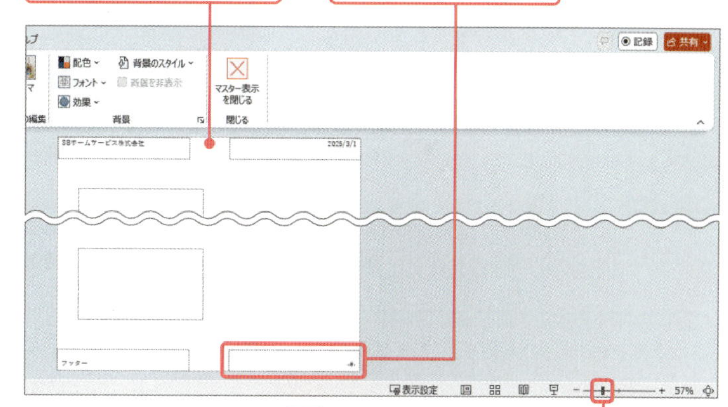

4 100%程度に拡大されるまでズームスライダーを右方向にドラッグします。

5 ページ番号のプレースホルダー内の記号「<#>」の後ろでクリックしてカーソルを表示し、「ページ」と入力します。

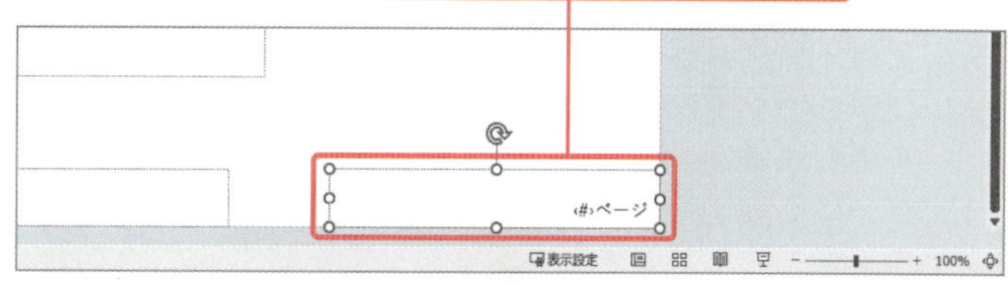

6 ［配布資料マスター］タブの［マスター表示を閉じる］をクリックします。

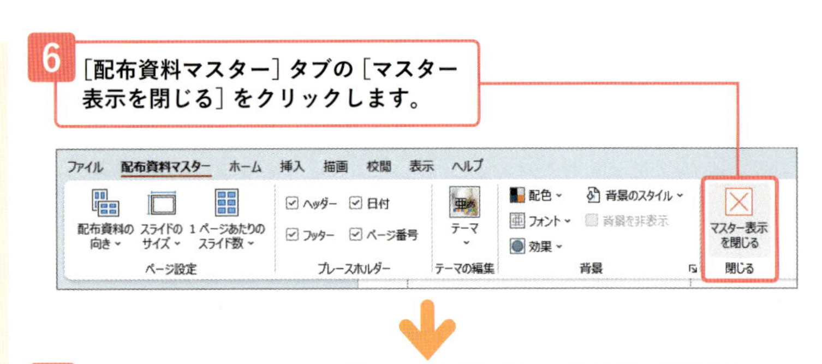

7 ［ファイル］タブ→［印刷］をクリックして［印刷］画面を表示し、

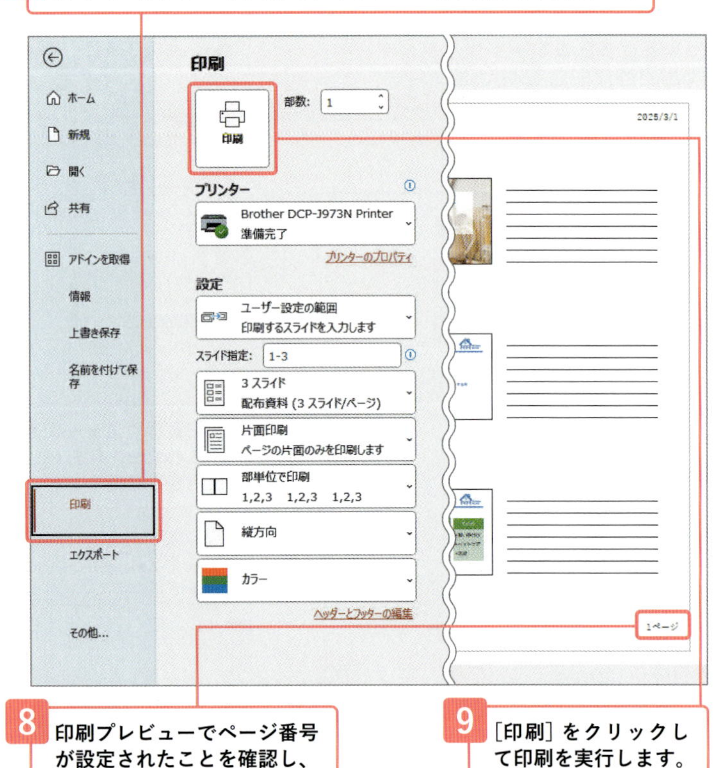

8 印刷プレビューでページ番号が設定されたことを確認し、

9 ［印刷］をクリックして印刷を実行します。

Point 印刷プレビューでページ番号が見えない場合

ページ番号の設定をした後、印刷プレビューにページ番号が表示されない場合は、印刷を実行してページ番号が印刷されることを確認してください。その後、印刷プレビューにページ番号が表示されます。

Memo ヘッダー／フッターのプレースホルダー

初期設定では、用紙の上部左右にヘッダー、下部左右にフッターのプレースホルダーが配置されています。ヘッダー、フッターともに左側にあるプレースホルダーでは、任意の文字が指定できます。ヘッダーの右側のプレースホルダーには日付が表示され、フッターの右側のプレースホルダーにはページ番号が表示されます。このプレースホルダーは、［配布資料マスター］タブの［プレースホルダー］グループのチェックボックスのオン／オフで表示／非表示を切り替えます。例えば、日付を印刷したくない場合は、［日付］のチェックを外します。［ヘッダー］［フッター］のプレースホルダーに直接文字を入力することもできます。また、このプレースホルダーをドラッグして移動することで印刷位置を調整したりできます。

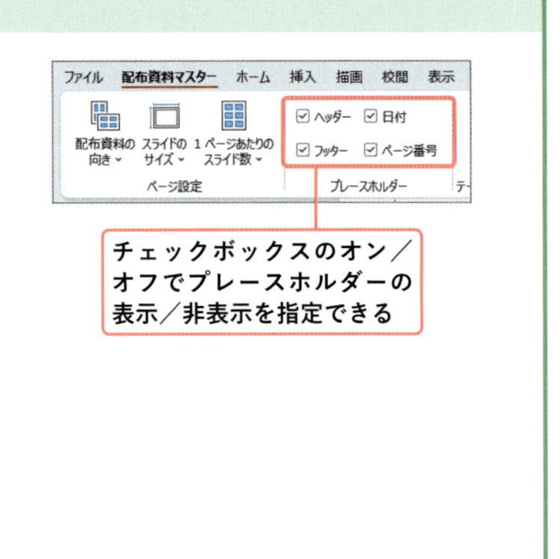

チェックボックスのオン／オフでプレースホルダーの表示／非表示を指定できる

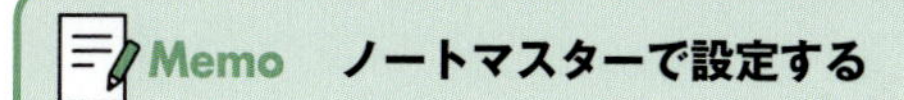

Memo　ノートマスターで設定する

［表示］タブの［ノートマスター］をクリックすると、**Section83**で紹介した［ノート］の場合のデザイン画面が表示されます。配布資料マスターと同様の操作で設定を行うことができます。

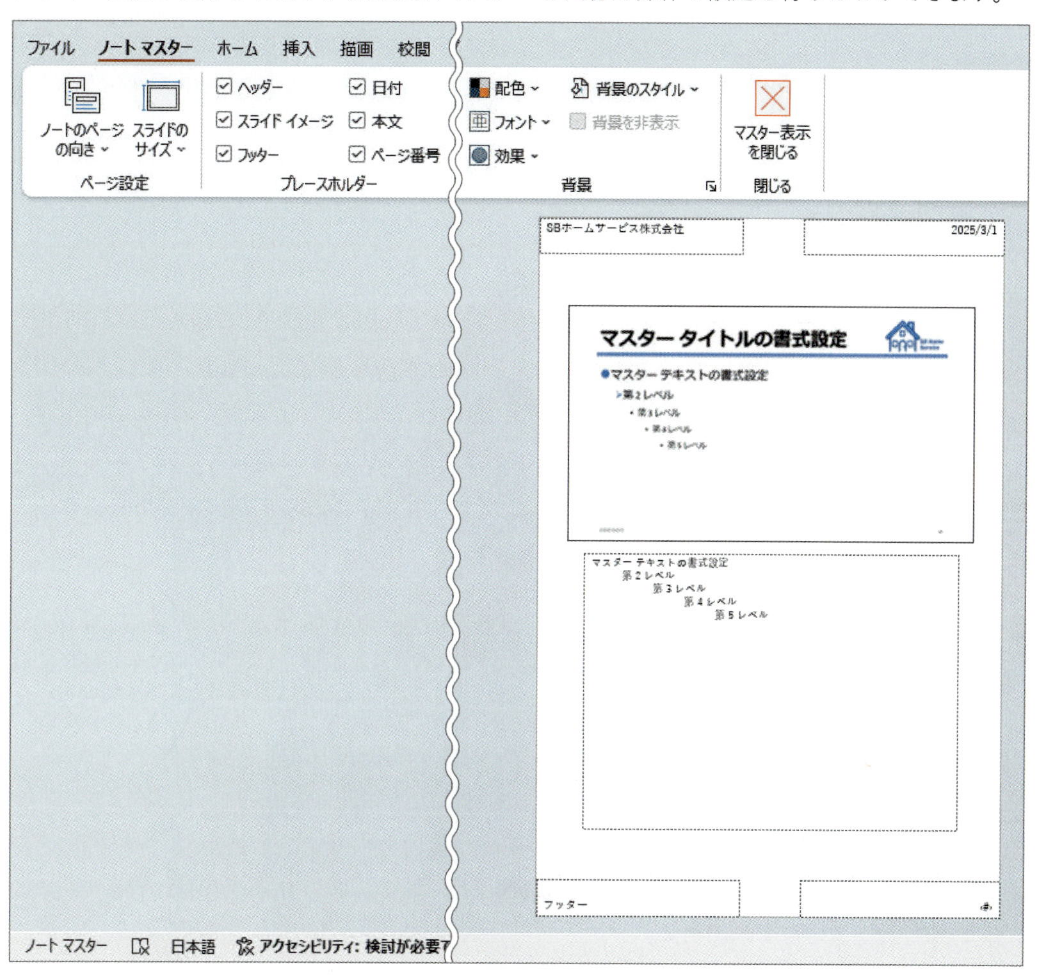

Section
85 プレゼンテーションをPDF形式で保存する

作成したプレゼンテーションをPDF形式で保存すると、パソコンにPowerPointがインストールされていなくても、スライドの内容を表示／印刷することができます。

レッスン ▶85-1 PDF形式で保存する

まずは パッと見るだけ！

PDF形式で保存する

プレゼンテーションを**PDF形式**で保存すると、Microsoft Edgeなどのブラウザーで表示できるようになります。そのため、PowerPointがない環境でもファイルの表示や印刷ができます。

レッスン 85-1 PDF形式で保存する

練習用ファイル 85-PDF出力.pptx

操作 PDF形式で保存する

PDF形式で保存するには、[ファイル] タブの [エクスポート] で [PDF/XPSドキュメントの作成] をクリックします。

Memo PDFファイル

PDFファイルとは、さまざまな環境のパソコンで同じように表示／印刷できる電子文書の形式です。紙に印刷したときと同じイメージで保存されます。

Memo エクスポート

エクスポートとは、データを別のファイル形式で保存することです。

上級テクニック 出力方法を指定する

手順4の [PDFまたはXPS形式で発行] ダイアログで [オプション] をクリックすると、[オプション] ダイアログが表示され、プレゼンテーションの出力方法を指定することができます。[範囲] では、すべてのスライドを出力するのか、部分的に出力するのかなど、出力するスライドの範囲を指定することができます❶。[発行オプション] では、スライドを出力するのか、配布資料の形式で出力するのか、1ページあたりのスライドの数といった指定ができます❷。

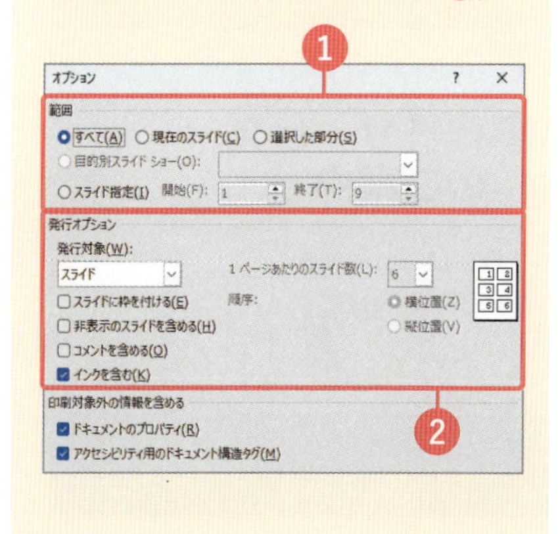

6 ファイル名（ここでは「家事代行サービス」）を入力して、

7 [発行] をクリックすると、

8 ブラウザーが起動し、出力したPDFファイルが開きます。

Section

86 スライドショーの内容を動画にする

作成したプレゼンテーションは、動画として書き出すことができます。スマートフォンやiPadなどでPowerPointがなくてもスライドショーと同じ内容を再現することができます。

レッスン

▶86-1　スライドショーの内容を動画ファイルに出力する

まずは パッと見るだけ！

動画ファイルの出力

11章で説明した画面の切り替えやアニメーション、12章で説明したリハーサルやナレーションといった動きや音声、表示時間を含むスライドショーの内容を動画ファイルで出力できます。

Before 操作前

After 操作後

保存した画面切り替えやナレーションを使って、スライドショーを動画で再生できる

レッスン 86-1 スライドショーの内容を動画ファイルに出力する

練習用ファイル 86-動画出力.pptx

操作 動画を作成する

スライドショーの内容を動画に保存するには、[ファイル] タブの [エクスポート] で [ビデオの作成] をクリックします。動画ファイルを作成する場合、画質の選択とタイミングとナレーションを保持するかどうかの選択ができます。

Point 完了のメッセージが表示される

動画ファイルとして正常にエクスポートが完了すると、以下のようなメッセージが表示されます。

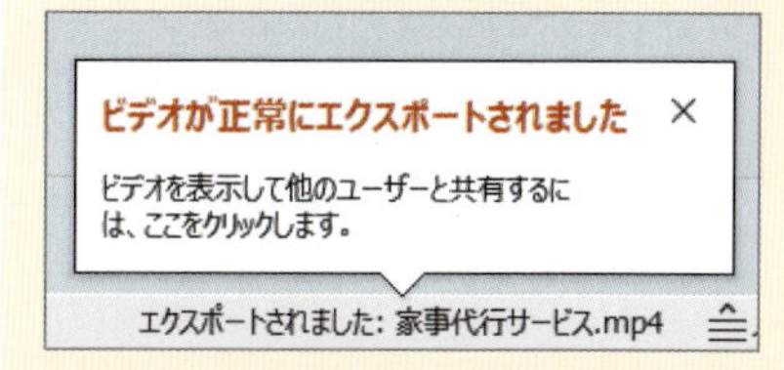

ここでは、画質を [フルHD]、プレゼンテーションで設定した画面切り替えのタイミングを保持してビデオを作成してみましょう。

動画を作成する

1 [ファイル] タブ→[エクスポート] をクリックし、

2 [ビデオの作成] をクリックします。

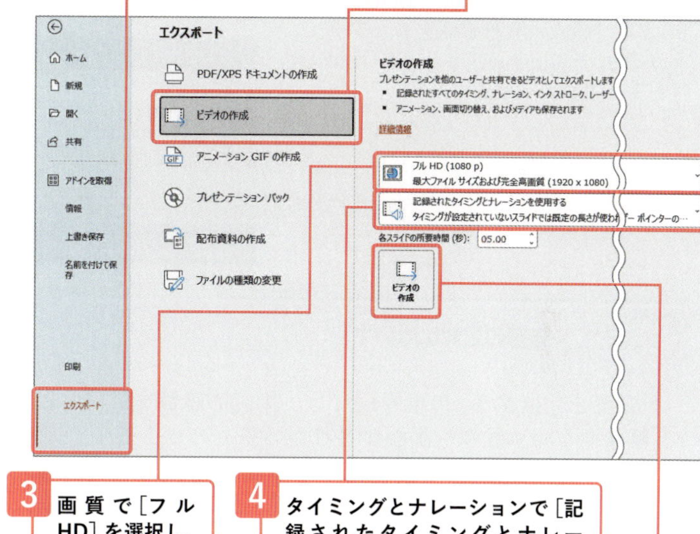

3 画質で [フルHD] を選択し、

4 タイミングとナレーションで [記録されたタイミングとナレーションを使用する] を選択して、

5 [ビデオの作成] をクリックします。

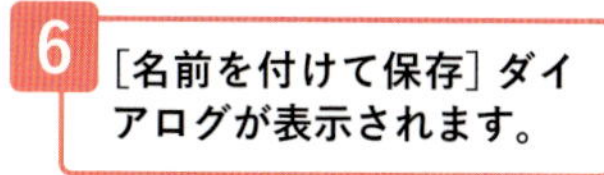

6 [名前を付けて保存] ダイアログが表示されます。

7 保存場所を選択し、

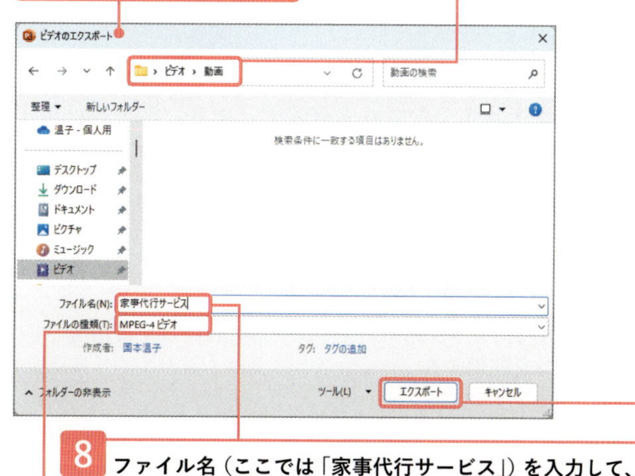

8 ファイル名（ここでは「家事代行サービス」）を入力して、

9 ファイルの種類（ここでは [MPEG-4 ビデオ]）を選択したら、

10 [エクスポート] をクリックします。

Memo 動画のファイル形式はmp4がおすすめ

動画のファイル形式は、[MPEG-4ビデオ(*.mp4)]と[Windows Media ビデオ(*.wmv)]から選択できます。MPEG-4ビデオは、一般的な動画や音声データを保存するファイル形式で、動画や音声データを効率的に圧縮し、高画質を保ちながらファイルサイズを小さくできるという特徴があります。一方、Windows Mediaビデオは、Microsoft社が開発したファイル形式でWindowsOSと高い互換性をもちます。

動画を確認する

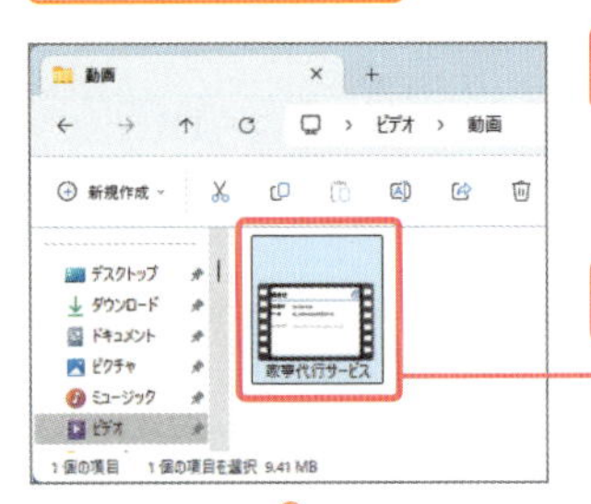

1 エクスプローラーで保存先のフォルダを開き、ファイルを確認します。

2 作成されたファイルをダブルクリックすると、

3 動画再生アプリ(ここでは[メディアプレーヤー])が起動し、動画が再生され、スライドショーが実行されます。

コラム 動画の画質について

「動画を作成する」の手順3では、動画の画質を選択します。選択肢は以下の4種類あります。解像度とは、画像や画面がどれだけ多くのピクセル(小さな点)で構成されているかを示す指標です。ピクセルが多いほど、解像度も高くなり、画像はより詳細で鮮明になります。そのため、解像度が高いほどファイルサイズが大きくなります。

Ultra HD (4K)	解像度が3840 × 2160の4K画質。ファイルサイズが最大となる
フルHD画質 (1080p)	解像度が1920 × 1080の高画質
HD (720p)	解像度が1280 × 720の中程度の画質
標準 (480p)	解像度が852 × 480の低画質。ファイルサイズが最小となる

コラム タイミングとナレーションの保存

「動画を作成する」の手順4では、スライドに記録されている画面切り替えのタイミングやナレーションを含めるかどうかを選択します。選択肢は以下の4種類あります。

選択肢	説明
記録されたタイミングとナレーションを使用しない	すべてのスライドは[各スライドの所要時間](p.339の[ビデオの作成]の設定画面)で指定した秒数で自動で切り替わる。ナレーションは動画から削除される
記録されたタイミングとナレーションを使用する	画面の切り替えのタイミングで表示時間が設定されているスライド(p.310のMemo)はその時間で切り替わる。タイミングが設定されていないスライドは[各スライドの所要時間]で設定されている秒数で切り替わる。ナレーションは動画に含まれる
ビデオの録画	p.307のコラムで説明した録画画面が表示され、ナレーションと画面切り替えのタイミングを記録し、それを動画として保存できる
タイミングとナレーションのプレビュー	出力見本をプレビューで確認する

練習問題　印刷、出力する練習をしよう

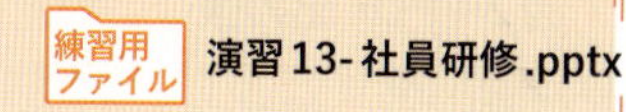

演習13-社員研修.pptx

以下の手順でプレゼンテーションを印刷設定し、PDFファイルに出力してください。

1 印刷レイアウトを［配布資料］にし、1枚に2スライド印刷される設定にする（図1）（**レッスン82-1**参照）。

2 ヘッダーの左側に会社名「SBファブリック株式会社」、フッターの右下に「1/3」のように印刷されるように設定し、日付は印刷されないようにする（図1）（**レッスン84-2**、**84-2 Memo**参照）。

ヒント：設定変更は［配布資料マスター］を表示／入力して行ってください。「/3」は総ページ数を表しています。印刷プレビューで総ページ数（ここでは3ページ）を確認したのちフッターで編集します。

3 設定を「配布資料」、1枚のスライド数を「2」にしてPDF形式で「社員研修」と名前を付けて出力する（図2）（**レッスン85-1**参照）。

ヒント：出力の指定は、［PDFまたはXPS形式で発行］ダイアログの［オプション］ボタンをクリックして［オプション］ダイアログで指定します（図3）（**レッスン85-1 上級テクニック**参照）。

▼図1：印刷設定後の印刷プレビュー

1

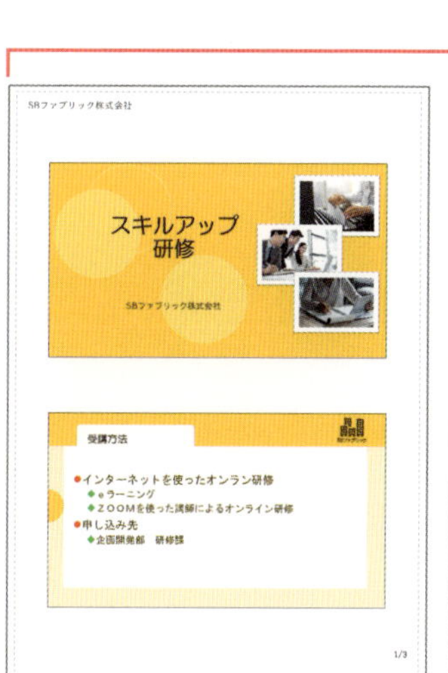

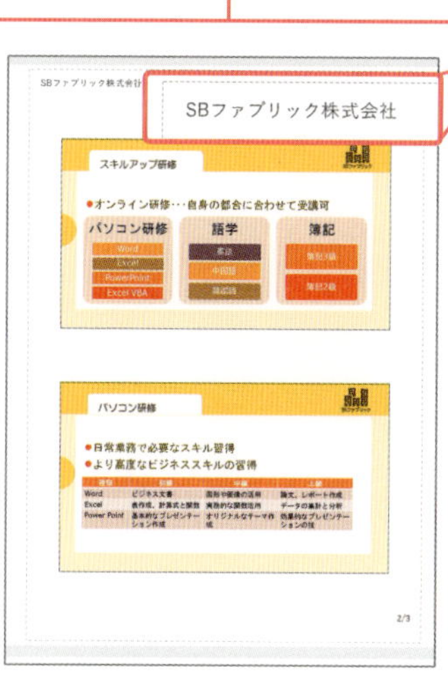

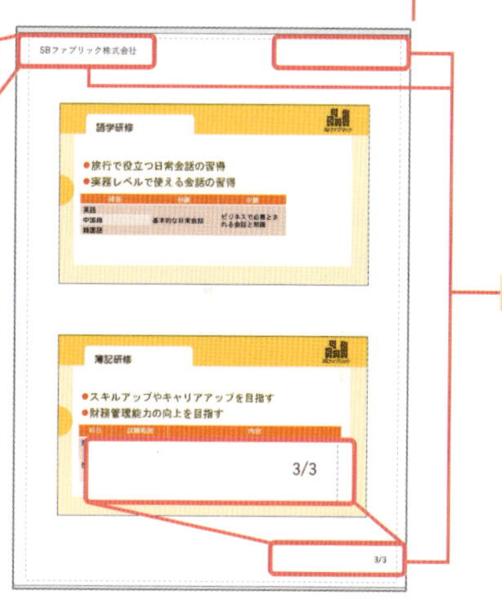

2

▼図2：PDF出力後

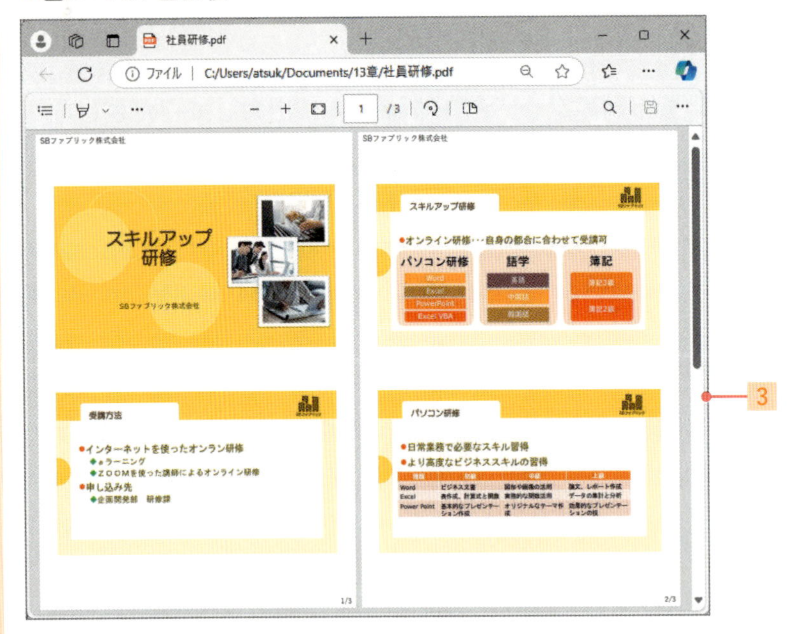

▼図3：PDFの出力方法指定

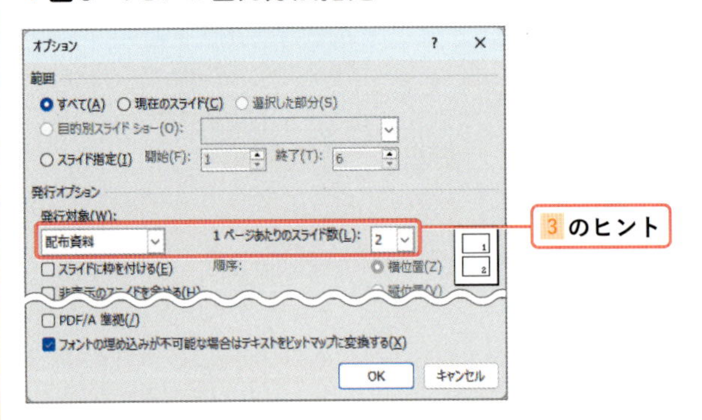

ゲーム感覚でタイピングを極めてみる

できるだけ早くスキルアップしたい人は、指にキーの配列を覚えさせて、キーを見なくても入力できるようにする「タッチタイプ」の練習がおすすめです。Webで「タイピングゲーム」と検索すると無料のゲームもたくさん表示されるので、息抜きに試してみてください。キーボードを見ずに、画面を見ながら文字が入力できるようになると、仕事の効率が上がります。

Point 繰り返すと指が勝手に動くようになる

第14章

共同作業に便利な機能

プレゼンテーションをインターネット上に保存し、共有の設定をすると、他のユーザーと共同して編集することができます。ここでは、プレゼンテーションをOneDriveに保存し、共有したプレゼンテーションを他のユーザーと編集する方法を紹介します。

Section
87 OneDriveを利用する

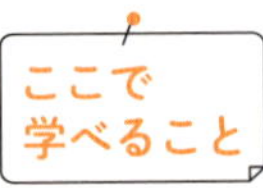

OneDriveとは、Microsoft社が提供するオンラインストレージサービスです。Microsoftアカウントを持っていると、インターネット上に自分専用のOneDriveが提供され、データを保存できます。

- 87-1 プレゼンテーションをOneDriveに保存する
- 87-2 プレゼンテーションを共有する

まずは パッと見るだけ！

OneDriveへの保存／プレゼンテーションの共有

プレゼンテーションをOneDriveに保存すると、別のパソコンからプレゼンテーションを開くことができます。プレゼンテーションを共有すると、他のユーザーが閲覧／編集できます。

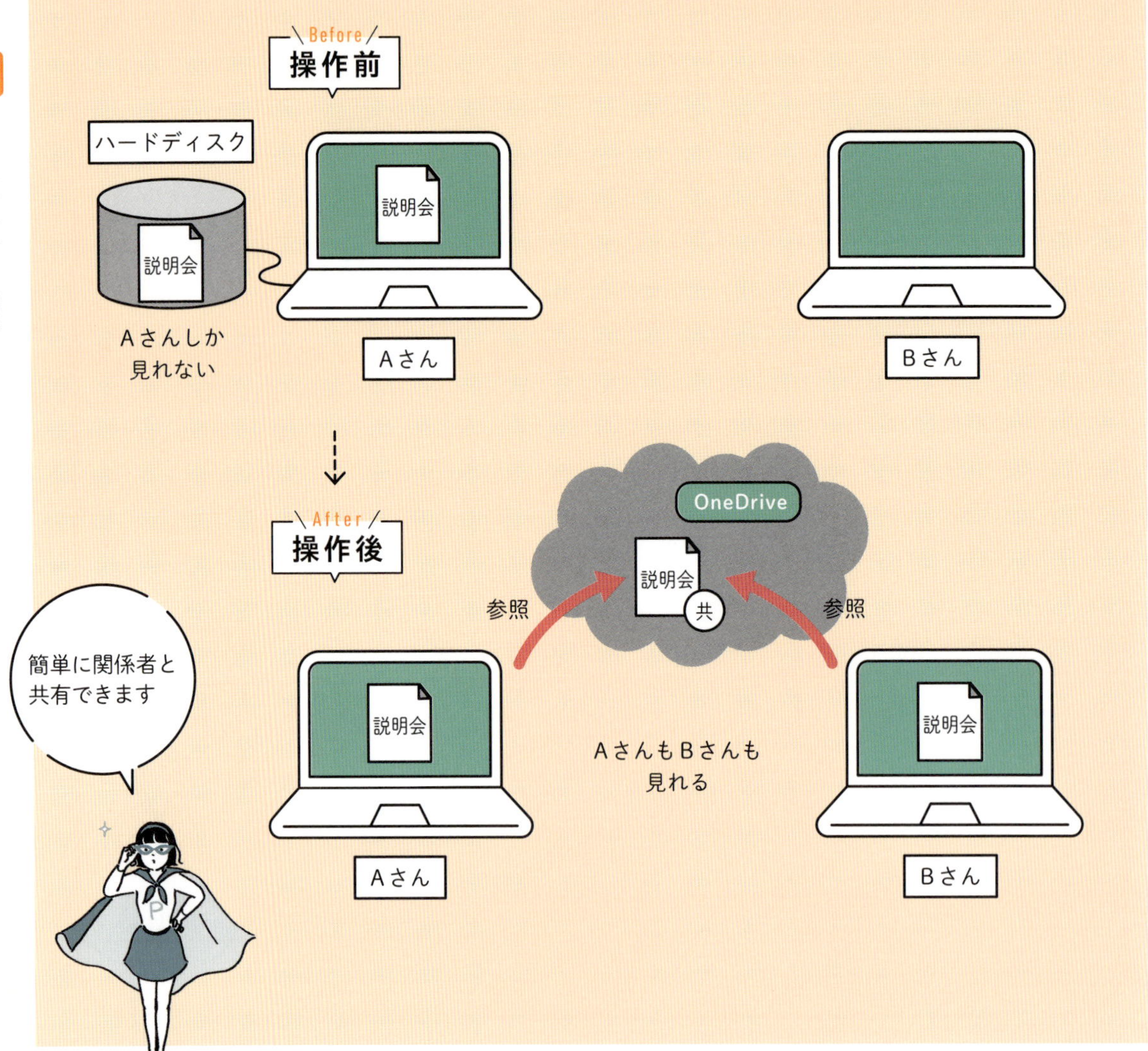

レッスン 87-1 プレゼンテーションをOneDriveに保存する

練習用ファイル 87-家事代行.pptx

操作 OneDriveに保存する

Microsoftアカウントでサインインしていれば、自分のパソコンに保存するのと同じ感覚でOneDriveにプレゼンテーションを保存できます。OneDriveにプレゼンテーションを保存すると、自動保存機能によってプレゼンテーションに変更があると自動的に保存されるようになり、保存し忘れることがなくなります。

Point Microsoftアカウントでサインインする

タイトルバーの右端にある［サインイン］をクリックし❶、表示される画面でMicrosoftアカウントを入力して❷、［次へ］をクリックします❸。サインインが完了するとアイコンがタイトルバーに表示されます。まだMicrosoftアカウントを作成していない場合は、「アカウントを作成しましょう」から作成できます。

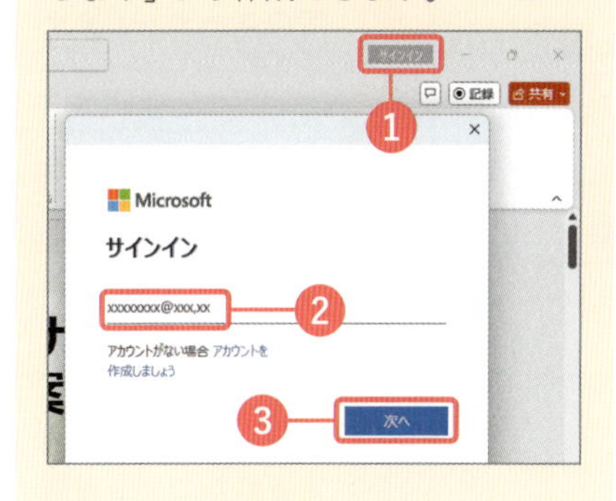

Memo ［自動保存］の設定

プレゼンテーションの［自動保存］のオンとオフの設定は、プレゼンテーションごとに保存されます。次にプレゼンテーションを開いたときは、前回と同じ設定で開きます。

ここでは、自分のOneDriveにプレゼンテーションを保存します。

1 Microsoftアカウントでサインインしておきます。

2 ［ファイル］タブ→［名前を付けて保存］をクリックし、

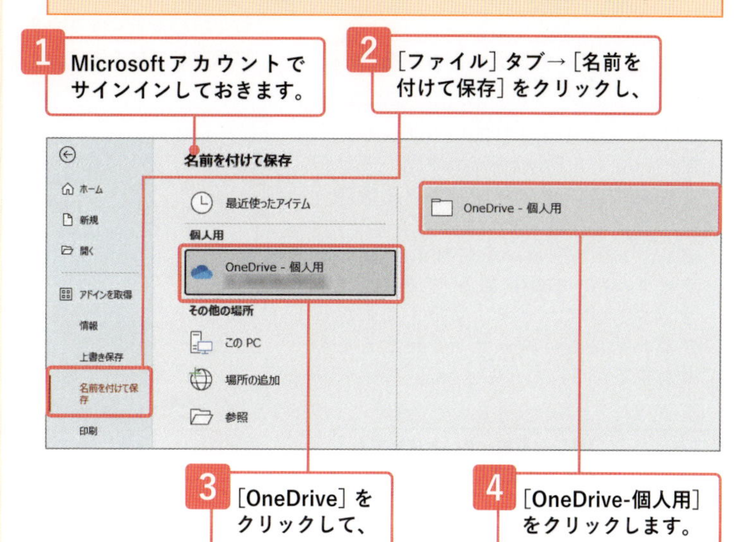

3 ［OneDrive］をクリックして、

4 ［OneDrive-個人用］をクリックします。

5 ［名前を付けて保存］ダイアログが表示されます。

6 保存先となるOneDriveのフォルダ（ここでは「ドキュメント」）を選択し、

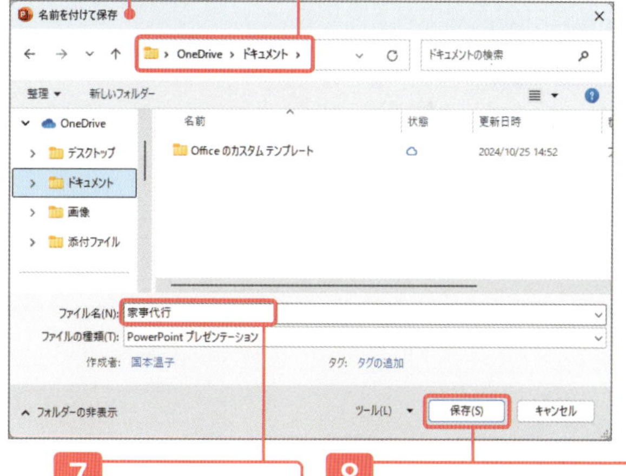

7 ファイル名（ここでは「家事代行」）を入力して、

8 ［保存］をクリックすると、指定したOneDriveのフォルダに保存されます。

9 プレゼンテーションが保存され、編集画面に戻ると［自動保存］が［オン］になります。

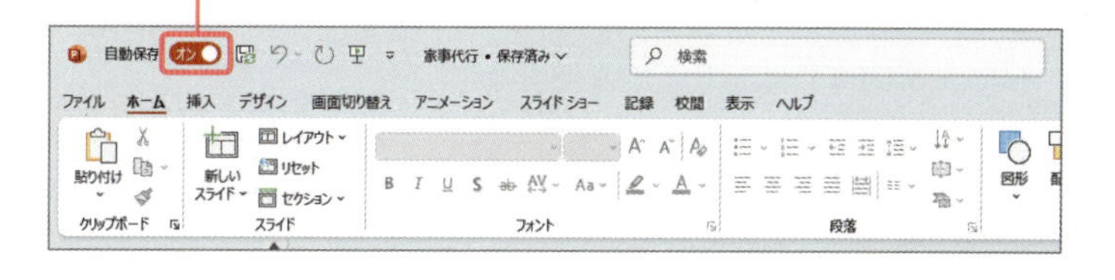

レッスン 87-2 プレゼンテーションを共有する

練習用ファイル 87-家事代行.pptx

操作 プレゼンテーションを共有する

OneDriveに保存されているプレゼンテーションをPowerPointで開いている場合、プレゼンテーションを他のユーザーと共有することができます。プレゼンテーションを共有するには、タイトルバー右端にある［共有］をクリックします。セキュリティを強化するためにも、ユーザーを特定して共有するようにしましょう。

Memo ［リンクを知っていれば誰でも編集できます］の場合の注意

ファイルを共有する場合の既定は［リンクを知っていれば誰で編集できます］になっています。この場合、メールを受け取ったユーザー以外でもリンクを知っていれば編集できてしまいます。共有ファイルを開くと、開いているユーザーが一覧で表示され、編集しているスライドにユーザー名が表示されます。Microsoftアカウントでサインインしていれば、ユーザー名がわかりますが、サインインしていない場合「coffeetree(Guest)」(下図参照)のような自動で作成された名前が表示されます。誰が開いているかわからないため、Microsoftアカウントでサインインして開くようにしてください。セキュリティを考えると、手順のように特定のユーザーにのみ共有するように設定することをお勧めします。

Memo OneDriveの利用可能容量

1つのMicrosoftアカウントにつき、無料で5GBまで使用できます。Microsoft365では1TBまで使用できるようになります。詳しくはMicrosoftのWebページで確認してください。

ここでは、レッスン87-1で保存したOneDrive上にある［家事代行.pptx］を使います。また、共有するファイルはあらかじめOneDriveに保存しておきます。

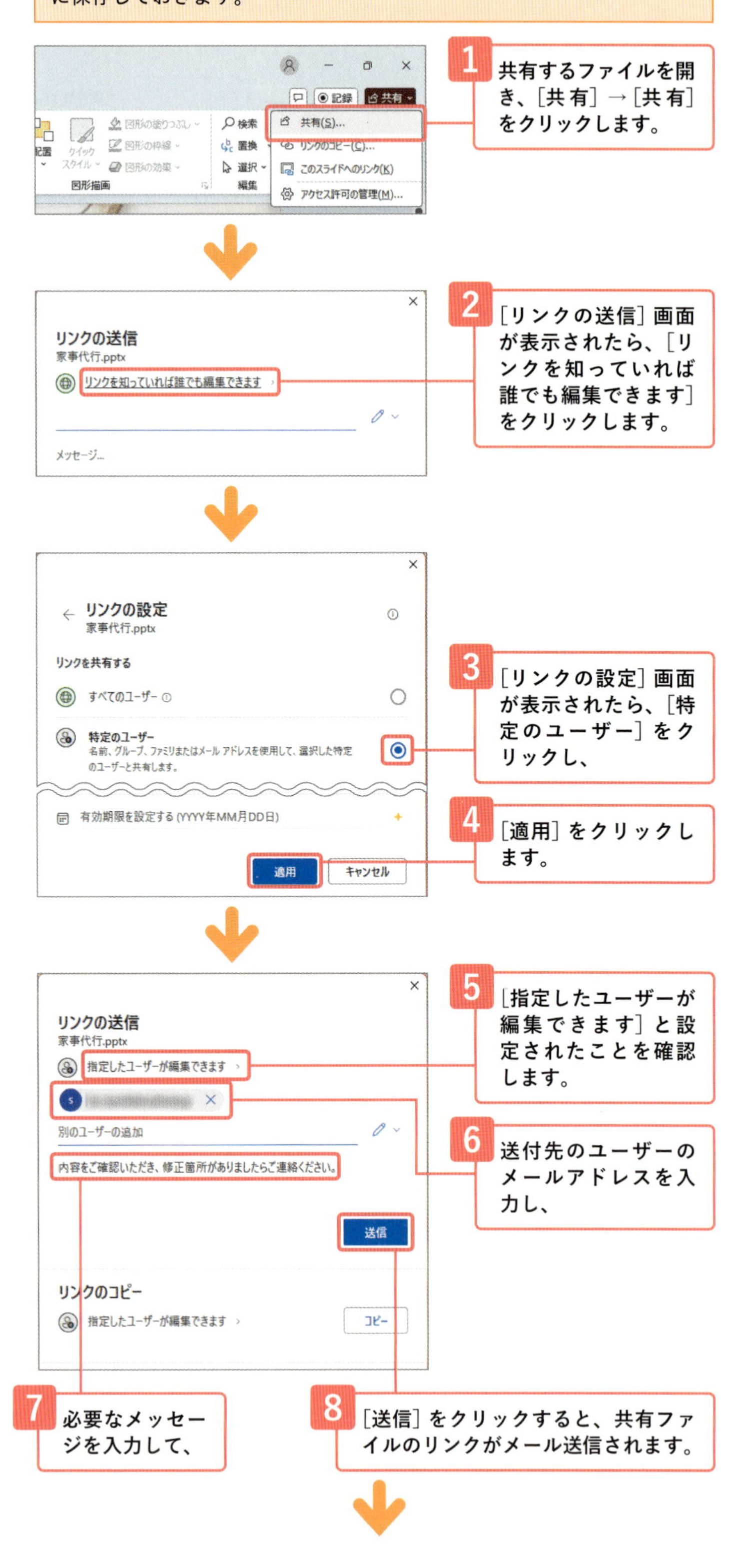

1 共有するファイルを開き、［共有］→［共有］をクリックします。

2 ［リンクの送信］画面が表示されたら、［リンクを知っていれば誰でも編集できます］をクリックします。

3 ［リンクの設定］画面が表示されたら、［特定のユーザー］をクリックし、

4 ［適用］をクリックします。

5 ［指定したユーザーが編集できます］と設定されたことを確認します。

6 送付先のユーザーのメールアドレスを入力し、

7 必要なメッセージを入力して、

8 ［送信］をクリックすると、共有ファイルのリンクがメール送信されます。

'家事代行.pptx' へのリンクを送信しました

宛先: S

9 メッセージを確認し、［×］をクリックして閉じます。

コラム　共有者に届くメール

共有者には以下のようなメールが届きます。届いたメールを開き、［開く］をクリックすると❶、OneDrive上のファイルが編集できる状態でブラウザで開きます❷。使用しているパソコンにPowerPointがインストールされている場合は、［編集］→［デスクトップで開く］をクリックすると、PowerPointが起動し、PowerPoint上で編集できるようになります❸。

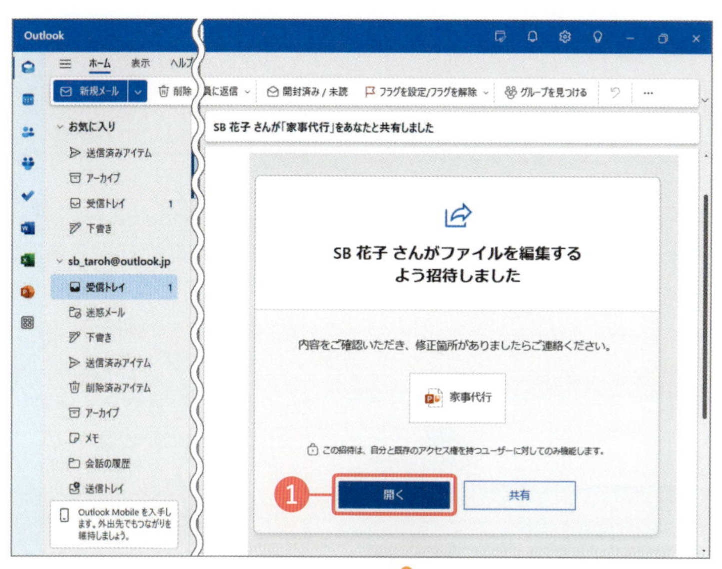

Section

88 コメントを挿入する

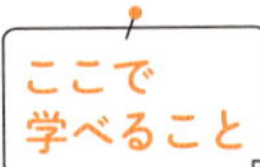

コメント機能を使うと、スライドに確認事項や質問を残しておけます。プレゼンテーション内ではコメント間を移動しながら、コメントの内容を確認し、返信ができます。

レッスン

まずは パッと見るだけ！

コメントの挿入

スライドにコメントを挿入すると、スライドの右側にコメントが追加されます。また、コメントを追加するだけでなく、別のユーザーからコメントに対する返信を受け取ることもできます。

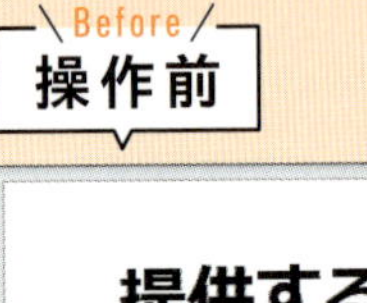

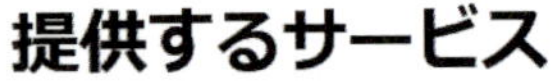

掃除	洗濯	料理	その他
•リビング •キッチン •バスルーム	•洗濯 •アイロンがけ	•食事の準備 •後片付け	•買い物代行 •ペットケア •送迎

After
操作後

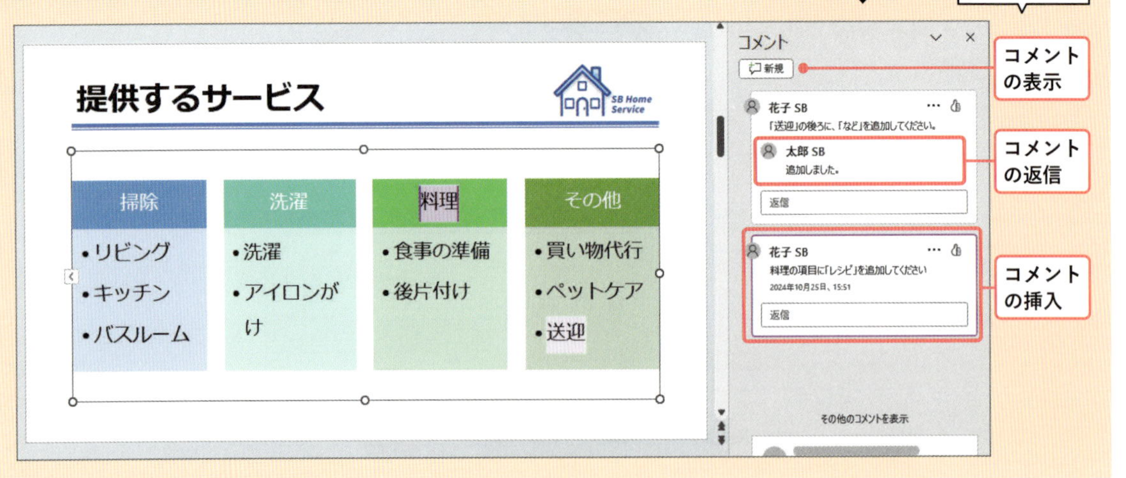

レッスン 88-1 コメントを挿入する

練習用ファイル 88-1-家事代行.pptx

Point コメント機能の活用

コメント機能を使うと、スライドの内容について、確認や質問事項を欄外に残しておけます。複数人で校正する場合にやり取りするのに使えます。

Memo コメントを削除する

コメントを削除する際、投稿前と投稿後で操作が異なります。

● 投稿前のコメントの削除
投稿前の場合は、コメント内の［キャンセル］×をクリックします。

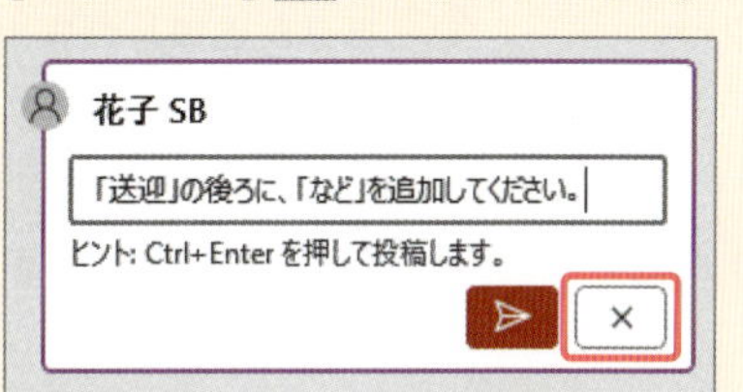

● 投稿済みのコメントの削除
投稿済みのコメントの場合は、削除したいコメントをクリックし、…をクリックして、［スレッドの削除］をクリックします。

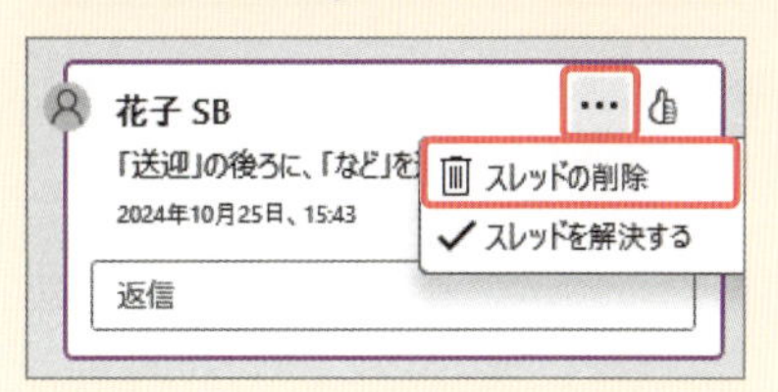

ショートカットキー

● コメントの挿入
Ctrl + Alt + M

ここでは、スライド番号3のスライドにコメントを挿入します。

1 コメントを付けたいスライドをクリックして選択し、

2 ［校閲］タブ→［新しいコメント］をクリックすると、

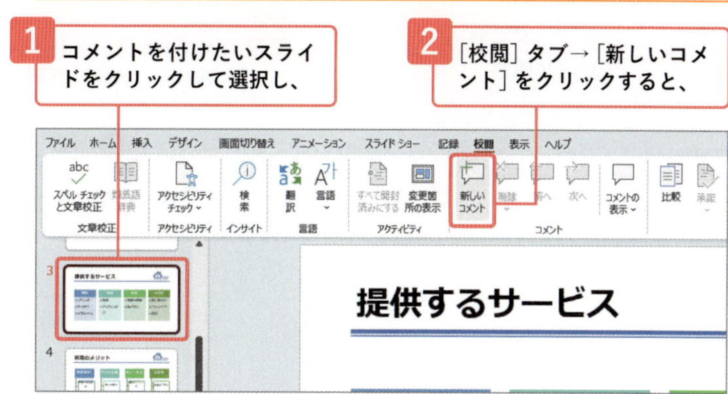

3 ［コメント］作業ウィンドウにコメント画面が表示されます。

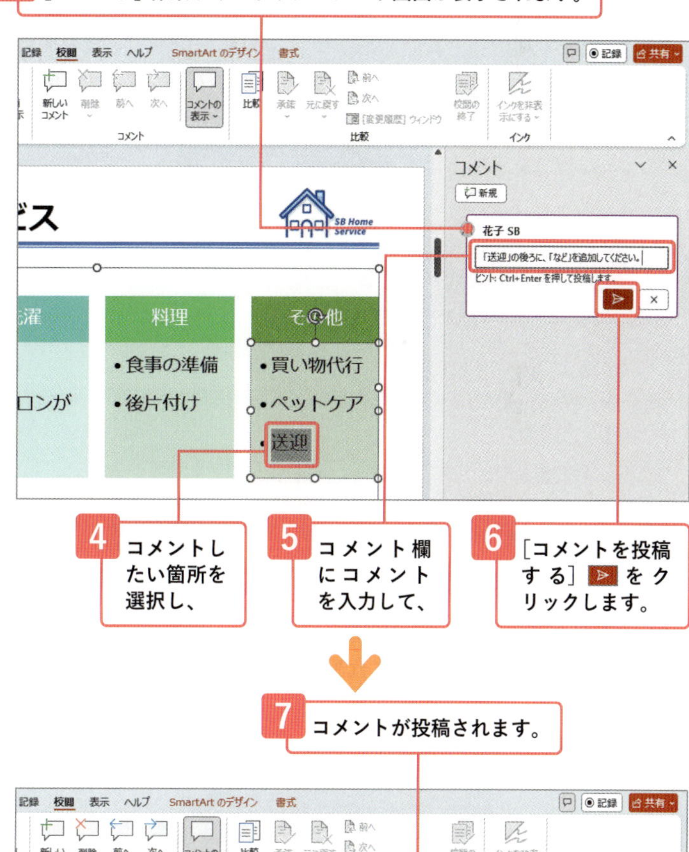

4 コメントしたい箇所を選択し、

5 コメント欄にコメントを入力して、

6 ［コメントを投稿する］▷をクリックします。

7 コメントが投稿されます。

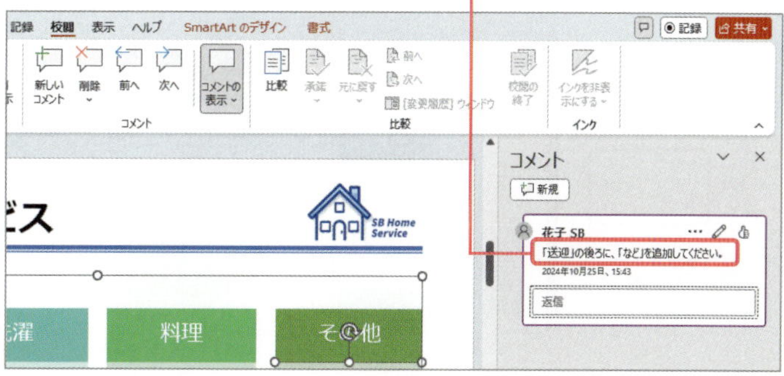

レッスン 88-2 コメント一覧の表示とコメントの編集

練習用ファイル 88-2-家事代行.pptx

操作 コメント一覧の表示と編集

スライドに挿入されているコメントの一覧は［コメント］作業ウィンドウに表示されます。［コメント］作業ウィンドウが表示されていない場合は、［校閲］タブの［コメントの表示］をクリックします。
コメントの編集はをクリックして行います。なお、をクリックしてコメントの編集ができるのは、コメントを入力した本人のみです。

Memo ［コメント］作業ウィンドウに表示されるコメント

［コメント］作業ウィンドウには、現在表示しているスライドに挿入されたコメントが表示されます。スライドを切り替えると、そのスライドに挿入されているコメントが表示されます。

時短ワザ コメントを切り替える

プレゼンテーション内に複数のコメントが挿入されている場合、［校閲］タブの［前へ］または［次へ］で順番に閲覧できます。

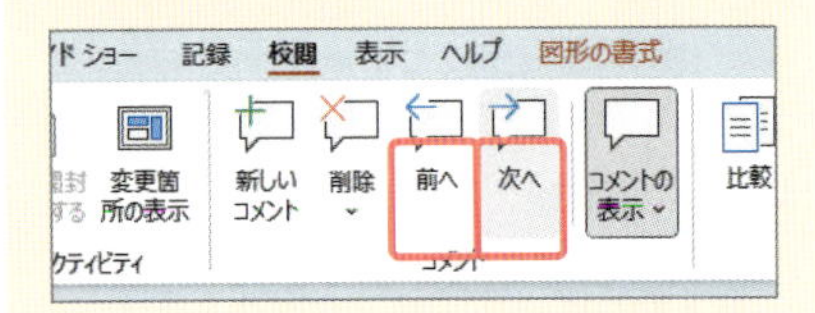

Memo サムネイルウィンドウにコメント数が表示される

スライドにコメントを挿入すると、サムネイルウィンドウに追加されたコメントの数が表示されます。

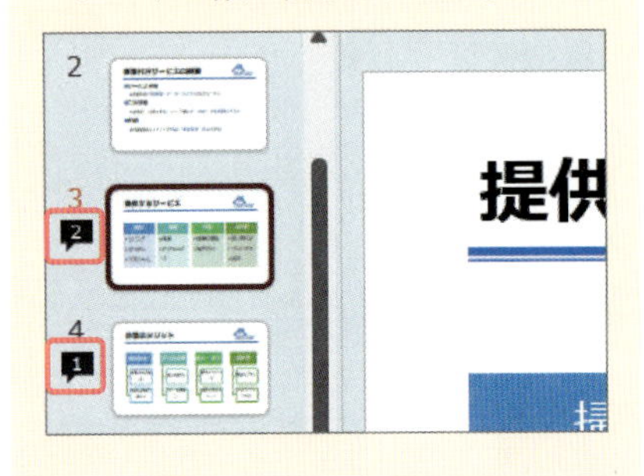

コメントの編集をする場合は、レッスン88-1に続けて操作してください。

1 コメントが挿入されているスライド（ここではスライド番号3）を選択し、［校閲］タブ→［コメントの表示］をクリックします。

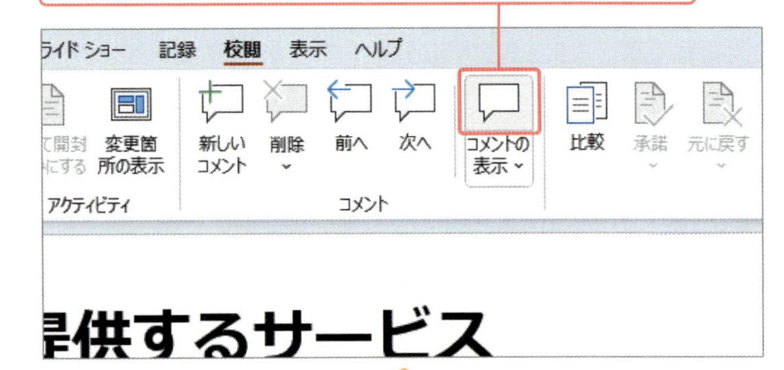

2 ［コメント］作業ウィンドウが表示され、スライド上のコメントが一覧表示されます。

3 自分が追加したコメントをクリックし、をクリックすると、

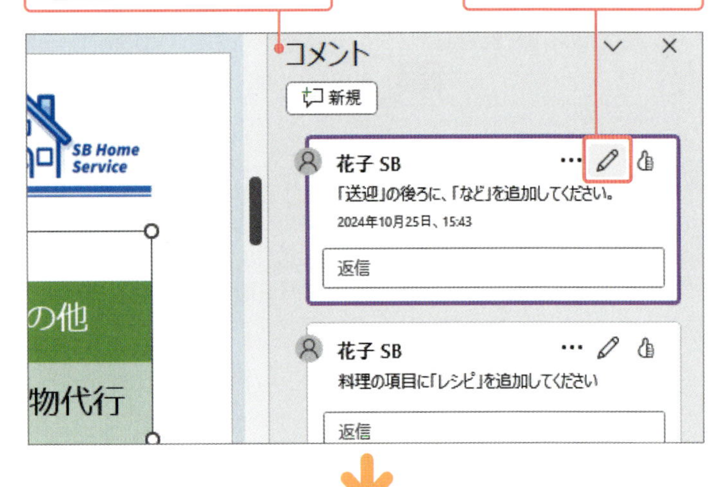

4 カーソルが表示され、編集することができます。

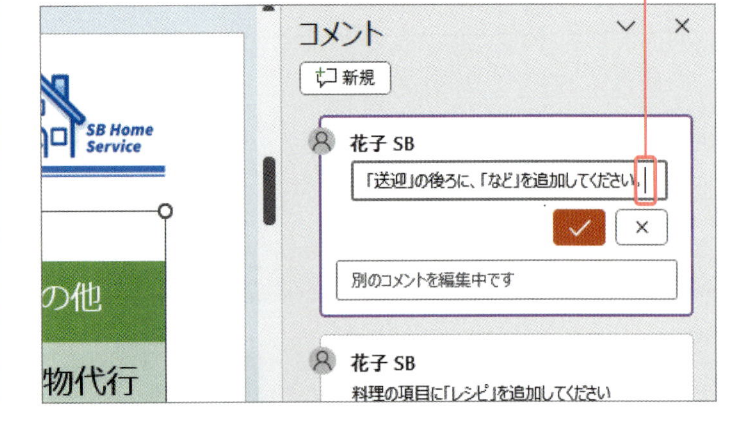

レッスン 88-3 コメントに返信する

練習用ファイル 88-3-家事代行.pptx

操作　コメントに返信する

コメントに対する返信をするには、コメントウィンドウにある［返信］ボックスに入力し、［返信を投稿する］をクリックします。

Point　コメントを解決する

コメントの…をクリックし、表示されるメニューで［スレッドを解決する］をクリックすると❶、コメントが解決済みと表示されます❷。

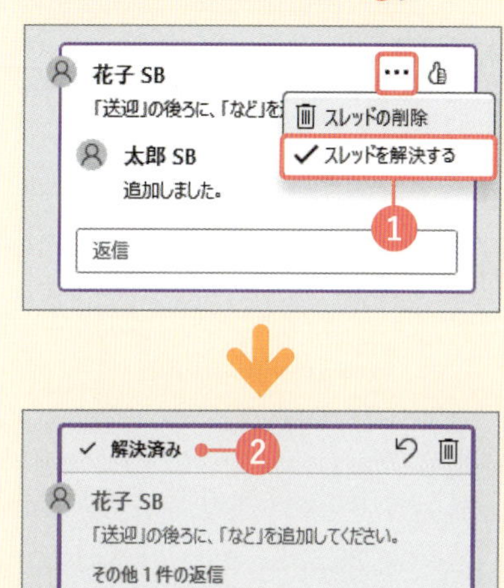

ここでは、コメントが挿入されているスライド（スライド番号3のスライド）を選択し、レッスン88-2を参照して［コメント］作業ウィンドウを表示しておきます。

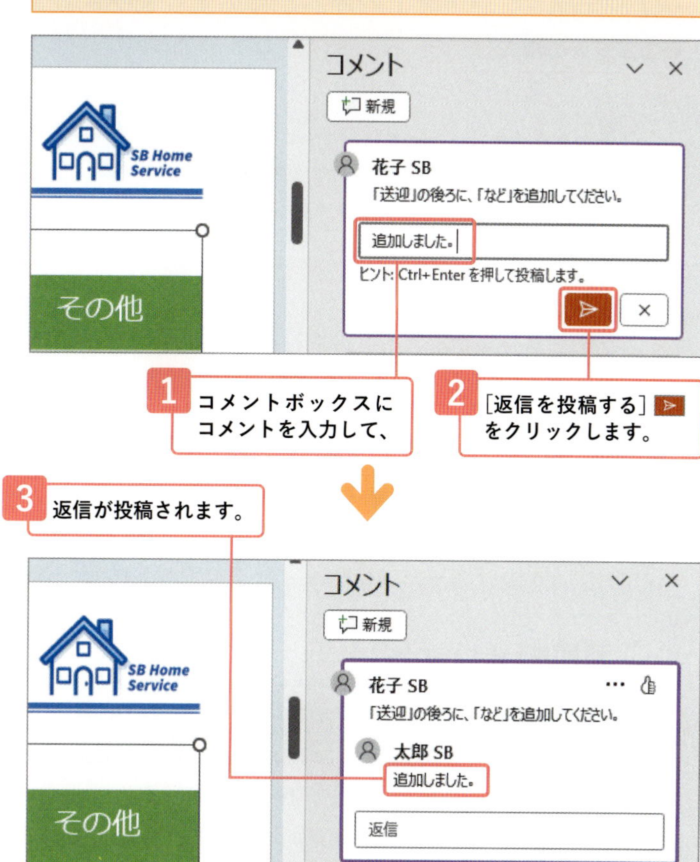

Memo　返信を含めてコメントを削除する

コメントや返信をそれぞれ別々に削除するには、…をクリックし、［スレッドの削除］をクリックしますが、返信も含めてコメント自体をすべて削除する場合は、コメントを選択し❶、［校閲］タブの［削除］（コメントの削除）の⌄をクリックし、メニューから［削除］クリックします❷。なお、［削除］（コメントの削除）を直接クリックしても選択したコメントを削除できます。メニューからは、スライド単位、プレゼンテーション単位でコメントの削除の指定ができます。

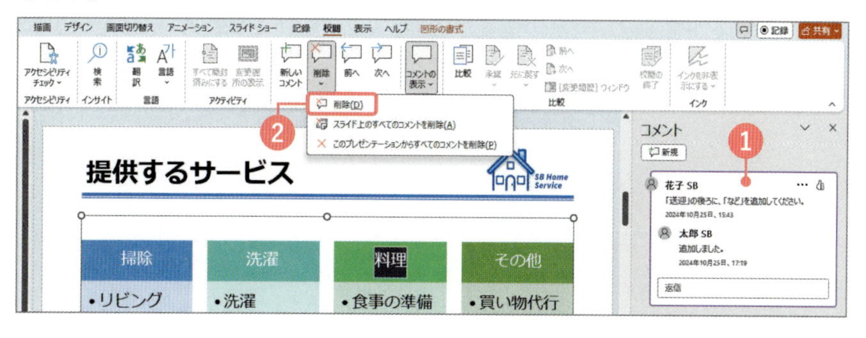

練習問題 コメントの挿入と返信を練習しよう

演習14-家事代行.pptx

プレゼンテーション「演習14-家事代行.pptx」のスライド番号4の［利用のメリット］に以下の手順で、コメントの挿入、返信をしてみましょう。

▼コメントの挿入

1 スライド番号4のスライドで、SmartArtを選択し、コメントを挿入して「SmartArtのサイズを調整しました」と入力し、投稿する（レッスン88-1参照）。

2 1 のコメント通りにSmartArtのサイズを調整（縦：13cm、横：29cm）する。

ヒント：SmartArtを選択し、コンテキストタブの［書式］タブにある［サイズ］（SmartArtのサイズ）をクリックして、図形の高さと幅で指定します。

▼コメントの返信

3 スライド番号4のスライドの既存のコメントに対して、「1文字のみ次行になっている箇所の文字サイズを18ptにしました。また、「信頼できる」の後ろで［Shift］＋［Enter］キーを押して改行しました。」と返信文を入力して、投稿する（レッスン88-3参照）。

4 完成図を参照して、3 のコメント通りにスライド内のSmartArtを編集する（p.249参照）。

▼図1：編集前

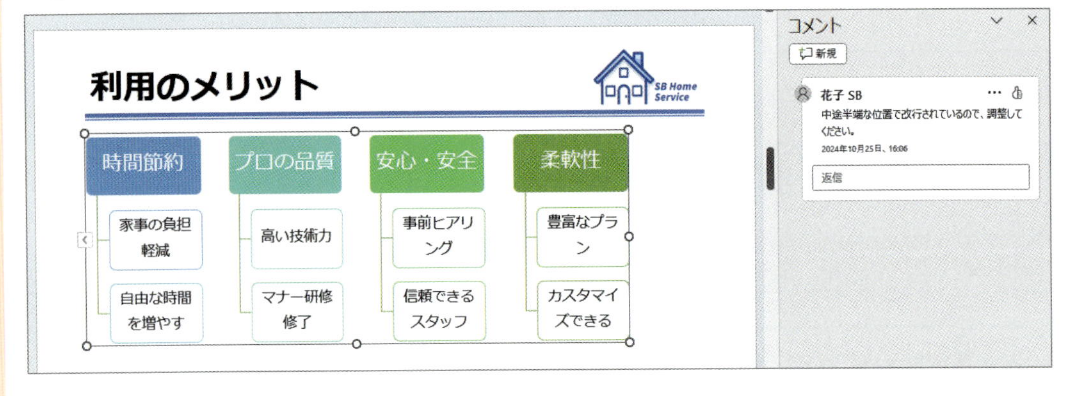

▼完成図

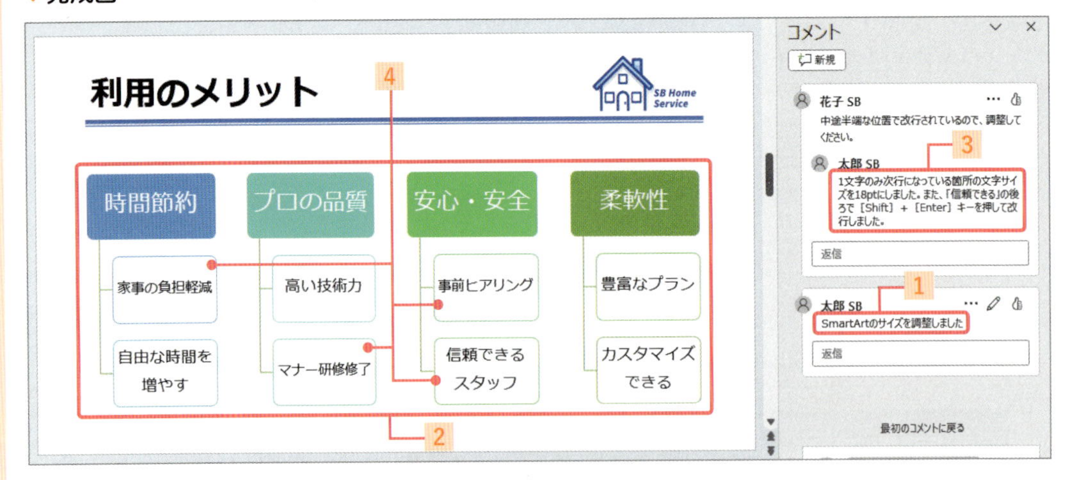

よく使うキー

ショートカットキー　複数のキーを組み合わせて押すことで、特定の操作をすばやく実行することができます。本書中では OO + △△ キーのように表記しています。

▶ Ctrl + A キーという表記の場合

▶ Ctrl + Shift + Esc キーという表記の場合

便利なショートカットキー

PowerPoint使用時に知っておくと便利なショートカットキーを用途別にまとめました。たとえば、新規プレゼンテーションを作成するときに使用する Ctrl ＋ N とは、Ctrl キーを押しながら N キーを押すことです。

●プレゼンテーション（ファイル）の操作

ショートカットキー	操作内容
Ctrl ＋ N	新規プレゼンテーションを作成する
Ctrl ＋ O	［開く］画面を表示する
Ctrl ＋ F12	［ファイルを開く］ダイアログを表示する
Ctrl ＋ S	プレゼンテーションを上書き保存する
F12	［名前を付けて保存］ダイアログを表示する
Ctrl ＋ W	PowerPoint を終了せずにプレゼンテーションを閉じる
Alt ＋ F4	プレゼンテーションを閉じる／アプリを終了する
Ctrl ＋ P	［印刷］画面を表示する

●編集の操作

ショートカットキー	操作内容
Ctrl ＋ C	選択したものをコピーする
Ctrl ＋ X	選択したものを切り取る
Ctrl ＋ V	コピーまたは切り取ったものを貼り付ける
Ctrl ＋ Z	直前の操作を取り消して元に戻す
Ctrl ＋ Y	元に戻した操作をやり直す
F4	直前の操作を繰り返す
ESC	現在の操作を取り消す

●スライドの操作

ショートカットキー	操作内容
Ctrl ＋ M	新しいスライドを追加する
↓ / →	次のスライドに移動する
↑ / ←	前のスライドに移動する
Tab	箇条書きのレベルを下げる
Shift ＋ Tab	箇条書きのレベルを上げる
F2	プレースホルダーを選択する

●オブジェクトの操作

ショートカットキー	操作内容
Ctrl + G	選択したオブジェクトをグループ化する
Ctrl + Shift + G	グループ化を解除する
Ctrl + Shift + [	オブジェクトを1つ背面に移動する
Ctrl + Shift +]	オブジェクトを1つ前面に移動する

●スライドショーの操作

ショートカットキー	操作内容
F5	スライドショーを最初から開始する
Shift + F5	スライドショーを現在のスライドから開始する
↓ / → / N / Enter	次のアニメーションまたは次のスライドに進む
↑ / ← / P	前のアニメーションまたは前のスライドに戻る
数字 + Enter	指定したスライドに移動する
HOME	最初のスライドを表示する
END	最後のスライドを表示する
Ctrl + S	［すべてのスライド］ダイアログを表示する
ESC	スライドショーを終了する
B / .	スクリーンを一時的に黒く表示する／戻す
W / ,	スクリーンを一時的に白く表示する／戻す

マウス／タッチパッドの操作

クリック

画面上のものやメニューを選択したり、ボタンをクリックしたりするときなどに使います。

左ボタンを 1 回押します。

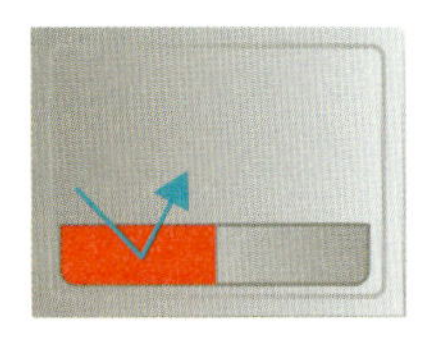

左ボタンを 1 回押します。

右クリック

操作可能なメニューを表示するときに使います。

右ボタンを 1 回押します。

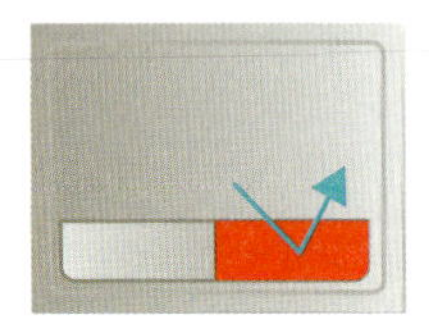

右ボタンを 1 回押します。

ダブルクリック

ファイルやフォルダを開いたり、アプリを起動したりするときに使います。

左ボタンをすばやく 2 回押します。

左ボタンをすばやく 2 回押します。

ドラッグ

画面上のものを移動するときなどに使います。

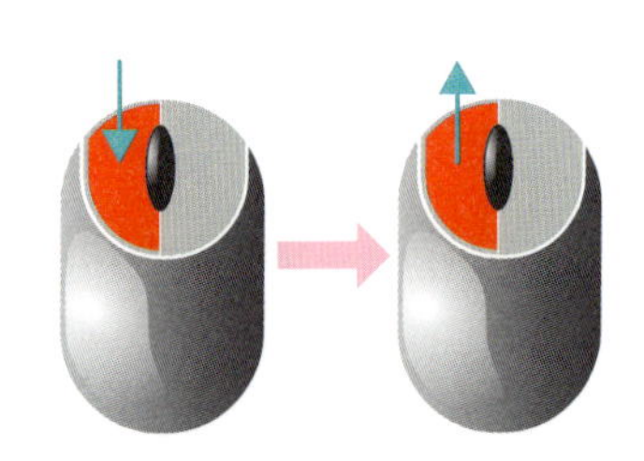

左ボタンを押したままマウスを移動し、移動先で左ボタンを離します。

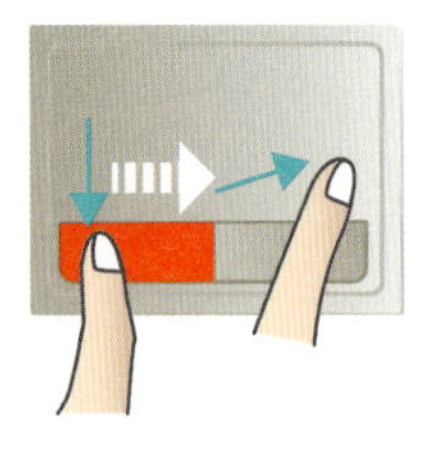

左ボタンを押したままタッチパッドを指でなぞり、移動先で左ボタンを離します。

索 引

数字

B・C・E・J

M・O・P

S・W

あ行

か行

さ行

た行

注意事項

- 本書に掲載されている情報は、2025年1月現在のものです。本書の発行後にPowerPointの機能や操作方法、画面が変更された場合は、本書の手順通りに操作できなくなる可能性があります。
- 本書に掲載されている画面や手順は一例であり、すべての環境で同様に動作することを保証するものではありません。読者がお使いのパソコン環境、周辺機器、スマートフォンなどによって、紙面とは異なる画面、異なる手順となる場合があります。
- 読者固有の環境についてのお問い合わせ、本書の発行後に変更されたアプリ、インターネットのサービスなどについてのお問い合わせにはお答えできない場合があります。あらかじめご了承ください。
- 本書に掲載されている手順以外についてのご質問は受け付けておりません。
- 本書の内容に関するお問い合わせに際して、編集部への電話によるお問い合わせはご遠慮ください。

本書サポートページ https://isbn2.sbcr.jp/27171/

著者紹介

国本 温子（くにもと あつこ）

テクニカルライター。企業内でワープロ、パソコンなどのOA教育担当後、Office、VB、VBAなどのインストラクターや実務経験を経て、現在はフリーのITライターとして書籍の執筆を中心に活動中。

企画協力　ヒートウェーブ株式会社　Heat Wave IT Academy　大住 真理子
カバーデザイン　新井 大輔
カバーイラスト　ますこ えり
カバーフォト　Moon Story - stock.adobe.com
制作協力　岡本 晋吾・後藤 健大
制作　BUCH+
編集　本間 千裕

やさしく教わる PowerPoint
[Office 2024／Microsoft 365対応]

2025年 2月8日　初版第1刷発行

著　者　国本 温子
発行者　出井 貴完
発行所　SBクリエイティブ株式会社
〒105-0001 東京都港区虎ノ門2-2-1
https://www.sbcr.jp/
印　刷　株式会社シナノ

Printed in Japan　ISBN978-4-8156-2717-1